全国高等职业教育土建类“十四五”新形态教材
高职类土木工程专业“课程思政”教材
校企合作“双元”教材

建筑施工组织
（第二版）

主　编　林　立　高春萍　白学敏
副主编　丁晓燕　计凌峰　都秀红

中国建材工业出版社

图书在版编目（CIP）数据

建筑施工组织/林立，高春萍，白学敏主编．--2版．--北京：中国建材工业出版社，2023.8

全国高等职业教育土建类“十四五”新形态教材

ISBN 978-7-5160-3807-9

Ⅰ.①建… Ⅱ.①林… ②高… ③白… Ⅲ.①建筑工程—施工组织—高等职业教育—教材 Ⅳ.①TU721

中国国家版本馆 CIP 数据核字（2023）第 144035 号

内容简介

本书全面系统地阐述了建筑施工组织的理论、方法与实例，特点是实用性强，能反映国内外先进技术与管理发展水平，并能满足高等职业教育培养目标要求，有助于施工组织设计的规范和优化，有助于建筑施工组织课程的教学，以及建筑工程类专业施工组织的课程设计及毕业设计指导。本书分9章编写，包括建筑施工组织概论、施工准备、建筑工程流水施工、网络计划技术、单位工程施工组织设计、施工组织总设计、施工组织设计软件介绍与应用、施工组织设计的排版与装帧、建筑工程施工组织设计参考资料。

本书吸收了近年来建筑工程施工组织实践的新成果，同时融入了党的二十大精神、建筑行业工匠精神及职业素养等课程思政元素，还把施工企业实际应用到的知识编写进书，注重实用性、创新性和可操作性，力求做到科学、严谨、规范、富有特色。本书加入育人元素，践行“传道、授业、解惑”的师道古训，具有课程思政特色。

本书是高职高专建筑工程类专业教材，也可用于该专业应用型本科、成人高等教育本科及行业培训，也可作为建筑工程施工项目管理人员的参考用书。

建筑施工组织（第二版）

JIANZHU SHIGONG ZUZHI（DI-ER BAN）

主　编　林　立　高春萍　白学敏

副主编　丁晓燕　计凌峰　都秀红

出版发行：中国建材工业出版社

地　　址：北京市海淀区三里河路 11 号

邮　　编：100831

经　　销：全国各地新华书店

印　　刷：北京雁林吉兆印刷有限公司

开　　本：787mm×1092mm　1/16

印　　张：19

字　　数：450 千字

版　　次：2023 年 8 月第 2 版

印　　次：2023 年 8 月第 1 次

定　　价：49.80 元

本社网址：www.jccbs.com，微信公众号：zgjcgycbs

第二版　前　言

本书以《高等职业学校专业教学标准》为依据，在第1版的基础上进行修订。本书突出系统性与时效性，把握好习近平新时代中国特色社会主义思想的世界观和方法论，在教学中学习贯彻党的二十大精神。此外，此次修订对部分内容进行了重新编写或补充，参考了部分建筑施工企业优秀的施工组织和管理方法。

本书内容主要围绕建筑施工组织的原理与内容、建筑工程流水施工、网络计划技术的基本知识和应用方法以及编制建筑工程施工组织设计的方法和步骤来编写。在编写过程中，编者结合课程教学的基本要求，增加了BIM技术在施工中的应用新成果，同时融入了建筑行业工匠精神及职业素养等课程思政元素，另外还采纳了秦皇岛固帮建筑工程技术有限公司总经理、技术负责人的建议，把施工企业实际应用到的相关知识编写进书。书中各章都明确了重点提示和上岗工作要点，并配备了相关例题和习题。全书内容深入浅出、通俗易懂，在内容的编排上突出与建筑行业的紧密结合。本书充分发挥本书的育人功能，践行“传道、授业、解惑”的师道古训，形成本书的课程思政特色。

本书由河北建材职业技术学院林立、高春萍、白学敏老师担任主编，苏州工业职业技术学院丁晓燕老师、河北建材职业技术学院计凌峰和都秀红老师担任副主编。编写内容分工如下：林立编写了第1章、第2章（部分）、第3章（部分）、第7章、第9章内容；高春萍编写了第2章（部分）、第4章（部分）、第5章、第6章内容；白学敏、计凌峰、都秀红编写了第3章（部分）、第4章（部分）内容；丁晓燕编写了第8章内容；河北新奔腾软件有限公司魏智伟经理和姜婷婷编写了第7章7.1节中嵌入的视频资料；济南环宇通科技有限公司闫伟经理编写了第7章7.2节中嵌入的视频资料。全书由河北建材职业技术学院林立负责统稿和校订，并嵌入了课程思政元素。

本书在编写过程中，参考了国内高职教育同类教材、有关专业论著和相关单位的施工组织设计资料，引用了相关的标准、规范、专业书籍和典型案例，同时得到中国建材工业出版社一如既往的大力支持，在此表示衷心的感谢！

由于编写水平有限，本书难免存在疏漏和不足之处，敬请广大读者批评指正。

编　者
2023年7月

前 言

《建筑施工组织》一书自2010年1月出版以来，在高职院校的建筑工程类专业教学使用和市场销售等方面的反响都很好，得到了全国众多高职院校建筑工程类专业师生的支持和厚爱，感谢林立、白学敏、苏荣荣、计凌峰、魏智伟、张雪芹、杨福云等老师的辛勤付出。为了更好地服务于教学需要，编者充分吸收了本校师生多年来使用该教材的心得体会与相应的合理化建议，同时也借鉴了广大读者的宝贵意见与建议，在此基础上，依据我国现行的《建筑施工组织设计规范》（GB/T 50502—2009）等规范和规程对内容做了适当修订，对部分内容进行了重新编写，其间参考了部分建筑施工企业优秀的施工组织和管理方法。

本书主要围绕建筑施工组织的原理与内容、建筑工程流水施工及网络计划技术的基本知识和应用方法以及编制建筑工程施工组织设计的方法和步骤来编写。在编写过程中，编者密切结合课程教学的基本要求，吸收了近年来建筑工程施工组织实践的新成果，注重实用性、新颖性和可操作性，力求做到科学、严谨、规范、富有特色。书中各章都明确了重点提示，并配备了相关的例题和习题，全书内容深入浅出、通俗易懂，在编排上重点突出与建筑行业的紧密结合，同时加入育人元素，践行“传道、授业、解惑”的师道古训，形成本书的课程思政特色。

本书由河北建材职业技术学院林立、高春萍、白学敏老师担任主编，苏州工业职业技术学院丁晓燕老师、河北建材职业技术学院计凌峰老师和都秀红老师担任副主编。编写内容分工如下：林立编写了第1章、第2章（部分）、第3章（部分）、第7章、第9章内容；高春萍编写了第2章（部分）、第4章（部分）、第5章、第6章内容；白学敏、计凌峰、都秀红编写了第3章（部分）、第4章（部分）内容；丁晓燕编写了第8章内容；河北新奔腾软件有限公司魏智伟经理和姜婷婷编制了第7章7.1节中嵌入的视频资料；济南环宇通科技有限公司闫伟经理编制了第7章7.2节中嵌入的视频资料。全书由林立负责统稿和校订，并嵌入了课程思政元素。

本书在编写过程中，参考了国内高职教育同类教材、有关专业论著和相关单位的施工组织设计资料，引用了相关的标准、规范、专业书籍和典型案例，同时得到中国建材工业出版社一如既往的大力支持，在此表示衷心的感谢！

由于编写水平有限，本书难免存在疏漏和不足之处，敬请广大读者批评指正。

编 者

2021年8月

目　录

1 建筑施工组织概论

重点提示

1. 本章概述了施工组织研究的对象和任务，建筑产品及其生产的特点，建筑工程的施工程序。

2. 简要说明了建筑施工组织这门课程的内容与特点。

3. 概要论述了施工组织设计的性质、任务、作用、分类与内容，施工组织设计的编制方法及要求，施工组织设计的贯彻执行、检查与调整。

1.1 建筑施工组织研究的对象和任务

建筑施工组织是研究建筑产品生产过程中诸要素统筹安排与系统管理客观规律的学科，它研究如何组织、计划一项拟建工程的全部施工，寻求最合理的组织与方法，是现代化建筑施工管理的核心。

1.1.1 建筑施工组织的研究对象

建筑产品的生产活动就是建筑施工，建筑产品则是建筑施工企业向社会提供的各种建筑物或构筑物。建筑产品按使用功能可分为生产性建筑和非生产性建筑两大类，按工程规模可分为单位工程和建设项目两大类。建筑施工组织的研究对象就是整个建筑产品，既研究单体的单位工程，又研究总体的建设工程。

建筑施工的全过程是投入劳动力、建筑材料、机械设备和技术方法，生产出满足要求的建筑产品的过程，同时也是建筑产品生产诸要素的组织过程。建筑施工组织研究的是生产力的组织问题，而且是只研究一个具体的建筑产品施工全过程中诸生产要素的组织问题。

建筑施工组织是以建筑经济与管理的理论为指导，以施工技术和现场管理作为基础。

1.1.2 建筑施工组织的任务

建筑施工组织的任务有两个方面：

(1) 探索和总结建设项目施工组织的客观规律，即从建筑产品及其生产的技术经济特点出发，遵照国家和地方相关技术政策的约束条件，研究如何根据建设地区自然条件和技术经济条件，因地制宜地确定工程建设的总方针，统筹规划、合理安排，积极协调控制，保证高速度、高质量、高效益、低消耗地生产出优质的建筑产品，充分发挥国家建设投资的经济效益。

（2）研究和探索建筑施工企业如何以最少的消耗来组织承包工程的建筑施工活动，以使企业获取最大的经济效益。建筑产品最终是由建筑施工企业通过贯彻执行施工组织设计，科学地组织施工来完成的。企业的最终目的就是获取利润，其根据自身条件和工程特点组织施工，并对工期、质量和成本进行有效控制，以达到工期短、质量好、成本低的目标。

建筑产品的每一个分部分项工程的施工，可以采取不同的多个施工方案，施工组织要能够根据工程性质、特点、规模及客观条件，从技术和经济相统一的全局出发，对各种问题统筹考虑，做出科学合理的全面部署。建筑施工组织的任务就是在国家的建设方针和政策指导下，根据承包合同或协议，精打细算、精心施工、加强管理，以便优质、低耗、高速地完成施工任务，发挥最好的经济效益和社会效益。为此，施工企业必须结合本企业的情况和工程特点，解决好以下几方面问题：

（1）优化选择施工方法和施工机械。

（2）合理确定工程开展顺序和进度安排。

（3）计算劳动力、机械设备、材料的需要量以及供应时间与方式。

（4）确定施工现场各种机械设备、仓库、材料堆场、道路、水电管网及各种临时设施的合理布置。

（5）明确各项施工准备工作。

（6）在建筑施工过程中，对工程的工期、质量、成本进行有效控制，积极协调不同专业部门之间的关系，使施工活动始终处于良好的管理和控制状态，以达到工期短、质量好、成本低的目标。

1.2　本课程的内容与特点

1.2.1　本课程的内容

建筑施工组织是指施工前对生产各要素的安排，包括施工条件的调查研究、施工方案的制订与优选等。本书全面系统地阐述了建筑施工组织的基本理论与方法，包括施工组织概论、施工准备工作、流水施工基本原理、网络计划技术及其优化、单位工程施工组织设计、施工组织总设计、施工组织设计软件介绍、施工组织设计的排版与装帧及建筑工程施工组织设计参考资料等内容。

1.2.2　本课程的特点

本课程的显著特点之一是内容广泛，涉及建筑技术、经营管理与计算机技术等多方面，集房屋建筑、建筑力学、建筑材料、建筑机械、施工技术、工程定额与预算、建筑经济与管理以及计算机科学综合应用。因此，学习本课程之前必须具备相当的基础知识。

本课程的另一个显著特点是实践性强。一方面任何一项工程的施工，都必须从建筑产品生产的技术及经济特点、工程特点和施工条件出发，才能编制出符合实际的施工组织设计，并且通过实践中的协调控制，使之顺利执行；另一方面可以通过实践经验的积累，丰富、发展和完善本课程的内容和体系。

本课程的第三个显著特点是融入了课程思政育人元素。在课程学习的各个阶段，一方面嵌入了链接相关专业知识点和典型案例的二维码，另一方面也嵌入了包含职业道德、人文精神、理想信念、价值观等课程思政元素的二维码，同时也通过问题导向，引领学生不断完善自身的人格，培养职业素养和家国情怀。

由于本课程的以上特点，要求本课程的学习一定要理论联系实际，强调对其中的大量定性内容进行理解和消化，克服形式主义和教条式的生搬硬套，提倡在理解的基础上进行归纳和总结，从而培养独立思考问题、分析问题和解决问题的能力。另外，在学习本课程之后，应通过施工组织设计工作和生产实习相结合，加深对本课程的理解和认识，掌握并运用学过的方法和技能，增强实际工作能力。

在本课程学习过程中，要始终坚持“立德树人”理念，注重教会学生“做人”和“做事”的双重技能，从道德教育和专业技能两方面培养学生从“被动学习”转化为“主动学习”做到敬畏职责、敬畏规章。

1.3 建筑产品及其生产的特点

建筑产品是指建筑企业通过施工活动生产出来的最终产品，它主要分为建筑物和构筑物两大类。建筑产品与其他工业产品相比较，其产品和生产都具有一系列不同的特点。

1.3.1 建筑产品的特点

1.3.1.1 建筑产品在空间上的固定性

任何建筑产品都是在选定的地点上建造和使用的。一般情况下，与选定地点的土地不可分割，从建造开始直至拆除一般均不能移动。所以，建筑产品的建造和使用地点是统一的，在空间上是固定的。

1.3.1.2 建筑产品的多样性

建筑产品不但要满足各种使用功能的要求，还要体现出各地区的民族风格、物质文明和精神文明程度、建筑设计者的水平和技巧及建设者的建造水平，同时也受到各地区自然条件等诸因素的限制，使建筑产品在建设规模、结构类型、构造形式、基础设计和装饰风格等诸方面变化多样，各不相同。即使是同一类型的建筑产品，也会因所在地点、环境条件等的不同而彼此有所区别。

1.3.1.3 建筑产品体形庞大

无论是复杂的建筑产品，还是简单的建筑产品，为了满足其使用功能的需要，都需要使用大量的物质资源。因此一般的建筑产品要占用大片的土地和高耸的空间，与其他工业产品相比较其形体格外庞大。

1.3.1.4 建筑产品的综合性

建筑产品是一个完整的实物体系，它不仅综合了土建工程的艺术风格、建筑功能、结构构造、装饰做法等多方面的技术成就，还综合了工艺设备、采暖通风、供水供电、通信网络、安全监控、卫生设备等各类设施的当代水平，从而使建筑产品变得更加错综复杂。

1.3.2 建筑产品生产的特点

建筑产品生产的特点

1.3.2.1 建筑产品生产的流动性

建筑产品地点的固定性决定了建筑产品生产的流动性。一般工业生产的生产地点、生产者和生产设备是固定的，产品是在生产线上流动的。在建筑产品的生产中，参与施工的人员、机具设备等不仅要随着建筑产品的建造地点的变更而流动，还要随着建筑产品施工部位的改变而不断地在空间中流动。这就要求事先必须有一个周密的施工组织设计，使流动的人员、机具、材料等互相协调配合，使建筑施工能有条不紊、连续、均衡地进行。

1.3.2.2 建筑产品生产的单件性

建筑产品地点的固定性和类型的多样性，决定了建筑产品生产的单件性。一般的工业生产，是在一定时期里按一定的工艺流程只生产某一种产品。而建筑产品一般是按照建设单位的要求和规划，根据其使用功能、建筑地点进行单独设计和施工。即使是选用标准设计、通用构件或配件，由于建筑产品所在地区的自然、技术、经济条件的不同，也使建筑产品的结构或构造、建筑材料、施工组织和施工方法等要加以修改，从而使各建筑产品生产具有单件性。

1.3.2.3 建筑产品生产周期长

建筑产品体形庞大的特点决定了建筑产品生产周期长。建筑产品在施工过程中要投入大量的人力、物力和财力，还要受到生产技术、工艺流程和活动空间的限制，使其生产周期少则几个月，多则几年、几十年。

1.3.2.4 建筑产品生产的地区性

建筑产品的固定性决定了同一使用功能的建筑产品，因其建造地点的不同，必然受到建设地区的自然、技术、经济和社会条件的约束，使其结构、构造、艺术形式、室内设施、材料、施工方案等方面均有差异。因此建筑产品的生产具有地区性。

1.3.2.5 建筑产品生产的露天作业多

建筑产品生产地点的固定性和体形庞大的特点，决定了建筑产品生产露天作业多。建筑产品不能像其他工业产品一样在车间内生产，即使建筑产品生产达到了高度工业化水平时，仍然需要在施工现场内进行装配，才能形成最终建筑产品。因此建筑产品生产受气候因素影响，工人劳动条件差。

1.3.2.6 建筑产品生产的高空作业多

建筑产品体形庞大的特点，决定了建筑产品生产高空作业多。特别是随着我国国民经济的不断发展和建筑技术的日益进步，高层和超高层建筑不断涌现，使得建筑产品生产高空作业多的特点明显，同时也使作业环境不安全。

1.3.2.7 建筑产品生产组织协作的综合复杂性

建筑产品生产是一个时间长、工作量大、资源消耗多、涉及面广的过程。在建筑企业内部，它涉及力学、材料、建筑、结构、施工、水暖电和机械设备等不同学科的专业知识，要在不同时期、不同地点和不同产品上组织多专业、多工种的综合作业。在建筑企业的外部，它涉及不同种类的专业施工企业，及城市规划、征用土地、勘察设计、消防、公用事业、环境保护、质量监督、科研试验、交通运输、银行财政、物资供应等单位和主管部门协作配合，从而使建筑产品生产的组织协作关系综合复杂。

1.4 施工组织设计

1.4.1 施工组织设计的作用

施工组织设计是对拟建工程施工全过程合理安排，实行科学管理的重要手段和措施。通过施工组织设计的编制，可以全面考虑拟建工程的各种施工条件，扬长避短，制订合理的施工方案、技术经济和组织措施，制订最优的进度计划（包括确保实施的准备工作计划），提供最优的临时设施及材料、机具在施工场地上的布置方案，只有这样，才能保证施工的顺利进行。

建筑工程施工组织设计实例

（1）施工组织设计统筹安排和协调施工中的各种关系。它把拟建工程的设计与施工、技术与经济、施工企业的全部施工安排与具体工程的施工组织工作更紧密地结合起来。它把直接参加施工的各单位、协作单位之间的关系，各施工阶段和过程之间的关系更好地协调起来。

（2）施工组织设计为有关建设工作决策提供依据。它为拟建工程的设计方案在经济上的合理性、在技术上的科学性和在实际施工上的可能性提供论证依据。它为建设单位编制基本建设计划和施工企业编制企业施工计划提供依据。

1.4.2 施工组织设计的分类

施工组织设计有许多不同的分类方法，下面介绍三种常见的分类方法。

1.4.2.1 根据编制对象范围的不同分类

施工组织设计根据编制对象范围的不同可分为施工组织总设计、单位工程施工组织设计、分部（项）工程施工组织设计三种。

（1）施工组织总设计。施工组织总设计是以一个建筑群或一个施工项目为编制对象，用以指导整个建筑群或施工项目施工全过程的各项施工活动的技术、经济和组织的综合性文件。施工组织总设计一般在初步设计或扩大初步设计被批准之后，在总承包企业的总工程师的领导下进行编制。

（2）单位工程施工组织设计。单位工程施工组织设计是以一个单位工程（一个建筑物或构筑物或一个施工系统）为对象，用以指导其施工全过程的各项施工活动的技术、经济和组织的综合性文件。单位工程施工组织设计一般在施工图设计完成后，在拟建工程开工之前，在工程项目的技术负责人领导下进行编制。

（3）分部（项）工程施工组织设计。分部（项）工程施工组织设计是以分部（项）工程为编制对象，用以具体指导其施工全过程的各项施工活动的技术、经济和组织的综合性文件。分部（项）工程施工组织设计一般与单位工程施工组织设计的编制同时进行，由单位工程的技术人员负责编制。

施工组织总设计、单位工程施工组织设计和分部（项）工程施工组织设计之间有以下关系：施工组织总设计是对整个建设项目的全局性战略部署，其内容和范围比较概括。单位工程施工组织设计是在施工组织总设计的控制下，以施工组织总设计和企业施工计划为依据进行编制，针对具体的单位工程，把施工组织设计的有关内容具体化。分部（项）工程施工组织设计是以施工组织总设计、单位工程施工组织设计和企业施工计划为依据进行编制的，针对具体的分部（项）工程，把单位工程施工组织设计进一步具体化，它是专业工程具体的组织施工的设计，也称分部（项）工程作业计划。

1.4.2.2　根据编制阶段的不同分类

施工组织设计根据编制阶段的不同可以分为两类：一是投标前编制的施工组织设计（简称标前施工组织设计）；二是签订工程承包合同后编制的施工组织设计（简称标后施工组织设计）。两类施工组织设计的区别见表 1-1。

表 1-1　标前施工组织设计与标后施工组织设计的区别

种类	服务范围	编制时间	编制者	主要特性	追求主要目标
标前施工组织设计	投标与签约	投标前	经营管理层	规划性	中标和经济效益
标后施工组织设计	施工准备至验收	签约后开工前	项目管理层	作业性	施工效率和效益

1.4.2.3　根据编制内容的繁简程度分类

施工组织设计根据编制内容的繁简程度可以分为完整的施工组织设计和简单的施工组织设计两种。

1.4.3　施工组织设计的内容

施工组织设计示例

施工组织设计的任务和作用决定施工组织设计的内容，一般情况下，施工组织设计的内容包括以下几个主要方面：

（1）施工项目的工程概况。

（2）施工部署或施工方案的选择。

（3）施工准备工作计划。

（4）施工进度计划。

（5）各种资源需用量计划。

（6）施工现场平面布置图。

（7）质量、安全和节约等保证措施。

（8）各项主要技术经济指标。

（9）结束语。

由于施工组织设计的编制对象不同，以上各方面内容包含的范围也不同，结合施工项目的实际情况，可以有所变化。常用的施工组织设计，如施工组织总设计、单位工程施工组织设计的内容，将在以后有关章节中叙述。

1.5 施工组织的基本原则

基于我国建筑业几十年来积累的经验，在编制施工组织设计和组织项目施工时，应遵守以下基本原则：

1.5.1 认真执行基本建设程序

基本建设程序主要是计划、设计和施工等几个主要阶段，它是由基本建设工作客观规律所决定的。新中国的基本建设历史表明，凡是遵循上述程序时，基本建设就能顺利进行，当违背这个程序时，不但会造成施工的混乱，影响工程质量，还可能造成严重的浪费和引发工程事故。因此，认真执行基本建设程序，是保证建筑工程顺利进行的重要条件。

1.5.2 做好施工项目排队，保证重点，统筹安排

建筑施工企业和建设单位的根本目的是尽快地完成拟建工程的建设任务，使其早日投产或交付使用，尽快发挥基本建设投资的效益。这就要求施工企业的计划决策人员，必须根据拟建工程项目的重要程度和工期的要求等进行统筹安排，分期排队，把有限的资源优先用到国家和建设单位的重点工程项目，使其早日建成、投产或使用。同时也应安排好一般工程项目，注意处理好主体工程和配套工程，准备工程项目、施工项目和收尾项目之间施工力量的分配，从而获得总体的最佳效果。

1.5.3 遵循建筑施工工艺及其技术规律，坚持合理的施工程序和施工顺序

建筑施工程序和施工顺序是建筑产品生产过程中阶段性的固有规律和分部（项）工程的先后次序。建筑产品生产活动是在同一场地的不同空间，同时交叉搭接地进行，前面的工作不完成，后面的工作就不能开始。这种前后顺序必须符合建筑施工程序和施工顺序，交叉则体现争取时间的主观努力。

在建筑安装工程施工中，一般合理的施工程序和施工顺序主要有以下几方面：

（1）先进行准备工作，后正式施工。准备工作是为后续生产活动正常进行创造必要的条件。准备工作不充分就贸然施工，不仅会引起施工混乱，还会造成某些资源浪费，甚至中途停工。

（2）先进行全场性工程施工，后进行各项工程施工。平整场地、敷设管网、修筑道路和架设线路等全场性工程先进行，为施工中供电、供水和厂内运输创造条件，有利于文明施工，节约临时设施费用。

（3）先地下后地上，地下工程先深后浅的顺序；主体结构工程在前，装饰工程在后的顺序；管线工程先场外后场内的顺序；在安排工作顺序时，要考虑空间顺序等。

1.5.4 采用流水施工方法和网络计划组织施工

网络计划技术是当代计划管理的最新方法。它是应用网络图形表达计划中的各项工作的相互关系，具有逻辑严密、层次清晰、关键问题明确，可以进行计划方案优化、控

制和调整，有利于计算机在计划管理中的应用等优点。它在各种计划管理中得到广泛的应用。实践证明，施工企业在建筑工程施工计划管理中采用网络计划技术，可以缩短工期和节约成本。

1.5.5 科学安排冬、雨期施工项目，保证全年施工生产的连续性和均衡性

建筑施工一般都是露天作业，易受气候影响，严寒和下雨的天气都不利于建筑施工的正常进行。如不采取相应的技术措施，冬期和雨期就不能连续施工。科学地安排冬、雨期施工项目，就是要求在安排施工进度计划时，根据施工项目的具体情况，留有必要的适合冬、雨期施工的，不会过多增加施工费用的储备工程，将其安排在冬、雨期进行施工，尽量做到全面均衡、连续地施工。

1.5.6 贯彻工厂预制和现场预制相结合的方针，提高建筑产品工业化程度

在选择预制构件加工方法时，应根据构件的种类、运输和安装条件以及加工生产水平等因素，进行技术经济比较，合理地决定工厂预制和现场预制构件的种类，贯彻工厂预制和现场预制相结合的方针，取得最佳的效果。

1.5.7 充分利用现有机械设备，提高机械化程度

建筑产品生产需要消耗巨大的人力资源。在建筑施工过程中，尽量以机械化施工代替手工操作，这是建筑技术进步的重要标志。然而，我国当前建筑施工企业技术装备程度不足，还不能实现对所有的施工生产任务的机械化操作。为此，在组织工程项目施工时，要结合当地条件和工程情况，充分利用现有的机械设备。在选择施工机械过程中，要进行技术经济比较，使大型机械和中小型机械设备结合起来，使机械化和半机械化结合起来，尽量扩大机械化施工范围，提高机械化施工程度。同时要充分发挥机械设备的生产率，保持其作业的连续性，提高机械设备的利用率。

1.5.8 尽量采用国内外先进施工技术和科学管理方法

先进的施工技术与科学的施工管理手段相结合，是改善建筑施工企业和建筑施工项目经理部的生产经营管理素质、提高劳动生产率、保证工程质量、缩短工期、降低工程成本的重要途径。为此，在编制施工组织设计时，应广泛地采用国内外先进施工技术和科学的施工管理方法。

1.5.9 尽量减少暂设工程，合理地储备物资，减少物资运输量，科学地布置施工平面图

在组织工程项目施工时，对暂设工程和大型临时设施的用途、数量和建造方式等方面，要进行技术经济的可行性研究，在满足施工需要的前提下，使其数量最少和造价最低。这对降低工程成本和减少施工用地都是十分重要的。

建筑产品生产所需要的建筑材料、构配件、制品等种类繁多、数量庞大，各种物资的储存数量、方式都必须科学合理。对库存物资采用 ABC 分类法和经济订购批量法，在保证正常供应的前提下，其储存数额要尽可能地减少。这样可以大量减少仓库、堆场

的占地面积，对于降低成本、提高工程项目的经济效益，都是事半功倍的好办法。

建筑材料的运输费在工程成本中所占的比重也是相当可观的，因此在组织工程项目施工时，要尽量采用当地资源，减少其运输量。同时应该选择最优的运输方式、工具和线路，使其运输费用最低。

减少暂设工程的数量和物资储备的数量，这对合理地布置施工平面图提供了有利条件。施工平面图在满足施工需要的情况下，尽可能使其紧凑与合理，减少施工用地，有利于降低工程成本。

1.5.10 做好现场文明施工和环境保护工作

在施工现场做好文明施工和环境保护，既是组织施工的一项基本要求，又可以提升工程项目施工的整体形象，对施工现场的安全、质量和工程进度控制工作的好转都会产生一定的促进作用，从而可提高施工生产的综合效益。

上岗工作要点：

1. 熟悉建筑产品的特点及建筑产品生产的特点，精心组织施工。
2. 熟悉标前施工组织设计与标后施工组织设计的区别，为施工做好准备。
3. 正确理解施工组织设计的分类、所包含的内容以及施工组织的基本原则。

习　题

1. 试述建筑产品及其生产的特点。
2. 什么是施工组织设计？施工组织设计可分为哪几类？试说明这些类型之间的关系。
3. 施工组织设计的基本内容有哪些？
4. 标前施工组织设计与标后施工组织设计有何区别？
5. 施工组织设计的任务和作用有哪些？
6. 施工组织的基本原则有哪些？
7. 从本课程学习方法的视角试述培养自身“做人”和“做事”双重技能的思路。

2 施工准备

重点提示

1. 本章在了解施工准备工作的重要性、分类和要求的基础上，掌握施工准备工作的内容及方法。

2. 熟悉施工准备工作计划及开工报告的准备。

2.1 概　　述

施工准备工作是为了保证工程顺利开工和施工活动正常进行而必须事先做好的各项工作。它不仅存在于开工之前，而且贯穿整个工程建设的全过程。因此，应当自始至终按照“不打无准备之仗”的原则来做好这项工作，否则就会丧失主动权，处处被动，甚至使施工无法开展。

2.1.1 施工准备工作的重要性

2.1.1.1 施工准备工作是建筑业企业生产经营管理的重要组成部分

现代企业管理理论认为，企业管理的重点是生产经营，而生产经营的核心是决策。施工准备工作作为生产经营管理的重要组成部分，对拟建工程目标、资源供应和施工方案及其空间布置和时间排列等诸方面进行了选择和施工决策。它有利于企业搞好目标管理、推行技术经济责任制。

2.1.1.2 施工准备工作是建筑施工程序的重要阶段

现代工程施工是十分复杂的生产活动，其技术规律和市场经济规律要求工程施工必须严格按照建筑施工程序进行。施工准备工作是保证整个工程施工顺利进行的重要环节，可以为拟建工程的施工创造必要的技术和物质条件，统筹安排施工力量和施工现场。

2.1.1.3 做好施工准备工作，降低施工风险

由于建筑产品及其施工生产的特点，其生产过程受外界干扰及自然因素的影响较大，因而施工中可能遇到的风险较多。只有根据周密的分析和多年积累的施工经验，采取有效控制措施，充分做好施工准备工作，才能加强应变能力，从而降低风险损失。

2.1.1.4 做好施工准备工作，提高企业综合经济效益

认真做好施工准备工作，有利于发挥企业优势、合理供应资源、加快施工进度、提高工程质量、降低工程成本、增加企业经济效益、赢得企业社会信誉、实现企业管理现

代化，从而提高企业综合经济效益。

实践证明，只有重视且认真细致地做好施工准备工作，积极为工程项目创造一切施工条件，才能保证施工顺利进行。否则，就会给工程施工带来麻烦和损失，造成施工停顿、质量安全事故等恶果。

2.1.2 施工准备工作的分类及内容

2.1.2.1 施工准备工作的分类

1. 按施工准备工作的范围不同进行分类

(1) 全场性施工准备。它是以整个建设项目为对象而进行的各项施工准备，其作用是为整个建设项目的顺利施工创造条件，既为全场性的施工活动创造有利条件，也兼顾单位工程施工条件的准备。

(2) 单项（单位）工程施工条件准备。它是以一个建筑物或构筑物为对象而进行的各项施工准备。其作用是为分部（项）工程的顺利施工创造条件，既为单项（单位）工程做好一切准备，又为分部（项）工程做好施工准备工作。

(3) 分部（项）工程作业条件准备。它是以一个分部（分项）工程工程为对象而进行的作业条件准备。

2. 按工程所处的施工阶段不同进行分类

(1) 开工前的施工准备工作。它是在拟建工程正式开工之前所进行的带有全局性和总体性的施工准备。其作用是为工程开工创造必要的施工条件。它既可能是全场性的施工准备，又可能是单项（单位）工程的施工条件准备。

(2) 各施工阶段前的施工准备。它是在工程开工后，每个施工阶段正式开工前所进行的施工准备工作，其作用是为每个施工阶段正式开工创造必要的施工条件。它一方面是开工前施工准备工作的深化和具体化；另一方面，要根据各施工阶段的实际需要和变化情况，随时做出补充修正与调整。如一般框架结构建筑的施工，可以分为地基基础工程、主体结构工程、屋面工程、装饰装修工程等施工阶段，每个施工阶段的施工内容不同，所需要的技术条件、物资条件、组织措施要求和现场平面布置等方面要求也就不同；因此，在每个施工阶段开始之前，都必须做好相应的施工准备。

因此，施工准备工作具有整体性与阶段性的统一，且体现出连续性，必须有计划、有步骤、分期、分阶段进行，要贯穿拟建工程整个建造过程。

2.1.2.2 施工准备工作的内容

施工准备工作的内容一般可以归纳为调查研究与收集资料、技术资料准备、资源准备、施工现场准备、季节施工准备，如图 2-1 所示。

由于每项工程的设计要求及其具备的条件不同，施工准备工作的内容繁简程度也不同。如只有一个单项工程的施工项目与包含多个单项工程的群体项目；一般小型项目与规模庞大的大中型项目；在未开发地区兴建的项目与正在开发且各种条件都具备的地区兴建的项目；结构简单、传统工艺施工的项目与采用新材料、新结构、新技术、新工艺施工的项目等。因工程的特殊需要和特殊条件而对施工准备工作提出不同的要求，只有按施工项目的规划来确定准备工作的内容，并拟定具体的、分阶段的施工准备工作实施计划，才能充分地为施工创造一切必要的条件。

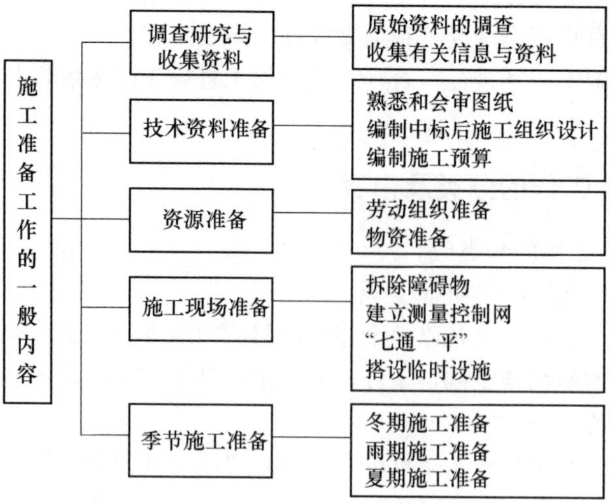

图 2-1 施工准备工作的内容

2.1.3 施工准备工作的要求

2.1.3.1 施工准备工作应有组织、有计划、分阶段、有步骤地进行

(1) 建立施工准备工作的组织机构,明确相应管理人员。

(2) 编制施工准备工作计划表,保证施工准备工作按计划落实。

(3) 将施工准备工作按工程的具体情况划分为开工前、地基基础工程、主体工程、屋面与装饰装修工程等时间区段,分期、分阶段、有步骤地进行。

2.1.3.2 建立严格的施工准备工作责任制及相应的检查制度

由于施工准备工作项目多、范围广,因此必须建立严格的责任制,按计划将责任落实到有关部门及个人,明确各级技术负责人在施工准备工作中应负的责任,使各级技术负责人认真做好施工准备工作。

在施工准备工作实施过程中,应定期进行检查,可按周、半月、月度进行检查。检查的目的在于督促及发现薄弱环节、不断改进工作。施工准备工作的检查内容:主要检查施工准备工作计划的执行情况。如果没有完成计划的要求,应进行分析,找出原因,排除障碍,协调施工准备工作进度或调整施工准备工作计划。检查的方法可采用实际与计划对比法;或采用相关单位、人员割分制,检查施工准备工作情况,当场分析产生问题的原因,提出解决问题的方法。后一种方法解决问题及时、见效快,现场常采用。

2.1.3.3 坚持按基本建设程序办事,严格执行开工报告制度

当施工准备工作情况达到开工条件要求时,应向监理工程师报送工程开工报审表及开工报告等有关资料,由总监理工程师签发,并报建设单位后,在规定的时间内开工。

2.1.3.4 施工准备工作必须贯穿施工全过程

施工准备工作不仅要在开工前集中进行,在工程开工后,也要及时、全面地做好各施工阶段的准备工作,贯穿在整个施工过程中。

2.1.3.5 施工准备工作及要取得各协作及相关单位的友好支持与配合

由于施工准备工作涉及面广，因此除了施工单位自身努力做好外，还要取得建设单位、监理单位、设计单位、供应单位、银行、行政主管部门、交通运输单位等协作及相关单位的大力支持，步调一致，分工负责，共同做好施工准备工作。以缩短施工准备工作的时间，争取早日开工，施工中密切配合，保证整个施工过程顺利进行。

2.2 调查研究与收集资料

对一项工程所涉及的自然条件和技术经济条件等施工资料进行调查研究与收集整理，是施工准备工作的一项重要内容，也是编制施工组织设计的重要依据。尤其是当施工单位进入一个新的城市或地区，对建设地区的技术经济条件、场地特征和社会情况等不太熟悉，此项工作显得尤为重要。调查研究与收集资料的工作应有计划、有目的地进行，事先要拟定详细的调查提纲。其调查的范围、内容要求等应根据拟建工程的规模、性质、复杂程度、工期以及对当地了解程度确定。调查时，除向建设单位、勘察设计单位、当地气象台站及有关部门和单位收集资料及了解有关规定外，还应到实地勘测，并向当地居民了解。对调查、收集到的资料应注意整理归纳、分析研究，对其中特别重要的资料，必须复查其数据的真实性和可靠性。

2.2.1 原始资料的调查

2.2.1.1 对建设单位与设计单位的调查

向建设单位与设计单位调查的项目见表 2-1。

表 2-1 向建设单位与设计单位调查的项目

序号	调查单位	调查内容	调查目的
1	建设单位	1. 建设项目设计任务书、有关文件 2. 建设项目性质、规模、生产能力 3. 生产工艺流程、主要工艺设备名称及来源、供应时间、分批和全部到货时间 4. 建设期限、开工时间、交工先后顺序、竣工投产时间 5. 总概算投资、年度建设计划 6. 施工准备工作的内容、安排、工作进度表	1. 施工依据 2. 项目建设部署 3. 制定主要工程施工方案 4. 规划施工总进度 5. 安排年度施工计划 6. 规划施工总平面图 7. 确定占地范围
2	设计单位	1. 建设项目总平面规划 2. 工程地质勘查资料 3. 水文勘查资料 4. 项目建筑规模，建筑、结构、装修概况，总建筑面积、占地面积 5. 单项（单位）工程个数 6. 设计进度安排 7. 生产工艺设计、特点 8. 地形测量图	1. 规划施工总平面图 2. 规划生产施工区、生活区 3. 安排大型监建工程 4. 概算施工总进度 5. 规划施工总进度 6. 计算平整场地土石方量 7. 确定地基、基础的施工方案

2.2.1.2 自然条件调查分析

自然条件调查分析包括对建设地区的气象资料、工程地形地质、工程水文地质、周围民宅的坚固程度及其居民的健康状况等项调查。为制定施工方案、此项技术组织措施、冬雨期施工措施，进行施工平面规划布置等提供依据；为编制现场“七通一平”计划提供依据，如地上建筑物的拆除、高压电线路的搬迁、地下构筑物的拆除和各种管线的搬迁等项工作；为了减少施工危害，如打桩工程在打桩前，对居民的危房采取保护性措施。自然条件调查的项目见表 2-2。

表 2-2 自然条件调查的项目

序号	项目	调查内容	调查目的
1		气象资料	
(1)	气温	1. 全年各月平均温度 2. 最高温度、月份，最低温度、月份 3. 冬期、夏期室外计算温度 4. 霜、冻、冰雹期 5. 小于－3℃、0℃、5℃的天数，起止日期	1. 防暑降温 2. 全年正常施工天数 3. 冬期施工措施 4. 估计混凝土、砂浆强度增长
(2)	雨（雪）	1. 雨期起止时间 2. 全年降水量、一日最大降水量 3. 全年雷暴天数、时间 4. 全年各月平均降水量	1. 雨期施工措施 2. 现场排水、防洪 3. 确定工地防雷设施 4. 雨天天数估计
(3)	风	1. 主导风向及频率（风玫瑰图） 2. 大于或等于 8 级风的全年天数、时间	1. 布置临时设置 2. 高空作业及吊装措施
2		工程地形、地质	
(1)	地形	1. 区域地形图 2. 工程位置地形图 3. 工程建设地区的城市规划 4. 控制桩、水准点的位置 5. 地形、地质的特征 6. 勘察文件、资料等	1. 选择施工用地 2. 合理布置施工总平面图 3. 计算现场平整土方量 4. 障碍物及数量 5. 拆迁和清理施工现场
(2)	地质	1. 钻孔布置图 2. 地质剖面图（各层土的特征、厚度） 3. 土质稳定性：滑坡、流砂、冲沟 4. 地基土强度的结论，各项物理力学指标：天然含水量、孔隙比、渗透性、压缩性指标、塑性指数、地基承载力 5. 软弱土、膨胀土、湿陷性黄土分布情况；最大冻结深度 6. 防空洞、枯井、土坑、古墓、洞穴，地基土破坏情况 7. 地下沟渠管网、地下构筑物	1. 土方施工方法的选择 2. 地基处理方法 3. 基础、地下结构施工措施 4. 障碍物拆除计划 5. 基坑开挖方案设计
(3)	地震	抗震设防烈度的大小	对地基、结构影响，施工注意事项

续表

序号	项目	调查内容	调查目的
3		工程水文地质	
(1)	地下水	1. 最高、最低水位及时间 2. 流向、流速、流量 3. 水质分析 4. 抽水试验、测定水量	1. 土方施工基础施工方案的选择 2. 降低地下水位方法、措施 3. 判定侵蚀性质及施工注意事项 4. 使用、饮用地下水的可能性
(2)	地面水（地面河流）	1. 邻近的江河、湖泊及距离 2. 洪水、平水、枯水时期，其水位、流量、流速、航道深度，通航可能性 3. 水质分析	1. 临时给水 2. 航运组织 3. 水工工程
(3)	周围环境及障碍物	1. 施工区域现有建筑物、构筑物、沟渠、水流、树木、土堆、高压输变电线路等 2. 邻近建筑坚固程度及其人员工作、生活、健康状况	1. 及时拆迁、拆除 2. 保护工作 3. 合理布置施工平面 4. 合理安排施工进度

2.2.2 收集相关信息与资料

2.2.2.1 技术经济条件调查分析

技术经济条件调查分析包括地方建筑生产企业，地方资源交通运输，水、电及其他能源，主要设备、三大材料和特殊材料，以及它们的生产能力等项调查。调查的项目见表 2-3～表 2-9。

表 2-3 地方建筑材料及构件生产企业情况调查内容

序号	企业名称	产品名称	规格质量	单位	生产能力	供应能力	生产方式	出厂价格	运距	运输方式	单位运价	备注

注：1. 名称按照构件厂，木工厂，金属结构厂，商品混凝土厂，砂石厂，建筑设备厂，砖、瓦、石灰厂等填列；
2. 资料来源：当地计划、经济、建设主管部门；
3. 调查明细：落实物资供应。

表 2-4 地方资源情况调查内容

序号	材料名称	产地	储存量	质量	开采（生产）量	开采费	出厂价	运距	运费	供应的可能性

注：1. 材料名称栏按照块石、碎石、砾石、砂、工业废料（包括冶金矿渣、电站粉煤灰）填列；
2. 调查目的：落实地方物资准备工作。

表 2-5 地区交通运输条件调查内容

序号	项目	调查内容	调查目的
1	铁路	1. 邻近铁路专用线、车站至工地的距离及沿途运输条件 2. 站场卸货路线长度，起重能力和储存能力 3. 装载单个货物的最大尺寸、质量的限制 4. 运费、装卸费和装卸力量	1. 选择施工运输方式 2. 拟定施工运输计划

续表

序号	项目	调查内容	调查目的
2	公路	1. 主要材料产地至工地的公路等级，路面构造宽度及完好情况，允许最大载重量 2. 途经桥涵等级、允许最大载重量 3. 当地专业机构及附近村镇能提供的装卸、运输能力，汽车、畜力、人力车的数量及运输效率，运费、装卸费 4. 当地有无汽车修配厂、修配能力和至工地距离、路况 5. 沿途架空电线高度	
3	航运	1. 货源、工地至邻近河流、码头渡口的距离，道路情况 2. 洪水、平水、枯水期和封冻期通航的最大船只及吨位，取得船只的可能性 3. 码头装卸能力，最大起重量，增设码头的可能性 4. 港口的渡船能力，同时可载汽车、马车数，每日次数，能为施工提供的能力 5. 运费、渡口费、装卸费	

表 2-6　供水、供电、供气条件调查内容

序号	项目	调查内容
1	给水排水	1. 与当地现有水源连接的可能性，可供水量，接管地点、管径、管材、埋深、水压、水质、水费，至工地距离，地形地物情况 2. 临时供水源：利用江河、湖水的可能性，水源、水量、水质、取水方式，至工地距离，地形地物情况，临时水井位置、深度、出水量、水质 3. 利用永久排水设施的可能性，施工排水去向、距离、坡度，有无洪水影响，现有防洪设施及排洪能力
2	供电与通信	1. 电源位置，引入的可能，允许供电容量、电压、导线截面、距离、电费、接线地点，至工地距离，地形地物情况 2. 建设单位、施工单位自有发电、变电设备的规格型号、台数、能力、燃料、资料及可能性 3. 利用邻近电信设备的可能性，电话、电报局至工地距离，增设电话设备和计算机等自动化办公设备和线路的可能性
3	供气	1. 蒸汽来源，可供能力、数量，接管地点、管径、埋深，至工地距离，地形地物情况，供气价格，供气的正常性 2. 建设单位、施工单位自有锅炉型号、台数、能力，所需燃料、用水水质、投资费用 3. 当地单位、建设单位提供压缩空气、氧气的能力，至工地的距离

注：1. 资料来源：当地城建、供电局、水厂等单位及建设单位；
　　2. 调查目的：选择给水排水、供电、供气方式，做经济比较。

表 2-7　三大材料、特殊材料及主要设备调查内容

序号	项目	调查内容	调查目的
1	三大材料	1. 钢材订货的规格、牌号、强度等级、数量和到货时间 2. 木材料订货的规格、等级、数量和到货时间 3. 水泥订货的品种、强度等级、数量和到货时间	1. 确定临时设施和堆放场地 2. 确定木材加工计划 3. 确定水泥储存方式
2	特殊材料	1. 需要品种、规格、数量 2. 试制、加工和供应情况 3. 进口材料和新材料	1. 制订供应计划 2. 确定储存方式
3	主要设备	1. 主要工艺设备的名称、规格、数量和供货单位 2. 分批和全部到货时间	1. 确定临时设施和堆放场地 2. 拟定防雨措施

表 2-8 建设地区社会劳动力和生活设施的调查内容

序号	项目	调查内容	调查目的
1	社会劳动力	1. 少数民族地区的风俗习惯 2. 当地能提供的劳动力人数、技术水平、工资费用和来源 3. 上述人员的生活安排	1. 拟定劳动力计划 2. 安排临时设施
2	房屋设施	1. 必须在工地居住的单身人数和户数 2. 能作为施工用的现有的房屋栋数，每栋面积，结构特征，总面积，位置，水、暖、电、卫、设备状况 3. 上述建筑物的适宜用途，用作宿舍、食堂、办公室的可能性	1. 确定现有房屋为施工服务的可能性 2. 安排临时设施
3	周围环境	1. 主副食品供应，日用品供应，文化教育，消防治安等机构能为施工提供的支援能力 2. 邻近医疗单位至工地的距离，可能就医情况 3. 当地公共汽车、邮电服务情况 4. 周围是否存在有害气体、污染情况，有无地方病	安排职工生活基地，解除后顾之忧

表 2-9 参加施工的各单位能力调查或内容

序号	项目	调查内容
1	工人	1. 工人数量、分工种人数，能投入本工程施工的人数 2. 专业分工及一专多能的情况，工人队组形式 3. 定额完成情况，工人技术水平、技术等级构成
2	管理人员	1. 管理人员总数，所占比例 2. 其中技术人员数，专业情况，技术职称，其他人员数
3	施工机械	1. 机械名称、型号、能力、数量、新旧程度、完好率，能投入本工程施工的情况 2. 总装备程度（马力/全员） 3. 分配、新购情况
4	施工经验	1. 历年曾施工的主要工程项目、规模、结构、工期 2. 习惯施工方法，采用过的先进施工方法，构件加工、生产能力、质量 3. 工程质量合格情况，科研、革新成果
5	经济指标	1. 劳动生产率，年完成能力 2. 质量、安全、降低成本情况 3. 机械化程度 4. 工业化程度设备、机械的完好率、利用率

注：1. 资料来源：参加施工的各单位；
2. 调查目的：明确施工力量、技术素质，规划施工任务分配、安排。

2.2.2.2 其他相关信息与资料的收集

其他相关信息与资料包括：现行的由国家有关部门制定的技术规范、规程及有关技术规定，如《建筑工程施工质量验收统一标准》（GB 50300—2013）及相关专业工程施工质量验收规范，《建筑施工安全检查标准》（JGJ 59—2011）及有关专业工程安全技术规范规程，《建筑工程项目管理规范》（GB/T 50326—2017），《建设工程文件归档规范》（2019年版）（GB/T 50328—2014），《建筑工程冬期施工规程》（JGJ/T 104—2011），各专业工程施工技术规范等；企业现有的施工定额、施工手册、类似工程的技术资料及平时施工实践活动中所积累的资料等。收集这些相关信息与资料，是进行施工准备工作和编制施工组织设计的依据之一，可为其提供有价值的参考。

2.3 技术资料准备

技术资料准备即通常所说的“内业”工作，它是施工准备的核心，指导着现场施工准备工作，对于保证建筑产品质量，实现安全生产，加快工程进度，提高工程经济效益都具有十分重要的意义。任何技术差错和隐患都可能引起人身安全和质量事故，造成生命财产和经济的巨大损失，因此，必须重视做好技术资料准备工作。其主要内容包括熟悉和会审图纸、编制中标后施工组织设计、编制施工预算等。

2.3.1 熟悉和会审图纸

施工图全部（或分阶段）出图以后，施工单位应依据建设单位和设计单位提供的初步设计或扩大初步设计（技术设计）、施工图设计、建筑总平面图、土方工程竖向设计和城市规划等资料文件，调查、收集的原始资料和其他相关信息与资料。组织有关人员对设计图纸进行学习和会审工作，使参与施工的人员掌握施工图的内容、要求和特点，同时发现施工图中的问题，以便在图纸会审时统一提出，解决施工图中存在的问题，确保工程施工顺利进行。

2.3.1.1 熟悉图纸阶段

1. 熟悉图纸工作的组织

由施工单位该工程项目经理部组织有关工程技术人员认真熟悉图纸，了解设计意图与建设单位要求以及施工应达到的技术标准，明确工程流程。

2. 熟悉图纸的要求

(1) 先粗后细。就是先看平面图、立面图、剖面图，对整个工程的概貌有一个了解，对总的长度、宽度、轴线尺寸、标高、层高、总高有一个大体的印象。然后看细部做法，核对总尺寸与细部尺寸、位置、标高等信息，检查门窗表中的门窗型号、规格、形状、数量是否与结构相符等。

(2) 先小后大。就是先看小样图，后看大样图。核对在平面图、立面图、剖面图中标注的细部做法，与大样图的做法是否相符；检查标准构件图集编号、类型、型号，与设计图纸有无矛盾，索引符号有无漏标，大样图是否齐全等。

(3) 先建筑后结构。就是先看建筑图，后看结构图。把建筑图与结构图互相对照，核对其轴线尺寸、标高，查对有无遗漏尺寸、有无构造不合理之处。

(4) 先一般后特殊。就是先看一般的部位和要求，后看特殊的部位和要求。特殊部位一般包括地基处理方法、变形缝的设置、防水处理要求和抗震、防火、保温、隔热、防尘、特殊装修等技术要求。

(5) 图纸与说明结合。就是在看图时对照设计总说明和图中的细部说明，核对图纸和说明有无矛盾、规定是否明确、要求是否可行、做法是否合理等。

(6) 土建与安装结合。就是看土建图时，有针对性地看一些安装图，核对与土建有关的安装图有无矛盾，预埋件、预留洞、槽的位置、尺寸与图纸是否一致，了解安装对土建的要求，以便考虑在施工中的协作配合。

（7）图纸要求与实际情况结合。就是核对图纸有无不符合实际施工之处，如建筑物相对位置、场地标高、地质情况等是否与设计图纸相符；对一些特殊的施工工艺，施工单位能否做到等。

2.3.1.2 自审图纸阶段

1. 自审图纸的组织

由施工单位该项目经理部组织各工种人员对本工种的有关图纸进行审查，掌握和了解图纸中的细节；在此基础上，由总承包单位内部的土建与水、暖、电等专业，共同核对图纸、消除差错、协商施工配合事项；最后，总承包单位与外分包单位（如桩基础施工、装饰工程施工、设备安装施工等）在各自审查图纸基础上，共同核对图纸中的差错及协商有关施工配合问题。

2. 自审图纸的要求

（1）审查拟建工程的地点、建筑总平面图与国家、城市或地区规划是否一致，以及建筑物或构筑物的设计功能和使用要求是否符合环卫、防火及美化城市方面的要求。

（2）审查设计图纸是否完整齐全以及设计图纸和资料是否符合国家有关技术规范要求。

（3）审查建筑、结构、设备安装图纸是否相符，有无“错、漏、碰、缺”，内部结构和工艺设备与图纸有无矛盾。

（4）审查地基处理与基础设计同拟建工程地点的工程地质和水文地质等条件是否一致，以及建筑物或构筑物与原地下构筑物及管线之间有无矛盾。深基础的防水方案是否可靠，材料、设备能否解决。

（5）明确拟建工程的结构形式和特点，复核主要承重结构的承载力、刚度和稳定性是否满足要求，审查设计图纸中的形体复杂、施工难度大的技术要求高的分部（项）工程或新结构、新材料、新工艺，在施工技术和管理水平上能否满足质量和工期要求，选用的材料、构配件、设备等能否解决。

（6）明确建设期限，分期分批投产或交付使用的顺序和时间，以及工程所用的主要材料、设备的数量、规格、来源和供货日期。

（7）明确建设单位、设计单位和施工单位等之间的协作、配合关系，以及建设单位可以提供的施工条件。

（8）审查设计是否考虑了施工的需要，各种结构的承载力、刚度和稳定性是否满足设置内爬式、附着式、固定式塔式起重机等使用的要求。

2.3.1.3 图纸会审阶段

1. 图纸会审的组织

一般工程由建设单位组织并主持会议，设计单位交底，施工单位、监理单位参加。重点工程或规模较大及结构、装修较复杂的工程，如有必要可邀请各主管部门、消防、防疫与协作单位参加，会审的程序如下：

设计单位做设计交底，施工单位对图纸提出问题，有关单位发表意见，与会者讨论、研究、协商，逐条解决问题并达成共识，组织会审的单位汇总成文，各单位会签，形成图纸会审纪要，见表2-10，会审纪要作为与施工图纸具有同等法律效力的技术文件使用。

表 2-10　图纸会审记录

会审日期：　　　　　　　　　　年　月　日　编号：

<table>
<tr><td rowspan="2">工程名称</td><td colspan="3" rowspan="2"></td><td>共　页</td></tr>
<tr><td>第　页</td></tr>
<tr><td>图纸编号</td><td colspan="2">提出问题</td><td colspan="2">会审结果</td></tr>
<tr><td></td><td colspan="2"></td><td colspan="2"></td></tr>
<tr><td>会审单位（公章）</td><td>建设单位</td><td>监理单位</td><td>设计单位</td><td>施工单位</td></tr>
<tr><td>参加会审人员</td><td></td><td></td><td></td><td></td></tr>
</table>

2. 图纸会审的要求

审查设计图纸及其他技术资料时，应注意以下问题：

（1）设计是否符合国家有关方针、政策和规定。

（2）设计规模、内容是否符合国家有关的技术规范要求，尤其是强制性标准的要求，是否符合环境保护和消防安全的要求。

（3）建筑设计是否符合国家有关的技术规范要求，尤其是强制性标准的要求，是否符合环境保护和消防安全的要求。

（4）建筑平面布置是否符合核准的按建筑红线划定的详图和现场实际情况；是否提供符合要求的永久水准点或临时水准点位置。

（5）图纸及说明是否安全、清楚、明确。

（6）结构、建筑、设备等图纸本身及相互之间是否有错误和矛盾，图纸与说明之间有无矛盾。

（7）有无特殊材料（包括新材料）要求，其品种、规格、数量能否满足需要。

（8）设计是否符合施工技术装备条件，如需采取特殊技术措施时，技术上有无困难，能否保证安全施工。

（9）地基处理及基础设计有无问题，建筑物与地下构筑物、管线之间有无矛盾。

（10）建（构）筑物及设备的各部位尺寸、轴线位置、标高、预留孔洞及预埋件、大样图及做法说明有无错误和矛盾。

2.3.2　编制中标后施工组织设计

中标后施工组织设计是施工单位在施工准备阶段编制的指导拟建工程从施工准备到竣工验收乃至保修的技术经济、组织的综合性文件，也是编制施工预算、实行项目管理的依据，是施工准备工作的主要文件。它是在投标书施工组织设计的基础上，结合所收集的原始资料和相关信息资料，根据图纸及会审纪要，按照编制施工组织设计的基本原则，综合建设单位、监理单位、设计意图的具体要求进行编制，以保证工程好、快、省、安全、顺利地完成。

施工单位必须在约定的时间内完成中标后施工组织设计的编制与自审工作，并填写施工组织设计报审表，报送项目监理机构。总监理工程师应在约定的时间内，组织专业监理工程师审查，提出审查意见后，由总监理工程师审定批准，需要施工单位修改时，由总监理工程师签发书面意见，退回施工单位修改后再报审，总监理工程师应重新审定，已审定的施工组织设计由项目监理机构报送建设单位。施工单位应按审定的施工组织设计文件组织施工，如需对其内容做较大变更，应在实施前将变更书面内容报送项目监理机构重新审定。对规模大、结构复杂或属新结构、特种结构的工程，专业监理工程师提出审查意见后，由总监理工程师签发审查意见，必要时与建设单位协商，组织有关专家会审。

2.3.3 编制施工预算

施工预算是施工单位根据施工合同价款及相应中标价的施工图预算、施工图纸、施工组织设计或施工方案、施工定额等文件进行编制的企业内部经济文件，它直接受施工合同中合同价款及相应中标价的施工图预算的控制，是施工前的一项重要准备工作。它是施工企业内部控制各项成本支出、考核用工、签发施工任务书、限额领料，基层进行经济核算和经济活动分析的依据。在施工过程中，要按施工预算严格控制各项指标，以降低工程成本和提高施工管理水平。

2.4 资源准备

2.4.1 人力资源准备

工程项目是否按目标完成，很大程度上取决于承担这一工程的施工人员的素质。人力资源准备包括施工管理层和作业层两大部分，这些人员的合理选择和配备，将直接影响工程质量与安全、施工进度及工程成本，因此，人力资源准备是开工前施工准备的一项重要内容。

人力资源准备分两部分，一是项目组织机构，二是劳动力准备。

2.4.1.1 项目组织机构建设

对于实行项目管理的工程，建立项目组织机构就是建立项目经理部。高效率的项目组织机构的建立，是为建设单位服务的，是为项目管理目标服务的。这项工作实施的合理与否很大程度上关系到拟建工程能否顺利进行。施工企业建立项目经理部，要针对工程特点和建设单位要求，根据有关规定进行精心组织安排，认真抓实、抓细、抓好。

1. 项目组织机构的组成及岗位职责

建筑业现状是施工项目实行项目经理负责制，技术负责人、项目副经理、合同经理、项目书记、机电经理等主抓各职能板块的组织机构体系，其中土建总承包管理板块下设九个部门，分别是工程部、技术部、质量部、安全部、合约部、物资部、机电部、财务部、后勤部。项目组织机构图见图 2-2。

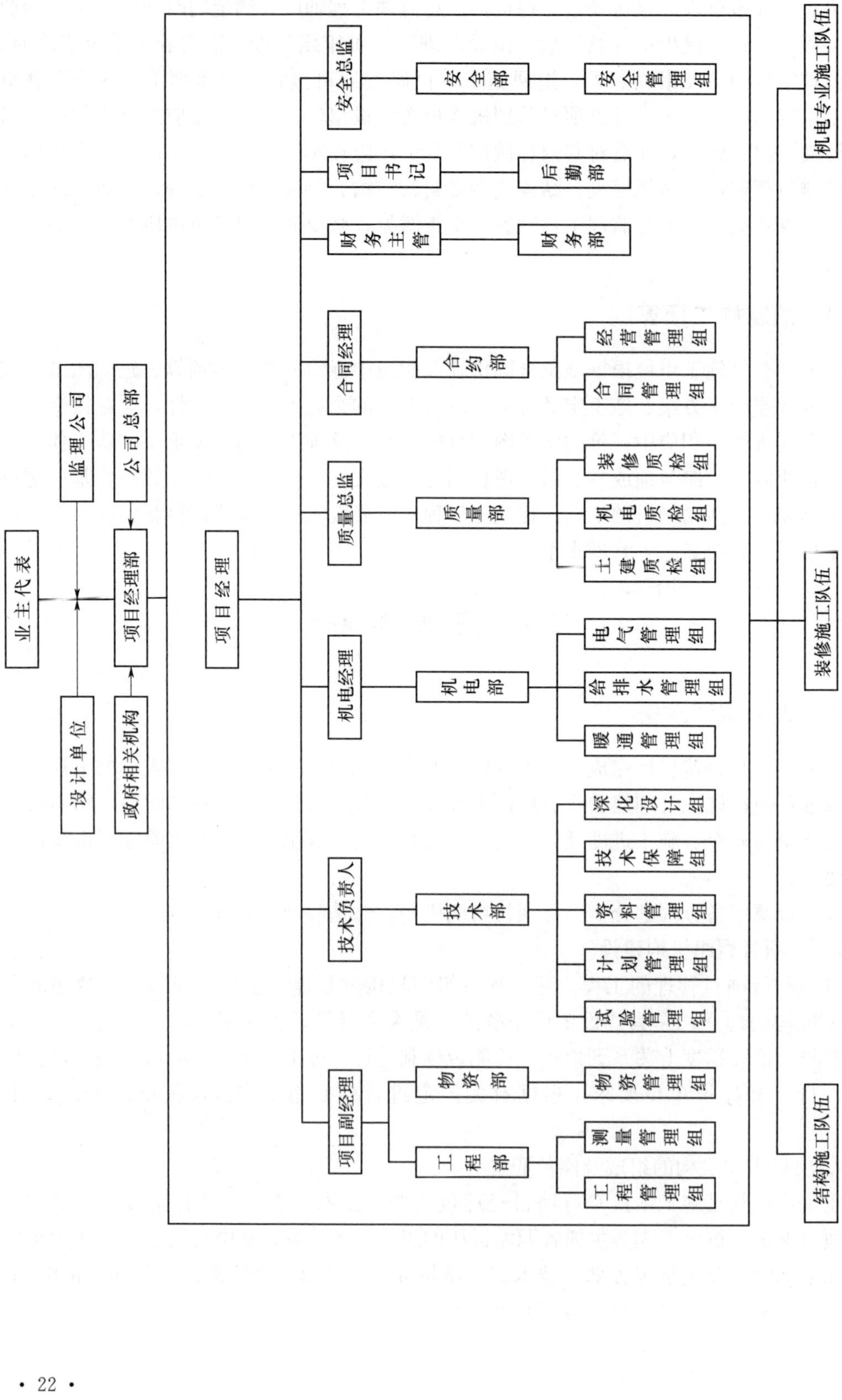
业主代表
设计单位
监理公司
项目经理部
政府相关机构
公司总部
项目经理
项目副经理
技术负责人
机电经理
质量总监
合同经理
财务主管
项目书记
安全总监
工程部
物资部
技术部
机电部
质量部
合约部
财务部
后勤部
安全部
工程管理组
测量管理组
物资管理组
试验管理组
计划管理组
资料管理组
技术保障组
深化设计组
暖通管理组
给排水管理组
电气管理组
土建质检组
机电质检组
装修质检组
合同管理组
经营管理组
安全管理组
结构施工队伍
装修施工队伍
机电专业施工队伍

图2-2 项目组织机构图

根据管理体系图，建立岗位责任制和质量监督制度，明确分工职责，落实施工质量控制责任，各岗位各司其职，以科学、有序的状态高效率地完成本工程。各岗位的职责具体如下：

（1）项目经理

项目经理是施工企业法人代表在项目上的委托代表，根据授权在项目上负责施工现场全部施工组织的领导工作及对外联络、协调工作。

（2）技术负责人

协助项目经理主抓技术管理、质量管理工作，通过加强施工全过程的管理，保证质量目标的实现。

（3）项目副经理

协助项目经理进行日常生产管理工作，制订和实施工期管理措施，确保工程进度按计划实现，负责施工现场的施工安全监督与检查，领导现场文明施工及现场 CI 形象管理。

（4）合同经理

组织编制和办理工程款结算、工程签证等工作。参与经济合同仲裁，负责劳务队伍工程款决算工作。主管经营及商务工作，负责经营、财务以及物资人员有关预算报价、财务成本控制及材料订货价格审定等工作。

（5）项目书记

项目书记主要负责项目内部日常行政工作；协助项目经理完成相关政府部门各种综合执法大检查、安全生产文明施工检查的准备工作，完成施工报建、竣工验收、档案移交等与政府主管部门直接相关的工作；并协调好与施工现场周边单位及居民的关系，为工程施工顺利进行创造良好条件。

（6）机电经理

主抓项目机电施工生产工作，直接领导机电部工作。负责项目机电与土建的协调配合工作。负责领导机电施工的进度计划、施工方案编制，参与材料设备的订货审定，并检查考核实施情况，负责解决安装方面的工程技术及质量问题。以及有关施工深化图的设计，对安装的最终质量把关。

（7）安全总监

负责施工现场的安全监督和管理工作，对违章现象有制止权、处置权，紧急情况下有停止作业权，负责现场的安全教育工作。

（8）质量总监

负责施工现场过程施工质量的监督和管理工作，对于质量事故直接进行调查，呈报项目经理。

2. 项目组织机构的设置原则

（1）用户满意原则。施工单位要根据单位要求组建项目经理部，让建设单位满意放心。

（2）全能配套原则。项目经理要安全管理、善经营、懂技术，能担任公关，且要具有较强的适应能力与应变能力和开拓进取精神。项目经理部成员要有施工经验、创造精神，工作效率高。项目经理部既合理分工又密切协作，人员配置应满足施工项目管理的需要，如大型项目，管理人员必须具有一级项目经理资质，管理人员中的高级职称人员不应低于10%。

(3) 精干高效原则。施工管理机构要尽量压缩管理层次，因事设职，因职选人，做到管理人员精干、一职多能、人尽其才、恪尽职守，以适应市场变化要求。避免松散、重叠、人浮于事。

(4) 管理跨度原则。管理跨度过大，鞭长莫及且心有余而力不足；管理跨度过小，人员增多，造成资源浪费。因此，施工管理机构各层面设置是否合理，要看确定的管理跨度是否科学，也就是应使每一个管理层面都保持适当工作跨度，以对各层面管理人员在职责范围内实施有效的控制。

(5) 系统化管理原则。建设项目是由许多子系统组成的有机整体，系统内部存在大量的“结合”部，各层次的管理职能的设计要形成一个相互制约、相互联系的完整体系。

3. 项目经理部的设立步骤

(1) 根据企业批准的“项目管理规划大纲”，确定项目经理部的管理任务和组织形式。

(2) 确定项目经理的层次，设立职能部门与工作岗位。

(3) 确定人员、职责、权限。

(4) 由项目经理根据“项目管理目标责任书”进行目标分解。

(5) 组织有关人员制订规章制度和目标责任考核、奖惩制度。

4. 项目经理部的组织形式

项目经理部的组织形式应根据施工项目的规模、结构复杂程度、专业特点、人员素质和地域范围确定，并应符合下列规定。

(1) 大中型项目宜按矩阵式项目管理组织设置项目经理部；

(2) 远离企业管理层的大中型项目宜按事业部式项目管理组织设置项目经理部；

(3) 小型项目宜按直线职能式项目管理组织设置项目经理部。

2.4.1.2 劳动力调配和管理，组织精干的施工队伍

优先考虑高素质的施工队伍及充足的投入是确保工期实现的一项重要因素，施工企业应及时做好施工各阶段劳动力的调配和管理工作，确保施工项目按期施工。

(1) 在选择专业劳务队时，应优先考虑业务素质、操作技能好、内部管理机制健全且与施工企业有长期劳务合同的劳务队伍，从事施工项目的劳务分包。

(2) 在劳动力的需求量上，施工企业将根据各分项工程的特点以及工期控制的要求配备足够的劳动力，建立奖罚制度，开展劳动竞赛，做好班组工作等后勤保障工作，保持旺盛的工作热情和责任感，确保施工任务顺利完成。

(3) 加强操作人员对质量意识的培养，提高施工质量和一次成活率。达到质量标准的一次成活率提高了，也就加快了施工进度，从而可以保证施工进度。

(4) 加大劳动力投入。特殊情况下，劳动力和管理人员的配备按照开两班考虑，必须保证施工项目总工期计划目标圆满实现。

(5) 劳务施工人员所需生活后勤考虑如下：施工企业在场外租地按照当地生活区标准搭建临时住房，以解决施工人员的吃、住问题。所有员工宿舍严格按当地及施工企业管理要求落实卫生保洁及相关管理制度。所有员工均按施工企业标识统一着装、挂牌上岗。

（6）组织施工队伍，要认真考虑专业工程的合理配合，技工和普工的比例要满足合理的劳动组织要求。按组织施工方式的要求，确定建立混合施工队组或是专业施工队组及其数量。组建施工队组，要坚持合理、精干的原则，同时制订出该工程的劳动力需用量计划。

（7）集结施工力量，组织劳动力进场。项目经理部确定之后，按照开工日期和劳动力需要量计划组织劳动力进场。

2.4.1.3 优化劳动组合与技术培训

针对工程施工要求，强化各工种的技术培训，优化劳动组合，主要抓好以下几方面的工作：

（1）针对工程施工难点，组织工程技术人员和工人队组中的骨干力量，进行类似工程的考察学习；

（2）做好专业工程技术培训，提高对新工艺、新材料使用操作的适应能力；

（3）增强质量意识，抓好质量教育，强化质量观念；

（4）工人队组实行优化组合、双向选择、动态管理，最大限度地调动职工的积极性。

（5）认真全面地进行施工组织设计的落实和技术交底工作。施工组织设计、计划和技术交底的目的是把施工项目的设计内容、施工计划和施工技术等要求，详尽地向施工队组和工人讲解交待。这是落实计划和技术责任制的好办法。

施工组织设计、计划和技术交底的时间在单位工程或分部（项）工程开工前及时进行，以保证项目严格地按照设计图纸、施工组织设计、实例操作规程和施工验收规范等要求进行施工。

施工组织设计、计划和技术交底的内容：项目的施工进度计划、月（旬）作业计划；施工组织设计，尤其是施工工艺、质量标准、安全技术措施、降低成本措施和施工验收规范的要求；新结构、新材料、新技术和新工艺的实施方案和保证措施；图纸会审中所确定的有关部位的设计变更和技术核定等事项。交底工作应该按照管理系统逐级进行，由上而下直到工人队组。交底的方式有书面形式、口头形式和现场示范形式等。

施工队组、工人接受施工组织设计、计划和技术交底后，要组织其成员进行认真的分析研究，弄清关键部位、质量标准、安全措施和操作要领。必要时应该进行示范，并明确任务及做好分工协作，同时建立健全岗位责任制和保证措施。

（6）切实抓好施工安全、安全防火和文明施工等方面的教育工作。

2.4.1.4 建立健全各项管理制度

工地的各项管理制度是否建立、健全，直接影响其各项施工活动的顺利进行。有章不循，其后果是严重的，而无章可循更是危险的。为此必须建立、健全工地的各项管理制度。通常，其内容包括项目管理制度；项目计划、统计与进度管理制度；项目成本核算制度；项目成本核算制度；项目材料、机械设备管理制度；项目现场管理制度；项目分配与奖励制度；项目例会及施工日志制度；项目分包及劳务管理制度；项目组织协调制度；项目信息管理制度。项目经理部自行制订的规章制度与企业现行的有关规定不一致时，应报送企业或其授权的职能部门批准。

2.4.1.5 做好分包安排

对于本企业难以承担的一些专业项目，如深基础开挖和支护、大型结构安装和设备安装等项目，应及早做好分包或劳务安排，与有关单位协调，签订分包合同或劳务合同，以保证按计划施工。

2.4.1.6 组织好科研攻关

凡是工程中采用带有试验性质的一些新材料、新产品、新工艺项目，应在建设单位、主管部门的参加下，组织有关设计、科研、教学单位共同进行科研工作。要明确相互承担的试验项目、工作步骤、时间要求、经费来源和职责分工。所有科研项目，必须经过技术鉴定后再用于施工。

2.4.2 物资准备

施工物资准备是指施工中必须有的劳动手段（施工机械、工具）和劳动对象（材料、配件、构件）等的准备，是一项较为复杂而又细致的工作，建筑施工所需的材料、构（配）件、机具和设备品种多且数量大，能否保证按计划供应，对整个施工过程的工期、质量和成本，有着举足轻重的作用。各种施工物资只有运到现场并有必要的储备后，才具备必要的开工条件。因此，要将这项工作作为施工准备工作的一个重要方面来抓。施工管理人员应尽早地计算出各阶段对材料、施工机械、设备、工具等的需用量，并说明供应单位、交货地点、运输方式等，特别是对预制构件，必须尽早地从施工图中摘录出构件的规格、质量、品种和数量，制表造册，向预制加工厂订货并确定分批交货清单、交货地点及时间。对大型施工机械、辅助机械及设备要精确计算工作日，并确定进场时间，做到进场后立即使用，用毕后立即退场，提高机械利用率，节省机械台班费及停留费。

物资准备的具体内容有材料准备、构（配）件及设备加工订货准备、施工机具准备、生产工艺设备、运输设备和施工物资价格管理等。

2.4.2.1 材料准备

（1）根据施工方案中的施工进度计划和施工预算中的工料分析，编制工程所需材料用量计划，作为备料、供料和确定仓库、堆场面积及组织运输的依据。

（2）根据材料需用量计划，做好材料的申请、订货和采购工作，使计划得到落实。

（3）组织材料按计划进场，按施工平面图和相应位置堆放，并做好合理储备、保管工作。

（4）严格验收、检查、核对材料的数量和规格，做好材料试验和检验工作，保证施工质量。

2.4.2.2 构配件及设备加工订货准备

（1）根据施工进度计划及施工预算所提供的各种构配件及设备数量，做好加工翻样工作，并编制相应的需用量计划。

（2）根据需用量计划，向有关厂家提出加工订货计划要求，并签订订货合同。

（3）组织构配件和设备按计划进场，按施工平面布置图做好存放及保管工作。

2.4.2.3 施工机具准备

（1）各种土方机械，混凝土、砂浆搅拌设备，垂直及水平运输机械，钢筋加工设备，木工机械，焊接设备，打夯机，排水设备等应根据施工方案，对施工机具配备的要求、数量以及施工进度安排，编制施工机具需用量计划。

（2）拟由本企业内部负责解决的施工机具，应根据需用量计划组织落实，确保按期供应。

（3）对施工企业缺少且需要的施工机具，应与有关方面签订订购和租赁合同，以保证施工需要。

（4）对于大型施工机械（如塔式起重机、挖土机、桩基设备等）的需用量和时间，应向有关方面（如专业分包单位）联系，提出要求，在落实后签订有关分包合同，并为大型机械按期进场做好现场有关准备工作。

（5）安装、调试施工机具，按照施工机具需用量计划，组织施工机具进场，根据施工总平面图将施工机具安置在规定的地方或仓库。对于施工机具要进行就位、搭棚、接电源、保养、调试工作。所有施工机具都必须在使用前进行检查和试运转。

2.4.2.4 生产工艺设备准备

订购生产用的生产工艺设备，要注意交货时间与土建进度密切配合，因为某些庞大设备的安装往往与土建施工穿插进行，如果土建全部完成或封顶后，安装会有困难，故各种设备的交货时间要与安装时间密切配合，它将直接影响建设工期。准备时按照施工项目工艺流程及工艺设备的布置图，提出工艺设备的名称、型号、生产能力和需用量，确定分期分批进场时间和保管方式，编制工艺设备需用量计划，为组织运输、确定堆场面积提供依据。

2.4.2.5 运输准备

（1）根据上述四项需用量计划，编制运输需用量计划，并组织落实运输工具。

（2）按照上述四项需用量计划明确的进场日期，联系和调配所需运输工具，确保材料、构（配）件和机具设备按期进场。

2.4.2.6 强化施工物资价格管理

（1）建立市场信息制度，定期收集、披露市场物资价格信息，提高透明度。

（2）在市场价格信息指导下，“货比三家”，选优进货；对大宗物资的采购要采取招标采购方式，在保证物资质量和工程质量的前提下，降低成本、提高效益。

2.5 施工现场准备

施工现场是施工的全体参加者为了夺取优质、高速、低耗的目标，而有节奏、均衡、连续地进行战术决战的活动空间。施工现场的准备工作，主要是为了给施工项目创造有利的施工条件，是保证工程按计划开工和顺利进行的重要环节。

2.5.1 现场准备工作的范围及各方职责

2.5.1.1 建设单位施工现场准备工作

建设单位要按合同条款中约定的内容和时间完成以下工作：

（1）办理土地征用、拆迁补偿、平整施工场地等工作，使施工场地具备施工条件，在开工后继续负责解决以上事项遗留的问题。

（2）将施工所需水、电、电信线路从施工场地外部接至专用条款约定地点，保证施工期间的需要。

（3）开通施工场地与城乡公共道路的通道，以及专用条款约定的施工场地内的主要道路，满足施工运输的需要，保证施工期间的畅通。

（4）向承包人提供施工场地的工程地质和地下管线资料，对资料的真实性准确性负责。

（5）办理施工许可证及其他施工所需证件、批件和临时用地、停水、停电、中断道路交通、爆破作业等的审批手续（证明承包人自身资质的证件除外）。

（6）确定水准点与坐标控制点，以书面形式交给承包人，进行现场交验。

（7）协调处理施工场地周围的地下管线和邻近建筑物、构筑物（包括文物保护建筑）、古树名木的保护工作，承担有关费用。

上述施工现场准备工作，承发包双方也可在合同专用条款内交由施工单位完成，其费用由建设单位承担。

2.5.1.2 施工单位现场准备工作

施工单位现场准备工作即通常所说的室外准备，施工单位应按合同条款中约定的内容和施工组织设计的要求完成以下工作：

（1）根据工程需要，提供和维修非夜间施工使用的照明、围栏设施，并负责安全保卫工作。

（2）按专用条款约定的数量和要求，向发包人提供施工场地办公和生活的房屋及设施，发包人承担由此发生的费用。

（3）遵守政府有关主管部门对施工场地交通、施工噪声以及环境保护和安全生产等的管理规定，按规定办理有关手续，并以书面形式通知发包人，发包人承担由此发生的费用，因承包人责任造成的罚款除外。

（4）按专用条款约定做好施工场地地下管线和邻近建筑物、构筑物（包括文物保护建筑）、古树名木的保护工作。

（5）保证施工场地清洁、符合环境卫生管理的有关规定。

（6）建立测量控制网。

（7）做好工程用地范围内的“七通一平”工作，其中平整场地工作应由其他单位承担，但建设单位也要要求施工单位完成，费用仍由建设单位承担。

（8）搭设现场生产和生活用的临时设施。

2.5.2 拆除障碍物

施工现场内的一切地上、地下障碍物，都应在开工前拆除，这项工作一般是由建设单位来完成，但也有委托施工单位来完成的。如果由施工单位来完成这项工作，一定要事先摸清现场情况，尤其是在城市的老区中，由于原有建筑物和构筑物情况复杂，而且往往资料不全，在拆除前需要采取相应的措施，防止事故发生。

对于房屋的拆除，一般只要把水源、电源切断后即可拆除。若房屋较大、较坚固，且采用爆破的方法时，必须经有关部门批准，需要由专业的爆破作业人员来承担。

架空电线（电力、通信）、地下电缆（包括电力、通信）的拆除，要与电力部门或通信部门联系并办理相关手续后方可进行。

自来水、污水、燃气、热力等管线的拆除，都应与有关部门取得联系，办好手续后由专业公司来完成。

场地内若有树木，必须报园林部门批准后方可砍伐。

拆除障碍物留下的渣土等杂物都应清除。运输时，应遵守交通、环保部门的有关规定，运土的车辆要按指定的路线和时间行驶，并采取封闭运输车或在渣土上直接洒水等措施，以免渣土飞扬而污染环境。

2.5.3 建立测量控制网

测量技术研究

建筑施工工期长，现场情况变化大，因此，保证控制网点的稳定、正确，是确保建筑施工质量的先决条件，特别是在城区，障碍多、通视条件差，给测量工作带来一定的难度，施工时应根据建设单位提供的由规划部门给定的永久性坐标和高程，按建筑总图上的要求，进行现场控制网点的测量，妥善设立现场永久性标桩，为施工全过程的投测创造条件。控制网一般采用方格网，这些网点的位置应视工程范围的大小和控制精度而定。建筑方格网多由100～200m的正方形或矩形组成，如果土方工程需要，还应测绘地形图，通常这项工作由专业测量队完成，但施工单位还应根据施工的具体需要做一些加密网点等补充工作。

在测量放线时，应校验和校正经纬仪、水准仪、钢尺等测量仪器；校核红线桩与水准点，制订切实可行的测量方案，包括平面控制、标高控制、沉降观测和竣工测量等工作。

建筑物定位放线，一般通过设计图中平面控制轴线来确定建筑物位置，测定并经自检合格后提交有关部门和建设单位或监理人员验线，以保证定位的准确性。沿红线的建筑物放线后，还要由城市规划部门验线以防止建筑物压红线或超红线，为正常顺利地施工创造条件。

2.5.4 “七通一平”

“七通一平”包括在工程用地范围内，接通施工用水、用电、道路、电信及燃气，施工现场排水及排污畅通和平整场地的工作。

2.5.4.1 平整场地

清除障碍物后，即可进行场地平整工作，按照建筑施工总平面图、勘测地形图和场地平整施工方案等技术文件的要求，通过测量，计算出填挖土方工程量，设计土方调配方案，确定平整场地的施工方案，组织人力和机械进行平整场地的工作。应尽量做到挖填方量趋于平衡。总运输量最小，便于机械施工和充分利用建筑物挖方填土。并应防止利用地表土、软润土层、草皮、建筑垃圾等做填方。

2.5.4.2 路通

施工现场的道路是组织物资进场的交通动脉，拟建工程开工前，必须按照施工总平面图的要求，修建必要的临时性道路，为节约临时工程费用，缩短施工准备工作时间，尽量利用原有道路设施或拟建永久性道路解决现场道路问题，形成畅通的运输网络，可根据交通流量和所用车辆具体情况解决。

2.5.4.3 给水通

施工用水包括生产、生活与消防用水，应按施工总平面图的规划进行安排，施工给水尽可能与永久性的给水系统结合起来。临时管线的铺设，既要满足施工用水的需用量，又要施工方便，并且尽量缩短管线的长度，以降低工程的成本。

2.5.4.4 排水通

施工现场的排水也十分重要，特别在雨期，如场地排水不畅，会影响施工和运输的顺利进行，高层建筑的基坑深、面积大，施工往往要经过雨期，应做好基坑周围的挡土支护工作，防止坑外雨水向坑内汇流，并做好基坑底部雨水的排放工作。

2.5.4.5 排污通

施工现场的污水排放，直接影响城市的环境卫生，由于环境保护的要求，有些污水不能直接排放，需进行处理以后方可排放。因此，现场的排污也是一项重要的工作。

2.5.4.6 电及电信通

电是施工现场的主要动力来源，施工现场中电包括施工用电和生活用电。由于建筑工程施工供电面积大、启动电流大、负荷变化多和手持式用电机具多，施工现场临时用电要考虑安全和节能措施。开工前，要按照施工组织设计的要求，接通电力和电信设施，电源首先应考虑从建设给定的电源上获得，如其供电能力不能满足施工用电需要，则应考虑在现场建立自备发电系统，确保施工现场动力设备和通信设备的正常运行。

2.5.4.7 蒸汽及燃气通

施工中如需要通蒸汽、燃气，应按施工组织设计的要求进行安排，以保证施工的顺利进行。

2.5.5 搭设临时设施

现场生活和生产用的临时设施，应按照施工平面布置图的要求进行，临时建筑平面图及主要房屋结构图都应报请城市规划、市政、消防、交通、环境保护等有关部门审查批准。

为了施工方便和行人的安全及文明施工，应用围墙将施工用地围护起来，围墙的形式、材料和高度应符合市容管理的有关规定和要求，并在主要出入口设置标牌挂图，标明工程项目名称、施工单位、项目负责人等。

所有生产及生活用临时设施，包括各种仓库、搅拌站、加工厂作业棚、宿舍、办公用房、食堂、文化生活设施等，均应按批准的施工组织设计的要求搭设，并尽量利用施工现场或附近原有设施（包括要拆迁但可暂时利用的建筑物）和在建工程本身供施工使用的部分用房，尽可能减少临时设施的数量，以便节约用地、节省投资。

2.6 季节性施工准备

建筑工程施工绝大部分工作是露天作业，受气候影响比较大，因此，在冬期、雨期及夏期施工中，必须从具体条件出发，正确选择施工方法，做好季节性施工准备工作，以保证按期、保质、安全地完成施工任务，取得较好的技术经济效果。

2.6.1 冬期施工准备

2.6.1.1 组织措施

（1）合理安排施工进度计划，冬期施工条件差、技术要求高、费用增加，因此，要合理安排施工进度计划，尽量安排保证施工质量且费用增加不多的项目在冬期施工，如吊装、打桩、室内装饰装修等工程；而费用增加较多又不容易保证质量的项目则不宜安排在冬期施工，如土方、基础、外装修、屋面防水等工程。

（2）进行冬期施工的工程项目，在入冬前应组织编制冬期施工方案，结合工程实际及施工经验等进行，编制可依据《建筑工程冬期施工规程》（JGJ/T 104—2011）。编制的原则是确保工程质量，经济合理，使增加的费用为最少；所需的热源和材料有可靠的来源，并尽量减少能源消耗；确保能缩短工期。冬期施工方案应包括施工程序，施工方法，现场布置，设备、材料、能源、工具的供应计划，安全防火措施，测温制度和质量检查制度等。方案确定后，要组织有关人员学习，并向队组进行交底。

（3）组织人员培训。进入冬期施工前，对掺外加剂人员、测温保温人员、锅炉司炉工和火炉管理人员，应专门组织技术业务培训，学习本工作范围内有关知识，明确职责，经考试合格后，方准上岗工作。

（4）与当地气象台站保持联系，及时接收天气预报，防止寒流突然袭击。

（5）安排专人测量施工期间的室外气温、暖棚内气温、砂浆温度、混凝土温度并做好记录。

2.6.1.2 图纸准备

凡进行冬期施工的工程项目，必须复核施工图纸，查对其是否能适应冬期施工要求，如墙体的高厚比、横墙间距等有关的结构稳定性，现浇改为预制以及工程结构能否在寒冷状态下安全过冬等问题，应通过图纸会审解决。

2.6.1.3 现场准备

（1）根据实物工程量提前组织有关机具、外加剂和保温材料、测温材料进场。

（2）搭建加热用的锅炉房、搅拌站，敷设管道，对锅炉进行试火试压，对各种加热的材料、设备要检查其安全可靠性。

（3）计算变压器容量，接通电源。

（4）对工地的临时给水排水管道及石灰膏等材料做好保温防冻工作，防止道路积水成冰，及时清扫积雪，保证运输顺利。

（5）做好冬期施工混凝土、砂浆及掺加剂的试配试验工作，提出施工配合比。

（6）做好室内施工项目的保温工作，如先完成供热系统，安装好门窗玻璃等，以保证室内其他项目能顺利施工。

2.6.1.4 安全与防火

（1）冬期施工时，要采取防滑措施。

（2）大雪后必须将架子上的积雪清扫干净，并检查马道平台，如有松动下沉现象，务必及时处理。

（3）施工时如接触汽源、热水，要防止烫伤；使用氯化钙、漂白粉时，要防止腐蚀皮肤。

(4) 亚硝酸钠有剧毒，要严加保管，防止突发性误食中毒。

(5) 对现场火源要加强管理；使用天然气、煤气时，要防止爆炸；使用焦炭炉、煤炉或天然气、煤气时，应注意通风换气，防止煤气中毒。

(6) 电源开关、控制箱等设施要加锁，并设专人负责管理，防止漏电、触电。

2.6.2 雨期施工准备

2.6.2.1 合理安排雨期施工

为避免雨期窝工造成的损失，一般情况下，在雨期到来之前，应多安排完成基础工程、地下工程、土方工程、室外及屋面工程等不宜在雨期施工的项目；多留些室内工作在雨期施工。

2.6.2.2 加强施工管理，做好雨期施工的安全教育

要认真编制雨期施工技术措施（如雨期前后的沉降观测措施，保证防水层雨期施工质量的措施，保证混凝土配合比、浇筑质量的措施，钢筋除锈的措施等），认真组织贯彻实施。加强对职工的安全教育，防止各种事故发生。

2.6.2.3 防洪排涝，做好现场排水工作

工程地点若在河流附近，上游有大面积山地丘陵，应做好防洪排涝准备。施工现场雨期来临前，应做好排水沟渠的开挖工作，准备好抽水设备，防止场地积水和地沟、基槽、地下室等浸水，对工程施工造成损失。

2.6.2.4 做好道路维护，保证运输畅通

雨期前检查道路边坡排水，适当提高路面，防止路面凹陷，保证运输畅通。

2.6.2.5 做好物资的储存

雨期到来前，应多储存物资，减少雨期运输量，以节约费用。要准备必要的防雨器材，库房四周要有排水沟渠，防止物资淋雨浸水而变质，仓库要做好地面防潮和屋面防漏工作。

2.6.2.6 做好机具设备等防护

雨期施工，对现场的各种设施、机具要加强检查，特别是脚手架、垂直运输设施等，要采取防倒塌、防雷击、防漏电等一系列技术措施，现场机具设备（焊机、闸箱等）要有防雨措施。

2.6.3 夏期施工准备

2.6.3.1 编制夏期施工项目的施工方案

夏期施工条件差、气温高、干燥，针对夏期施工的这一特点，对于安排在夏期施工的项目，应编制夏期施工的施工方案及采取的技术措施。如对于大体积混凝土在夏期施工，必须合理选择浇筑时间，做好测温和养护工作，以保证大体积混凝土施工的质量。

2.6.3.2 现场防雷装置的准备

夏期经常有雷雨，工地现场应有防雷装置，特别是高层建筑和脚手架等要按规定设临时避雷装置，并确保工地现场用电设备的安全运行。

2.6.3.3 施工人员防暑降温工作的准备

夏期施工，还必须做好施工人员的防暑降温工作，调整作息时间，从事高温工作的场所及通风不良的地方应加强通风和降温措施，做到安全施工。

2.7 施工准备工作计划与开工报告

2.7.1 施工准备工作计划

为了落实各项施工准备工作，加强检查和监督，必须根据各项施工准备的内容、时间和人员，编制出施工准备工作计划表，见表 2-11。

表 2-11 施工准备工作计划表

序号	施工准备工作	简要内容	要求	负责单位	负责人	配合单位	起止时间		备注
							月 日	月 日	

由于各项施工准备工作不是分离的、孤立的，而是互相补充、互相配合的，为了提高施工准备工作的质量，加快施工准备工作的进度，除了用表 2-11 编制施工准备工作计划外，还可采用编制施工准备工作网络计划的方法，以明确各项准备工作之间的逻辑关系，找出关键线路，并在网络计划图上进行施工准备工期的调整，尽量缩短准备工作的时间，使各项工作有领导、有组织、有计划和分期分批地进行。

2.7.2 开工条件

施工准备的问题及对策

2.7.2.1 国家计委关于基本建设大中型项目开工条件的规定

（1）项目法人已经设立。项目组织管理机构和规章制度健全，项目经理和管理机构成员已经到位，项目经理已经过培训，具备承担项目施工工作的资质条件。

（2）项目初步设计及总概算已经批复。若项目总概算批复时间至项目申请开工时间超过两年以上（含两年），或自批复至开工时间，动态因素变化大，总投资超出原批概算 10%以上的，须重新核定项目总概算。

（3）项目资本金和其他建设资金已经落实，资金来源符合国家有关规定，承诺手续完备，并经审计部门认可。

（4）项目施工组织设计大纲已经编制完成。

（5）项目主体工程（或控制性工程）的施工单位已经通过招标选定，施工承包合同已经签订。

（6）项目法人与项目设计单位已签订设计图纸交付协议。项目主体工程（或控制性工程）的施工图纸至少可以满足连续三个月施工的需要。

（7）项目施工监理单位已通过招标选定。

（8）项目征地、拆迁的施工场地“七通一平”（即供电、供水、道路、通信、燃气、排水、排污和场地平整）工作已经完成，有关外部配套生产条件已签订协议。项目主体工程（或控制性工程）施工准备工作已经做好，具备连续施工的条件。

(9) 项目建设需要的主要设备和材料已经订货，项目所需建筑材料已落实来源和运输条件，并已备好连续施工三个月的材料用量。需要进行招标采购的设备、材料，其招标组织机构落实，采购计划与工程进度相衔接。

国务院各主管部门负责对本行业中项目开工条件进行检查。各省（自治区、直辖市）计划部门负责对本地区地方项目开工条件进行检查。凡上报国家计委申请开工的项目，必须附有国务院有关部门或地方计划部门的开工条件检查意见。国家计委按照本规定对申请开工的项目进行审核，其中大中型项目批准开工前，国家计委将派人去现场检查落实开工条件。凡未达到开工条件的，不予批准新开工。

小型项目的开工条件，各地区、各部门可参照本规定制定具体的管理办法。

2.7.2.2 工程项目开工条件的规定

依据《建设工程监理规范》(GB/T 50319—2013) 的规定，工程项目开工前，施工准备工作具备了以下条件时，施工单位应向监理单位报送工程开工报审表及开工报告、证明文件等，由总监理工程师签发，并报建设单位。

(1) 施工许可证已获政府主管部门批准。

(2) 征地拆迁工作能满足工程进度的需要。

(3) 施工组织设计已获总监理工程师批准。

(4) 施工单位现场管理人员已到位，机具、施工人员已进场，主要工程材料已落实。

(5) 进场道路及水、电、通风等已满足开工要求。

2.7.3 开工报告

2.7.3.1 开工报审表

可采用《建设工程监理规范》(GB/T 50319—2013) 中规定的施工阶段工作的基本表式见表 2-12。

表 2-12 工程开工/复工报审表

工程名称：　　　　　　　　　　　　　　　　　　　　编号：

致：(监理单位) 我方承担的工程，已完成了以下各项工作，具备了开工/复工条件，特此申请施工，请核查并签发开工/复工指令。 附：1. 开工报告 2.（证明文件） 承包单位（章） 项目经理 日期
审查意见： 项目监理机构 总监理工程师 日期

2.7.3.2 开工报告

开工报告表见表 2-13。

表 2-13 开工报告

编号：

<table>
<tr><td>工程名称</td><td></td><td>建设单位</td><td></td><td>设计单位</td><td></td><td>施工单位</td><td></td></tr>
<tr><td>工程地点</td><td></td><td>结构类型</td><td></td><td>建筑面积</td><td></td><td>层数</td><td></td></tr>
<tr><td>工程批准文号</td><td></td><td></td><td rowspan="7">施工准备工作情况</td><td>施工许可证办理情况</td><td></td></tr>
<tr><td>预算造价</td><td></td><td></td><td>施工图纸会审情况</td><td></td></tr>
<tr><td>计划开工日期</td><td>年 月 日</td><td></td><td>主要物资准备情况</td><td></td></tr>
<tr><td>计划竣工日期</td><td>年 月 日</td><td></td><td>施工组织设计编审情况</td><td></td></tr>
<tr><td>实际开工日期</td><td>年 月 日</td><td></td><td>“七通一平”情况</td><td></td></tr>
<tr><td>合同工期</td><td></td><td></td><td>工程预算编审情况</td><td></td></tr>
<tr><td>合同编号</td><td></td><td></td><td>施工队伍进场情况</td><td></td></tr>
<tr><td rowspan="2">审核意见</td><td>建设单位</td><td>监理单位</td><td>施工企业</td><td>施工单位</td></tr>
<tr><td>负责人（公章）
年 月 日</td><td>负责人（公章）
年 月 日</td><td>负责人（公章）
年 月 日</td><td>负责人（公章）
年 月 日</td></tr>
</table>

上岗工作要点：

1. 深刻认识到施工准备工作的重要性，掌握施工准备的内容。
2. 熟悉信息收集的途径、目的和主要内容。
3. 掌握如何进行图纸会审，了解编制施工组织设计、施工图预算和施工预算的内容。
4. 做好施工准备的技术资料和资源准备。
5. 重点抓好施工现场和季节性施工准备。
6. 熟悉施工准备常用的表格。

习 题

1. 试述施工准备工作的重要性。
2. 试述原始施工资料的收集包含哪几方面的内容？
3. 施工现场准备包括哪些内容？
4. 如何做好冬期施工准备工作？
5. 如何做好雨期、夏期施工准备工作？
6. 什么是图纸会审？图纸会审的程序如何？
7. 收集一份建筑工程施工合同。
8. 结合自身的学习体会，试述“不打无准备之仗”的原则及其应用方法。

3 建筑工程流水施工

重点提示

1. 了解几种组织施工的方式和各自的特点；
2. 重点掌握流水施工的主要参数及相互关系；
3. 掌握流水施工的组织分类和组织方法。

京杭大运河赏析

生生不息，流淌了两千多年的京杭大运河，是世界上最长的人工河流，也是最古老的运河之一，显示了我国古代水利航运工程技术领先世界的卓越成就。大运河是人类世界级的伟大工程，是中华文明的伟大象征，是中华精神的代表，是祖先留给我们的珍贵物质和精神财富，是活着的、流动的重要人类遗产。流水施工就是把施工过程比作如大运河流水的方式一样来有效组织施工。

流水施工是应用流水线生产的基本原理，结合建筑安装工程的特点，科学地安排施工生产活动的一种组织形式。建筑工程的流水施工与工业企业中采用的流水线生产极为相似。不同的是，工业生产中各个工件在流水线上从前一个工序向后一个工序流动，生产者是固定的；而在建筑施工活动中各个施工对象是固定的，专业施工队伍则由前一个施工段向后一施工段流动，即施工者是移动的。因而它的组织与管理也更为复杂。在长期的施工生产实践中，建筑工程流水施工有效地促进了劳动生产率的提高，缩短了工期，节约了施工费用，是一种科学的施工组织方式。

3.1 流水施工原理

流水施工示例

3.1.1 流水施工概念

流水施工是指所有的施工过程按一定的时间间隔依次投入施工，各个施工过程陆续开工、陆续竣工，使同一施工过程的施工班组保持连续、均衡，不同施工过程尽可能平行搭接施工的组织方式，如图 3-1 所示。

3.1.2 流水施工与其他施工组织方式的比较

为了说明建筑工程中采用流水施工的优越性，可将流水施工同其他施工方式进行比较。除了上述流水施工方式外，常用的施工组织方式还有依次施工、平行施工、搭接施工。现以三幢房屋基础工程为例，采用上述四种方式组织施工并进行效果分析。

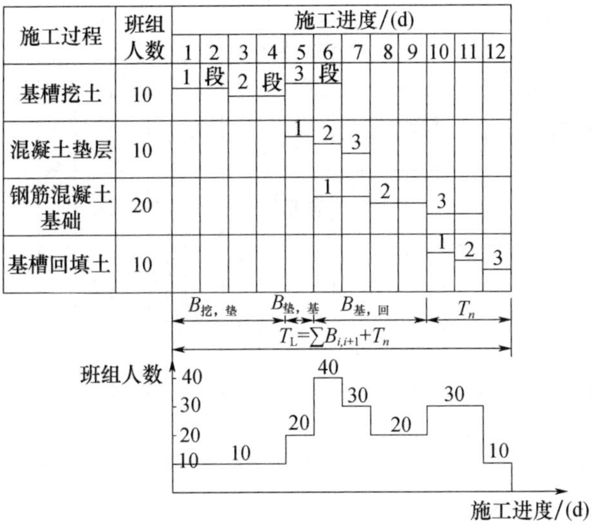

图 3-1　流水施工

例如，某三幢房屋基础工程有四个施工过程：基槽挖土 2d、混凝土垫层 1d、钢筋混凝土基础 2d、基槽回填土 1d，一幢房屋作为一个施工段。现分别采用依次、平行、搭接、流水施工方式组织施工。

3.1.2.1　依次施工

依次施工是各施工段或各施工过程依次开工、依次完成的一种施工组织方式，即按次序（一段段或一个个施工过程）进行施工。将上述三幢房屋的基础工程组织依次施工，其施工进度安排如图 3-2 和图 3-3 所示。这种方法的优点就是单位时间内投入的劳动力和物资较少，施工现场管理简单。但专业工作队的工作有间歇，工地物资消耗也有间断性，工期显然拉得很长。它适用于工作面有限、规模小、工期要求不紧的工程。每段施工工期为各施工过程作业时间 t_i 之和，即 $\sum t_i$。总工期 T＝段数×每段施工工期＝$m\times\sum t_i$。

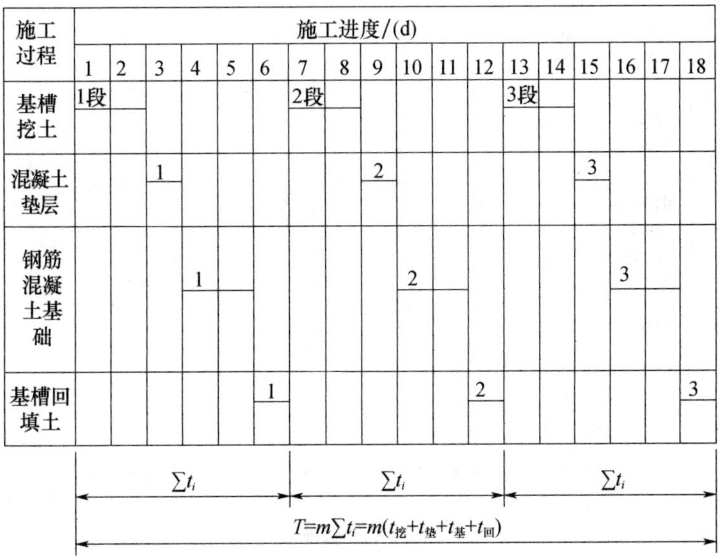

图 3-2　依次施工（按施工段）

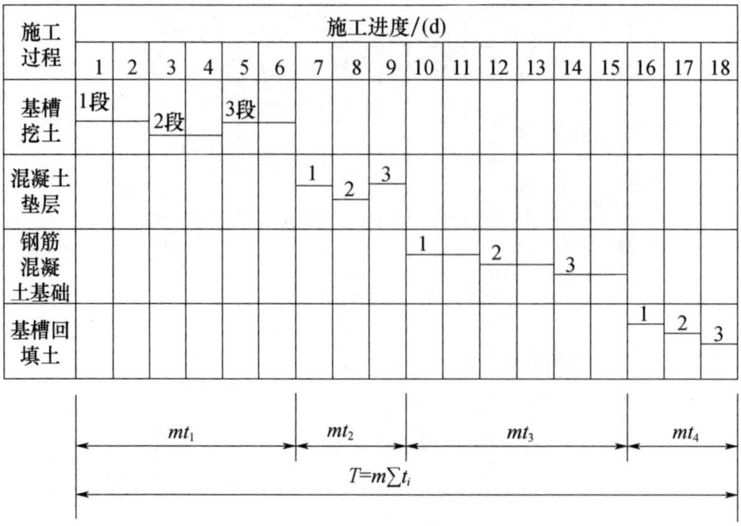

图 3-3　依次施工（按施工过程）

3.1.2.2　平行施工

平行施工是全部工程任务的各施工段同时开工、同时完成的一种施工组织方式。将上述三幢房屋的基础工程组织平行施工，其施工进度安排如图 3-4 所示。从图 3-4 可知，完成三幢房屋的基础工程所需的时间等于一幢房屋基础工程施工的时间。

这种方法的优点是工期短，充分利用工作面。但专业工作队数目成倍增加，现场临时设施增加，物资消耗集中，这些情况都会带来不良的后果。这种方法一般适用于工期要求紧、大规模的建筑群。

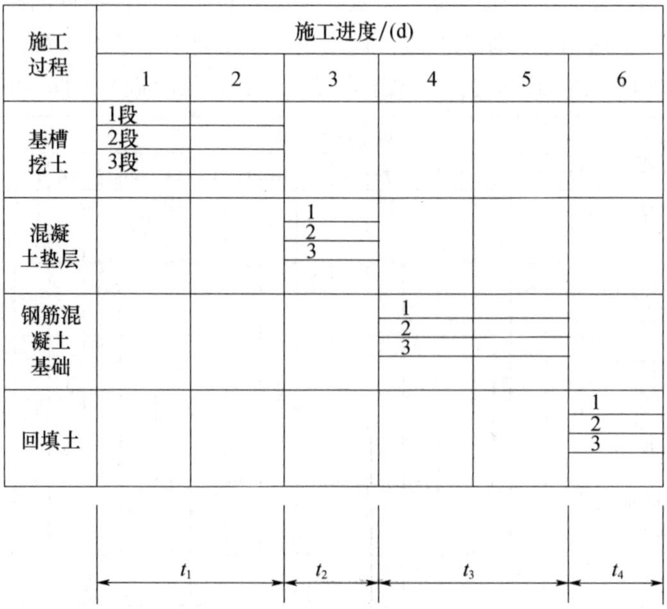

图 3-4　平行施工

3.1.2.3 搭接施工

搭接施工是指对施工项目中的各个施工过程，按照施工顺序和工艺过程的自然衔接关系进行安排的一种方法。上述三幢房屋基础工程组织搭接施工如图 3-5 所示。这种方法是最常见的组织方式，它既不是将 m 段施工过程依次进行施工，也不是平行施工，而是陆续开工、陆续竣工，同时把各施工过程最大限度地搭接起来。因此，前后施工过程之间安排紧凑，充分利用了工作面，有利于缩短工期，但有些施工过程会出现不连续现象。图 3-5 中，混凝土垫层、基槽回填土等施工过程中工人作业有间断，但工期比流水施工（图 3-1）提前 2d。

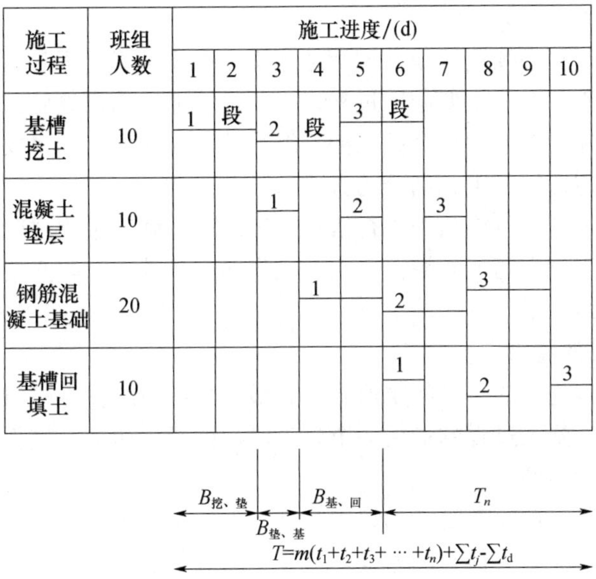

图 3-5 搭接施工

3.1.2.4 流水施工

将上述三幢房屋的基础工程组织流水施工，其施工进度计划如图 3-1 所示。从图 3-1 可以看出，流水施工方法的优点是保证了各工作队的工作和物资的消耗具有连续性和均衡性，能消除依次施工和平行施工方法的缺点，同时保留了它们的优点。

流水施工是搭接施工的一种特定形式，它最主要的组织特点是每个施工过程的作业均能连续施工，前后施工过程的施工段都能紧密衔接，使得整个工程的资源供应呈现一定规律的均匀性。

3.1.3 组织流水施工的条件与特点

3.1.3.1 组织流水施工的条件

（1）划分施工过程。划分施工过程就是把拟建工程的整个建造过程分解为若干施工过程。划分施工过程的目的，是为了对施工对象的建造过程进行分解，以便逐一实现局部对象的施工，从而使施工对象整体得以顺利完工。也只有这种合理的剖析，才能组织专业化施工、实现有效协作。

（2）划分施工段。根据组织流水施工的需要，将拟建工程尽可能地划分为劳动量大致相等的若干个施工段（区），也可称为流水段。

建筑工程组织流水施工的关键是将建筑单件产品变成多件产品，以便成批生产。由于建筑产品体形庞大，通过划分施工段（区）就可将单件产品变成“批量”的多件产品。没有“批量”就不可能也就没有必要组织任何流水作业。每一个段（区），就是一个假定“产品”。

（3）每个施工过程组织独立的施工班组。在一个流水分部中，每个施工过程尽可能组织独立的施工班组，其形式可以是专业班组也可以是混合班组，这样可使每个施工班组按施工顺序，依次地、连续地、均衡地从一个施工段转移到另一个施工段进行相同的操作。

（4）主要施工过程必须连续地、均衡地施工。主要施工过程是指工作量较大、作业时间较长的施工过程。对于主要施工过程，必须连续地、均衡地施工；对其他次要施工过程，可考虑与相邻的施工过程合并。如不能合并，为缩短工期可安排间断施工（此时可以采用流水施工与搭接施工相结合的方式）。

（5）不同施工过程尽可能组织平行搭接施工。不同施工过程之间的关系，关键是工作时间上有搭接和工作空间上有搭接。在有工作面的条件下，除必要的技术和组织间歇时间外，应尽可能组织平行搭接施工。

3.1.3.2 流水施工的特点

流水施工是搭接施工的一种特定形式，它最主要的组织特点是每个施工过程的作业均能连续施工，前后施工过程的最后一个施工段都能紧密衔接，使得整个工程的资源供应呈现一定规律的均匀性。

现代建筑施工是一项非常复杂的组织管理工作，尽管理论上的流水施工组织方法和实际情况会有差异，甚至有很大的差异，但是它所总结的一套安排生产的方法和计算分析的原理，对于施工生产活动的组织还是有很大帮助的。

3.1.3.3 流水施工的技术经济效果

（1）由于流水施工的连续性，减少了专业工作的间隔时间，达到了缩短工期的目的。

（2）专业化的生产可提高工人的技术水平，使工程质量相应提高。

（3）有利于合理地、充分地利用资源，可以降低临时设施费用和物资消耗，实现物资合理储存与供应。

3.2 流水施工参数

流水施工参数解析

流水施工参数是指在组织流水施工时，为了表达流水施工在工艺流程、空间布置和时间排列等方面相互依存的关系，引入一些描述施工进度计划图特征的数据。按其性质和作用不同，一般可分为工艺参数、空间参数和时间参数。

3.2.1 工艺参数

3.2.1.1 施工过程数 *n*

施工过程数是指一组流水的施工过程个数，以符号“n”表示。一幢房屋的建造过程，通常由许多施工过程组成。施工过程可以是一道工序，如绑扎钢筋；也可以是一个分项或分部工程。施工过程划分的数目多少、粗细程度与下列因素有关：

（1）与施工进度计划的作用有关。当编制控制性施工进度计划时，施工过程划分可粗一些，一般只列出分部工程名称，如基础工程、主体结构工程、装修工程、屋面工程等。当编制实施性施工进度计划时，施工过程划分可细一些，将分部工程再分解为若干个分项工程，如将基础工程分解为挖土、垫层、钢筋混凝土基础、回填土等。

（2）与施工方案有关。不同的施工方案，其施工顺序和施工方法也不相同，如框架结构采用钢模的施工顺序为柱筋→柱模→柱混凝土→梁板模→梁板筋→梁板混凝土，共6个施工过程；而采用木模的施工顺序为柱筋→柱梁板模→柱混凝土→梁板筋→梁板混凝土，共5个施工过程。

（3）与劳动量大小有关。当劳动量小的施工过程组织流水施工有困难时，可与其他施工过程合并。例如，垫层劳动量较小时，可与挖土或基础混凝土合并为一个综合性的施工过程。

一个工程需要确定多少施工过程数目前没有统一规定，一般以既能表达一个工程的完整施工过程，又能简单明了地安排为原则。

3.2.1.2 流水强度 *V*

流水强度是每一个施工过程在单位时间内所完成的工程量。

（1）机械施工过程的流水强度按下式计算：

$$V = \sum_{i=1}^{x} R_i S_i \tag{3-1}$$

式中 R_i——某种施工机械台数；

S_i——该种施工机械台班生产率；

x——用于同一施工过程的主导施工机械种类数。

（2）手工操作过程的流水强度按下式计算：

$$V=RS \tag{3-2}$$

式中 R——每一工作队人数（R 应小于工作面上允许容纳的最多人数）；

S——每一工人每班产量定额。

3.2.2 时间参数

3.2.2.1 流水节拍 *t*

流水节拍是指一个施工过程在一个施工段上的作业时间，用符号 t_i 表示（$i=1$，2，…，n）。

流水节拍数值的大小决定着施工速度和施工节奏。影响流水节拍数值大小的因素主要有施工方案、劳动力人数或施工机械台数、工作班次以及工程量的多少。其数值的确定可按以下各种方法进行：

（1）定额计算法。它是根据各施工段的工程量、能够投入的资源量（工人数、机械台数和材料量等），按式（3-3）或式（3-4）进行计算。

$$t_i=\frac{Q_i}{S_iR_iZ_i}=\frac{P_i}{R_iZ_i} \tag{3-3}$$

或

$$t_i=\frac{Q_iH_i}{R_iZ_i}=\frac{P_i}{R_iZ_i} \tag{3-4}$$

式中 t_i——某施工过程流水节拍；

Q_i——某施工过程在某施工段上的工程量；

S_i——某施工过程的每工日产量定额；

R_i——某施工过程的施工班组人数或机械台数；

Z_i——每天工作班制；

P_i——某施工过程在某施工段上的劳动量；

H_i——某施工过程采用的时间定额。

（2）工期计算法。对某些施工任务在规定日期内必须完成的工程项目，往往采用倒排进度法。具体步骤如下：

①根据工期按经验估算出各分部所需的施工时间；

②根据各分部估算出的时间确定各施工过程时间，然后根据式（3-3）或式（3-4）求出各施工过程所需的人数或机械台数。但在这种情况下，必须检查劳动力和工作面以及机械供应的可能性，否则就需采用增加工作班次来调整解决。

（3）经验估算法。经验估算法是根据以往的施工经验进行估算。一般为了提高其准确程度，往往先估算出该流水节拍的最长、最短和正常（即最可能）三种时间值，然后据此求出期望时间值作为某专业工作队在某施工段上的流水节拍。一般按下面公式进行计算：

$$t_i=\frac{a+4c+b}{6} \tag{3-5}$$

式中 t_i——某施工过程在某施工段上的流水节拍；

a——某施工过程在某施工段上的最短估算时间；

b——某施工过程在某施工段上的最长估算时间；

c——某施工过程在某施工段上的正常估算时间。

这种方法适用于没有定额可循的工程。

3.2.2.2 流水间歇时间 t_j

流水间歇时间是指在组织流水施工中，由于施工过程之间的工艺或组织上的需要，必须要留的时间间隔，用符号 t_j 表示。它包括技术间歇时间和组织间歇时间。

技术间歇时间是指在同一施工段的相邻两个施工过程之间必须留有的工艺技术间隔时间。如混凝土浇筑施工完成后，后续施工过程不能立即投入作业，必须有足够的时间间歇。

组织间歇时间是指由于施工组织上的需要，同一段相邻两个施工过程在规定流水步距之外所增加的必要的时间间隔。如弹线、地基验槽、浇筑混凝土前的钢筋隐蔽验收等。

3.2.2.3 流水步距 $B_{i,i+1}$

流水步距是两个相邻的施工过程先后进入同一施工段开始施工的时间间隔，用符号 $B_{i,i+1}$ 表示（i 表示前一个施工过程，$i+1$ 表示后一个施工过程）。在施工段不变的情况下，流水步距越大，工期越长；流水步距越小，则工期越短。

流水步距的数目等于（$n-1$）个参加流水施工的施工过程数。确定流水步距的基本要求如下：

（1）应保证相邻两个施工过程之间工艺上有合理的顺序，不发生前一个施工过程尚未全部完成，而后一个施工过程便提前介入的现象。有时为了缩短时间，在工艺技术条件许可的情况下，某些次要专业队也可以搭接施工。

（2）应使各个施工过程的专业工作队连续施工，不发生停工现象。

（3）应考虑各个施工过程之间必需的技术间歇时间和组织间歇时间。

3.2.2.4 流水工期 T_L

工期是指完成一项过程任务或一个流水组施工所需的时间，一般可采用下式计算：

$$T_L = \sum B_{i,i+1} + T_n \tag{3-6}$$

$$T_n = \sum_{j=1}^{m} t_n^j$$

式中 $\sum B_{i,i+1}$——流水施工中各流水步距之和；

T_n——流水施工中最后一个施工过程的持续时间；

m——施工段数；

t_n^j——流水施工中最后一个施工过程在第 j 个施工段上的流水节拍。

3.2.3 空间参数

3.2.3.1 施工段数 m

施工段是组织流水施工时将施工对象在平面上划分为若干个劳动量大致相等的施工区段，它的数目以 m 表示。每个施工段在某一段时间内只供一个工作队使用。

施工段的作用是为了组织流水施工，保证不同的施工班组在不同的施工段上同时进行施工，并使各个施工班组能按一定的时间间隔转移到另一个施工段进行连续施工，既消除等待、停歇现象，又互不干扰。

划分施工段的基本要求如下：

（1）施工段的数目要适宜。施工段数过多势必要减少人数，工作面不能充分利用，拖长施工期；施工段数过少则会引起劳动力、机械和材料供应过分集中，有时还会造成“断流”的现象。

施工段的多少一般没有具体的定量规定，划分一幢房屋施工段时，可按基础、主体、装饰装修等的不同情况分别划分施工段。基础工程可根据便于挖土或便于施工的需要来划分施工段，一般划分为 2～3 段。主体工程应根据楼层平面的布置，以方便混凝土浇筑为原则来划分施工段，可与基础工程的段数划分相同，也可以不同，一般每层可划分为 2～4 段。装饰装修工程常以层为段，即一层楼为一个施工段，对于工作面很大的楼层也可一层分为两个施工段。

（2）施工段的分界线与施工对象的变形缝或幢号一致，以便保证施工质量。如温度缝、沉降缝、抗震缝或高低层交界线、单元分隔线等。

（3）各施工段的劳动量尽可能大致相等，以保证各施工班组连续、均衡地施工。

（4）以主导施工过程为依据。划分施工段时，以主导施工过程的需要来划分。主导施工过程是指对总工期起控制作用的施工过程，如多层框架结构房屋的钢筋混凝土工程等。

（5）当组织流水施工对象有层间关系时，应使各队能够连续施工。即各施工过程的工作队做完第一段，能立即转入第二段；做完第一层的最后一段，能立即转入第二层的第一段。因而每层最少施工段数目 m 应满足：$m \geqslant n$。

当 $m=n$ 时，工作队连续施工，施工段上始终有施工班组，工作面能充分利用，无停歇现象，也不会产生工人窝工现象，比较理想。

当 $m>n$ 时，施工班组仍是连续施工，虽然有停歇的工作面，但不一定是不利的，有时还是必要的，如利用停歇的时间做养护、备料、弹线等工作。

当 $m<n$ 时，施工班组不能连续施工而造成窝工。因此，对一个建筑物组织流水施工是不适宜的，但是，在建筑群中可与另一些建筑物协同组织大流水。

3.2.3.2 工作面 *a*

工作面是表明施工对象上可能安置多少工人操作或布置施工机械场所的大小。对于某些施工过程，在施工一开始就已经同时在整个长度或广度上形成了工作面，这种工作面称为完整的工作面（如挖土）。而有些施工过程的工作面是随着施工过程的进展逐步形成的，这种工作面称为部分的工作面（如砌墙）。不论是哪一种工作面，通常前一施工过程的结束就为后一个（或几个）施工过程提供了工作面。在确定一个施工过程必要的工作面时，不仅要考虑前一施工过程为这个施工过程所可能提供的工作面的大小，也要遵守保证安全技术和施工技术规范的规定。主要工种工作面参考数据见表 3-1。

表 3-1 主要工种工作面参考数据

工作项目	每个技工的工作面范围	说明
砖基础	7.6m/人	以 1.5 砖计，2 砖乘以 0.8，3 砖乘以 0.55
砌砖墙	8.5m/人	以 1 砖计，1.5 砖乘以 0.71，2 砖乘以 0.57
毛石墙基	3m/人	以 60cm 计
毛石墙	3.3m/人	以 40cm 计
混凝土柱、墙基础	$8m^3$/人	机拌、机捣
混凝土设备基础	$7m^3$/人	机拌、机捣
现浇钢筋混凝土柱	$2.45m^3$/人	机拌、机捣
现浇钢筋混凝土梁	$3.20m^3$/人	机拌、机捣
现浇钢筋混凝土墙	$5m^3$/人	机拌、机捣
现浇钢筋混凝土楼板	$5.3m^3$/人	机拌、机捣
预制钢筋混凝土柱	$3.6m^3$/人	机拌、机捣
预制钢筋混凝土梁	$3.6m^3$/人	机拌、机捣
预制钢筋混凝土屋架	$2.7m^3$/人	机拌、机捣
预制钢筋混凝土大型屋面板	$2.62m^3$/人	机拌、机捣
混凝土地坪及面层	$40m^2$/人	机拌、机捣
外墙抹灰	$16m^2$/人	机拌、机捣
内墙抹灰	$18.5m^2$/人	

续表

工作项目	每个技工的工作面范围	说明
卷材层面	18.5m²/人	
防水水泥砂浆层面	16m²/人	
门窗安装	11m²/人	

3.3 流水施工的组织及计算

流水施工方式根据流水节拍特征的不同，可分为有节奏流水和无节奏流水施工。有节奏流水的同一施工过程流水节拍全相等，再根据不同施工过程的流水节拍的规律分为全等节拍、成倍节拍和异节拍流水。

3.3.1 有节奏流水施工

有节奏流水施工解析

3.3.1.1 全等节拍流水施工

全等节拍流水施工是指各个施工过程的流水节拍均为常数的一种流水施工方式。即同一施工过程在各施工段上的流水节拍都相等，并且不同施工过程之间的流水节拍也相等的一种流水方式。根据其间歇与否又可分为无间歇全等节拍流水施工和有间歇全等节拍流水施工。

1. 无间歇全等节拍流水施工

无间歇全等节拍流水施工是指各个施工过程之间没有技术和组织间歇时间，且流水节拍均相等的一种流水施工方式。

（1）无间歇全等节拍流水施工的特征

①同一施工过程流水节拍相等，不同施工过程流水节拍也相等，即 $t_1=t_2=t_3=\cdots=t_n=$ 常数，要做到这一点的前提是使各施工段的劳动量基本相等。

②各施工过程之间的流水步距相等，且等于流水节拍，即 $B_{1,2}=B_{2,3}=\cdots=B_{n-1}$，$n=t_i$ 。

（2）无间歇全等节拍流水步距的确定

$$B_{i,i+1}=t_i \tag{3-7}$$

式中 t_i——第 i 个施工过程的流水节拍；

$B_{i,i+1}$——第 i 个施工过程和第 $i+1$ 个施工过程的流水步距。

（3）无间歇全等节拍流水施工的工期计算

$$T_L=\sum B_{i,i+1}+T_n$$

因为 $\sum B_{i,i+1}=(n-1)t_i \qquad T_n=mt_n=mt_i$

所以

$$T_L=\sum B_{i,i+1}+T_n=(n-1)t_i+mt_i=(m+n-1)t_i \tag{3-8}$$

式中 T_L——工程流水施工工期；

$\sum B_{i,i+1}$——所有步距的总和；

T_n——最后一个施工过程流水节拍的总和。

【例 3-1】某分部工程划分为 A、B、C、D 四个施工过程，每个施工过程分为四个施工段，流水节拍均为 2d，试组织全等节拍流水施工。

【解】（1）计算流水施工工期

$$T_L=(m+n-1)\ t_i=[(4+4-1)\times 2]\ d=14\ (d)$$

（2）用横道图绘制流水施工进度计划，如图 3-6 所示。

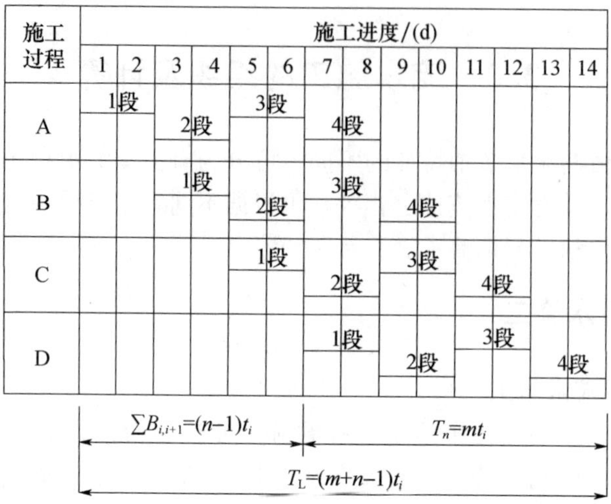

图 3-6　某分部工程无间歇全等节拍流水施工进度计划表

2. 有间歇全等节拍流水施工

有间歇全等节拍流水施工是指各个施工过程之间有的需要技术或组织间歇时间，有的可搭接施工，其流水节拍均相等的一种流水施工方式。

（1）有间歇全等节拍流水施工的特征

①同一施工过程流水节拍相等，不同施工过程流水节拍也相等。

②各施工过程之间的流水步距不一定相等，因为有技术间歇或组织间歇。

（2）有间歇全等节拍流水步距的确定

$$\sum B_{i,i+1}=t_i+t_j-t_d \tag{3-9}$$

式中　t_j——第 i 个施工过程与第 $i+1$ 个施工过程之间的间歇时间；

t_d——第 i 个施工过程与第 $i+1$ 个施工过程之间的搭接时间。

（3）有间歇全等节拍流水施工的工期计算

$$T_L=\sum B_{i,i+1}+T_n$$

因为　$\sum B_{i,i+1}=(n-1)t_i+\sum t_j-\sum t_d$，$T_n=mt_i$

所以

$$T_L=\sum B_{i,i+1}+T_n=(n-1)t_i+mt_i+\sum t_j-\sum t_d=(m+n-1)t_i+\sum t_j-\sum t_d \tag{3-10}$$

式中　$\sum t_j$——所有间歇时间总和；

$\sum t_d$——所有搭接时间总和。

【例 3-2】某住宅的基础工程有甲、乙、丙、丁四个施工过程，分为两个施工段；各个施工过程的流水节拍均为 3d，乙过程完成后，停 2d 才能进行丙过程，请组织流水施工。

【解】（1）计算流水施工工期

$T_L=(m+n-1)\ t_i+\sum t_j-\sum t_d=[(2+4-1)\times 3+2-0]\ d=17\ (d)$

（2）用横道图绘制流水施工进度计划，如图 3-7 所示。

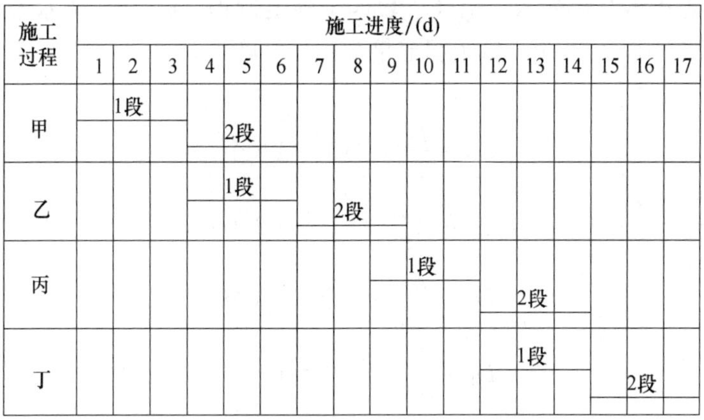

图 3-7　某基础施工有间歇全等节拍流水施工进度计划图

3. 全等节拍流水施工方式的适用范围

全等节拍流水施工比较适用于分部工程流水（专业流水），不适用于单位工程，特别是大型的建筑群。因为全等节拍流水施工虽然是一种比较理想的流水施工方式，它能保证专业班组的工作连续，工作面充分利用，实现均衡施工，但由于它要求划分的各分部、分项工程流水节拍相等，这对一个单位工程或建筑群来说，往往十分困难，不容易达到。因此实际应用范围不是很广。

3.3.1.2　成倍节拍流水施工

成倍节拍流水施工是指同一施工过程在各个施工段的流水节拍相等，不同施工过程之间的流水节拍不完全相等，但各个施工过程的流水节拍均为其中最小流水节拍的整数倍的流水施工方式。

1. 成倍节拍流水施工的特征

（1）同一施工过程流水节拍相等，不同施工过程流水节拍等于或为其中最小流水节拍的整数倍。

（2）各个施工段的流水步距等于其中最小的流水节拍。

（3）每个施工过程的班组数等于本过程流水节拍与最小流水节拍的比值，即

$$D_i=\frac{t_i}{t_{min}} \tag{3-11}$$

式中　D_i——某施工过程所需班组数；

t_{min}——所有流水节拍中最小流水节拍。

2. 成倍节拍流水步距的确定

$$B_{i,i+1}=t_{min} \tag{3-12}$$

3. 成倍节拍流水施工工期的计算

$$T_L=(m+n'-1)t_{min} \tag{3-13}$$

式中　n'——施工班组总数目，$n'=\sum D_i$。

从前两式可以看出，成倍节拍流水施工实质上是一种全等节拍流水施工。成倍节拍流水施工是通过对流水节拍大的施工过程相应增加班组数，使它转换为步距 $B_{i,i+1}=t_{\min}$ 的全等节拍流水。

【例 3-3】 某分部工程有 A、B、C、D 四个施工过程，$m=6$，流水节拍分别为 $t_A=2d$，$t_B=6d$，$t_C=4d$，$t_D=2d$，试组织成倍节拍流水施工。

【解】 因为 $t_{\min}=2d$

则
$$D_A=\frac{t_A}{t_{\min}}=\frac{2}{2}个=1（个）$$

$$D_B=t_i=\frac{t_B}{t_{\min}}=\frac{6}{2}个=3（个）$$

$$D_C=\frac{t_C}{t_{\min}}=\frac{4}{2}个=2（个）$$

$$D_D=\frac{t_D}{t_{\min}}=\frac{2}{2}个=1（个）$$

施工班组总数：$n'=\sum_{i=1}^{4}D_i=(1+3+2+1)\,d=7\,(d)$

流水施工工期：$T_L=(m+n'-1)\,t_{\min}=[(6+7-1)\times 2]\,d=24\,(d)$

根据计算的流水参数绘制施工进度计划表，如图 3-8 所示。

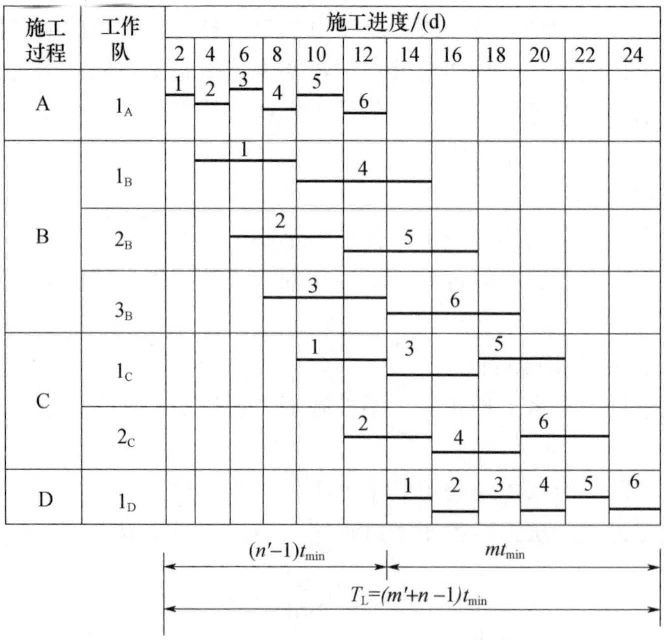

图 3-8 成倍节拍流水施工进度计划

3.3.1.3 异节拍流水施工

异节拍流水施工是指同一施工过程在各个施工段的流水节拍相等，不同施工过程之间的流水节拍不一定相等的流水施工方式。

1. 异节拍流水施工的特征

（1）同一施工过程流水节拍相等，不同施工过程流水节拍不一定相等。

（2）各个施工过程之间的流水步距不一定相等。

2. 异节拍流水步距的确定

$$B_{i,i+1}=t_i+t_j-t_d \qquad （当 t_i \leqslant t_{i+1} 时） \qquad (3\text{-}14)$$

$$B_{i,i+1}=mt_i-(m-1)t_{i+1}+t_j-t_d \qquad （当 t_i > t_{i+1} 时） \qquad (3\text{-}15)$$

3. 异节拍流水施工工期的计算

$$T_L=\sum B_{i,i+1}+T_n=\sum B_{i,i+1}+mt_i$$

【例 3-4】 某工程分为 A、B、C、D 四个施工过程，分为四个施工段，各施工过程的流水节拍分别为 $t_A=3d$，$t_B=2d$，$t_C=5d$，$t_D=2d$，B 施工过程完成后需要 1d 的技术间歇时间。试求各施工过程之间的流水步距及该工程的工期。

【解】（1）计算流水步伐

因为 $t_A>t_B \quad t_j=0 t_d=0$

所以 $B_{A,B}=mt_A-(m-1)t_B+t_j-t_d=[4\times3-(4-1)\times2+0-0]d=6(d)$

因为 $t_B<t_C \quad t_j=1 t_d=0$

所以 $B_{B,C}=t_B+t_j-t_d=(2+1-0)d=3d$

因为 $t_C>t_D \quad t_j=0 t_d=0$

$B_{C,D}=mt_C-(m-1)t_D+t_j-t_d=[4\times5-(4-1)\times2+0-0]d=14(d)$

（2）计算流水施工工期

$$T_L=\sum B_{i,i+1}+T_n=(6+3+14+4\times2)d=31(d)$$

根据计算的流水参数绘制施工进度计划表，分别用横道图和斜线图表示，如图 3-9、图 3-10 所示。

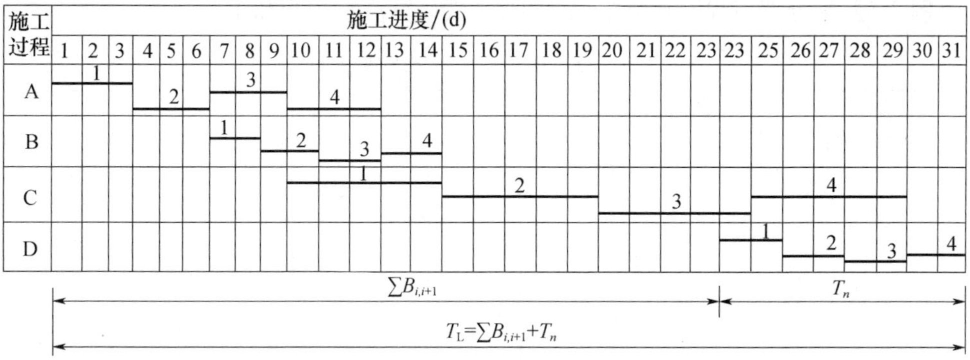

图 3-9 异节拍流水施工进度计划（横道图）

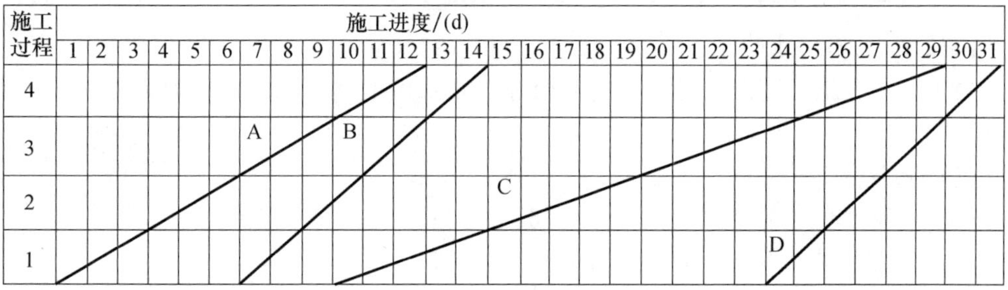

图 3-10 异节拍流水施工进度计划（斜线图）

4. 异节拍流水施工的适用范围

异节拍流水施工方式适用于分部和单位工程流水施工，它允许不同施工过程采用不同的流水节拍，因此，在进度安排上比全等节拍流水施工灵活，实际应用范围较广泛。

3.3.2 无节奏流水施工

无节奏流水施工解析

无节奏流水施工是指各个施工过程的流水节拍均不完全相等的一种流水施工方式。在实际工程中，无节奏流水施工是较常见的一种流水施工方式，因为它不像有节奏流水施工那样有一定的时间规律约束，在进度安排上比较灵活、自由。

无节奏流水施工的特征如下：

(1) 同一施工过程流水节拍不完全相等，不同施工过程流水节拍也不完全相等。

各个施工过程之间的流水步距不完全相等且差异较大。

(2) 无节奏流水步距的确定

无节奏流水步距的计算是采用“累加斜减取大差法”，即

第一步，累加——将每个施工过程的流水节拍逐段累加；

第二步，斜减——错位相减，即从前一个施工班组由加入流水起到完成该段工作止的持续时间和减去后一个施工班组由加入流水起到完成前一个施工段工作止的持续时间和（即相邻斜减），得到一组差数；

第三步，取大差——取上一步斜减差数中的最大值作为流水步距。

【例 3-5】 某分部工程流水节拍见表 3-2，试计算流水步距和工期。

表 3-2 某分部工程流水节拍

施工过程	施工段			
	1	2	3	4
A	4	2	1	4
B	2	3	2	3
C	2	3	2	3
D	1	4	3	1

【解】 1. 计算流水步距

由于每一个施工过程的流水节拍不相等，故采用上述“累加斜减取大差法”计算。现计算如下：

(1) 求 $B_{A,B}$

$$\begin{array}{rrrrrr} & 4 & 6 & 7 & 11 & \\ - & & 2 & 5 & 7 & 10 \\ \hline & 4 & 4 & 2 & 4 & -10 \end{array}$$

所以 $B_{A,B}=4d$

（2）求 $B_{B,C}$

$$
\begin{array}{rrrrrr}
 & 2 & 5 & 7 & 10 & \\
- & & 2 & 5 & 7 & 10 \\
\hline
 & 2 & 3 & 2 & 3 & -10
\end{array}
$$

所以 $B_{B,C}=3d$

（3）求 $B_{C,D}$

$$
\begin{array}{rrrrrr}
 & 2 & 5 & 7 & 10 & \\
- & & 1 & 5 & 8 & 9 \\
\hline
 & 2 & 4 & 2 & 2 & -9
\end{array}
$$

所以 $B_{C,D}=4d$

2. 流水施工工期计算

$$T_L=\sum B_{i,i+1}+T_n=(4+3+4+9)d=20\ (d)$$

根据计算的流水参数绘制施工进度计划表，如图 3-11 所示。

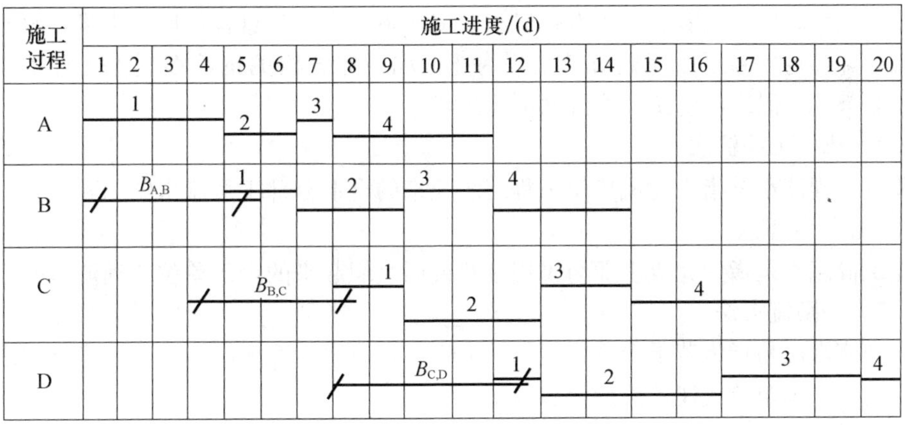

图 3-11　无节奏流水施工计划

3. 无节奏流水施工方式的适用范围

无节奏流水施工适用于各种不同结构性质和规模的工程施工组织。由于它不像有节奏流水施工那样有一定的时间规律约束，在进度安排上比较灵活、自由，适用于分部工程和单位工程及大型建筑群的流水施工，是流水施工中应用较多的一种方式。

3.4　流水施工的应用

在建筑施工中，流水施工是一种行之有效的科学组织施工的计划方法。编制施工进度计划时应根据施工对象的特点，选择适当的流水施工方式组织施工，以保证施工的节奏性、均衡性和连续性。

3.4.1　选择流水施工方式的思路

如何正确选用流水施工方式，需根据工程具体情况而定。通常的做法是将单位工程流水先分解为分部工程流水，然后根据分部工程的各施工过程劳动量的大小、施工班组人数来选择流水施工方式。若分部工程的过程数目不多（3～5 个），可以通过调整班组人数使各施工过程的流水节拍相等，从而采用全等节拍流水施工方式，这是一种最理想、最合理的流水施工方式。若分部工程的施工过程数目较多，要使其流水节拍相等较困难，因此，可考虑流水节拍的规律，分别选择成倍节拍、异节拍、无节奏流水施工方式。组织一个项目施工时，往往是流水施工与搭接施工混合应用，既可以缩短工期，又能使大部分的工种连续施工。下面介绍几个与流水施工有关的术语。

3.4.1.1 细部流水

细部流水是指一个专业班组使用同一生产工具依次连续不断地在各施工段中完成同一施工过程的工作。如钢筋工程中钢筋班组依次在各施工段上连续完成钢筋绑扎工作等均为细部流水。

3.4.1.2 分部工程流水

分部工程流水是指为完成分部工程而组建起来的全部细部流水的总和，即若干个专业班组依次连续不断地在各施工段上重复完成各自的工作，随着前一个专业班组完成前一个施工过程之后，接着后一个专业班组来完成下一个施工过程，以此类推，直至所有专业班组都经过各施工段完成分部工程为止。如主体结构的钢筋混凝土工程由模板安装、钢筋绑扎、混凝土浇筑三个细部流水组成。

3.4.1.3 单位工程流水

单位工程流水是指为完成单位工程组织起来的全部分部工程流水的总和。

3.4.1.4 建筑群流水

建筑群流水是指为完成工业与民用建筑群而组织起来的全部单位工程流水的总和。

3.4.1.5 分别流水法

分别流水法是指将若干个分别组织的分部工程流水，按照施工工艺顺序和要求搭接起来，组成一个单位或建筑群的流水施工。

3.4.2 框架结构房屋的流水施工和搭接施工结合应用

某五层教学楼，建筑面积为 2000m^2。基础为钢筋混凝土条形基础，主体工程为现浇框架结构。装修工程为铝合金窗、胶合板门，外墙用白色外墙砖贴面，内墙为普通抹灰，外加乳胶漆涂料。屋面工程为现浇细石钢筋混凝土屋面板，防水层为 851 涂料，外加架空隔热层。其劳动量见表 3-3。

表 3-3 某栋五层四单元框架房屋劳动量一览表

序号	分项名称	劳动量（工日）
	基础工程	
1	基槽挖土	224
2	混凝土垫层	16
3	基础钢筋绑扎	64
4	基础混凝土	130
5	素混凝土墙基础	70
6	回填土	64

续表

序号	分项名称	劳动量（工日）
	主体工程	
7	脚手架	112
8	柱筋	100
9	柱、梁、板模板（含梯）	1200
10	柱混凝土	400
11	梁、板筋（含梯）	400
12	梁、板混凝土（含梯）	900
13	拆模	200
14	砌墙	900
	屋面工程	
15	屋面防水层	63
16	屋面隔热层	36
	装修工程	
17	楼地面及楼梯水泥砂浆	6000
18	顶棚、墙面普通抹灰	800
19	顶棚、墙面乳胶漆涂料	60
20	铝合金窗	100
21	胶合板门	59
22	外墙面砖	480
23	油漆	60
	水电工程	
24	卫生设备安装	
25	电气设备安装	

本工程由基础分部、主体分部、屋面分部、装修分部、水电分部组成，因其各分部的劳动量差异较大，应采用分别流水法，先分别组织各分部的流水或搭接施工，然后考虑各分部之间的相互搭接施工。具体组织方法如下（水电分部本部分暂不介绍）：

3.4.2.1 基础工程

基础工程包括基槽挖土、浇筑混凝土垫层、绑扎基础钢筋（含侧模安装）、浇筑基础混凝土、浇筑素混凝土墙基础、回填土等施工过程。考虑基础混凝土垫层劳动量比较小，可与挖土合并为一个施工过程，又考虑基础混凝土与素混凝土墙基是同一工种，班组施工可合并为一个施工过程。

基础工程经过合并共为四个施工过程（$n=4$），组织全等节拍流水，由于占地 $500m^2$ 左右，考虑工作面的因素，将其划分为两个施工段（$m=2$），流水节拍和流水施工工期计算如下：

基槽挖土和垫层的劳动量之和为 240 工日，施工班组人数为 30 人，$m=2$，采用一班制，垫层需要养护 1d，流水节拍计算如下：

$$t_{挖、垫}=\frac{240}{30\times2}d=4\ (d)$$

绑扎基础钢筋（含侧模安装），劳动量为 64 工日，施工班组人数为 8 人，$m=2$，采用一班制，其流水节拍计算如下：

$$t_{绑筋}=\frac{64}{8\times2}d=4\ (d)$$

基础混凝土和素混凝土墙基础劳动量为 200 工日，施工班组人数为 25 人，$m=2$，采用一班制，基础混凝土浇筑完成后需要养护 1d，其流水节拍计算如下：

$$t_{混凝土}=\frac{130+70}{25\times2}d=4\ (d)$$

基础回填土劳动量为 64 工日，施工班组人数为 8 人，$m=2$，采用一班制，混凝土墙基础完成后间歇 1d 回填，其流水节拍计算如下：

$$t_{回}=\frac{64}{8\times2}d=4\ (d)$$

工期计算为

$$T_L=(m+n-1)t_i+\sum t_j-\sum t_d=[(2+4-1)\times4+2]d=22\ (d)$$

3.4.2.2 主体工程

主体工程包括绑扎柱钢筋，安装柱、梁、板、楼梯木模板，浇捣柱混凝土，安装梁、板、楼梯钢筋，浇捣梁、板、楼梯混凝土，搭设脚手架，拆木模板，砌墙等分项工程。

主体工程由于有层间关系，$m=2$，$n=6$，$m<n$，工作班组会出现窝工现象。但本工程只要求模板工程施工班组一定要连续施工，其余施工过程的施工班组与其他的工地统一调度安排。根据上述条件，主体工程采用搭接施工较适宜。其流水节拍、流水步距、施工工期计算如下：

绑扎柱钢筋的劳动量为 100 工日，施工班组人数 10 人，施工段数 $m=2\times5$，采用一班制，其流水节拍计算如下：

$$t_{柱筋}=\frac{100}{10\times5\times2}d=1\ (d)$$

安装柱、梁、板模板（含楼梯模板）的劳动量为 1200 工日，施工班组人数 20 人，施工段数 $m=2\times5$，采用一班制，其流水节拍计算如下：

$$t_{支模}=\frac{1200}{20\times5\times2}d=6\ (d)$$

浇捣柱混凝土的劳动量为 400 工日，施工班组人数 20 人，施工段数 $m=2\times5$，采用二班制，其流水节拍计算如下：

$$t_{柱混凝土}=\frac{400}{20\times2\times5\times2}d=1\ (d)$$

绑扎梁、板钢筋（含楼梯钢筋）的劳动量为 400 工日，施工班组人数为 20 人，施工段数；$m=2\times5$，采用一班制，其流水节拍计算如下：

$$t_{梁、板、梯钢筋}=\frac{400}{20\times2\times5}d=2\ (d)$$

浇捣梁、板混凝土（含楼梯混凝土）的劳动量为 900 工日，施工班组人数 30 人，施工段数 $m=2\times5$，采用三班制，其流水节拍计算如下：

$$t_{梁、板、梯混凝土}=\frac{900}{30\times2\times5\times3}d=1\ (d)$$

实际中拆柱模可比拆梁、板模提前，但计划安排上可视为一个施工过程，即待梁、板混凝土浇捣 12d 后拆模板（采取早拆体系）。

拆除柱、梁、板模板（含楼梯模板）的劳动量为 200 工日，施工班组人数 10 人，施工段 $m=2\times5$，采用一班制，其流水节拍计算如下：

$$t_{拆模}=\frac{200}{10\times2\times5}d=2\ (d)$$

砌墙的劳动量为 900 工日，施工班组人数 30 人，施工段数 $m=2\times5$，采用一班制，其流水节拍计算如下：

$$t_{砌墙}=\frac{900}{30\times2\times5}d=3\ (d)$$

主体施工工期计算：

由于主体施工只有安装柱、梁、板模板时采用连续施工，其余工序均采用间断式流水施工，因此无法用式（3-13）计算本工程主体施工工期。须采用分析计算方法，即 10 段（每层两段）梁、板模板的安装时间之和加上其他工序的流水节拍，再加上养护间歇时间，即可求得主体阶段施工工期。

$$\begin{aligned}T_L&=10\times t_{模}+t_{柱筋}+t_{柱混凝土}+t_{梁、板筋}+t_{梁、板混凝土}\times2+t_{养护}+t_{拆模}\times2+t_{砌墙}\times2\\&=(10\times6+1+1+2+1\times2+12+2\times2+2\times3)d=88\ (d)\end{aligned}$$

其中，乘以 2 的三项分别为屋面混凝土连续浇筑、模板连续拆除和最后一层砖墙连续砌筑。

3.4.2.3 屋面工程

屋面工程包括屋面防水层和隔热层。考虑屋面防水要求高，所以不分段施工。即采用依次施工的方式。

屋面防水层劳动量为 63 工日，施工班组人数为 8 人，采用一班制，其施工延续时间为

$$t_{防}=\frac{63}{8}d\approx8\ (d)$$

屋面隔热层劳动量为 36 工日，施工班组人数为 18 人，采用一班制，其施工延续时间为

$$t_{隔热}=\frac{36}{18}d=2\ (d)$$

3.4.2.4 装修工程

装修工程包括楼地面、楼梯地面、顶棚、内墙抹灰、乳胶漆涂料、外墙面砖、铝合金窗、胶合板门、油漆等。

由于装修阶段施工过程多，采用固定节拍流水施工较困难，若每一层视为一段，共为 5 段，由于各施工过程劳动量不同，同时瓦工需要量比较集中，因此采用异节拍流水施工，其流水节拍、流水步距、施工工期计算如下：

楼地面和楼梯地面合为一项，劳动量为 600 工日，施工班组人数为 30 人，一层为一段，$m=5$，采用一班制，其流水节拍计算如下：

$$t_{地面}=\frac{600}{30\times5}d=4\ (d)$$

顶棚和墙面抹灰合为一项，劳动量为800工日，施工班组人数为40人，一层为一段，$m=5$，采用一班制，其流水节拍计算如下：

$$t_{抹灰}=\frac{800}{40\times5}d=4\ (d)$$

铝合金窗的劳动量为100工日，施工班组人数为10人，一层为一段，$m=5$，采用一班制，其流水节拍计算如下：

$$t_{铝窗}=\frac{100}{10\times5}d=2\ (d)$$

胶合板门的劳动量为59工日，施工班组人数为6人，一层为一段，$m=5$，采用一班制，其流水节拍计算如下：

$$t_{胶合板门}=\frac{59}{6\times5}d=2\ (d)$$

乳胶漆涂料的劳动量为60工日，施工班组人数为6人，一层为一段，$m=5$，采用一班制，其流水节拍计算如下：

$$t_{涂料}=\frac{60}{6\times5}d\approx2\ (d)$$

油漆的劳动量为60工日，施工人数为6人，一层为一段，$m=5$，采用一班制，其流水节拍计算如下：

$$t_{油漆}=\frac{60}{6\times5}d=2\ (d)$$

外墙面砖自上而下不分层、不分段施工（不参加主体流水），劳动量为480工日，施工班组人数为30人，采用一班制，其施工延续时间计算如下：

$$t_{外墙砖}=\frac{480}{30}d=16\ (d)$$

脚手架不分层、不分段与主体平行施工。

装修工程流水施工工期计算：

因为 $t_{地面}=t_{抹灰}$，$t_j=3$，$t_d=0$

所以 $B_{地面,抹灰}=t_{地面}+t_j-t_d=(4+3-0)d=7d$

因为 $t_{抹灰}>t_{抹灰}$，$t_j=1$，$t_d=0$

所以 $B_{抹灰,铝窗}=mt_{抹灰}-(m-1)t_{铝窗}+t_j-t_d=(5\times4-4\times2+1-0)d=13d$

因为 $t_{铝窗}=t_{胶合板门}$，$t_j=0$，$t_d=0$

所以 $B_{铝窗,门}=t_{铝窗}+t_j-t_d=(2+0-0)d=2\ (d)$

因为 $t_{胶合板门}=t_{涂料}$，$t_j=0$，$t_d=0$

所以 $B_{门,涂}=t_{胶合板门}+t_j-t_d=(2+0-0)d=2\ (d)$

因为 $t_{涂料}=t_{油漆}$，$t_j=0$，$t_d=0$

所以 $B_{涂,漆}=t_{涂料}+t_j-t_d=(2+0-0)d=2\ (d)$

所以 $T_L=(7+13+2+2+2+2\times5)d=36\ (d)$

根据上述计算的流水节拍、流水步距、分部流水工期绘出横道进度计划，如图3-12所示。

序号	分项名称	劳动量（工日）	人数	班制	天数
	基础工程				
1	基槽挖土（含垫层）	240	30	1	8
2	基础扎钢筋	64	8	1	8
3	基础混凝土(含墙基)	200	25	1	8
4	回填土	64	8	1	8
	主体工程				
5	脚手架	112			
6	柱钢筋	100	10	1	10
7	柱、梁、板模板	1200	20	1	60
8	柱混凝土	400	20	2	8
9	梁、板钢筋（含梯）	400	20	1	16
10	梁、板混凝土(含梯)	900	30	3	8
11	拆模	200	10	1	16
12	砌墙（含门窗）	900	30	1	24
	屋面工程				
13	屋面防水层	64	8	1	7
14	屋面隔热层	36	18	1	2
	装修工程				
15	楼地面及楼梯水泥砂浆	600	30	1	16
16	天棚、墙面中级抹灰	640	40	1	16
17	铝合金窗	100	10	1	8
18	胶合板门	60	6	1	8
19	天棚、墙面106涂料	60	6	1	8
20	油漆	48	6	1	8
21	外墙面砖	450	30	1	15
22	水电				
	室外工程				

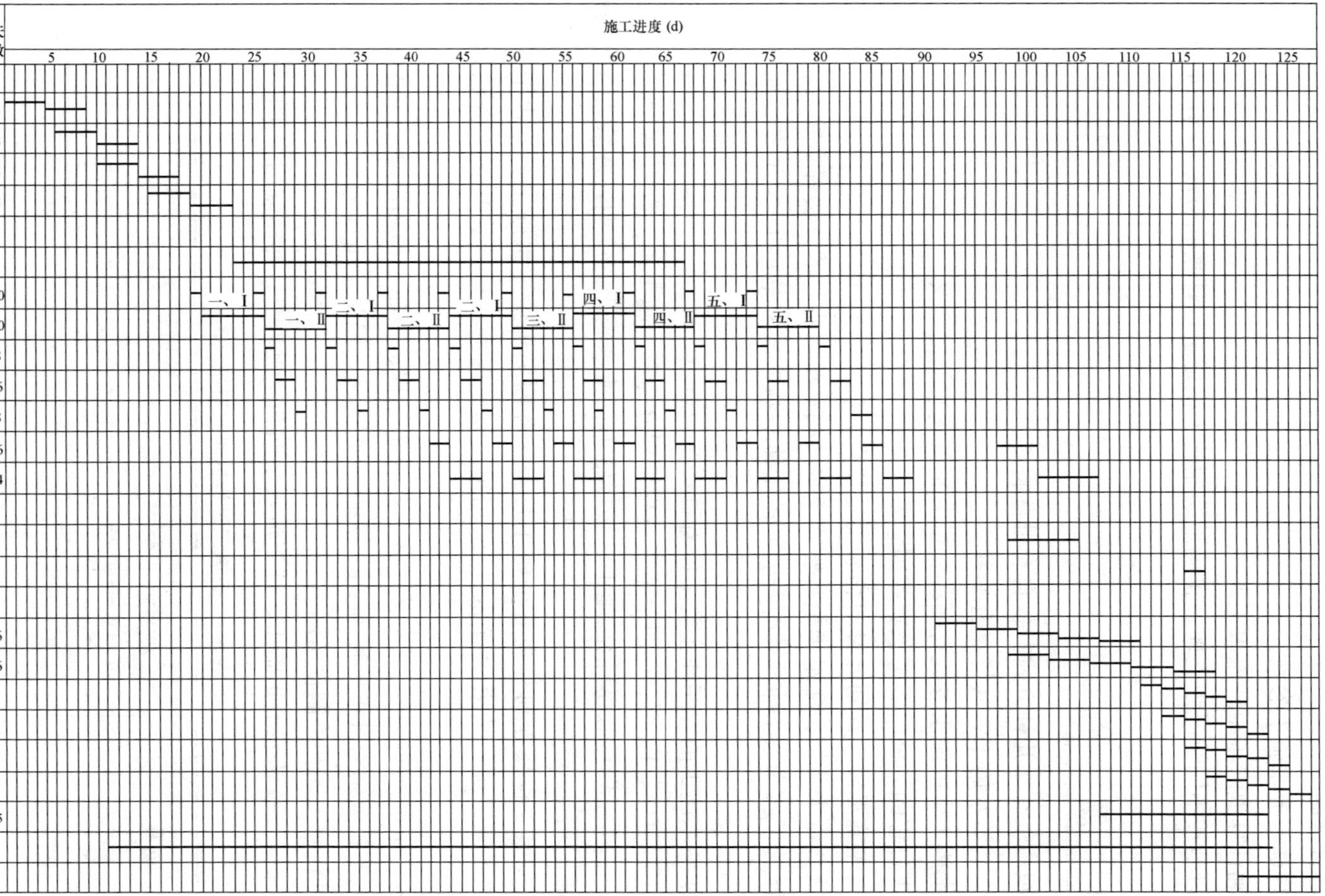

图3-12 某五层框架结构教学楼流水施工进度表

注：一至五为层次，Ⅰ、Ⅱ为段数。

上岗工作要点：

1. 合理选择施工方式。

2. 合理确定流水施工参数。

3. 正确计算流水步距、流水工期。

4. 合理地按不同情况独立地、正确地绘制施工横道进度计划和劳动力动态曲线。

习　题

1. 组织施工有哪几种方式？各自有哪些特点？

2. 什么是流水施工？其特点有哪些？

3. 流水施工中的流水参数有哪些？试分别叙述它们的含义。

4. 施工过程的划分需要考虑哪些因素？

5. 什么是施工段？其划分目的和原则是什么？

6. 什么是流水节拍、流水步距？确定流水节拍和流水步距的方法有哪些？

7. 流水施工按节奏特征不同可分为哪几种基本方式？这些基本方式如何定义和计算？

8. 组织流水施工的程序和主要工作有哪些？

9. 某工程有 A、B、C、D 四个施工过程均划分为三个施工段。设 $t_A=1d$，$t_B=3d$，$t_C=2d$，$t_D=4d$。试分别计算依次施工、平行施工及流水施工的工期，并绘出各自的施工进度计划。

10. 已知某工程任务划分为五个施工过程，分四段组织流水施工，流水节拍均为 3d，在第二个施工过程结束后有 2d 技术和组织间歇时间，试计算其工期并绘制进度计划。

11. 某三幢办公楼工程，其主体工程包括模板工程、钢筋工程和混凝土工程等施工过程，流水节拍分别为模板工程为 2d、钢筋工程为 3d、混凝土工程为 2d。试组织流水施工，计算流水工期并绘制横道图。

12. 根据表 3-4 流水节拍施工，计算流水工期和流水步距，并绘制施工进度计划。

表 3-4　各施工过程的流水节拍（d）

施工过程	施工段				
	1	2	3	4	5
A	3	2	3	4	2
B	2	1	3	4	2
C	1	3	2	2	5
D	3	4	2	5	2

13. 试述在建筑工程施工中，面对客观不利条件（如极端恶劣天气、不可预见的风险等），通过有效发挥现场人员的能动作用把流水施工进度计划协调落实到位的思路和方法。

4 网络计划技术

重点提示

1. 掌握进度计划的几种表示方法及各自的优缺点；
2. 重点掌握双代号时标网络计划的应用。

工程网络计划技术规程

网络计划技术是指以网络图为基础的计划模型，其最基本的优点就是能直观地反映各工作之间的相互关系，使一项计划构成一个系统的整体，为实现计划的定量分析奠定基础。同时，它运用数学最优化原理，揭示整个计划的关键工作以及巧妙地安排计划中的各项工作，从而使计划管理者依照执行的情况信息，有科学根据地对未来做出预测，使计划自始至终在人们的监督和控制之中，使用尽可能短的工期、尽可能少的资源、尽可能好的流程、尽可能低的成本来完成所控制的项目。

4.1 概　　述

4.1.1 网络图和工作

4.1.1.1 网络图的组成

双代号网络图的组成

网络技术是施工组织计划技术的主要方法之一。网络图是由箭线和节点组成，用来表示工作流程的有向、有序网状图形。一个网络图表示一项计划任务。网络图中的工作是计划任务按需要粗细程度划分而成的、消耗时间或同时也消耗资源的一个子项目或子任务。工作可以是单位工程，也可以是分部工程、分项工程，一个施工过程也可以作为一项工作。在一般情况下，完成一项工作既需要消耗时间，也需要消耗劳动力、原材料、施工机具等资源。但也有一些工作只消耗时间而不消耗资源，如混凝土浇筑后的养护过程和墙面抹灰后的干燥过程等。

4.1.1.2 网络图的表示方法

网络图有双代号网络图和单代号网络图两种。双代号网络图又称箭线式网络图，它是以箭线及其两端节点的编号表示工作；同时，节点表示工作的开始或结束以及工作之间的连接状态。单代号网络图又称节点式网络图，它是以节点及其编号表示工作，箭线表示工作之间的逻辑关系。网络图中工作的表示方法如图 4-1（双代号）和图 4-2（单代号）所示。

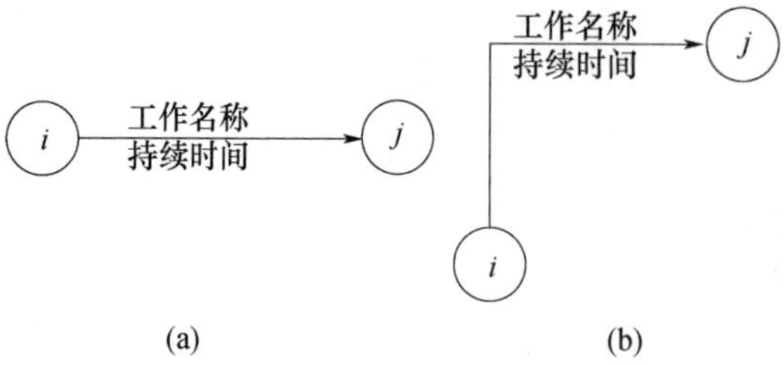

图 4-1　双代号网络图中工作的表示方法

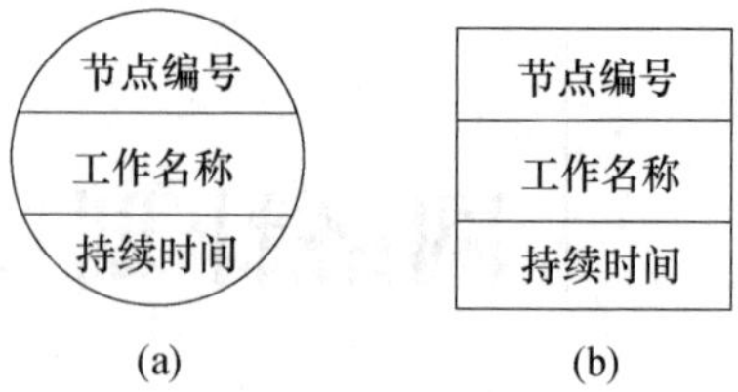

图 4-2　单代号网络图中工作的表示方法

网络图中的节点都必须有编号，其编号严禁重复，并应使每一条箭线上箭尾节点编号小于箭头节点编号。在双代号网络图中，一项工作必须有唯一的一条箭线和相应的一对不重复出现的箭尾、箭头节点编号。因此，一项工作的名称可以用其箭尾和箭头节点编号来表示。而在单代号网络图中，一项工作必须有唯一的一个节点及相应的一个代号，该工作的名称可以用其节点编号来表示。

在双代号网络图中，有时存在虚箭线，虚箭线不代表实际工作，称为虚工作。虚工作既不消耗时间，也不消耗资源。虚工作主要用来表示相邻两项工作之间的逻辑关系。但有时为了避免两项同时开始、同时进行的工作具有相同的开始节点和完成节点，也需要用虚工作加以区分。

在单代号网络图中，虚拟工作只能出现在网络图的起点节点或终点节点处。

4.1.2　工艺逻辑关系和组织逻辑关系

网络图中的逻辑关系是指网络计划中所表示的各个工作之间客观上存在或主观上安排的先后顺序关系。这种顺序关系划分为两类：一类是施工工艺关系，称为工艺逻辑；另一类是施工组织关系，称为组织逻辑。

4.1.2.1　工艺逻辑关系

工艺逻辑关系是由施工工艺和操作规程所决定的各个工作之间客观上存在的先后施工顺序。对于具体某分部工程而言，当施工方法确定后，该分部工程的各个工作的先后顺序一般是固定的。如图 4-3 所示，支模 1→绑筋 1→混凝土 1 为工艺逻辑关系。

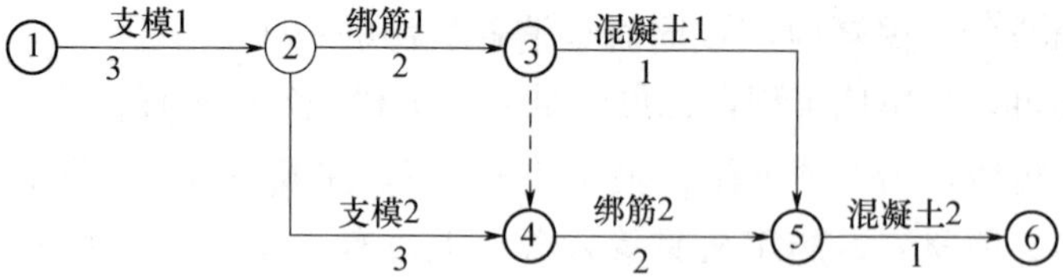

图 4-3　施工顺序

4.1.2.2　组织逻辑关系

工作之间由于组织安排需要或资源（劳动力、原材料、施工机具等）调配需要而规定的先后顺序关系称为组织逻辑关系。如图 4-3 所示，两个施工段的工作先施工第一段还是第二段不受施工工艺的限制，不是工程性质本身决定的，而是在保证施工质量、安全和工期等的前提下，人为安排的顺序关系。如支模 1 与支模 2；绑筋 1 与绑筋 2 的先后顺序等为组织逻辑关系。

4.1.3 双代号网络图的逻辑关系

逻辑关系是工作之间相互制约或依赖的关系；在工程施工网络计划图中，逻辑关系是根据施工工艺关系和组织关系确定的。逻辑关系是否正确，是网络图是否反映工程实际的关键，因此逻辑关系的处理就成为网络图绘制的关键。为了确定并绘制正确的逻辑关系图，可就某一项具体工作而言，首先要弄清该工作必须在哪些工作之前进行？该工作必须在哪些工作之后进行？该工作可与哪些工作平行进行？为了说明这些关系，而引入下面几个术语概念。

现考查图 4-4 中工作 D，将该工作称作“本工作”，紧排在本工作之前的工作 B 和 C 称作“紧前工作”，紧排在本工作之后的工作 H 和 G 称作“紧后工作”，与本工作同时进行的工作 E 称作“平行工作”。自起点节点至本工作之前各条线路段上的所有工作统称为“先行工作”；本工作之后至终点节点各条线路段上的所有工作统称为“后续工作”。

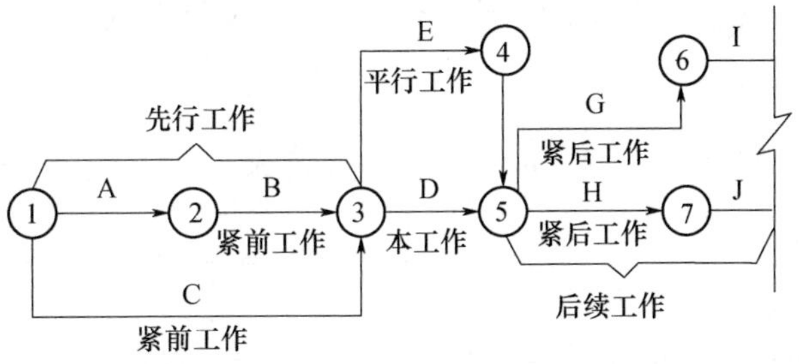

图 4-4 工作间逻辑关系术语图

由上述逻辑关系术语的概念可看出，它们是有针对性的。一项工作的称谓与所要考查的对象有关，因此具有相对性，如当考查工作 H 时，H 为本工作，这时工作 D、E 为紧前工作，工作 J 为紧后工作。工作间的逻辑关系是正确绘制网络图的基础。

4.1.4 线路、关键线路和关键工作

4.1.4.1 线路

网络图中从起点节点开始，沿箭头方向顺序通过一系列箭线与节点，最后到达终点节点的通路称为线路。线路既可依次用该线路上的节点编号来表示，也可依次用该线路上的工作名称来表示。如图 4-3 所示，该网络图中有三条线路，这三条线路既可表示为①→②→③→⑤→⑥、①→②→③→④→⑤→⑥和①→②→④→⑤→⑥，也可表示为支模 1→绑筋 1→混凝土 1→混凝土 2、支模 1→绑筋 1→绑筋 2→混凝土 2 和支模 1→支模 2→绑筋 2→混凝土 2。

4.1.4.2 关键线路和关键工作

在关键线路法（CPM）中，线路上所有工作的持续时间总和称为该线路的总持续时间。总持续时间最长的线路称为关键线路，关键线路的长度就是网络计划的总工期。如图 4-3所示，线路①→②→④→⑤→⑥或支模 1→支模 2→绑筋 2→混凝土 2 为关键线路。

在网络计划中，关键线路可能不止一条，但至少有一条。而且在网络计划执行过程中，关键线路还会发生转移。

关键线路上的工作称为关键工作。在网络计划的实施过程中，关键工作的实际进度提前或拖后，均会对总工期产生影响。因此，关键工作的实际进度是建设工程进度控制工作中的重点。

4.2 双代号网络计划

4.2.1 双代号网络图

双代号网络图是以箭线及其两端节点的编号表示工作的网络图，如图 4-5 所示。从图 4-5 中可以看出，双代号网络图由箭线、节点、线路三个基本要素组成。

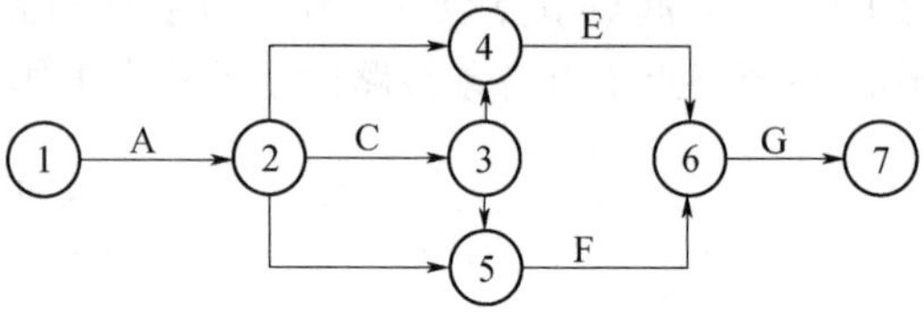

图 4-5 双代号网络图

4.2.1.1 基本要素

1. 箭线（工作）

(1) 在双代号网络图中，每一条箭线表示一项工作。箭线的箭尾节点表示该工作的开始，箭头节点表示该工作的结束。工作的名称标注在箭线的上方，完成该项工作所需要的持续时间标注在箭线的下方。如图 4-6 所示。因一项工作需用一条箭线和其箭尾和箭头处两个圆圈中的号码来表示，故称为双代号表示法。

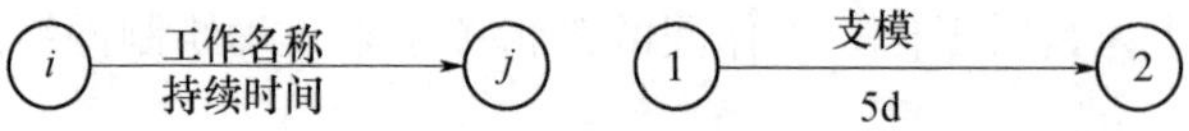

图 4-6 双代号表示法

(2) 在双代号网络图中，任意一条实箭线都要占用时间、消耗资源（有时，只占时间，不消耗资源，如混凝土的养护）。在建筑工程中，一条箭线表示项目中的一个施工过程，它可以是一道工序、一个分项工程、一个分部工程或一个单位工程，其粗细程度、大小范围的划分根据计划任务的需要来确定。

(3) 在双代号网络图中，为了正确地表达图中工作之间的逻辑关系，往往需要应用虚箭线，其表示方法如图 4-7 所示。

图 4-7 逻辑关系的虚箭线表示

虚箭线是实际工作中并不存在的一项虚拟工作，故它们既不占用时间，也不消耗资源，一般起工作之间的联系、区分和断路三个作用。联系作用是指应用虚箭线正确表达工作之间相互依存的关系；区分作用是指双代号网络图中每一项工作都必须用一条箭线和两个代号表示，若两项工作的代号相同时，应使用虚工作加以区分，如图 4-8 所示；断路作用是用虚箭线断掉多余联系（即在网络图中把无联系的工作连接上了时，应加上虚工作将其断开）。

(4) 在无时间坐标限制的网络图中，箭线的长度原则上可以任意画，其占用的时间以下方标注的时间参数为准。箭线可以为直线、折线或斜线，其行进方向如图 4-9 所示。在有时间坐标限制的网络图中，箭线的长度必须根据完成该工作所需持续时间的长短按比例绘制。

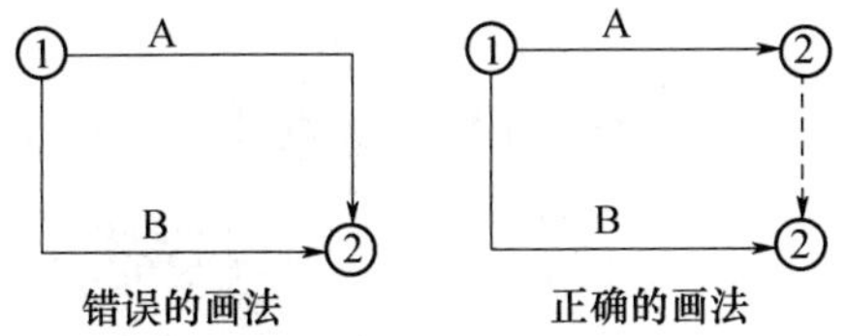

图 4-8　虚箭线的区分作用

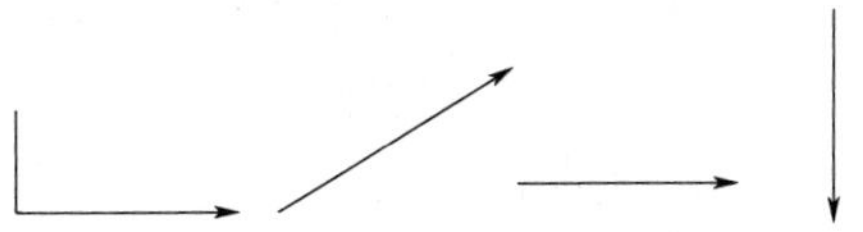
图 4-9　箭线的表达形式

(5) 在双代号网络图中，各项工作之间的关系如图 4-6 所示。通常将被研究的对象称为本工作，用 $i—j$ 工作表示，紧排在本工作之前的工作称为紧前工作，紧排在本工作之后的工作称为紧后工作，与之平行进行的工作称为平行工作。

2. 节点（又称结点、事件）

节点是网络图中箭线之间的连接点。在双代号网络图中，节点既不占用时间，也不消耗资源，是个瞬时值，即它只表示工作的开始或结束的瞬间，起着承上启下的衔接作用。网络图中有三种类型的节点：

(1) 起点节点

网络图的第一个节点称“起点节点”，它只有外向箭线，一般表示一项任务或一个项目的开始，如图 4-10 所示。

(2) 终点节点

网络图的最后一个节点称“终点节点”，它只有内向箭线，一般表示一项任务或一个项目的完成，如图 4-11 所示。

(3) 中间节点

网络图中即有内向箭线，又有外向箭线的节点称为中间节点，如图 4-12 所示。

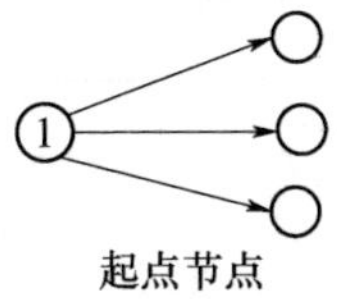

图 4-10　起点节点表示法

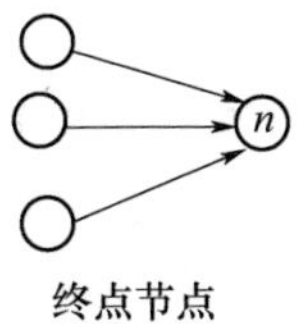

图 4-11　终点节点表示法

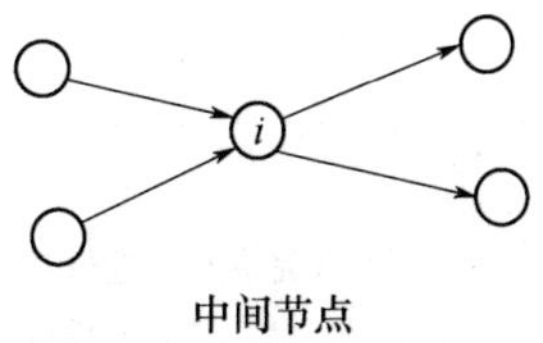

图 4-12　中间节点表示法

（4）在双代号网络图中，节点应用圆圈表示，并在圆圈内编号。一项工作应当只有唯一的一条箭线和相应的一对节点，且要求箭尾节点的编号小于其箭头节点的编号。例如，在图 4-13 中，应有 $i<j<k$。网络图节点的编号顺序应从小到大，可不连续，但不允许重复。

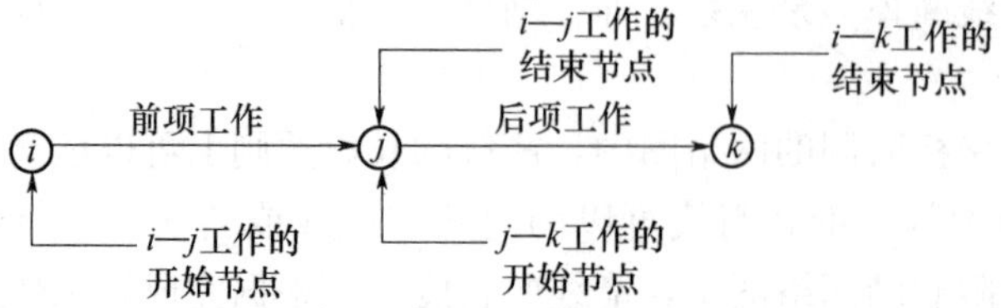

图 4-13　箭尾节点和箭头节点

3. 线路

线路的概念如 4.1.4.1 中所述。网络图中最长的一条线路称为关键线路，位于关键线路上的工作称为关键工作。

4.2.1.2　逻辑关系

网络图必须正确地表达整个工程或任务的工艺流程和各工作开展的先后顺序及它们之间相互依赖、相互制约的逻辑关系，因此，绘制网络图时必须遵循一定的基本规则和要求。

绘制双代号网络图的基本规则

4.2.1.3　绘图规则

（1）双代号网络图必须正确表达已定的逻辑关系。见表 4-1。

表 4-1　各活动之间逻辑关系在网络图中的表示方法

序号	各活动之间的逻辑关系	用双代号网络图的表达方式
1	A 完成后，进行 B 和 C	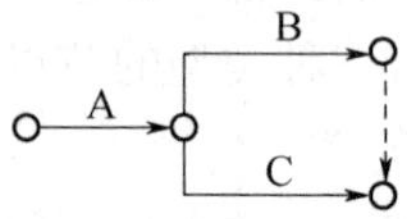
2	A、B 完成后，进行 C 和 D	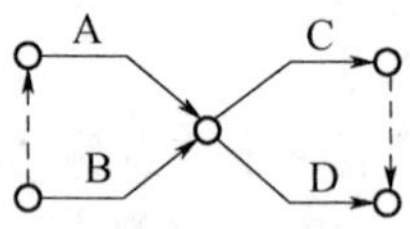
3	A、B 完成后，进行 C	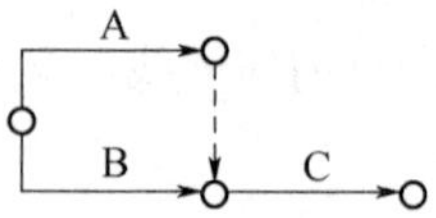
4	A 完成后，进行 C； A、B 完成后，进行 D	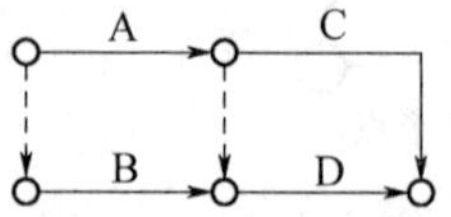

续表

序号	各活动之间的逻辑关系	用双代号网络图的表达方式
5	A、B完成后，进行D； A、B、C完成后，进行E； D、E完成后，进行F	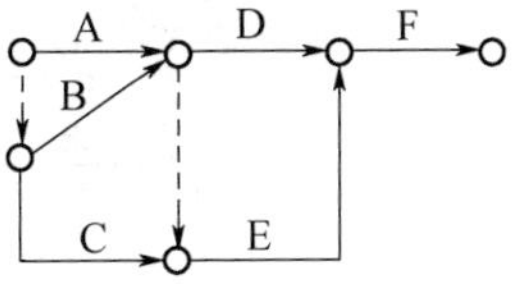
6	A、B活动分成三个施工段： A_1 完成后，进行 A_2、B_1； A_2 完成后，进行 A_3； A_2 及 B_1 完成后，进行 B_2； A_3 及 B_2 完成后，进行 B_3	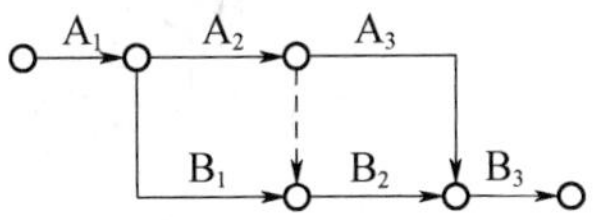
7	A完成后，进行B； B、C完成后，进行D	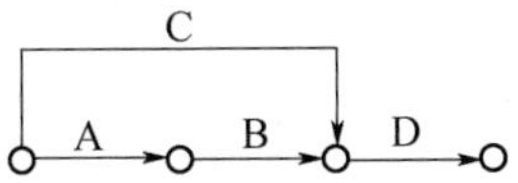

(2) 双代号网络图中，严禁出现循环回路。

所谓循环回路是指从网络图中的某一个节点出发，顺着箭线方向又回到了原来出发点的线路。如图 4-14 所示。

(3) 双代号网络图中，在节点之间严禁出现带双向箭头或无箭头的连线。如图 4-15 所示。

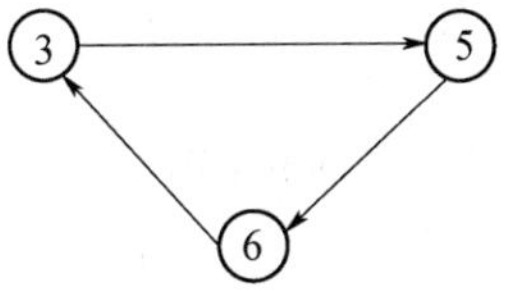

图 4-14　循环回路示意图

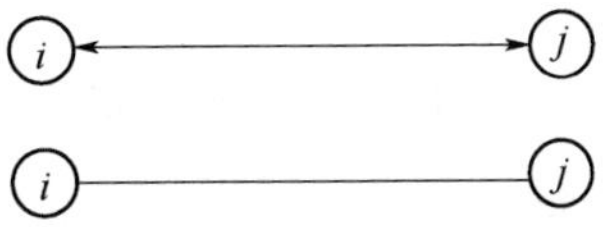

图 4-15　箭线的错误画法

(4) 双代号网络图中，严禁出现没有箭头节点或没有箭尾节点的箭线。如图 4-16 所示。

图 4-16　没有箭头节点和箭尾节点的箭线

(5) 当双代号网络图的某些节点有多条外向箭线或多条内向箭线时，为使图形简洁，可使用母线法绘制（但应满足一项工作用一条箭线和相应的一对节点表示），如图 4-17所示。

(6) 绘制网络图时，箭线不宜交叉；当交叉不可避免时，可用过桥法或指向法。如图 4-18 所示。

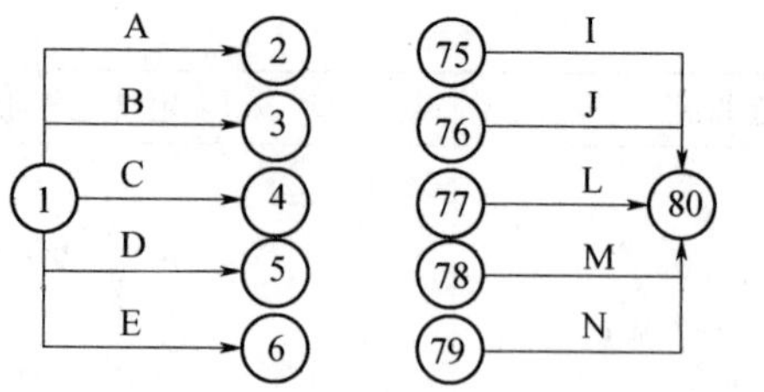

图 4-17　母线表示法

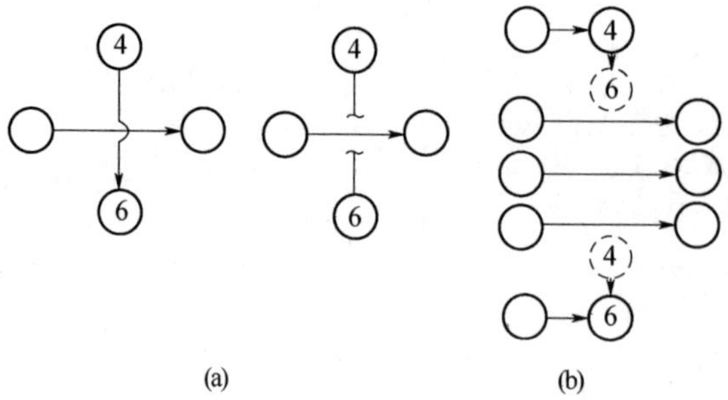

图 4-18　箭线交叉的表示方法
（a）指向法；（b）过桥法

双代号网络图中应只有一个起点节点和一个终点节点（多目标网络计划除外）；而其他所有节点均应是中间节点。如图 4-19 所示。

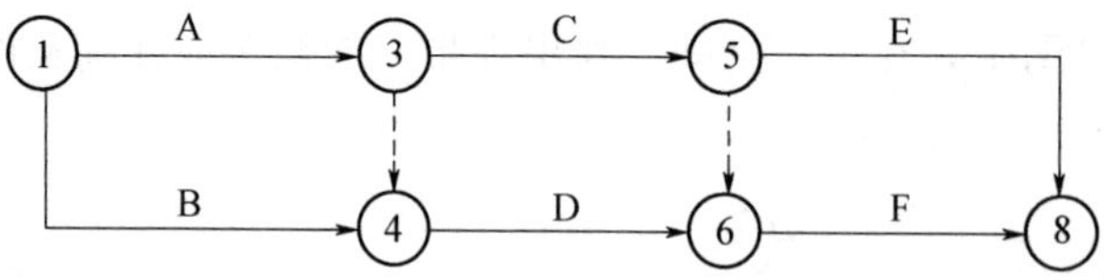

图 4-19　一个起点节点、一个终点节点的网络图

4.2.1.4　排列方法

1. 工艺顺序按水平方向排列

这种方法是把各工作的工艺顺序按水平方向排列，施工段按垂直方向排列。例如，某工程有挖土、垫层、基础、回填等四项工作，分四个施工段组织流水施工，其形式如图 4-20 所示。

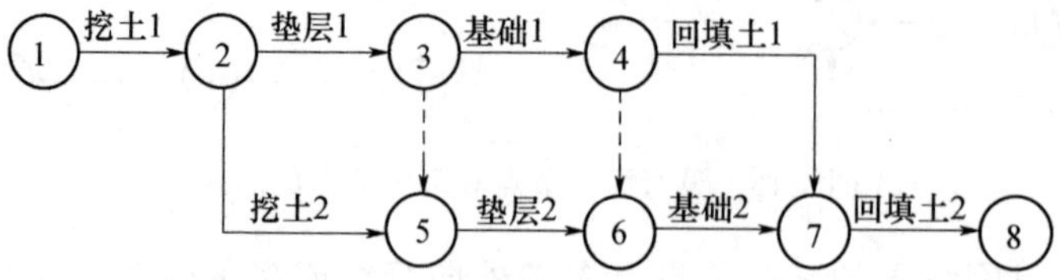

图 4-20　工艺顺序按水平方向排列

2. 施工段按水平方向排列

这种方法是把施工段按水平方向排列，工艺顺序按垂直方向排列。例如，某装饰工程流水施工，其形式如图 4-21 所示。

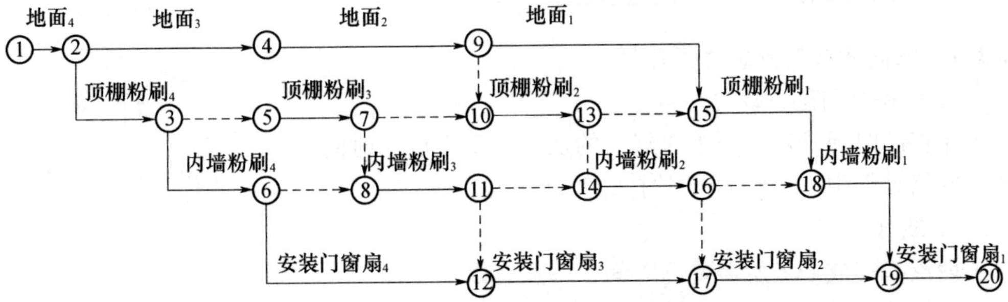

图 4-21 施工段按水平方向排列

4.2.1.5 连接

编制一个工程规模比较大或建筑群的网络计划时，一般先按不同的分部工程编制局部网络图，然后根据其相互之间的逻辑关系进行连接，形成一个总体网络图。

4.2.1.6 绘制示例

根据表 4-2 中各工作的逻辑关系，绘制双代号网络图，如图 4-22 所示。

表 4-2 某网络计划工作逻辑关系表

工作	紧前工作	紧后工作
A	—	B
B	A	C、D、E
C	B	F、G
D	B	F
E	B	G
F	C、D	H、I
G	C、E	H
H	F、G	J
I	F	J
J	H、I	—

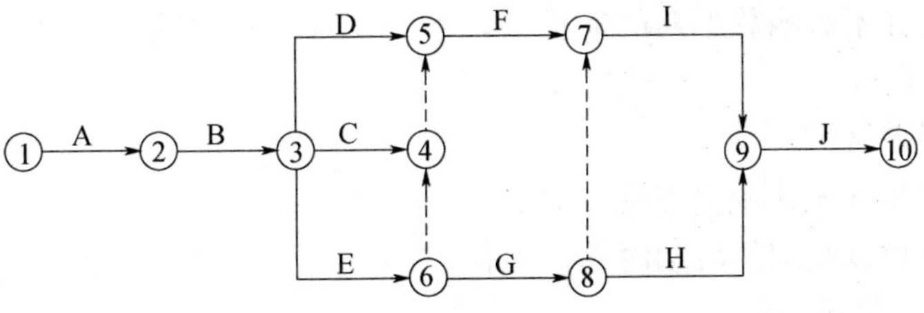

图 4-22 双代号网络图

编制网络图需注意的几个问题：①层次分明，重点突出；②构图形式简捷、易懂；③正确应用虚箭线。

4.2.2 双代号网络计划时间参数的计算

最早时间参数的计算

4.2.2.1 时间参数的概念及其符号

1. 工作持续时间（D_{i-j}）

工作持续时间是对一项工作规定的从开始到完成的时间。在双代号网络计划中，工作 $i-j$ 的持续时间用 D_{i-j} 表示。

2. 工期（T）

工期泛指完成任务所需要的时间，一般有以下三种：

（1）计算工期：根据网络计划时间参数计算出来的工期，用 T_C 表示。

（2）要求工期：任务委托人所要求的工期，用 T_r 表示。

（3）计划工期：在要求工期和计算工期的基础上综合考虑需要和可能而确定的工期，用 T_p 表示。网络计划的计划工期 T_p 应按下列情况分别确定：

①当已规定了要求工期 T_r 时，

$$T_p \leqslant T_r \tag{4-1}$$

②当未规定要求工期时，可令计划工期等于计算工期，

$$T_p = T_c \tag{4-2}$$

3. 网络计划中工作的六个时间参数

（1）最早开始时间（ES_{i-j}）

最早开始时间是指在各紧前工作全部完成后，本工作有可能开始的最早时刻。工作 $i-j$ 的最早开始时间用 ES_{i-j} 表示。

（2）最早完成时间（EF_{i-j}）

最早完成时间是指在各紧前工作全部完成后，本工作有可能完成的最早时刻。工作 $i-j$ 的最早完成时间用 EF_{i-j} 表示。

（3）最迟开始时间（LS_{i-j}）

最迟开始时间是指在不影响整个任务按期完成的前提下，工作必须开始的最迟时刻。工作 $i-j$ 的最迟开始时间用 LS_{i-j} 表示。

（4）最迟完成时间（LF_{i-j}）

最迟完成时间是指在不影响整个任务按期完成的前提下，工作必须完成的最迟时刻。工作 $i-j$ 的最迟完成时间用 LF_{i-j} 表示。

（5）总时差（TF_{i-j}）

总时差是指在不影响总工期的前提下，本工作可以利用的机动时间。工作 $i-j$ 的总时差用 TF_{i-j} 表示。

（6）自由时差（FF_{i-j}）

自由时差是指在不影响其紧后工作最早开始的前提下，本工作可以利用的机动时间。工作 $i-j$ 的自由时差用 FF_{i-j} 表示。

按工作计算法计算网络计划中各时间参数，其计算结果应标注在箭线之上，如图 4-23所示。

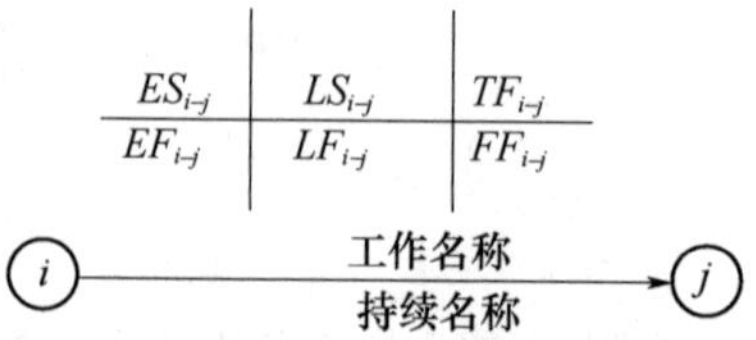

图 4-23 工作时间参数标注形式

4. 网络计划中节点的时间参数

(1) 节点最早时间（ET_i）

节点最早时间就是以该节点为开始节点的各项工作的最早开始时间，以符号 ET_i 表示。

(2) 节点最迟时间（LT_i）

节点最迟时间就是以该节点为完成节点的各项工作的最迟完成时间，以符号 LT_i 表示。

工作的时间参数可以依据节点时间确定，也可以直接确定。

4.2.2.2 双代号网络计划时间参数计算（工作计算法）

双代号网络计划时间参数计算的目的在于通过计算各项工作的时间参数，确定网络计划的关键工作、关键线路和计算工期，为网络计划的优化、调整和执行提供明确的时间参数。

双代号网络计划时间参数的计算方法很多，一般常用的有按工作计算法和按节点计算法进行计算；在计算方式上又有分析计算法、表上计算法、图上计算法、矩阵计算法和电算法等。在实际工作中图上计算法方便、直观，现介绍按工作计算法在图上进行计算的方法（图上计算法）。按工作计算法在网络图上计算六个工作时间参数，必须在清楚计算顺序和计算步骤的基础上，列出必要的公式，以加深对时间参数计算的理解。时间参数的计算步骤如下：

1. 最早开始时间和最早完成时间的计算

综上所述，工作最早时间参数受到紧前工作的约束，故其计算顺序应从起点节点开始，顺着箭线方向依次逐项计算。

(1) 以网络计划的起点节点为开始节点的工作的最早开始时间为零。如网络计划起点节点的编号为 1，则：

$$ES_{i-j}=0 \quad (i=1) \tag{4-3}$$

(2) 顺着箭线方向依次计算各个工作的最早完成时间和最早开始时间。

①工作最早完成时间等于该工作最早开始时间加上其持续时间：

$$EF_{i-j}=ES_{i-j}+D_{i-j} \tag{4-4}$$

②紧后工作最早开始时间等于各紧前工作的最早完成时间 EF_{h-i} 的最大值：

$$ES_{i-j}=\max\left[EF_{h-i}\right] \tag{4-5}$$

或

$$ES_{i-j}=\max\left[ES_{h-i}+D_{h-i}\right] \tag{4-6}$$

2. 确定计算工期 T_c

计算工期等于以网络计划的终点节点为箭头节点的各个工作的最早完成时间的最大值。当网络计划终点节点的编号为 n 时，计算工期：

$$T_c=\max\left[EF_{i-n}\right] \tag{4-7}$$

当无要求工期的限制时，取计划工期等于计算工期，即 $T_p=T_c$。

3. 最迟开始时间和最迟完成时间的计算

工作最迟时间参数受到紧后工作的约束，故其计算顺序应从终点节点起，逆着箭线方向依次逐项计算。

(1) 以网络计划的终点节点($j=n$)为箭头节点工作最迟完成时间等于计划工期T_P,即

$$LF_{i-n}=T_p \tag{4-8}$$

(2) 逆着箭线方向依次计算各个工作的最迟开始时间和最迟完成时间。

①最迟开始时间等于最迟完成时间减去其持续时间:

$$LS_{i-j}=LF_{i-j}-D_{i-j} \tag{4-9}$$

②最迟完成时间等于各紧后工作的最迟开始时间LS_{j-k}的最小值:

$$LF_{i-j}=\min\left[LS_{j-k}\right] \tag{4-10}$$

或

$$LF_{i-j}=\min\left[LF_{j-k}-D_{j-k}\right] \tag{4-11}$$

4. 计算工作总时差

总时差等于其最迟开始时间减去最早开始时间,或等于最迟完成时间减去最早完成时间:

$$TF_{i-j}=LS_{i-j}-ES_{i-j} \tag{4-12}$$

$$TF_{i-j}=LF_{i-j}-EF_{i-j} \tag{4-13}$$

5. 计算工作自由时差

当工作$i-j$有紧后工作$j-k$时,其自由时差应:

$$FF_{i-j}=ES_{j-k}-EF_{i-j} \tag{4-14}$$

或

$$FF_{i-j}=ES_{j-k}-ES_{i-j}-D_{i-j} \tag{4-15}$$

以网络计划的终点节点($j=n$)为箭头节点的工作,其自由时差FF_{i-n}应按网络计划的计划工期T_p确定,即

$$FF_{i-n}=T_p-EF_{i-n} \tag{4-16}$$

4.2.2.3 双代号网络计划时间参数计算(节点计算法)

1. 计算步骤

(1) 计算节点的最早时间:

起点节点:$ET_1=0$;

其他节点:$ET_j=\max\{ET_i+D_{i-j}\}$;

(2) 确定计算工期:$T_c=ET_n$;

(3) 计算节点的最迟时间:

终点节点:$LT_n=T_p$;

其他节点:$LT_i=\min\{LT_j-D_{i-j}\}$。

2. 工作时间参数的计算

$$ES_{i-j}=ET_i$$

$$EF_{i-j}=ET_i+D_{i-j}$$

$$LF_{i-j}=LT_j$$

$$LS_{i-j}=LT_j-D_{i-j}$$

$$TF_{i-j}=LT_j-ET_i-D_{i-j}$$

$$FF_{i-j}=ET_j-ET_i-D_{i-j}$$

【例 4-1】某网络计划及工作逻辑关系、持续时间如图 4-24 所示。试用节点计算法计算网络图并列式计算工作 3—4 的六个时间参数。

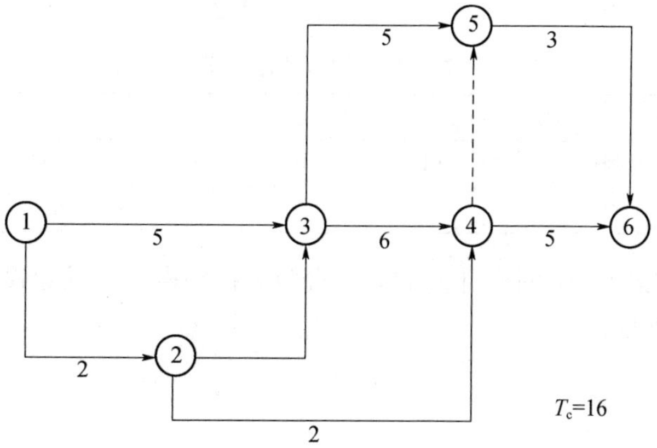

图 4-24　某网络计划图

【解】（1）计算早进度：

约定：$ET_i=0$，$ET_j=\max\{ET_i+D_{i-j}\}$，$T_c=ET_n$。

注：若 T_r 未知，$T_p=T_c$；若 $T_r=k$，$T_p<T_r$。

（2）计算迟进度：

约定：$LT_n=T_p$，$LT_i=\min\{LT_j-t_{i-j}\}$。

（3）计算 3－4 工作的六个时间参数

工作时间参数的计算：

$$ES_{3-4}=ET_3=5$$
$$EF_{3-4}=ET_3+D_{3-4}=5+6=11$$
$$LF_{3-4}=LT_4=11$$
$$LS_{3-4}=LT_4-D_{3-4}=11-6=5$$
$$TF_{3-4}=LT_4-ET_3-D_{3-4}=11-5-6=0$$
$$FF_{3-4}=ET_4-ET_3-D_{3-4}=11-5-6=0$$

4.2.3　关键工作和关键线路的确定

4.2.3.1　关键工作

在网络计划中总时差最小的工作称为关键工作。

4.2.3.2　关键线路

自始至终全部由关键工作组成的线路为关键线路，或线路上总的工作持续时间最长的线路为关键线路。网络图上的关键线路可用双线或粗线标注。

关键线路的特点：

（1）若合同工期等于计划工期时，关键线路上的工作总时差等于 0；

（2）关键线路是从网络计划起点节点到结束节点之间持续时间最长的线路；

（3）关键线路在网络计划中不一定只有一条，有时存在两条以上；

（4）关键线路以外的工作称为非关键工作，如果非关键工作时间延长且超过它的总时差时，关键线路就变成非关键线路，非关键线路变成关键线路。

【例 4-2】已知网络计划的资料如表 4-3 所示，绘制双代号网络计划；若计划工期等于计算工期，试计算各项工作的六个时间参数并确定关键线路、标注在网络计划上。

表 4-3　网络计划资料表

工作名称	A	B	C	D	E	F	H	G
紧前工作	—	—	B	B	A、C	A、C	D、F	D、E、F
持续时间（d）	4	2	3	3	5	6	5	3

【解】（1）根据上表中网络计划的有关资料，按照网络图的绘图规则，绘制双代号网络图如图 4-25 所示。

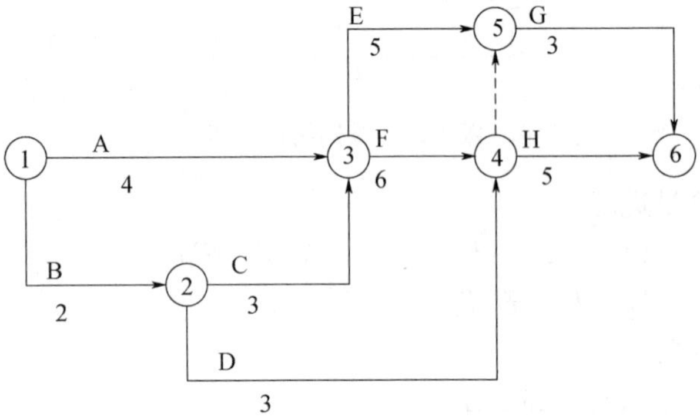

图 4-25　双代号网络图绘制

（2）计算各项工作的时间参数，并将计算结果标注在箭线上方相应的位置。

①计算各项工作的最早开始时间和最早完成时间

从起点节点（①节点）开始顺着箭线方向依次逐项计算到终点节点（⑥节点）。

a. 以网络计划起点节点为开始节点的各工作的最早开始时间为零：

$$ES_{1-2}=ES_{1-3}=0$$

b. 计算各项工作的最早开始和最早完成时间：

$$EF_{1-2}=ES_{1-2}+D_{1-2}=0+2=2$$

$$EF_{1-3}=ES_{1-3}+D_{1-3}=0+4=4$$

$$ES_{2-3}=ES_{2-4}=EF_{1-2}=2$$

$$EF_{2-3}=ES_{2-3}+D_{2-3}=2+3=5$$

$$EF_{2-4}=ES_{2-4}+D_{2-4}=2+3=5$$

$$ES_{3-4}=ES_{3-5}=\max\,[EF_{1-3},\ EF_{2-3}]=\max\,[4,\ 5]=5$$

$$EF_{3-4}=ES_{3-4}+D_{3-4}=5+6=11$$

$$EF_{3-5}=ES_{3-5}+D_{3-5}=5+5=10$$

$$ES_{4-6}=ES_{4-5}=\max\,[EF_{3-4},\ EF_{2-4}]=\max\,[11,\ 5]=11$$

$$EF_{4-6}=ES_{4-6}+D_{4-6}=11+5=16$$

$$EF_{4-5}=11+0=11$$

$$ES_{5-6}=\max\,[EF_{3-5},\ EF_{4-5}]=\max\,[10,\ 11]=11$$

$$EF_{5-6}=11+3=14$$

将以上计算结果标注在图 4-26 中的相应位置。

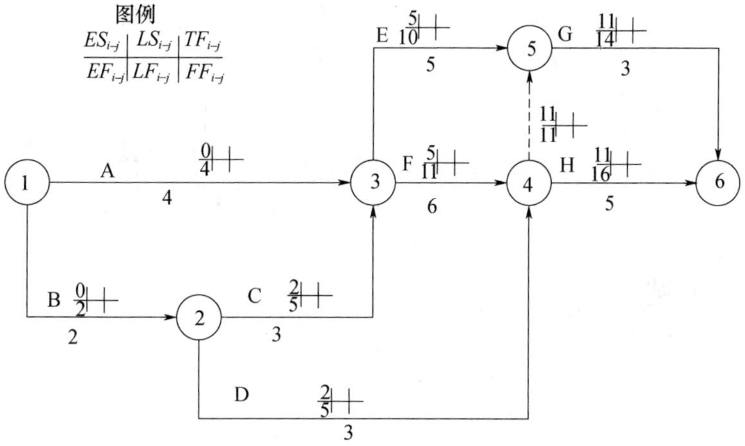

图 4-26　图上计算工作最早开始时间和最早完成时间

②确定计算工期 T_c 及计划工期 T_p

计算工期：$T_c=\max\left[EF_{5-6},\ EF_{4-6}\right]=\max\left[14,\ 16\right]=16$

已知计划工期等于计算工期，即

计划工期：$T_p=T_c=16$

③计算各项工作的最迟开始时间和最迟完成时间

从终点节点（⑥节点）开始逆着箭线方向依次逐项计算到起点节点（①节点）。

a. 以网络计划终点节点为箭头节点工作的最迟完成时间等于计划工期：

$$LF_{4-6}=LF_{5-6}=16$$

b. 计算各项工作的最迟开始和最迟完成时间：

$$LS_{4-6}=LF_{4-6}-D_{4-6}=16-5=11$$

$$LS_{5-6}=LF_{5-6}-D_{5-6}=16-3=13$$

$$LF_{3-5}=LF_{4-5}=LS_{5-6}=13$$

$$LS_{3-5}=LF_{3-5}-D_{3-5}=13-5=8$$

$$LS_{4-5}=LF_{4-5}-D_{4-5}=13-0=13$$

$$LF_{2-4}=LF_{3-4}=\min\left[LS_{4-5},\ LS_{4-6}\right]=\min\left[13,\ 11\right]=11$$

$$LS_{2-4}=LF_{2-4}-D_{2-4}=11-3=8$$

$$LS_{3-4}=LF_{3-4}-D_{3-4}=11-6=5$$

$$LF_{1-3}=LF_{2-3}=\min\left[LS_{3-4},\ LS_{3-5}\right]=\min\left[5,\ 8\right]=5$$

$$LS_{1-3}=LF_{1-3}-D_{1-3}=5-4=1$$

$$LS_{2-3}=LF_{2-3}-D_{2-3}=5-3=2$$

$$LF_{1-2}=\min\left[LS_{2-3},\ LS_{2-4}\right]=\min\left[2,\ 8\right]=2$$

$$LS_{1-2}=LF_{1-2}-D_{1-2}=2-2=0$$

将以上计算结果标注在图 4-27 中的相应位置。

④计算各项工作的总时差：TF_{i-j}

可以用本工作的最迟开始时间减去本工作最早开始时间或用本工作的最迟完成时间减去本工作最早完成时间：

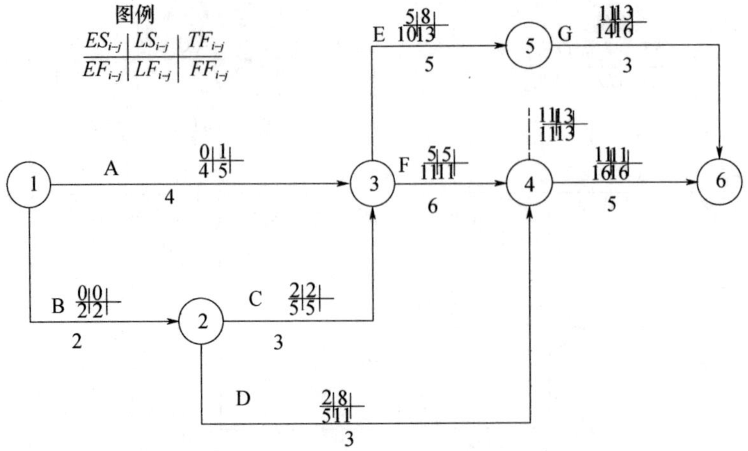

图 4-27 图上计算工作最迟完成时间和最迟开始时间

$$TF_{1-2}=LS_{1-2}-ES_{1-2}=0-0=0$$

或

$$TF_{1-2}=LF_{1-2}-EF_{1-2}=2-2=0$$

$$TF_{1-3}=LS_{1-3}-ES_{1-3}=1-0=1$$

$$TF_{2-3}=LS_{2-3}-ES_{2-3}=2\quad 2=0$$

$$TF_{2-4}=LS_{2-4}-ES_{2-4}=8-2=6$$

$$TF_{3-4}=LS_{3-4}-ES_{3-4}=5-5=0$$

$$TF_{3-5}=LS_{3-5}-ES_{3-5}=8-5=3$$

$$TF_{4-6}=LS_{4-6}-ES_{4-6}=11-11=0$$

$$TF_{5-6}=LS_{5-6}-ES_{5-6}=13-11=2$$

将以上计算结果标注在图 4-28 中的相应位置。

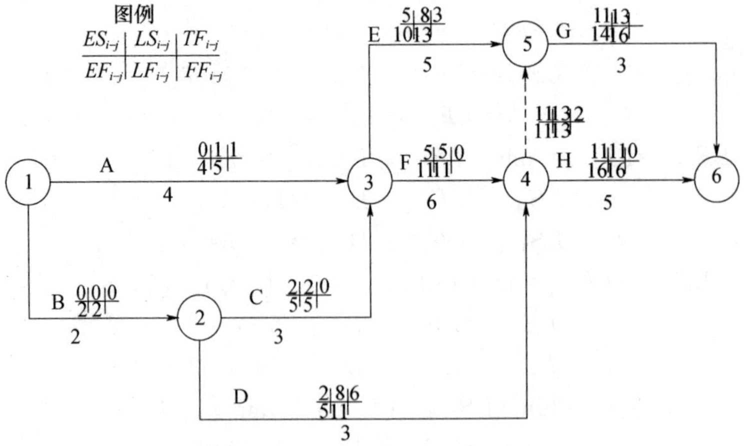

图 4-28 图上计算工作总时差

⑤计算各项工作的自由时差：FF_{i-j}

等于紧后工作的最早开始时间减去本工作的最早完成时间：

$$FF_{1-2}=ES_{2-3}-EF_{1-2}=2-2=0$$
$$FF_{1-3}=ES_{3-4}-EF_{1-3}=5-4=1$$
$$FF_{2-3}=ES_{3-5}-EF_{2-3}=5-5=0$$
$$FF_{2-4}=ES_{4-6}-EF_{2-4}=11-5=6$$
$$FF_{3-4}=ES_{4-6}-EF_{3-4}=11-11=O$$
$$FF_{3-5}=ES_{5-6}-EF_{3-5}=11-10=1$$
$$FF_{4-6}=T_p-EF_{4-6}=16-16=0$$
$$FF_{5-6}=T_p-EF_{5-6}=16-14=2$$

将以上计算结果标注在图 4-29 中的相应位置。

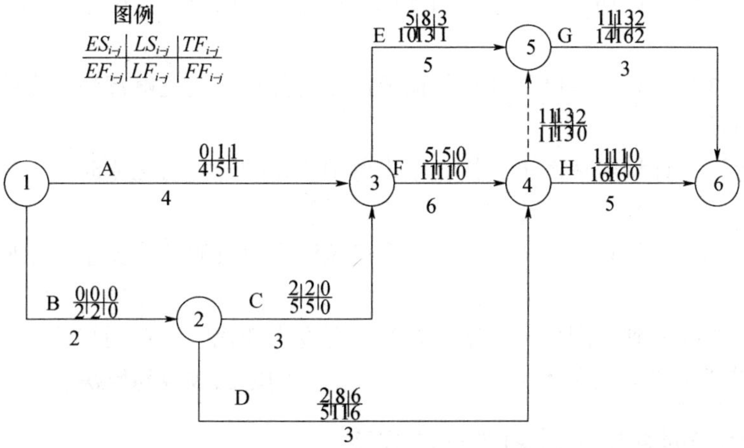

图 4-29　图上计算自由时差

（3）确定关键工作及关键线路。

在图 4-30 中，工作最小的总时差是 0，所以，凡是总时差为 0 的工作均为关键工作。该例中的关键工作是①—②，②—③，③—④，④—⑥（或关键工作是 B、C、F、H）。自始至终全由关键工作组成的关键线路是①—②—③—④—⑥。关键线路用双箭线进行标注，如图 4-30 所示。

关键线路的确定

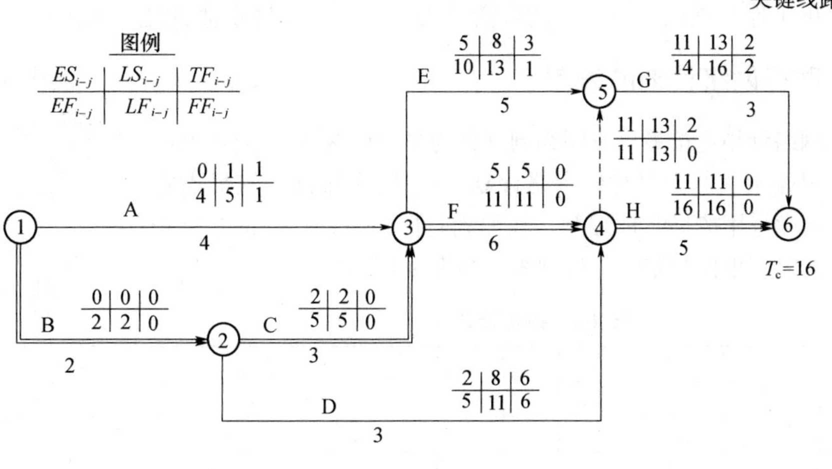

图 4-30　双代号网络计划实例

4.3 双代号时标网络计划

双代号时标网络计划是综合应用横道图时间坐标和网络计划的原理，吸取两者的长处，使其结合起来应用的一种网络计划方法。时间坐标网络计划简称时标网络计划。前面讲到的是无时标网络计划（也称标时网络计划），其工作持续时间由箭线下方标注的数字表明，而与箭线长短无关。综合比较这几种表示方法，双代号网络计划有很大优点。

4.3.1 双代号时标网络计划的特点

双代号时标网络计划是以水平时间坐标为尺度编制的双代号网络计划，其主要特点如下：

（1）时标网络计划兼有网络计划与横道计划的优点，它能够清楚地表明计划的时间进程，使用方便；

（2）时标网络计划能在图上直接显示出各项工作的开始与完成时间、工作的自由时差及关键线路；

（3）在时标网络计划中可以统计每一个单位时间对资源的需要量，以便进行资源优化和调整；

（4）由于箭线受到时间坐标的限制，当情况发生变化时，对网络计划的修改比较麻烦，往往要重新绘图。但在使用计算机以后，这一问题已较容易解决。

4.3.2 双代号时标网络计划的一般规定

（1）时间坐标的时间单位应根据需要在编制网络计划之前确定，可为季、月、周、天等；

（2）时标网络计划应以实箭线表示工作，以虚箭线表示虚工作，以波形线表示工作的自由时差；

（3）时标网络计划中所有符号在时间坐标上的水平投影位置，都必须与其时间参数相对应。节点中心必须对准相应的时标位置；

（4）虚工作必须以垂直方向的虚箭线表示，有自由时差时加波形线表示。

4.3.3 时标网络计划的编制

时标网络计划可按最早时间编制（称为早时标网络计划），也可按最迟时间编制（称为迟时标网络计划），一般安排计划宜早不宜迟，因此通常采用按早时标编制。在编制时标网络计划之前，应先按已确定的时间单位绘制时标计划表，如表 4-4 所示。

双代号时标网络图绘制

表 4-4 时标计划

日历																
（时间单位）	1	2	3	4	5	6	7	8	9	10	11	12	13	14	15	16
网络计划																
（时间单位）																

双代号时标网络计划的编制方法有两种：

1. 间接法绘制

间接绘制方法是指先计算网络计划时间参数，再根据时间参数在时间坐标上进行绘制的方法。

其步骤如下：

（1）绘制无时标网络计划草图，计算时间参数，确定关键工作及关键线路。

（2）根据需要确定时间单位并绘制时标横轴。时间可标注在时标网络图的顶部或底部，时标的长度单位必须注明。

（3）根据网络图中各节点的最早时间（或各工作的最早开始时间），从起点节点开始将各节点（或各工作的开始节点）逐个定位在时间坐标的纵轴上。

（4）依次在各节点绘出箭线长度及时差。绘制时宜先画关键工作、关键线路，再画非关键工作。箭线最好画成水平或由水平线和竖直线组成的折线箭线，以直接表示其持续时间。如箭线画成斜线，则以其水平投影长度为其持续时间。如箭线长度不够与该工作的结束节点直接相连，则用波形线从箭线端部画至结束节点处。波形线的水平投影长度即为该工作的时差。

（5）用虚箭线连接其工艺和组织逻辑关系。在时标网络计划中，有时会出现虚线的投影长度不等于零的情况，其水平投影长度为该虚工作与前、后工作的公共时差，可用波线表示。

（6）把时差为零的箭线从起点节点到终点节点连接起来，并用粗线或双箭线或彩色箭线表示，即形成时标网络计划的关键路线。

【例 4-3】如图 4-31 所示的某基础工程双代号网络计划，请将图 4-31 改绘制成时标网络图，如图 4-32 所示。

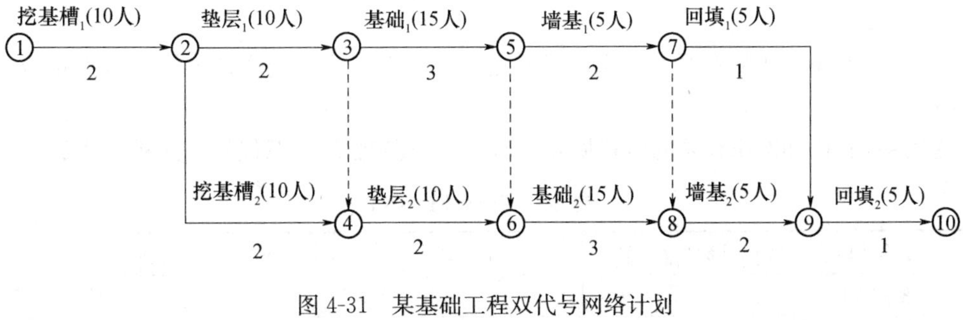

图 4-31　某基础工程双代号网络计划

2. 直接法绘制

根据网络计划中工作之间的逻辑关系及各工作的持续时间，不计算网络时间参数直接在时标计划表上绘制时标网络计划。绘制步骤如下：

（1）将起点节点定位在时标计划表的起始刻度线上。

（2）按工作持续时间在时标计划表上绘制起点节点的外向箭线。

（3）其他工作的开始节点必须在其所有紧前工作都绘出以后，定位在这些紧前工作最早完成时间最大值的时间刻度上，某些工作的箭线长度不足以到达该节点时，用波形线补足，箭头画在波形线与节点连接处。

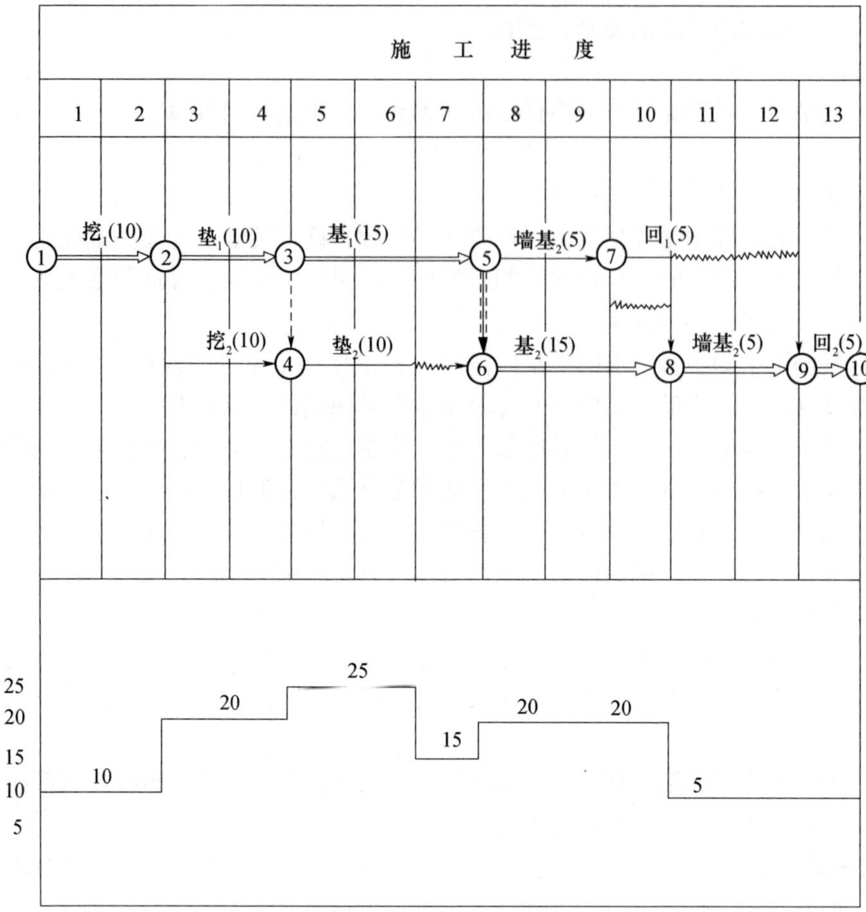

图 4-32　时标网络图

（4）用上述方法从左至右依次确定其他节点位置，直至网络计划终点节点定位，绘图完成。

【例 4-4】已知网络计划的资料见表 4-5，试用直接法绘制双代号时标网络计划。

表 4-5　网络计划资料

工作名称	A	B	C	D	E	F	G	H	J
紧前工作	—	—	—	A	A. B	D	C. E	C	DG
持续时间（d）	3	4	7	5	2	5	3	5	4

【解】（1）将网络计划的起点节点定位在时标计划表的起始刻度线上位置上，起点节点的编号为 1；

（2）画节点①的外向箭线，即按各工作的持续时间，画出无紧前工作的 A、B、C 工作，并确定节点②、③、④的位置；

（3）依次画出节点②、③、④的外向箭线工作 D、E、H，并确定节点⑤、⑥的位置。节点⑥的位置定位在其两条内向箭线的最早完成时间的最大值处，即定位在时标值⑦的位置，工作 E 的箭线长度达不到⑥节点，则用波形线补足；

（4）按上述步骤，直到画出全部工作，确定出终点节点⑧的位置，如图 4-32 所示，时标网络计划绘制完毕。

4.3.4 关键线路和计算工期的确定

（1）时标网络计划关键线路的确定，应自终点节点逆箭线方向朝起点节点逐次进行判定：从终点到起点不出现波形线的线路即为关键线路。如图 4-33 中，关键线路是①—④—⑥—⑦—⑧，用双箭线表示。

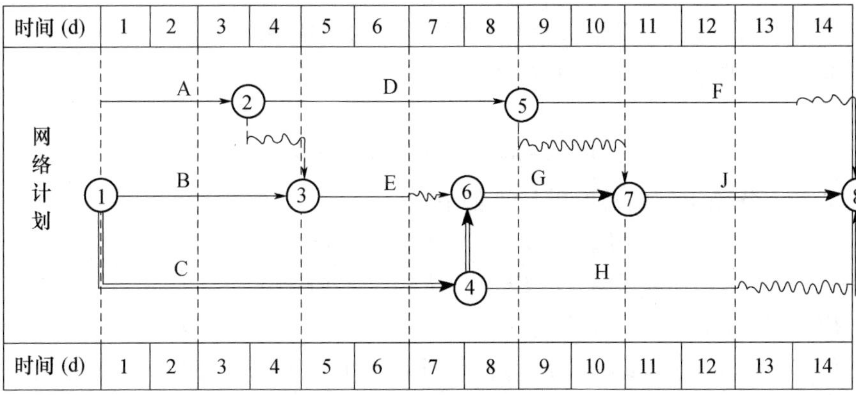

图 4-33　双代号时标网络计划

（2）时标网络计划的计算工期，应是终点节点与起点节点所在位置之差。如图 4-33 中，计算工期 $T_C=14-0=14$（d）。

4.3.5 时标网络计划时间参数的确定

在时标网络计划中，六个工作时间参数的确定步骤如下：

4.3.5.1 最早时间参数的确定

按最早开始时间绘制时标网络计划，最早时间参数可以从图上直接确定：

（1）最早开始时间 ES_{i-j}

每条实箭线左端箭尾节点（i 节点）中心所对应的时标值，即为该工作的最早开始时间。

（2）最早完成时间 EF_{i-j}

如箭线右端无波形线，则该箭线右端节点（j 节点）中心所对应的时标值为该工作的最早完成时间；如箭线右端有波形线，则实箭线右端末所对应的时标值即为该工作的最早完成时间。

如图 4-33 中可知：$ES_{1-3}=0$，$EF_{1-3}=4$；$ES_{4-8}=7$，$EF_{4-8}=12$。以此类推确定。

4.3.5.2 自由时差的确定

时标网络计划中各工作的自由时差值应为表示该工作的箭线中波形线部分在坐标轴上的水平投影长度。

由图 4-33 可知：工作 E、H、F 的自由时差分别为 $FF_{3-6}=1$；$FF_{4-8}=2$；$FF_{5-8}=1$。

4.3.5.3 总时差的确定

时标网络计划中工作的总时差的计算应自右向左进行，且符合下列规定：

（1）以终点节点（$j=n$）为箭头节点工作的总时差 TF_{i-n} 应按网络计划的计划工期 T_p 计算确定，即

$$TF_{i-n}=T_p-EF_{i-n} \tag{4-17}$$

如图 4-33 中可知，工作 F、J、H 的总时差分别为

$$TF_{5-8}=T_p-EF_{5-8}=14-13=1$$
$$TF_{7-8}=T_p-EF_{7-8}=14-14=0$$
$$TF_{4-8}=T_p-EF_{4-8}=14-12=2$$

（2）其他工作的总时差等于其紧后工作 $j-k$ 总时差的最小值与本工作的自由时差之和，即

$$TF_{i-j}=\min\left[TF_{j-k}\right]+FF_{i-j} \tag{4-18}$$

图 4-30 中，各项工作的总时差计算如下：

$$TF_{6-7}=TF_{7-8}+FF_{6-7}=0+0=0$$
$$TF_{3-6}=TF_{6-7}+FF_{3-6}=0+1=1$$
$$TF_{2-5}=\min\left[TF_{5-7},\ TF_{5-8}\right]+FF_{2-5}=\min\left[2,\ 1\right]+0=1+0=1$$
$$TF_{1-4}=\min\left[TF_{4-6},\ TF_{4-8}\right]+FF_{1-4}=\min\left[0,\ 2\right]+0=0+0=0$$
$$TF_{1-3}=TF_{3-6}+FF_{1-3}=1+0=1$$
$$TF_{1-2}=\min\left[TF_{2-3},\ TF_{2-5}\right]+FF_{1-2}=\min\left[2,\ 1\right]+0=1+0=1$$

4.3.5.4 最迟时间参数的确定

时标网络计划中工作的最迟开始时间和最迟完成时间可按下式计算：

$$LS_{i-j}=ES_{i-j}+TF_{i-j} \tag{4-19}$$
$$LF_{i-j}=EF_{i-j}+TF_{i-j} \tag{4-20}$$

图 4-33 中，工作的最迟开始时间和最迟完成时间如下：

$$LS_{1-2}=ES_{1-2}+TF_{1-2}=0+1=1$$
$$LF_{1-2}=EF_{1-2}+TF_{1-2}=3+1=4$$
$$LS_{1-3}=ES_{1-3}+TF_{1-3}=0+1=1$$
$$LF_{1-3}=EF_{1-3}+TF_{1-3}=4+1=5$$

以此类推，可计算出各项工作的最迟开始时间和最迟完成时间。由于所有工作的最早开始时间、最早完成时间和总时差均为已知，故计算容易，此处不再一一列举。

4.4 单代号网络计划

4.4.1 单代号网络图

单代号网络图也是网络计划的一种表示方法，也称工作阶段网络计划。单代号网络图是用一个圆圈或方框代表一项工作，将工作代号、工作名称和完成工作所需要的时间写在圆圈或方框里面，箭线仅用来表示工作之间的顺序关系。用这种方法把一项计划中所有工作按先后顺序将相互之间的逻辑关系，从左至右绘制而成的图形，称为单代号网

络图。用这种网络图表示的计划称为单代号网络计划。

4.4.1.1 单代号网络图的特点

单代号网络图与双代号网络图相比，具有以下特点：

（1）工作之间的逻辑关系容易表达，且不用虚箭线，故绘图较简单；

（2）网络图便于检查和修改；

（3）由于工作的持续时间表示在节点之中，没有长度，故不够形象直观；

（4）表示工作之间逻辑关系的箭线可能产生较多的纵横交叉现象。

4.4.1.2 单代号网络图的基本要素

1. 节点

单代号网络图中的每一个节点表示一项工作，节点宜用圆圈或矩形表示。节点所表示的工作名称、持续时间和工作代号等应标注在节点内，如图 4-34 所示。

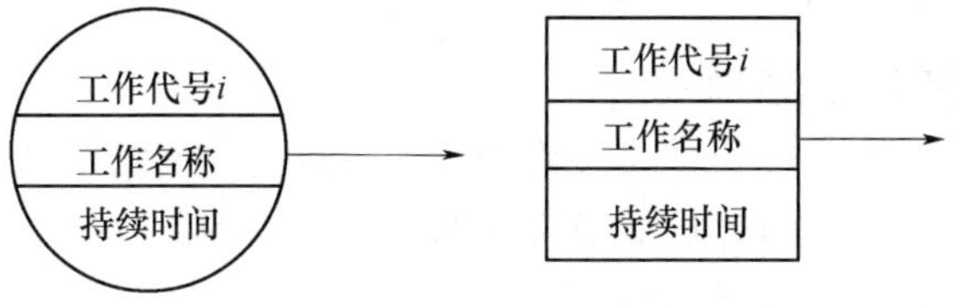

图 4-34 单代号网络中工作的表示方法

单代号网络图中的节点必须编号。编号标注在节点内，其号码可间断，但严禁重复。箭线的箭尾节点编号应小于箭头节点的编号。一项工作必须有唯一的一个节点及相应的一个编号。

2. 箭线

单代号网络图中的箭线表示紧邻工作之间的逻辑关系，既不占用时间、也不消耗资源。箭线应画成水平直线、折线或斜线。箭线水平投影的方向应自左向右，表示工作的行进方向。工作之间的逻辑关系包括工艺关系和组织关系，在网络图中均表现为工作之间的先后顺序。

3. 线路

单代号网络图的线路与双代号网络图线路的含义是相同的。从网络计划起点到结束节点之间持续时间最长的线路称为关键线路。

4.4.1.3 单代号网络图的绘图规则

（1）单代号网络图必须正确表达已定的逻辑关系。

（2）单代号网络图中，严禁出现循环回路。

（3）单代号网络图中，严禁出现双向箭头或无箭头的连线。

（4）单代号网络图中，严禁出现没有箭尾节点的箭线和没有箭头节点的箭线。

（5）绘制网络图时，箭线不宜交叉，当交叉不可避免时，可采用过桥法或指向法绘制。

（6）单代号网络图只应有一个起点节点和一个终点节点；当网络图中有多项起点节点或多项终点节点时，应在网络图的两端分别设置一项虚工作，作为该网络图的起点节点（S_t）和终点节点（F_{in}），如图 4-35 所示。

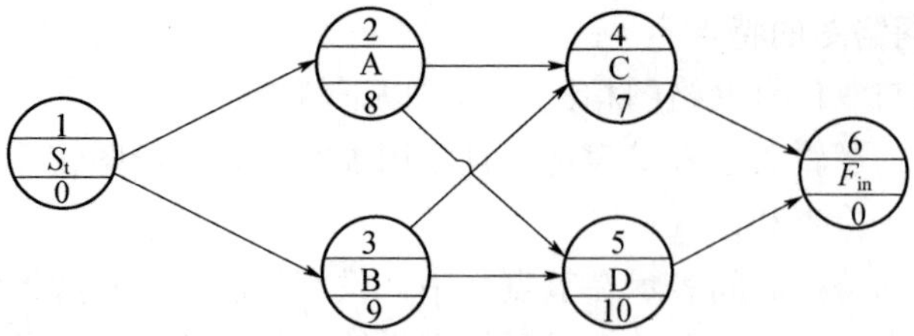

图 4-35　单代号网络图

单代号网络图的绘图规则大部分与双代号网络图的绘图规则相同，故不再进行解释。

4.4.2　单代号网络计划时间参数的计算

4.4.2.1　单代号网络图的时间参数

单代号网络图的计算内容和时间参数的意义与双代号网络图基本相同。单代号网络图的时间参数共有 7 个，其内容及常用符号如下：

（1）ES_i——i 工作最早开始时间；

（2）EF_i——i 工作最早完成时间；

（3）LS_i——i 工作最迟开始时间；

（4）LF_i——i 工作最迟完成时间；

（5）TF_i——i 工作的总时差；

（6）FF_i——i 工作的自由时差；

（7）LAG_{i-j}——相邻两工作 i 和 j 的时间间隔。

4.4.2.2　单代号网络图时间参数的计算

单代号网络计划时间参数的标注形式如图 4-36 所示。

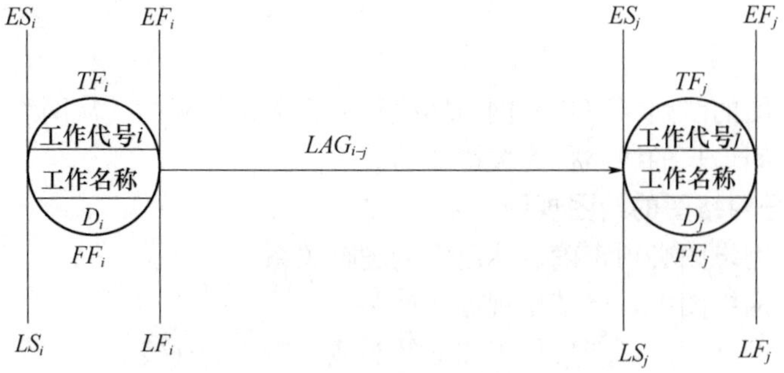

图 4-36　单代号网络计划时间参数的标注形式

单代号网络图和双代号网络图的计算方法相同，在此只介绍图上计算法（图上计算法的分析过程即分析计算法）。单代号网络计划时间参数的计算步骤如下：

1. 计算最早开始时间和最早完成时间

网络计划中各项工作的最早开始时间和最早完成时间的计算应从网络计划的起点节点开始，顺着箭线方向依次逐项计算。

(1) 网络计划的起点节点的最早开始时间为零。如起点节点的编号为1，则

$$ES_i=0\ (i=1) \tag{4-21}$$

(2) 工作的最早完成时间等于该工作的最早开始时间加上其持续时间：

$$EF_i=ES_i+D_i \tag{4-22}$$

(3) 工作的最早开始时间等于该工作的各个紧前工作的最早完成时间的最大值。如工作 j 的紧前工作的代号为 i，则

$$ES_j=\max\ [EF_i] \tag{4-23}$$

或

$$ES_j=\max\ [ES_i+D_i] \tag{4-24}$$

式中，ES_i 为工作 j 的各项紧前工作的最早开始时间。

(4) 网络计划的计算工期 T_c

T_c 等于网络计划的终点节点 n 的最早完成时间 EF_n，即

$$T_c=EF_n \tag{4-25}$$

2. 计算相邻两项工作之间的时间间隔 LAG_{i-j}

相邻两项工作 i 和 j 之间的时间间隔 LAG_{i-j}，等于紧后工作 j 的最早开始时间 ES_j 和本工作的最早完成时间 EF_i 之差，即

$$LAG_{i-j}=ES_j-EF_i \tag{4-26}$$

3. 计算工作自由时差 FF_i

(1) 工作 i 若无紧后工作，其自由时差 FF_i 等于计划工期 T_p 减去该工作的最早完成时间 EF_n，即

$$FF_n=T_p-EF_n \tag{4-27}$$

(2) 当工作 i 有紧后工作 j 时，其自由时差 FF_i 等于该工作与其紧后工作 j 之间的时间间隔 LAG_{i-j} 的最小值，即

$$FF_i=\min\ [LAG_{i-j}] \tag{4-28}$$

4. 计算工作的最迟开始时间和最迟完成时间

(1) 工作 i 的最迟完成时间 LF_i 应从网络计划图的终点节点开始，逆着箭线方向依次逐项计算。终点节点所代表的工作 n 的最迟完成时间应按网络计划工期确定。其他工作的最迟完成时间等于其紧后工作最迟开始时间的最小值。即

$$LF_n=T_p\quad (T_p\ \text{为计划工期}) \tag{4-29}$$

$$LF_i=\min\ [LS_j] \tag{4-30}$$

(2) 工作 i 的最迟开始时间 LS_i 等于该工作的最迟完成时间 LF_i 减去本工作持续时间，即

$$LS_i=LF_i-D_i \tag{4-31}$$

5. 计算工作总时差 TF_i

工作 i 的总时差 TF_i 应从网络计划的终点节点开始，逆着箭线方向依次逐项计算。

(1) 网络计划终点节点的总时差 TF_n，如计划工期等于计算工期，其值为零，即

$$TF_n=0 \tag{4-32}$$

(2) 其他工作 i 的总时差 TF_i 等于该工作的各个紧后工作 j 的总时差 TF_j 加上该工作与其紧后工作之间的时间间隔 LAG_{i-j} 之和的最小值，也可以用工作的最迟开始时间和最早开始时间相减，即

$$TF_i = \min[TF_j + LAG_{i-j}] \quad (4\text{-}33)$$

$$TF_i = LS_i - ES_i$$

6. 关键工作和关键线路的确定

（1）关键工作：总时差最小的工作是关键工作。

（2）关键线路的确定按以下规定：关键工作连成的线路为关键线路。

【例 4-5】 已知单代号网络计划如图 4-37 所示，若计划工期等于计算工期，试计算单代号网络计划的时间参数，将其标注在网络计划上；并用双箭线标示出关键线路。

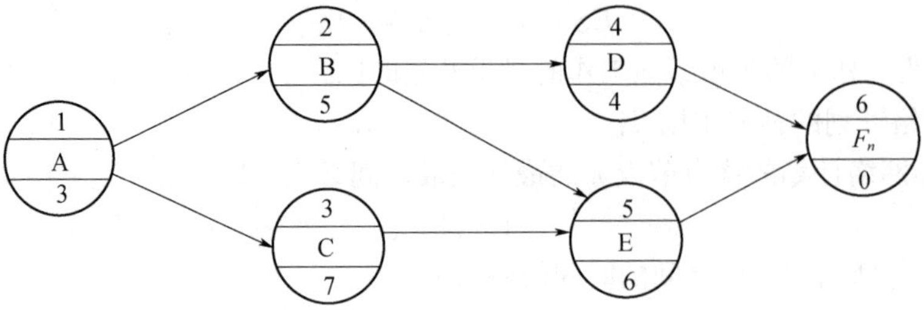

图 4-37　单代号网络计划计算示例

【解】（1）计算最早开始时间和最早完成时间

$$ES_1 = 0 \qquad EF_1 = ES_1 + D_1 = 0 + 3 = 3$$

$$ES_2 = EF_1 = 3 \qquad EF_2 = ES_2 + D_2 = 3 + 5 = 8$$

$$ES_3 = EF_1 = 3 \qquad EF_3 = ES_3 + D_3 = 3 + 7 = 10$$

$$ES_4 = EF_2 = 8 \qquad EF_4 = ES_4 + D_4 = 8 + 4 = 12$$

$$ES_5 = \max[EF_2, EF_3] = \max[8, 10] = 10 \qquad EF_5 = ES_5 + D_5 = 10 + 5 = 15$$

$$ES_6 = \max[EF_4, EF_5] = \max[12, 15] = 15 \qquad EF_6 = ES_6 + D_6 = 15 + 0 = 15$$

已知计划工期等于计算工期，故有 $T_p = T_c = EF_6 = 15$。

（2）计算相邻两项工作之间的时间间隔 LAG_{i-j}

$$LAG_{1-2} = ES_2 - EF_1 = 3 - 3 = 0$$

$$LAG_{1-3} = ES_3 - EF_1 = 3 - 3 = 0$$

$$LAG_{2-4} = ES_4 - EF_2 = 8 - 8 = 0$$

$$LAG_{2-5} = ES_5 - EF_2 = 10 - 8 = 2$$

$$LAG_{3-5} = ES_5 - EF_3 = 10 - 10 = 0$$

$$LAG_{4-6} = ES_6 - EF_4 = 15 - 12 = 3$$

$$LAG_{5-6} = ES_6 - EF_5 = 15 - 15 = 0$$

（3）计算工作的总时差 TF_i

已知计划工期等于计算工期：$T_p = T_c = 15$，故终点节点⑥节点的总时差为零，即

$$TF_6 = 0$$

其他工作总时差为

$$TF_5 = TF_6 + LAG_{5-6} = 0 + 0 = 0$$

$$TF_4 = TF_6 + LAG_{4-6} = 0 + 3 = 3$$

$$TF_3 = TF_5 + LAG_{3-5} = 0 + 0 = 0$$

$$TF_2 = \min[(TF_4 + LAG_{2-4}), (TF_5 + LAG_{2-5})] = \min[(3+0), (0+2)] = 2$$

$TF_1=\min[(TF_2+LAG_{1-2}),(TF_3+LAG_{1-3})]=\min[(2+0),(0+0)]=0$

（4）计算工作的自由时差 FF_i

已知计划工期等于计算工期：$T_p=T_c=15$，故终点节点⑥节点的自由时差为

$$FF_6=T_P-EF_6=15-15=0$$

$$FF_5=LAG_{5-6}=0$$

$$FF_4=LAG_{4-6}=3$$

$$FF_3=LAG_{3-5}=0$$

$$FF_2=\min[LAG_{2,4},LAG_{2,5}]=\min[0,2]=0$$

$$FF_1=\min[LAG_{1,2},LAG_{1,3}]=\min[0,0]=0$$

（5）计算工作的最迟开始时间 LS_i 和最迟完成时间 LF_i

$LS_1=ES_1+TF_1=0+0=0$　　$LF_1=EF_1+TF_1=3+0=3$

$LS_2=ES_2+TF_2=3+2=5$　　$LF_2=EF_2+TF_2=8+2=10$

$LS_3=ES_3+TF_3=3+0=3$　　$LF_3=EF_3+TF_3=10+0=10$

$LS_4=ES_4+TF_4=8+3=11$　　$LF_4=EF_4+TF_4=12+3=15$

$LS_5=ES_5+TF_5=10+0=10$　　$LF_5=EF_5+TF_5=15+0=15$

$LS_6=ES_6+TF_6=15+0=15$　　$LF_6=EF_6+TF_6=15+0=15$

将以上计算结果标注在图4-37中的相应位置。

（6）关键工作和关键线路的确定

根据计算结果，总时差为零的工作：A、C、E为关键工作；

从起点节点①节点开始到终点节点⑥节点均为关键工作，且所有工作之间时间间隔为零的线路：①—③—⑤—⑥为关键线路，用双箭线标示在图4-38中。

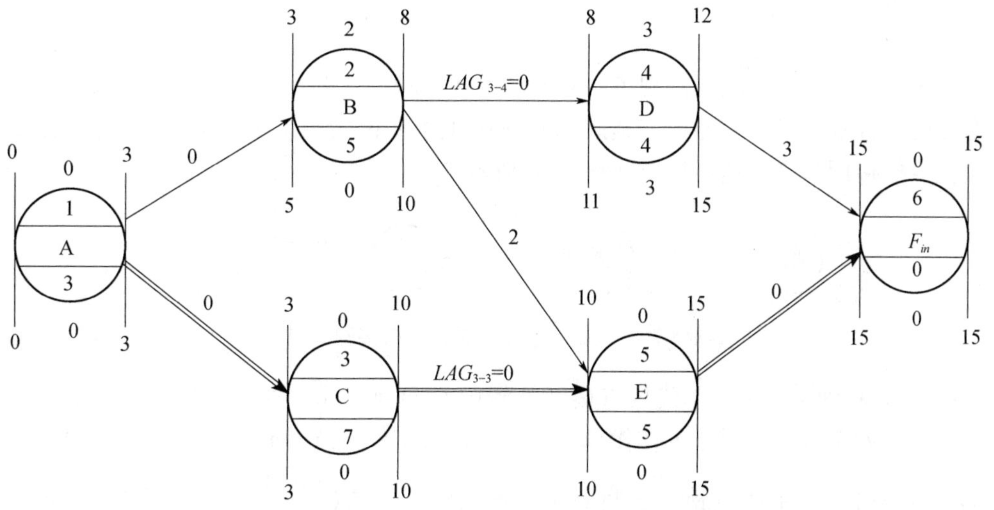

图4-38　单代号网络计划时间参数计算结果

4.5　单代号搭接网络计划

4.5.1　概念

单代号搭接网络计划是使单代号网络计划与搭接施工原理两者有机结合起来应用的一种网络计划表示方法。在前面所述的网络计划中，组成网络计划的各项工作之间的连接关系是任何一项工作在它的紧前工作全部完成后才能开始的，但是在实际工程中，并不完全如此。一些建筑工程施工中，为了缩短工期，许多工序采用平行搭接的方式进行。例如，基础工程有四道施工过程：挖土、垫层、基础、回填土，若分为三个施工段施工时，各施工段之间的工作搭接若用双代号网络来表示，必须使用虚箭线才能严格表示它们的逻辑关系，从图 4-39 中可看出，当施工段和施工过程较多时，虚箭线也相应多了，这不仅增加了绘图和计算的工作量，还会使图面复杂，不易被人们理解和掌握。

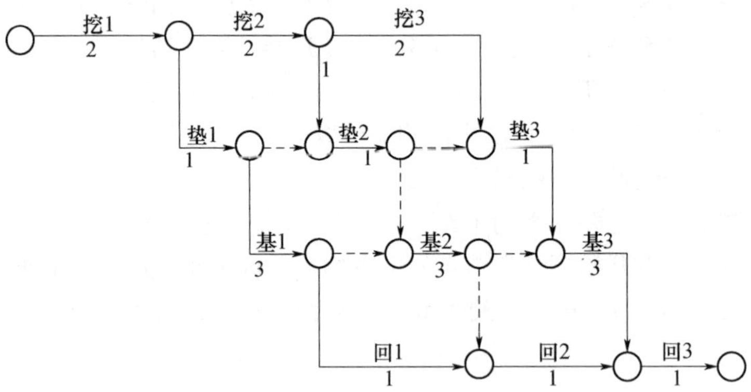

图 4-39　基础工程施工双代号搭接网络图

近十几年来，国外陆续出现了一些能够反映各种搭接关系的网络计划技术，如单代号搭接网络计划技术，它能更好地表达建筑施工组织的特点。如图 4-39 中的内容改为用单代号搭接网络来表达计划，如图 4-40 所示。

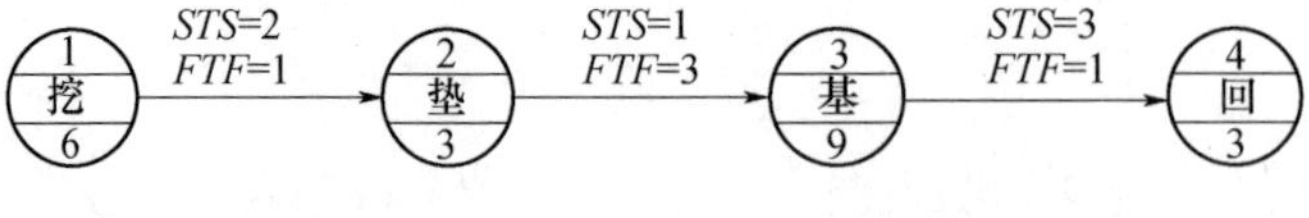

图 4-40　基础工程施工单代号搭接网络图

图 4-40 基础工程施工单代号搭接网络图中有四项工作：挖土、垫层、基础、回填土，分别用四个圆圈表示，工作代号、工作名称及工作持续时间均标注在圆圈内，工作之间的分段搭接关系通过相互之间的时距来反映。如图 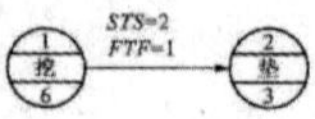 表示挖土开始 2d 后可以进行垫层施工，垫层施工比挖土迟 1d 结束。图  表示垫层开始 1d 后可以进行基础施工，基础施工比垫层迟 3d 结束。图 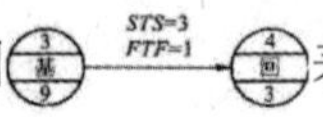 表示基础开始 3d 后回

填土可以开始施工，回填土施工比基础迟 1d 结束。

4.5.2 单代号搭接网络图表达方式

单代号搭接网络图与单代号网络图均属于工作节点网络图，它的绘图要点和逻辑规则概括如下：

（1）根据施工顺序建立搭接关系。

（2）通常情况下要设开始节点和结束节点。开始节点的作用是使最先可同时开始的若干工作有一个共同的起点，结束节点的作用是使可以最后同时结束的若干工作有一个共同的终点。

（3）一个节点代表一项工作，箭线表示工作的先后顺序和相互的搭接关系。节点可以用矩形或圆形来表示，但基本内容必须包括工作代号、工作名称、持续时间以及六个时间参数，如图 4-41 所示。

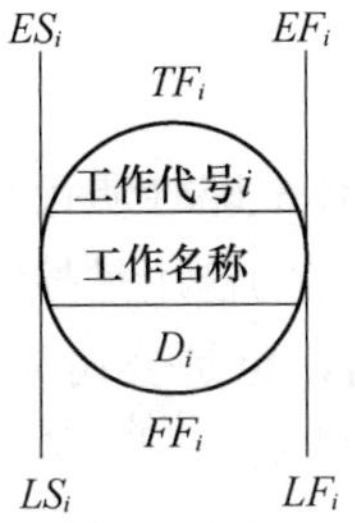

(a)

工作代号i	ES_i	EF_i
工作名称	TF_i	FF_i
持续时间	LS_i	LF_i

(b)

图 4-41 单代号节点表示法

（4）不能出现闭合回路。

4.5.3 单代号搭接网络计划的三种搭接关系

（1）开始到开始的关系（STS_{i-j}）：前后两项关系用其相继开始的时距 LF_i 来表达，也就是前项工作 i 开始后要经过 STS_{i-j} 时间后，后面工作 j 才能进行。

（2）结束到开始的关系（FTS_{i-j}）：两项工作之间的关系通过从前项结束到后项工作开始之间的时距来表达。

（3）结束到结束的关系（FTF）：两项工作之间的关系用前项工作开始结束到后项工作结束之间的时距 LT_j 来表示，也就是前项工作 i 结束后，经过 LT_j 时间，后项工作 j 才能结束。

4.6 三级施工网络计划在工程中的应用

4.6.1 概述

应用网络图编制工程进度计划可以将复杂的工程项目进行科学的组织，使工期紧、工艺复杂、质量要求高的工程，能够有条不紊地施工。但在编制大、中型工程项目施工网络计划时，若将各分部依次内容详细地反映在一张施工网络计划图上，会出现以下问题：大型建筑施工网络图箭线多至几百根，其层次也多达二三十层，如此之多的箭线组成的网络图篇幅太大，编制起来工作量大，比较烦琐，而且箭线关系错综复杂，令人眼花缭乱；由于计划篇幅大，应用计算机绘制的时标网络图篇幅也大，有的长度达 1m 多，各级管理人员使用不方便；不利于计划动态管理。包含着分部分项工程大篇幅的网络图，由于种种原因，在实际工程执行过程中必然需要调整。一旦调整起来，一动百动，十分烦琐和不便。

鉴于上述网络计划在实际运用中存在的问题，可以采用分级网络法予以解决。分级网络法可以根据管理的需要和使用对象不同，按工程项目大小和性质要求，建立一张总控制（一级）网络图，若干张阶段性分部、分段或标准层、非标准层（二级）施工网络图，若干张分项工程（三级）施工作业网络图。这种分级网络法可以结合解放军渡江战役计划全过程进一步加深理解。

4.6.2 各级网络图的性质与作用

（1）一级施工网络计划用于编制总控制计划和总体战略性质计划。它从总体观点出发，主要反映从施工准备到工程竣工全过程的流程；它的作用是控制建筑总工期和各专业施工单位的进退场时间及各分部工程开、竣工时间，也是公司编制年度计划的依据。通过总控制网络计划，可以协调各单位之间的关系，解决矛盾，从而达到充分、合理利用客观条件，使工程施工的总体活动获得最佳技术经济效益。由于一级施工网络计划是控制性计划，因此施工过程划分可以粗些、简单些，一根箭线可以表示 4～5 层的内容，如○$\xrightarrow[\text{一个月}]{\text{9~12层框}}$○表示 9 至 12 层框架结构施工需 1 个月时间。

（2）二级施工网络计划用于编制指导性计划，它按分部工程来划分施工项目，是工地项目部组织施工的重要依据，是分公司编制季度和月份施工生产计划的重要组成部分，也是分公司领导和职能部门检查指导施工的主要技术文件。因此，项目划分应详细些。二级施工网络图是必须依据一级施工网络计划的施工顺序和控制时间来展开编制的施工网络计划。

（3）三级施工网络计划用于编制施工作业计划，它是二级或一级网络计划上的一根箭线的局部计划的详细展开。一般有结构标准层、装修标准层网络计划，如果设备安装量大而复杂，也可单独编制设备安装标准层施工网络计划，其目的主要是为满足施工需要。三级施工网络计划是施工工地操作层组织分项工程施工的最具体的实施性计划，属于月、旬施工作业计划范畴。它依据二级网络规定的时间和劳力资源数再进行详细的展开编制，是短期性施工活动最细致、最明确的具体作业计划。它首先要对施工工艺和施工顺序做出分析研究，制定出最佳的工艺流程，然后进行详细编制。

4.6.3 分级施工网络图的编制原则与方法

（1）在编制分级施工网络图时，应分析工程特点，充分利用工程的共性进行研究，达到简化编制施工网络计划的目的。

（2）根据工程规模、复杂程度来确定网络级数的划分，原则上划分的级数要使网络图的内容层次分明、易懂，便于施工管理和软件应用。一般一类建筑可用三级施工网络图来表示计划；二类建筑可用两级施工网络图表示（一级与三级），不设二级就能把计划表达清楚；三类以下建筑不设一、二级，只需用三级施工网络计划表示即可。各级施工网络均要确定网络最小单元和各级网络中每根箭线或节点（单代号）所代表的内容。

（3）各级施工网络图的每根箭线或节点所代表的内容要与分部工程、分项工程的劳动组织相适应，便于同现行的施工预算、班组任务书吻合。

（4）各级施工网络图相互衔接、层层深入。分级网络图中的上一级施工网络图的箭线均是下一级施工网络图中几根或几十根箭线的集合；反之，下一级的网络图是上一级施工网络图的具体展开内容。目前，各级施工网络图每根箭线所表达的内容并没有统一规定，但通常一级网络图每根箭线可反映 4～6 层的某分部施工内容，如○—6~10层框→○。二级施工网络图每根箭线可反映 1～2 层的分部内容，如○—6层框→○。三级施工网络图每根箭线可详细反映某层的分项内容，如○—6层墙柱扎筋→○。通常二级施工网络图的 1～2 根箭线就是三级的一张施工作业网络图。如果二级网络图中个别箭线内容比较简单，可不设三级网络图加以补充；同样，一级网络图中个别箭线的内容比较简单，也无须设二级网络图，直接跳设三级网络图。

（5）在编制施工网络图时，既要重视工程的共性，又要针对具体工程的特点来考虑如何使施工网络图做到既简洁明了又能完整表达施工内容。如高层建筑的特点是层数多且标准层多，从结构、平面布置、设备安装以及建筑装修来看大部分是采用标准化技术，标准层设计图纸是多层通用的，因此组织施工标准化、装配化、机械化程度高，为施工组织的管理科学化提供了条件。而住宅工程除了有标准层外，还有标准单元；因此，在编制施工网络计划时，可充分利用标准层和标准单元的共性条件，先编出一个标准层或标准单元的工序网络图，对相同的各层不需要重复绘制，然后在组合总网络图时就可用一根箭杆来代替一层或一个单元的工序安排。工序的粗细结合，就能减少网络图的箭线数，达到简化编制施工网络计划工作的目的。

4.7 流水网络计划

流水网络计划方法是综合应用流水施工和网络计划的原理，吸取横道图与网络图表达计划的优点，并使两者结合起来的一种计划方法。

若用双代号网络计划法表示流水施工，每个施工段都要用一根箭线两个节点来表示。同时，为了使各施工段之间的逻辑关系正确，还需增加许多虚箭线，因而使网络图过于烦琐。例如，某三层楼住宅房屋，将水磨石地面施工划分为四道工序，现以每一层楼作为一个施工段，组织流水施工，其双代号网络计划表达如图 4-42 所示。从图 4-42 中可以看到，节点和箭线很多，这不仅增加了绘制网络图的工作量和复杂性，而且大量虚箭线的存在，使网络计划时间参数的计算工作量也相应增加，为了克服这些缺点，就相应地产生了流水网络计划。

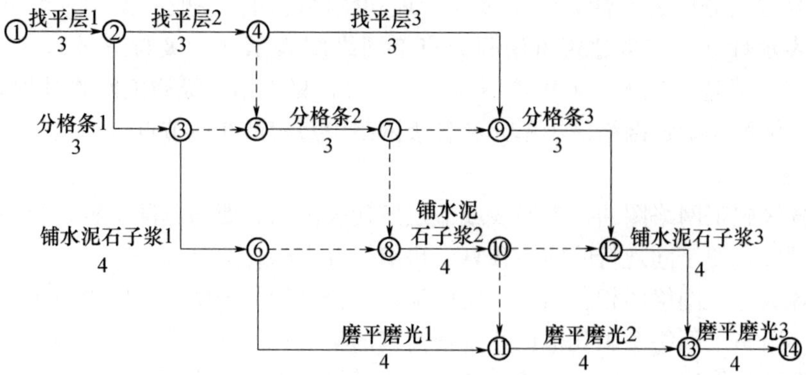

图 4-42　双代号网络计划

若将图 4-42 的双代号网络计划图改画成流水网络计划，如图 4-43 所示。从图 4-43 中可看出，段与段之间的中间节点和虚箭线均省略，图示显得简明、直观。

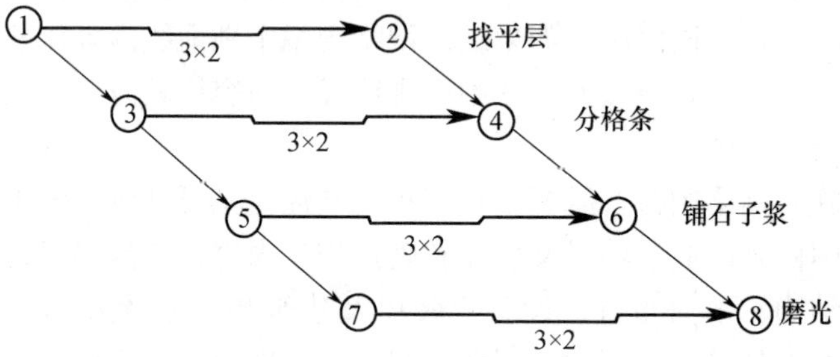

图 4-43　流水网络计划

4.7.1　流水网络计划的基本概念

4.7.1.1　流水箭线

将一般网络图中同一施工过程的若干个施工段的连续作业箭线合并为一个箭线，称为“流水箭线”，如图 4-44 所示。流水箭线用粗实线表示。

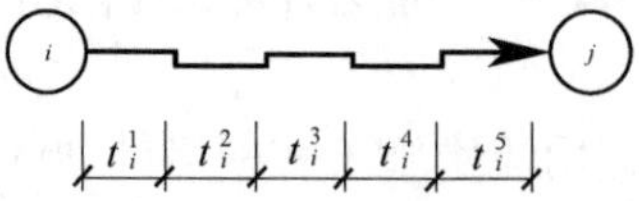

图 4-44　流水箭线

流水箭线的这种形式，既表达了同一施工过程的施工段数目及其流水施工的组织性质，又去掉了许多中间节点和由此而增添的许多虚箭线，从而大大简化了网络计划的表达形式。

4.7.1.2　时距箭线

时距箭线是用于表达两个相邻施工过程之间逻辑和时间的相互制约关系的箭线。建立时距箭线，是为了替代被简化的虚箭线的功能。时距箭线均用细实线表示。时距箭线所表示的时距可分为下述三种：

(1) 开始时距（$K_{i,i+1}$）：指相邻两个施工过程先后进入第一施工段的时间间隔。它与流水步距的概念基本一致，但开始时距用一条箭线表达，起到了先后两个相邻施工过程之间逻辑连接的作用，如图 4-45 所示。

(2) 结束时距（$J_{i,i+1}$）：指相邻两个施工过程先后退出最后一个施工段的时间间隔。它制约了两个相邻施工过程先后结束的时间逻辑关系，如图 4-45 所示。

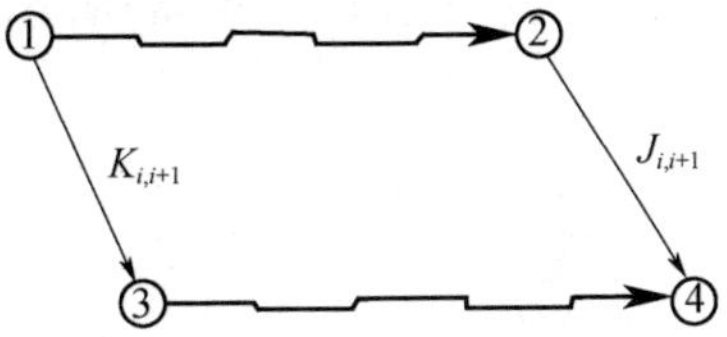

图 4-45　时距箭线示意

(3) 间歇时距（$N_{i,i+1}$）：指在前后两个相邻施工过程中，从前一个施工过程结束到后一个施工过程开始之间的间歇时间，一般指技术间歇或施工组织间歇。

4.7.1.3　流水网络块

流水网络块是组织流水施工时流水网络的一种基本形式。例如，图 4-42 所示的内装修分部工程双代号网络图可改为图 4-43 的流水网络块。

4.7.2　流水网络块、非流水箭线、虚箭线的连接

4.7.2.1　流水网络块之间的连接

两个（或多个）流水网络块，可按它们相互之间施工工艺上的先后关系在某些流水箭线的开始（或完成）节点处连接，如图 4-46 所示；也可通过某些不参加流水施工的非流水箭线或虚箭线连接，如图 4-47 所示。

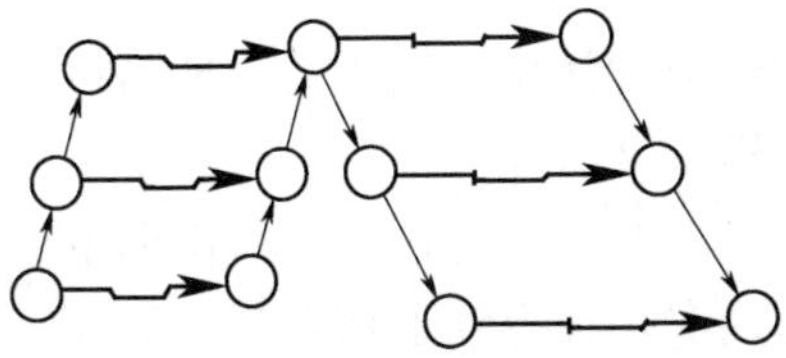

图 4-46　流水网络块的流水箭线节点连接

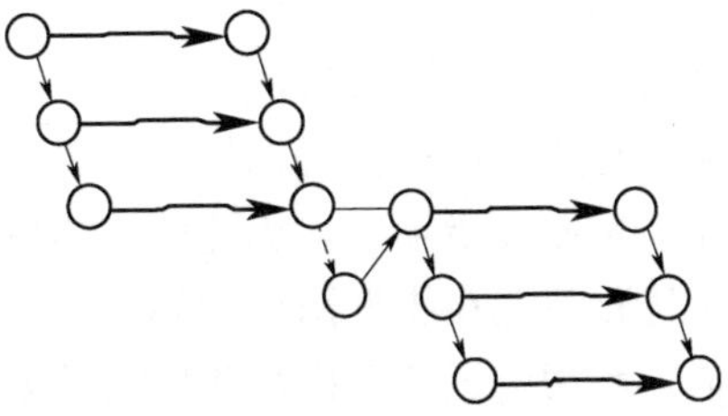

图 4-47　流水网络块的非流水箭线或虚箭线连接

4.7.2.2　流水网络块外部节点与非流水箭线的连接

一个流水网络块与非流水箭线连接时，连接点发生在流水网络块的某些流水箭线的开始（或完成）节点处，如图 4-48 所示，这种连接可按双代号网络的有关方式处理。

4.7.2.3　流水网络块内部与非流水箭线之间的连接

一个流水网络块内部的一条（或几条）流水箭线上某个施工段端点与外部引进的非流水箭线连接，表达该流水施工过程在进入这个施工段前必须与外部某个施工过程发生联系；或者表示外部某个施工过程必须在该流水施工过程退出这个施工段后开始。前者

称为“进点”，后者称为“出点”。进点和出点都用一个节点表达，画在流水箭线与进出有联系的某个施工段端点处。进、出节点不得中断该流水箭线，而应画在它的上边或下边，如图 4-49 所示。

4.7.2.4 流水网络块内部的逻辑关系箭线的连接

在流水网络内部，某些在施工工艺上或组织上有逻辑联系的流水箭线，可用虚箭线将它们连接起来，如图 4-50 所示。这在表达一层楼砌完后到二层楼砌墙等情况时较常用。

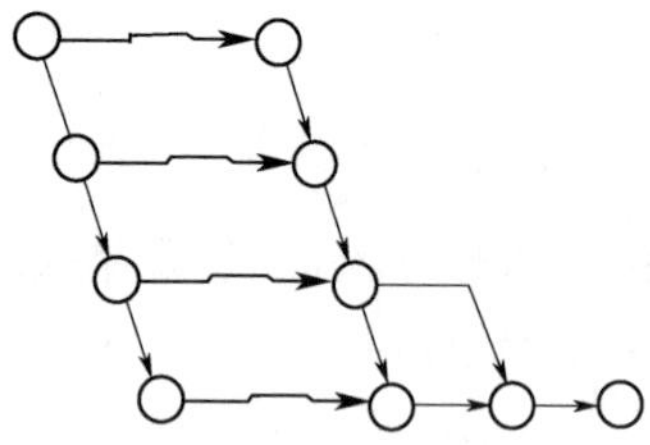

图 4-48 流水网络块外部节点与非流水箭线的连接

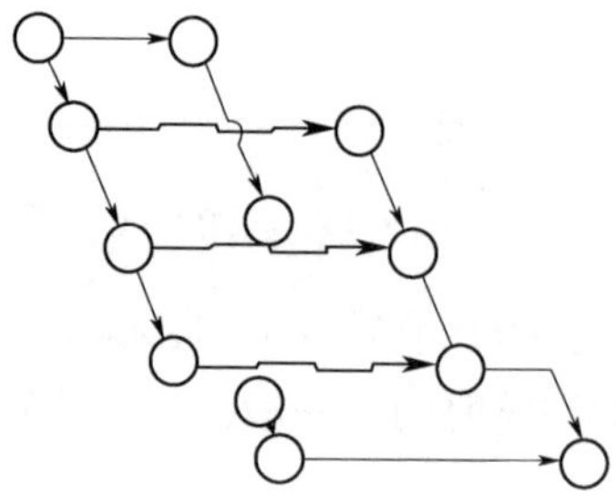

图 4-49 流水网络块内部与非流水箭线的连接

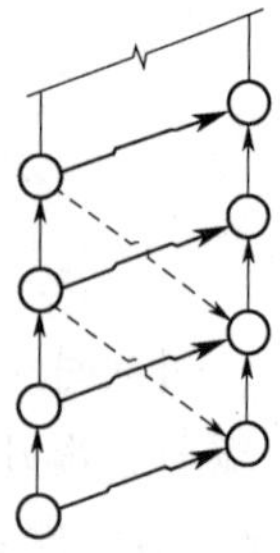

图 4-50 流水网络块内部逻辑箭线的连接

4.8 网络计划优化

网络计划优化，是在编制阶段，在满足既定约束条件下，按照一定目标，通过不断改进网络计划的可行方案，寻求满意结果，从而编制可供实施的网络计划的过程。

网络计划的优化目标，包括工期、资源和费用。通过网络计划优化实现这些目标，有重要的实际意义，甚至会使项目施工取得重大的经济效果，应当尽量利用网络计划模型可优化的特点，努力实现优化目标。

优化只是相对地可获得近似的结果，不可能做到绝对优化。优化的原理是可被理解的，且在一定原理指导下，优化的方法可以多种多样。

手工优化只能在小型网络计划上做到。要做到对大型网络优化，必须借助电子计算机。目前，利用电子计算机优化网络计划已经成为现实，且得到了相当范围地推广。

本书只着重介绍工期优化、工期-资源优化和工期-成本优化的基本原理，至于这些原理的具体应用步骤及如何在电子计算机上应用，需要另外进行深入地学习。

4.8.1 工期优化

当网络计划的计算工期大于要求工期时，应压缩关键工作的持续时间，以满足工期要求。

4.8.1.1 工期优化的计算步骤

（1）找出可行网络计划的关键工作和关键线路。

（2）按要求工期计算应缩短的时间。

（3）确定各关键工作能压缩多少时间。

(4) 调整关键工作的持续时间，并重新计算网络计划的工期。

(5) 如果已经达到工期要求，则优化完成，否则重复以上步骤，直至要求满足。

4.8.1.2 压缩工作持续时间的对象选择

这实际上就是选择压缩对象的约束条件。应选择压缩持续时间后对质量影响不大的关键工作，有充足备用资源的工作，缩短持续时间增加费用最少的工作。

还要注意，如果网络计划有两条以上关键线路时，可考虑压缩公用的关键工作，或两条线路上的关键工作同时压缩同样时间。要特别注意每次压缩后，关键线路是否有变化（转移或增加条数），原来的关键线路必须仍然是关键线路。

4.8.1.3 使关键工作时间缩短的措施

为使关键工作取得可压缩时间，必须采取一定的措施，这些措施主要是增加资源数量；增加工作班次；改变施工方法；组织流水作业；采取技术措施。

如果上述方法均不能奏效，则应改变工期要求或改变施工方案。

4.8.2 费用优化

费用优化又称工期成本优化，是指寻求工程总成本最低时的工期安排，或按要求工期寻求最低成本的计划安排的过程。

4.8.2.1 费用和时间的关系

在建设工程施工过程中，完成一项工作通常可以采用多种施工方法和组织方法，而不同的施工方法和组织方法，又会有不同的持续时间和费用。由于一项建设工程往往包含许多工作，所以在安排建设工程进度计划时，就会出现许多方案。进度方案不同，所对应的总工期和总费用也就不同。为了能从多种方案中找出总成本最低的方案，必须首先分析费用和时间之间的关系。

1. 工程费用与工期的关系

工程总费用由直接费和间接费组成。直接费由人工费、材料费、机械使用费、其他直接费及现场经费等组成。施工方案不同，直接费也就不同；如果施工方案一定，工期不同，直接费也不同。直接费会随着工期的缩短而增加。间接费包括企业经营管理的全部费用，它一般会随着工期的缩短而减少。在考虑工程总费用时，还应考虑工期变化带来的其他损益，包括效益增量和资金的时间价值等。

2. 工作直接费与持续时间的关系

由于网络计划的工期取决于关键工作的持续时间，为了进行工期成本优化，必须分析网络计划中各项工作的直接费与持续时间之间的关系，它是网络计划工期成本优化的基础。

工作的直接费与持续时间之间的关系类似于工程直接费与工期之间的关系，工作的直接费随着持续时间的缩短而增加。为简化计算，工作的直接费与持续时间之间的关系被近似地认为是一条直线关系，如图 4-51 所示。当工作划分不是很粗时，其计算结果还是比较精确的。这条直线的斜率称为直接费用率，它的实际含义是表示单位时间内所需增加的直接费。工作 $i-j$ 的直接费用率用 ΔC_{i-j} 表示，其计算按式 (4-34) 进行。

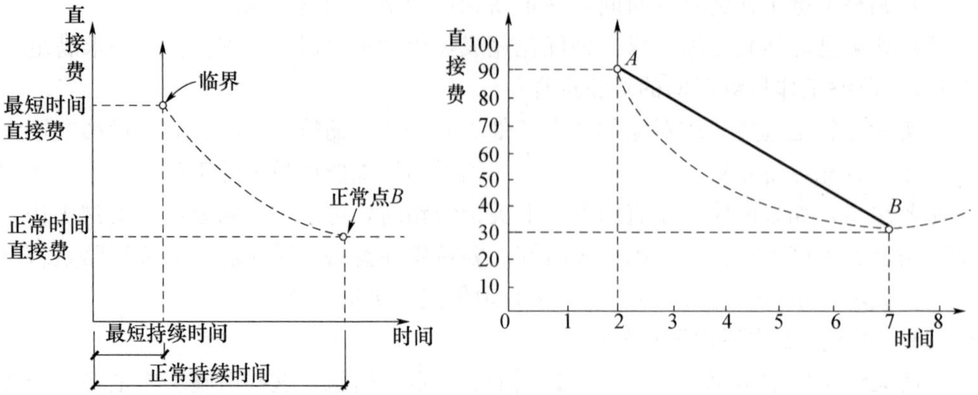

图 4-51　直接费用与时间的关系

$$\Delta C_{i-j}=\frac{C_{i-j}^{C}-C_{i-j}^{N}}{D_{i-j}^{N}-D_{i-j}^{C}} \tag{4-34}$$

式中　C_{i-j}^{C}——工作 $i-j$ 的最短时间直接费，即将工作 $i-j$ 持续时间缩短为最短持续时间后，完成该工作所需直接费；

C_{i-j}^{N}——工作 $i-j$ 的正常时间直接费，即在正常条件下完成工作 $i-j$ 所需直接费；

D_{i-j}^{C}——工作 $i-j$ 的最短持续时间，即工作 $i-j$ 再继续增加费用也不能进一步使其缩短的工作时间；

D_{i-j}^{N}——工作 $i-j$ 的正常持续时间，即在正常条件下完成工作 $i-j$ 所需持续时间。

4.8.2.2　费用优化方法

费用优化的基本思路：不断地在网络计划中找出直接费用率（或组合直接费用率）最小的关键工作，缩短其持续时间，同时考虑间接费随工期缩短而减少的数值，最后求得工程总成本最低时的最优工期安排或按要求工期求得最低成本的计划安排。按照上述基本思路，费用优化可按以下步骤进行：

（1）按工作的正常持续时间确定计算工期和关键线路。

（2）计算各项工作的直接费用率。直接费用率用 ΔC_{i-j} 表示，其计算按式（4-34）进行。

（3）当只有一条关键线路时，应找出直接费用率最小的一项关键工作，作为缩短持续时间的对象；当有多条关键线路时，应找出组合直接费用率最小的一组关键工作，作为缩短持续时间的对象。

（4）对于选定的压缩对象（一项关键工作或一组关键工作），首先比较其直接费用率或组合直接费用率与工程间接费用率的大小：

①如果被压缩对象的直接费用率或组合直接费用率大于工程间接费用率，说明压缩关键工作的持续时间会使工程总费用增加，此时应停止缩短关键工作的持续时间，在此之前的方案即为优化方案；

②如果被压缩对象的直接费用率或组合直接费用率等于工程间接费用率，说明压缩

关键工作的持续时间不会使工程总费用增加，故应缩短关键工作的持续时间；

③如果被压缩对象的直接费用率或组合直接费用率小于工程间接费用率，说明压缩关键工作的持续时间会使工程总费用减少，故应缩短关键工作的持续时间。

（5）当需要缩短关键工作的持续时间时，其缩短值的确定必须符合下列两条原则：

①缩短后工作的持续时间不能小于其最短持续时间；

②缩短持续时间的工作不能变成非关键工作。

（6）计算关键工作持续时间缩短后相应增加的总费用。

（7）重复上述（3）～（6），直至计算工期满足要求工期或被压缩对象的直接费用率或组合直接费用率大于工程间接费用率为止。

（8）计算优化后的工程总费用。

4.8.3 资源优化

资源是指为完成一项计划任务所需投入的人力、材料、机械设备和资金等。完成一项工程任务所需要的资源量基本上是不变的，不可能通过资源优化将其减少。资源优化的目的是通过改变工作的开始时间和完成时间，使资源按照时间的分布符合优化目标。

在通常情况下，网络计划的资源优化分为两种，即"资源有限，工期最短"的优化和"工期固定，资源均衡"的优化。前者是通过调整计划安排，在满足资源限制条件下，使工期延长最少的过程；而后者是通过调整计划安排，在工期保持不变的条件下，使资源需用量尽可能均衡的过程。

这里所讲的资源优化，其前提条件包括以下几个方面：

（1）在优化过程中，不改变网络计划中各项工作之间的逻辑关系；

（2）在优化过程中，不改变网络计划中各项工作的持续时间；

（3）网络计划中各项工作的资源强度（单位时间所需资源数量）为常数，而且是合理的；

（4）除规定可中断的工作外，一般不允许中断工作，应保持其连续性。

为简化问题，这里假定网络计划中的所有工作需要同一种资源。

"资源有限，工期最短"的优化一般可按以下步骤进行：

（1）按照各项工作的最早开始时间安排进度计划，即按最早时间绘制时标网络计划，并计算网络计划每个时间单位的资源需用量。

（2）从计划开始日期起，逐个检查每个时段（每个时间单位资源需用量相同的时间段）资源需用量是否超过所能供应的资源限量。如果在整个工期范围内每个时段的资源需用量均能满足资源限量的要求，则可行优化方案就编制完成；否则，必须转入下一步进行计划的调整。

（3）找出超过资源限量的时段，对该时段内的各项工作进行排序并编号。按以下原则编号：

①先编该时段之前已经开始的工作。

②再按总时差（可以往后移动的机动时间）由小到大递增编号。

③如遇总时差相等，资源需用量大的先编，小的后编。

（4）按编号顺序，把位于该时段内的各工作每天的资源需用量进行累加，以累加数不超过可能供应的条件为限，余下的工作右移至下一时段。

（5）绘制调整后的网络计划，重新计算每个时间单位的资源需用量。

（6）重复上述（3）～（5），直至网络计划整个工期范围内每个时间单位的资源需用量均满足资源限量为止。

4.9 网络计划控制

4.9.1 概念

网络计划控制与调整是指网络计划在执行中的记录、检查、分析与调整。它贯穿网络计划执行的全过程。

4.9.2 网络计划检查

4.9.2.1 网络计划检查方法

进行网络计划检查，首先要在网络计划图上进行记录，然后根据记录的结果进行进度分析，判断进度的实际状况，并对未来的进度进行预测，为网络调查提供信息。网络计划常用的检查方法有“前锋线法”和“切割线法”两种。

1. 用前锋线法检查记录

前锋线法是一种简单的进行工程实际进度与计划进度的比较方法。它主要适用于时标网络计划。其主要方法是从检查时刻的时标点出发，首先连接其相邻的工作箭线的实际进度点，以此类推，将检查时刻正在进行工作的点都依次连接起来，组成一条一般为折线的前锋线。按前锋线与前锋线交点的位置判定工程实际进度与计划进度的偏差。简言之，前锋线法就是通过工程项目实际进度前锋线，来比较工程实际进度与计划进度偏差的方法。

（1）前锋线比较法步骤

1）绘制前锋线

一般从上方时间坐标的检查日画起，依次连接相邻工作箭线的实际进度点，最后与下方时间坐标的检查日连接，如图 4-52 所示。

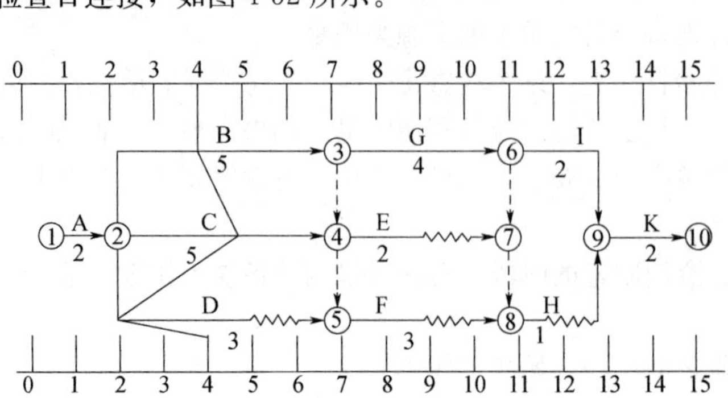

图 4-52 前锋线法

2）比较实际进度与计划进度

前锋线反映出与检查日有关的工作实际进度与计划进度的关系有以下三种情况：

①工作实际进度点位置与检查日时间坐标相同，则该工作实际进度与计划进度一致。

②工作实际进度点位置在检查日时间坐标右侧，则该工作实际进度超前，超前天数为两者之差。

③工作实际进度点位置在检查日时间坐标左侧，则该工作实际进度拖后，拖后天数为两者之差。

（2）前锋线比较法举例

【例 4-6】已知时标网络计划如图 4-52 所示，试根据图示的前锋线分析第 4 天下班时各项工作实际进度与计划进度偏差情况。

【解】从图中的前锋线可看出工作 B 与计划一致，工作 C 提前 1d，工作 D 拖延 2d。

2. 用切割线法检查记录

当采用无时标网络计划时，可采用直接在网络图上用双点划线等符号记录。如图 4-53 是双代号网络计划的检查实例，检查第 4 天的计划执行情况，双点划线（即“切割线”）代表其实际进度。

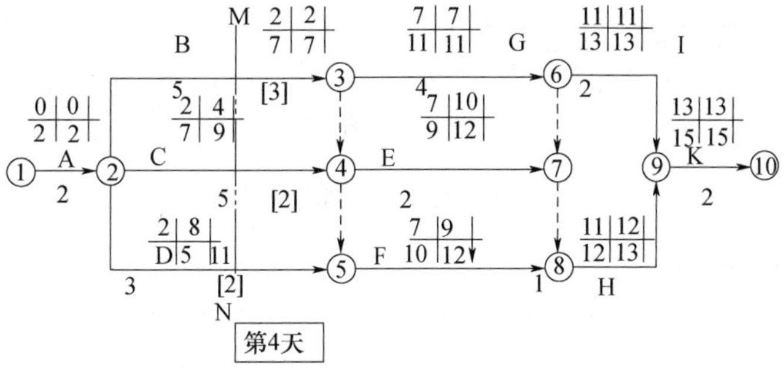

图 4-53　切割线法

注：[ ] 内数字表示检查时工作尚需的作业天数

4.9.2.2　网络计划的检查时间

网络计划的检查时间可随机而定，强调进行定期检查。定期检查根据计划的作业性、控制性程度不同，可按一日、双日、五日、周、旬、半月、一月、一季、半年等为周期。定期检查有利于检查组织工作，使检查有计划性，还可使网络计划检查成为例行性工作。

应急检查是当计划执行突然出现意外情况而进行的检查，或上级派人检查（或进行特别检查）。应急检查以后可采取应急措施，目的是保证资源供应、排除障碍等，以保证或加快原计划进度。

4.9.2.3　网络计划检查的内容

（1）关键工作的进度。该项工作的检查目的是采取措施保证或调整计划工期。

（2）检查非关键工作的进度及尚可利用的时差。该项工作的检查目的是更好地挖掘潜力，调整或优化资源，并保证关键工作按计划实施。

（3）检查实际进度对各项工作之间逻辑关系的影响。该项工作的检查目的是观察工艺关系或组织关系的执行情况，以进行适时的调整。

4.9.3 网络计划分析

4.9.3.1 分析目前进度-实际与计划进度对比

分析目前进度是以检查日期为基准线，前锋线可以看成描述实际进度的波形图。前锋处于波峰上的线路相对于相邻线路超前，处于波谷上的线路相对于相邻线路滞后；前锋在基准线前面的线路比原计划提前；前锋在基准线后面的线路比原计划拖后。如图 4-54中的 F 比原计划滞后，G 与原计划一致，H 比原计划超前。

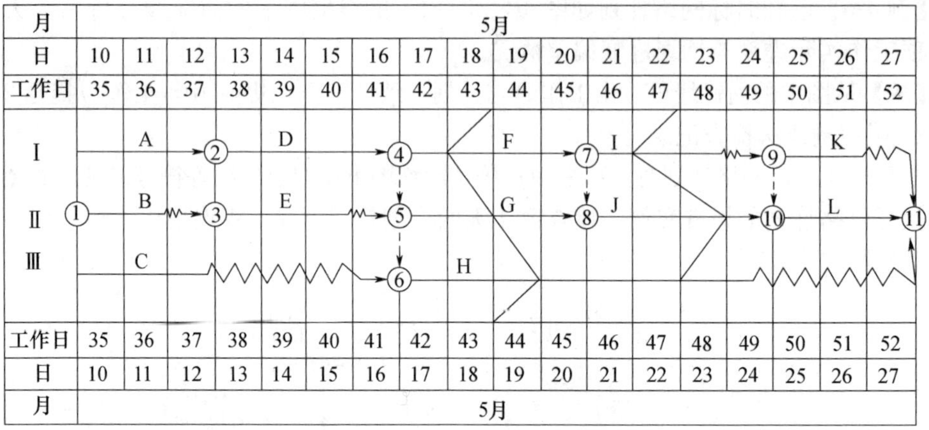

图 4-54 实际与计划进度对比

4.9.3.2 预测未来进度

将该时刻的前锋线与前一次检查时的前锋线进行对比分析，可以在一定范围内对工程未来的进度和变化趋势做出预测。

这里要引进进度比的概念：前后两条前锋线在某线路上截取的线段 ΔX 与这两条前锋线之间的检查时间间隔 ΔT 之比，称为进度比，用 B 表示，即

$$B=\frac{\Delta X}{\Delta T} \tag{4-35}$$

B 的大小反映了该线路的实际进展速度的大小，某线路的实际进展速度与原计划相比是快、是慢或是相等时，B 相应地大于 1、小于 1 或等于 1。根据 B 的大小，就有可能对该线路未来的速度做出定量的预测。

以图 4-54 中 5 月 18 日和 22 日两条前锋线为例，其时间间隔为 4d，它们在Ⅱ线路上截取 X 长度为 5d，那么 $B=\frac{\Delta X}{\Delta T}=\frac{5}{4}=1.25$。

即平均每天完成原定 1.25d 的任务，5 月 23 日线路Ⅱ比原计划超前 1d。如果进展速度不变，可以预测再过 3.5d，Ⅱ线路的前锋线就可到达 5 月 27 日的位置，比原计划提前 1.5d。

通常，如果 i，j 分别表示前后两条实际进度前锋线，它们的时间间隔 $\Delta T=T_j-T_i$，在某线路上截取的长度 $\Delta X=X_j-X_i$，那么，该线路在这段时间里的进度比为 $B=$

$\frac{X_j-X_i}{T_j-T_i}=\frac{\Delta X}{\Delta T}$，第 n 天以后该线路的前锋到达的位置为

$$X_n=X_j+nB \tag{4-36}$$

这时该线路与原计划相比的进度差（即超前或落后的天数）

$$C_n=C_j+n\ (B-1) \tag{4-37}$$

式中　C_j——现时刻该线路的进度差。

如用上述公式计算图 4-54 中的进度比和进度差。

$$T_j=47,\ T_i=43,$$

则 $\Delta T=T_j-T_i=47-43=4$

对于Ⅱ线路而言，$X_j=48$，$X_i=43$

则 $\Delta X=X_j-X_i=48-43=5$

故 $B=\frac{\Delta X}{\Delta T}=\frac{5}{4}=1.25$

计算 5d 以后线路Ⅱ的前锋到达的位置，$n=5$

则 $X_n=X_j+nB=48+5\times1.25\approx54$

计算这时该线路与原计划相比的进度差，$C_j=1$

则 $C_5=1+5\times(1.25-1)\approx2$

4.9.4　网络计划调整

4.9.4.1　网络计划调整的内容

网络计划调整的内容包括关键线路长度的调整；非关键工作时差的调整；增减工作项目；调整逻辑关系；重新估计某些工作的持续时间；对资源的投入做相应调整。

4.9.4.2　网络计划调整的方法

1. 关键线路长度的调整

调整关键线路的长度可以针对不同情况采用不同方法。

（1）当关键工作的实际进度比计划进度提前时，有两种调整方法：若拟要提前工期时，应将计划的未完成部分作为一个新计划，重新确定关键工作的持续时间，按新计划实施。若不需要提前工期时应选用资源占用量大或直接费高的后续关键工作，适当延长其持续时间，以降低其资源强度或费用。

（2）关键工作的实际进度比计划进度拖后时，应在未完成的关键工作中选择资源强度小或费用低的工作，缩短其持续时间，并把计划的未完成部分作为一个新计划进行调整。

2. 非关键工作时差的调整

非关键工作时差的调整在其时差范围内进行。每次调整均必须重新计算时间参数，观察该项调整对整个网络计划的影响。调整时可在下述方法中选择：

（1）将工作在其最早开始时间与其最迟完成时间范围内移动；

（2）缩短工作的持续时间；

（3）延长工作的持续时间。

3. 逻辑关系的调整

若实际情况要求改变施工方法或组织方法时，可以进行逻辑关系的调整。调整时应

避免影响原定计划工期和其他工作的顺利进行。

4. 持续时间的调整

某些工作的原持续时间估计有误或实现条件不充分，应重新估算其持续时间和时间参数，尽量使原计划工期不受影响。

5. 增减工作

增减工作应做到不打乱原计划的逻辑关系，只对局部逻辑关系进行调整；在增减工作以后应重新计算时间参数；分析对原网络计划的影响。当对工期有影响时，应采取调整措施，保证计划工期不变。

6. 资源的调整

若资源供应发生异常，应采用资源优化的方法对计划进行调整，或采取应急措施，使其对工期影响最小。

网络计划技术的上岗工作要点：

(1) 能够合理地按不同情况，独立地、正确地编制各种施工网络计划，并能进行参数的计算。

(2) 掌握工期优化、工期-资源优化和工期-成本优化的基本原理。

(3) 掌握时标网络计划的编制方法，懂得单代号搭接网络计划和时间参数的计算方法。

(4) 熟练掌握双代号网络计划，能够进行进度执行情况的检查、对比、分析、调整。

习　题

1. 什么是双代号和单代号网络图？
2. 组成双代号网络图的三要素是什么？试述各要素的含义和特征。
3. 简述虚画线的含义？它在双代号网络图中起什么作用？
4. 网络计划有哪两种逻辑关系？
5. 简述绘制双代号网络图的基本规则。
6. 施工网络计划有哪几种排列方法？
7. 双代号网络计划时间参数有哪几种？应如何计算？
8. 试述各种时差的含义和特点。
9. 什么叫线路、关键工作、关键线路？
10. 简述单代号网络图的绘制基本规则。
11. 单代号网络计划时间参数应如何计算？
12. 单代号与双代号网络图有何不同？
13. 时标网络、单代号搭接网络和流水网络各有何特点？
14. 试述三级施工网络计划各自的作用。
15. 什么叫网络计划控制？
16. 网络计划检查记录常用哪几种方法？
17. 网络计划检查时间是如何确定的？

18. 简述网络计划检查的内容。

19. 简述网络计划调整的内容。

20. 按下列工作的逻辑关系，分别绘出其双代号网络图。

1）A、B均完成后进行C、D；C完成后进行E；D完成后进行F。

2）A、B均完成后进行C；B、D均完成后进行E；C、E完成后进行F。

3）A、B、C均完成后进行D；B、C完成后进行E；D、E完成后进行F。

4）A完成后进行B、C、D；B、C、D完成后进行E；C、D完成后进行F。

21. 指出图4-55所示网络图的错误。

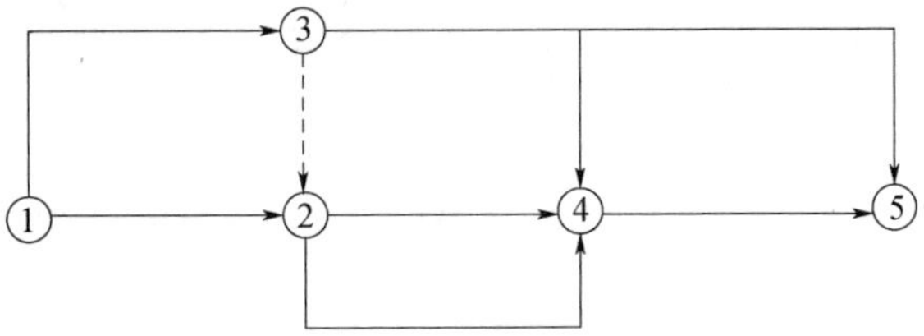

图4-55

22. 按表4-6所列出的工作编号和工作持续时间，绘制出双代号网络图，并用图上计算法计算出各工作的时间参数：ES_{i-j}、EF_{i-j}、LS_{i-j}、LF_{i-j}、FF_{i-j}、TF_{i-j}。

表4-6

工作编号	持续时间	工作编号	持续时间
①—②	4	③—④	0
①—③	2	③—⑤	4
①—④	5	③—⑥	5
②—③	3	④—⑥	7
②—⑤	3	⑤—⑥	4

23. 根据表4-7各施工过程的逻辑关系，分别绘制双代号网络图和单代号网络图，比较两图，其主要差别是什么？

表4-7　各施工过程的逻辑关系

施工过程	A	B	C	D	E	F	G	H	I	J	K
紧前工作	—	A	A	B	B	E	A	D、C	E	F、G、H	I、J
紧后工作	B、C、D	D、E	H	H	F、I	J	J	J	K	K	—
作业时间	2	3	5	2	4	3	2	5	2	3	1

24. 根据图4-56所示各工作名称和延续时间，用图上计算法计算单代号网络图的时间参数：ES_i、EF_i、LS_i、LF_i、FF_i、TF_i。

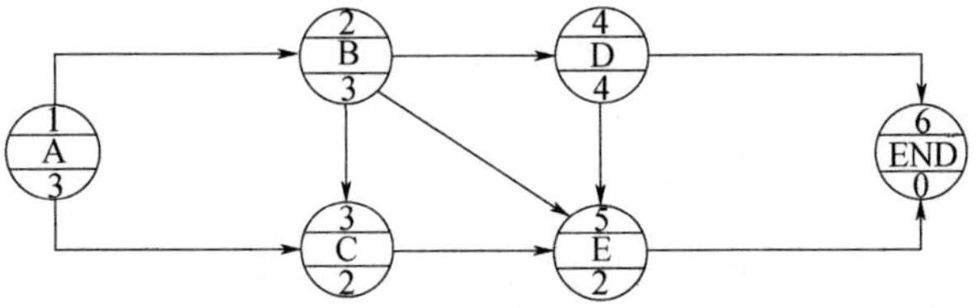

图4-56

25. 将图 4-57 双代号网络图改画成单代号搭接网络图。

26. 将图 4-57 双代号网络图改画成时标网络图。

27. 某房屋工程共两层，内装饰工程施工有 A、B、C、D 四个施工过程，每层分两个施工段组织施工，每个施工过程均由一个施工队施工，持续时间分为 2d、6d、1d、2d，用时间坐标网络图按最早开始时间绘制其进度计划。

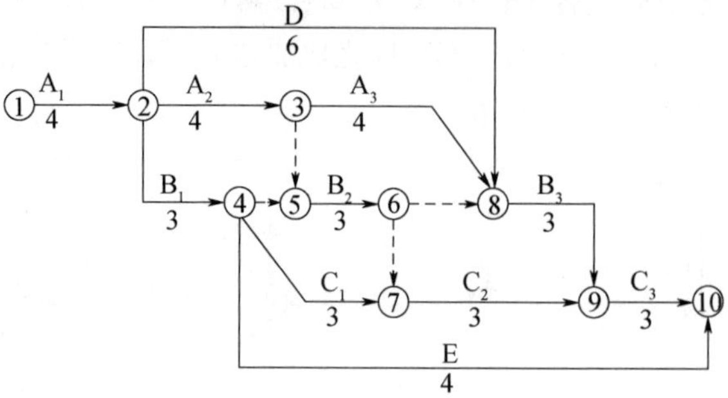

图 4-57

28. 已知某项目的双代号网络计划如图 4-58 所示。该项任务要求工期为 13d。计划实施到第 4 天下班时才检查发现：*A* 工作已完成 2d 工作量，*B* 工作已完成 1d 工作量，*C* 工作已完成 2d 工作量，*D* 工作已全部完成，*G* 工作已完成 1d 工作量，*H* 工作尚未开始，其他未提及的工作均未开始。问题：

（1）根据上述检查情况，按最早开始时间绘制出时间坐标网络图并标注出实际进度前锋线。

（2）根据当前进度，如不做任何调整，工期比原计划推迟多少天？进度偏差影响哪些紧后工作，影响多少天？

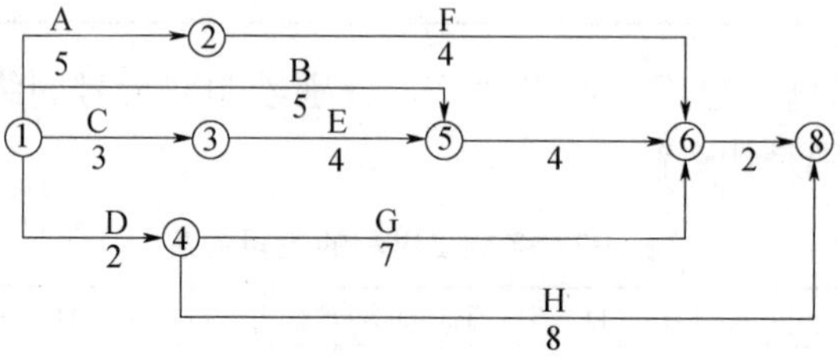

图 4-58

29. 结合对解放军渡江战役计划全过程的理解，试述三级施工网络计划在工程中应用的总体思路和要点。

5 单位工程施工组织设计

重点提示

1. 本章从应用角度介绍了如何编制单位工程施工组织设计。

2. 具体内容包括工程概况、施工部署与施工准备、施工方案、施工进度计划、施工准备与各项资源需要量计划、施工平面图设计、主要施工措施、技术经济分析。

3. 附有单位工程施工组织设计工程应用实 例。

单位工程施工组织设计是以单位工程为主要对象编制的施工组织设计，对单位工程的施工过程起指导和制约作用；是一个工程的战略部署，体现了指导性和原则性；是一个将建筑物的蓝图转化为实物的总文件，内容包含了施工全过程的部署、选定技术方案、进度计划及相关资源计划安排、各种组织保障措施，是对项目施工全过程的管理性文件。

5.1 单位工程施工组织设计概述

单位工程施工
组织设计范例

单位工程施工组织设计是规划和指导拟建工程从施工准备到竣工验收全过程施工活动的技术经济文件。它是施工前的一项重要准备工作，也是施工企业实现生产科学管理的重要手段。它既要体现拟建工程的设计和使用要求，又要符合建筑施工的客观规律，对施工的全过程起战略部署或战术安排的作用。

5.1.1 编制单位工程施工组织设计的依据

5.1.1.1 标前设计的编制依据

1. 招标文件及发包人对招标文件的理解

招标文件是编制标签设计的重要依据。在招标过程中，发包人常常会以补充、说明的形式修改、补充招标文件的内容；在标前会议上发包人也会对承包人提出的招标文件中的问题，对招标文件不理解之处进行解释。承包人在标前设计的编写过程中一定要注意这些修改、变更和解释。

2. 对招标文件的分析

(1) 通过对投标人须知的分析，了解投标条件、招标人招标程序安排，进一步分析投标风险。

(2) 通过对合同条件进行审查，分析它的完备性、合法性、单方面约束性的条款和合同风险，从而确定承包人总体的合同责任。

（3）对技术文件进行分析、会审，以确定招标人的工程要求，承包人的工程范围、技术规范、工程量等。

对在招标文件分析中发现的问题、矛盾、错误和不理解的地方应及早向发包人（或监理工程师）提出，由监理工程师给予解释。这对承包人正确地编制标前设计和投标文件是十分重要的。

3. 工程现场的环境调查

在标前设计起草前应进行环境调查。环境调查应有计划、有系统地进行，在调查前可以列出调查提纲。由于投标过程中时间和费用的限制，这阶段的环境调查不可能十分细致和深入，主要着眼于对施工方案、合同的执行、实施合同成本有重大影响的环境因素。应充分利用企业的信息网络系统和以前曾获得的信息。

在施工项目的投标和执行过程中，环境调查和跟踪是一个持续的、不断细化的过程。

4. 发包人提供的工程信息和资料（包括勘探资料）

按照施工合同条件的规定，承包人对发包人提供的资料的解释负责。虽然发包人对其所提供的资料的正确性承担责任，但承包人应对它们作基本的分析，在一定程度上检查它们的准确性，如发现其中有明显的错误，应及时通知发包人。

5. 有关本工程投标的竞争信息

如参加投标竞争的承包人的数量、这些投标人的基本情况、本企业与这些投标人在本项目上的竞争力分析和比较等。

6. 承包人对本工程投标和进行工程施工的总体战略

标前设计必须体现承包人的发展战略、总的经营方针和策略。包括：

（1）企业在项目所在地以及项目所涉及的领域的发展战略。

（2）本项目在企业经营中的地位，项目的成败对将来经营的影响，如本项目是否是创牌子项目或是否是形象工程。

（3）发包人的基本情况，如信用、管理能力和水平，发包人的后续工程的可能性。

7. 有关参考资料

有关工具性参考资料，如工期定额、类似工程的建设资料、估算指标等。

5.1.1.2 标后设计的编制依据

（1）从原则上讲，标后设计是标前设计的具体化。在依据标前设计时应注意在做标、投标、开标后的澄清，以及合同谈判过程中承包人获得的新的信息，标前设计所掌握的信息有无错误或不完备的地方，招标人新的要求，承包人提出的新的优惠条件等。

（2）企业与施工项目经理之间签订的“项目管理目标责任书”。施工项目采用项目经理目标责任制，企业法定代表人与施工项目经理之间签订的“项目管理目标责任书”规定着项目经理的权力、责任、利益、目标管理过程、在施工项目实施过程中企业管理层与项目之间工作关系等。

“项目管理目标责任书”应符合如下原则：

（1）应体现企业的总体经营战略，符合企业的根本利益；

（2）保证企业对施工项目的有力控制，防止项目上的失控现象；

（3）能够充分发挥施工项目经理和经理部各部门（人员）的积极性和创造性；

（4）保证在项目上能够集中企业的资源和企业的总体优势，防止在施工项目中采用小生产式的管理方式。

企业应将“施工项目管理目标责任书”作为企业管理系统的一部分，进行专门设计并标准化。

（5）工程施工合同及其相关文件。

（6）施工项目经理部的自身条件及管理水平。

（7）企业的施工项目管理体系。在标后设计中的许多内容反映企业的管理体系（或企业管理规范）。特别在施工项目实施中项目经理部的各个职能部门（或人员）与企业的其他职能部门的关系和工作职责的划分等必须符合企业的规定。

（8）设计文件，包括建筑设计任务书、工程项目一览表及概算造价、建筑总平面图、建筑区域平面图、房屋及构筑物平面剖面示意图、建筑场地竖向设计等。

（9）建筑场地勘察资料及地区条件勘察资料，市场调查及地区技术经济调查资料。

（10）承包合同及分包规划（或分包合同）。

（11）工具性参考资料，如概算定额、技术规范、工期定额及其他参考数据。

（12）有关方对建筑安装工程分期分批交工的要求。

（13）有关法律、法规、政策、标准（或规范、规程）。

5.1.2 单位工程施工组织设计的编制原则

编制施工组织设计应当遵循下列原则：

（1）满足工程施工和项目管理双重需要。在计划经济时期，施工组织设计的任务是满足施工准备和工程施工的需要。在全面推行工程项目管理以后，施工组织设计还要满足项目管理的需要，担负项目管理规划的作用。因此，编制施工组织设计就必须扩展内容，突出目标管理、组织结构设计、合同管理、风险管理规划、沟通管理、管理措施等项目管理内容，执行《建设工程项目管理规范》（GB/T 50326—2017）的相关要求。

（2）严格遵守工期定额和合同规定的工程竣工及交付使用期限。总工期较长的大型建设项目，应根据生产的需要，安排分期分批建设，配套投产或交付使用，从实质上缩短工期，尽早地发挥国家建设投资的经济效益。

在确定分期分批施工的项目时，必须注意使每期交工的一套项目可以独立地发挥效用，使主要的项目同有关的附属辅助项目同时完工，以便完工后可以立即交付使用。

（3）合理安排施工程序与顺序。建筑施工有其本身的客观规律，按照反映这种规律的程序组织施工，能够保证各项施工活动相互促进，紧密衔接，避免不必要的重复工作，加快施工速度，缩短工期。

建筑施工特点之一是建筑产品的固定性，因而使建筑施工的活动必须在同一场地上进行。这样，没有前一阶段的工作，后一阶段就不可能进行，即使它们之间交错搭接地进行，也必须严格遵守一定的顺序。顺序反映客观规律要求，交叉则体现争取时间的主观努力。因此，在编制施工组织设计时，必须合理地安排施工程序。

虽然建筑施工程序会随工程性质、施工条件和使用要求而有所不同，但还是能够找出可以遵循的共同性规律。

在安排施工程序时，通常应当考虑以下几点：

①要及时完成有关的施工准备工作，为正式施工创造良好条件。准备工作视施工需要，可以一次完成或是分期完成。

②正式施工时应该先完成平整场地、敷设管网、修筑道路等全场性工程及可供施工使用的永久性建筑物，然后再进行各个工程项目的施工。在正式施工之前完成这些工程，有利于利用永久性管线与道路为施工服务，从而减少暂设工程，节约投资，并便于现场平面管理。在安排管线道路施工程序时，一般宜先场外，后场内，场外由远而近，先主干，后分支；地下工程要先深后浅，排水要先下游、后上游。

③对于单个房屋和构筑物的施工顺序，既要考虑空间顺序，也要考虑工种之间的顺序。空间顺序是解决施工流向的问题，它必须根据生产需要、缩短工期和保证工程质量的要求来决定。工种顺序是解决时间上搭接的问题，必须保证质量，工种之间互相创造条件，充分利用工作面，争取时间。

（4）用流水施工法和工程网络计划技术安排进度计划。采用流水施工法组织施工，以保证施工连续地、均衡地、有节奏地进行，合理地使用人力、物力和财力，好、快、省、安全地完成建设任务，具体见第 3 章中的流水施工法。运用工程网络计划技术安排进度计划，具体见第 4 章中的网络计划法。

（5）恰当地安排冬雨期施工项目。对于必须进入冬雨期施工的工程，应落实季节性施工措施，以增加全年的施工日数，提高施工的连续性和均衡性。

（6）贯彻多层次结构的技术政策，因时、因地制宜地促进技术进步和建筑工业化的发展。要贯彻工厂预制、现场预制和现场浇筑相结合的方针，选择最恰当的预制装配方案或机械化现场浇筑方案，不能盲目追求装配化程度的提高。

贯彻先进机械、简易机械和改良机具相结合的方针，恰当选择自行装备、租赁机械或机械化分包施工等多方式施工，不能片面强调机械化程度指标的提高。

积极采用新材料、新工艺、新设备与新技术，努力为新结构的推行创造条件。

促进技术进步和发展工业化施工要结合工程特点和现场条件，使技术的先进性、适用性和经济合理性相结合，防止单纯追求先进而忽视经济效益的形式主义做法。

（7）从实际出发，做好人力、物力的综合平衡，组织均衡施工。

（8）尽量利用正式工程、原有或就近已有设施，以减少各种暂设工程；尽量利用当地资源，合理安排运输、装卸与储存作业，减少物资运输量，避免二次搬运；精心进行场地规划布置，节约施工用地，不占或少占农田，防止施工事故，做到文明施工。

（9）实施目标管理。各类施工组织设计的编制都应当实行目标管理原则。标前设计根据招标文件的要求，确定造价、工期、质量、安全、节约、环保等主要目标以参与竞争。签订合同的关键是双方对上述目标取得一致。施工组织总设计的目的是实现合同目标，故以合同目标为准安排项目经理部的控制目标。单体工程施工组织设计在项目总目标的约束下，规划单体工程的目标，并对实施做出具体安排。总之，编制施工组织设计的过程，也就是提出施工项目目标及其实现办法的规划过程。因此，必须遵循目标管理的原则，使目标分解得当，决策科学，实施有道。

5.1.3 标前设计编制

由于标前设计首先是为了编制投标书并参与夺标竞争而设计的，所以应首先熟悉招标文件，明确招标单位的要求，针对投标书要求的内容进行标前设计，从而做出有竞争力的投标决策，使标前设计与投标书一致，按时递标。因此设计的顺序如下：

学习招标文件→施工项目概况→施工项目实施条件分析→确定施工项目管理目标→拟定施工项目组织构架→质量目标和主要施工方案→工期目标和施工总进度计划→施工预算和成本目标规划→施工风险预测和安全目标规划→施工平面图和现场管理规划→投标和签订合同规划→文明施工及环境保护规划。

由于标前设计适应经营的需要，追求中标和承包后的经济效益，因此带有战略性和控制性，应当由企业经营管理层进行编制。既可由投标办公室负责人组织室内人员分工编制；也可由总经济师（或总工程师）负责组织各相关处（科）协调进行编制。

5.1.4 标后设计编制

5.1.4.1 编制责任

标后设计应当由项目经理组织项目经理部的各部门（或职能人员）进行编制。技术部门（人员）负责施工方案的编制。生产计划部门或工程部门（人员）负责施工进度计划和施工平面图的编制。各相关部门（人员）分别负责施工技术组织措施和资源计划中相关内容的编制。项目经理负责协调并使各部门相互创造条件，提供支持。指标的计算和分析也由各相关部门（人员）分别进行。

5.1.4.2 编制程序

编制标后施工组织设计的基本程序：工程概况→施工部署→施工项目管理总体安排→施工方案→施工进度计划→资源供应计划→施工准备工作计划→施工平面图→施工管理措施计划→施工项目风险管理规划→技术经济指标计算与分析。

5.2 工程概况

根据调查所得到的工程项目原始资料、施工图以及施工组织设计文件等，简要阐述工程概况和施工特点，可采用表格化的形式说明工程的主要情况。工程概况的内容通常包括：

5.2.1 工程建设概况

主要介绍拟建工程的建设单位、工程名称、性质、用途和建设目的，资金来源及工程造价，开工、竣工日期，设计单位、施工单位、监理单位、质量监督单位，施工总包、主要分包等基本情况，施工图纸情况，施工合同范围及合同性质，上级有关文件或要求，以及组织施工的指导思想等。

5.2.2 工程建设地点特征

主要介绍拟建工程的位置、地形、工程与水文地质条件、不同深度的土质分析、冻结时间与冻层厚度、地下水位、水质、气温、冬雨期起止时间、主导风向、风力和抗震设防烈度等特征。

5.2.3　建筑、结构设计概况

主要根据施工图纸，结合调查资料，简练地概括工程全貌，综合分析，突出重点问题。对新结构、新材料、新技术、新工艺及施工难点做重点说明。

建筑设计概况主要介绍拟建工程的建筑面积、平面形状和平面组合情况、层数、层高、总高、总长、总宽等尺寸和内外装饰情况等。

结构设计概况主要介绍基础的形式、埋置深度，设备基础的形式，主体结构的类型，墙、柱、梁、板的材料及截面尺寸，混凝土等级、砌体要求，主要工程实物量，预制构件的类型及安装位置，楼梯构造及形式等。

5.2.4　施工条件

主要介绍水、电、道路、场地等的“三通一平”情况，当地的交通运输条件，建筑场地四周环境、材料、构件、加工品的供应来源和加工能力，施工单位的建筑机械和运输工具、劳动力可供本工程项目使用的程度，内部承包形式、施工技术和管理水平，现场临时设施、供水、供电问题的解决。

5.2.5　工程施工特点分析

主要介绍拟建工程的施工特点和施工中的关键问题和主要矛盾，以便突出重点、抓住关键，使施工顺利进行，提高施工单位的经济效益和管理水平。工程概况中还可以附上以下几种图进一步说明：

(1) 周围环境条件图。主要说明周围建筑物与拟建建筑的尺寸关系、标高、周围道路、电源、水源、雨污水管道及走向、围墙位置等；城市市政管网系统工程尤为重要。

(2) 工程平面图。从中可以看到建筑物的尺寸、功用及围护结构等；这也是合理布置施工总平面的一个要素。

(3) 工程结构剖面图。从图中可了解到工程的结构高度、楼层标高、基础高度及底板厚度等；这些是施工的依据。

5.3　施工部署及施工准备

5.3.1　施工部署

5.3.1.1　项目组织机构

对一个工程项目，首先要给予一个组织保障。以项目经理为核心，各种专业人员配备齐全。同时，随着施工企业专业化程度的提高，一项工程参与的分包商越来越多，应明确总分包的合同关系、承包范围，完善项目管理网络，合理配置各职能部门及岗位，建立健全岗位责任制。项目组织机构可以系统图的形式体现，可以表格的形式注明职能配置、人员分工、人名、职称情况及每个人的职责范围。

5.3.1.2　施工部署原则

通过对单位工程的特点及难点的分析，制定出针对单位工程的指导方针，并以指导方针为准则，从时间、空间、工艺、资源等方面围绕单位工程作具体的计划安排。概要说明本工程基础、主体、装饰、安装、附属工程等施工阶段的不同特点及相应的施工部署、工期控制；相关专业在各施工阶段如何协作配合；大型机械进、出场与工程进度的时间关系；处理好与季节性施工的关系。

5.3.1.3 施工总进度计划安排

根据合同及施工的季节、节假日情况，综合人、机械、材料、环境等编制科学合理的总进度计划。如装饰工程的抹灰等湿作业不宜安排在冬期，基础施工不宜安排在雨期等。要建立总进度计划的管理制度，严格控制总进度计划的实施，以月进度保证总进度、周进度保证月进度、日进度保证周进度，并制定出具体的保障进度计划的措施及相应的奖惩条例。

5.3.1.4 施工组织协调

制定有效的施工现场管理制度，做好与各参建单位的协调工作。概要说明本项目部将通过何种方法组织实现本工程的工期、质量、安全、降低成本的目标，协调、管理好参加工程管理和施工的各方。

5.3.2 施工准备

5.3.2.1 技术准备

制定专项施工方案编制计划，试验工作计划，新技术、新工艺、新材料应用计划，样板间施工计划、坐标点的引入等。

5.3.2.2 生产准备

（1）现场临电、临水设计。

（2）施工平面布置图。其包括现场施工条件、各阶段施工时现场平面布置图。应说明施工现场“七通一平”的要求，也应表明现场临时建筑物、围墙、机械、搅拌站、工棚及仓库等的布置，以及施工临时用电、临时用水的布置方案。

（3）有关证件的办理、施工扰民问题的解决措施。

（4）原材料订货计划，成品及半成品的进场计划。

（5）机械、设备进场计划。概要说明工程使用的大型设备及业主、分供方提供的设备的进场时间、运输方法与三大分部工程施工形象部位的关系。

（6）主要项目工程量和主要劳动力计划。

5.4 施工方案

单位工程施工方案设计是施工组织设计的核心问题。施工方案选择恰当与否，将直接影响单位工程的施工效率、进度安排、施工质量、施工安全、工期长短。因此，必须在若干个初步方案的基础上进行认真分析比较，力求选择一个最经济、最合理的施工方案。

选择施工方案是在对工程概况和施工特点分析的基础上进行的，一般包括确定施工程序和顺序，施工起点流向，合理选择主要分部分项工程的施工方法和施工机械；制定主要技术组织措施等。

5.4.1 确定施工程序

施工程序是指单位工程中各分部工程或施工阶段的先后次序及其制约关系。工程施工受到自然条件和物质条件的制约，它在不同施工阶段的不同的工作内容按照其固有的、不可违背的先后次序循序渐进地向前开展，它们之间有着不可分割的联系，既不能相互代替，也不允许颠倒或跨越。一般来说，安排合理的施工程序应考虑以下几点。

5.4.1.1 先地下后地上

先地下后地上指的是在地上工程开始之前，把管道、线路等地下设施、土方工程和基础工程全部完成或基本完成。坚固耐用的建筑需要有一个坚实的基础，从工艺的角度考虑，也必须先地下后地上，地下工程施工时应做到先深后浅，这样可以避免对地上部分施工产生干扰，从而带来施工不便，造成浪费，影响工程质量。

5.4.1.2 先主体后围护

先主体后围护指的是框架结构建筑和装配式单层工业厂房施工中，先进行主体结构施工，后完成围护工程。同时，框架主体结构与围护工程在总的施工顺序上要合理搭接，一般来说，多层建筑以少搭接为宜，而高层建筑则应尽量搭接施工，以缩短施工工期；而装配式单层工业厂房主体结构与围护工程一般不搭接。

5.4.1.3 先结构后装饰

先结构后装饰是对一般情况而言，有时为了缩短施工工期，也可以有部分合理的搭接。另外，随着新的结构体系的涌现和建筑工业化的提高，某些构件就是结构与装饰同时在工厂里完成的，如大板结构的各种板。

5.4.1.4 先土建后设备

先土建后设备指的是无论是民用建筑还是工业建筑，一般来说，土建施工应先于水、暖、煤、卫、电等建筑设备的施工。但它们之间更多的是穿插配合关系，尤其在装修阶段，要从保证施工质量、降低成本的角度，处理好相互之间的关系。

5.4.1.5 交工验收

单位工程施工完成以后，施工单位应内部预先验收，严格检查工程质量，整理各项技术经济资料。然后经建设单位、监理单位、施工单位和质检站交工验收，经检查合格后，双方办理交工验收手续及有关事宜。

5.4.2 划分施工过程和计算工程量

5.4.2.1 划分施工过程

任何一个建筑物的建造过程都是由许多施工过程组成的。

在施工进度计划表内，需要填入所有施工过程名称。而水电工程和设备安装工程通常是由专业性施工单位负责施工的。因此，在一般土建施工单位的施工进度计划中，只要反映出这些工程和一般土建工程如何配合即可。而专业性施工单位则应当根据单位工程施工进度计划的总工期以及如何与一般土建工程取得配合，另行编制专业工程的施工进度计划。

劳动量大的施工过程，都要一一列出。那些不重要的、劳动量很小的施工过程，可以合并起来列为“其他”一项（在进度计划中按总劳动量的百分率计）。

所有的施工过程应按计划的施工先后顺序排列。

在划分施工过程时，要注意以下几个问题。第一，施工过程划分的粗细程度；分项越细，项目越多。例如，砌筑砖墙施工过程，可以作为一个施工过程，也可以划分为四个施工过程（砌第一、二、三施工层墙，安装楼板）或六个施工过程（砌第一施工层的墙、安装供第二个施工层用的脚手架、砌第二施工层的墙、安装供第三施工层用的脚手架、砌第三施工层的墙、安装楼板）。第二，施工过程的划分要结合具体的施工方法。例如，装配式钢筋混凝土结构的安装，如果是采用分件安装法，则施工过程应当按照构件（柱、基础梁、吊车梁、屋架和屋面板）来划分。如果是采用综合安装法，则施工过程应当按照单元（节间）来划分。第三，凡是在同一时间内由同一工作队进行的施工过程可以合并在一起，否则就应当分列。例如，钢筋混凝土楼板的施工，可以划分为钢筋混凝土楼板模板的支设、楼板钢筋的绑扎和浇筑混凝土三个施工过程，因为这些工程是在不同的时期内由不同的工作队来进行的，所以这三个施工过程应分别列出。

5.4.2.2 计算工程量

在编制单位工程施工进度计划时，应当根据施工图和建筑工程预算工程量计算规则来计算工程量。当没有施工图时，可以根据技术设计图纸计算。设计和预算文件中有时列有主要工种的工程量，这就给编制施工组织设计带来了很大的方便。如果工程量没有列出，必须另行计算时，可以利用技术设计图纸和各种结构、零件的标准设计图集以及各种手册资料进行计算。

在计算工程量时，应当注意结合施工方法和安保技术的要求。例如，工业厂房柱基的挖土工作，由于土壤的级别和基础面积以及埋置深度的不同，通常可以采用三种方法施工，即①在每个柱基下挖一单独基坑；②当基础面积较大时，如果挖成单独基坑，则基础间的间隔很小，会造成施工上的困难，不如挖一条基槽施工较为方便和经济；③当车间的跨度和柱距较小或跨中有设备基础时，有时就采用大揭盖的施工方法，它比挖两条基槽施工更为方便和经济。根据上述三种施工方法，它们计算出来的土方工程量是不相同的，因此在施工设计中，应当根据选定的施工方案计算工程量。

工程量的计算应和施工定额的计算单位相符合，以免换算。为了便于计算和复核，工程量的计算应当按照一定的顺序和格式进行。

5.4.3 确定施工起点流向

施工起点流向确定就是确定单位工程在平面和竖向上施工开始的部位和开展的方向。对单层建筑物应分区分段地确定平面上的施工流向；对多层建筑物除确定每一平面上的流向外，还须确定竖向的流向。施工流向涉及一系列施工活动的展开和进程，是组织施工的重要环节。

施工方案的选择

确定单位工程施工起点流向时，应考虑以下因素。

5.4.3.1 满足用户使用上的需要

要考虑用户对生产和使用要求急的工段或部位先施工。

5.4.3.2 施工方法是确定施工流程的关键因素

如一幢建筑物要用逆作业法施工地下两层结构，它的施工流程可作如下表达：测量定位放线→进行地下连续墙施工→进行钻孔灌注桩施工→±0.000 标高结构层施工→地下两层结构施工，同时进行地上一层结构施工→底板施工并做各层柱，完成地下室施工→完成上部结构。

若采用顺作业法施工地下两层结构，其施工流程为测量定位放线→底板施工→换拆第二道支撑→地下两层施工→换拆第一道支撑→±0.000 顶板施工→上部结构施工（先做主楼以保证工期，后做裙房）。

5.4.3.3　生产性房屋应首先注意生产工艺流程

这往往是确定施工流向的关键因素。一般来说，主要车间或制约其他车间及工程的应先施工。如B车间的产品受A车间生产的制约，A车间分三个施工段。而Ⅱ、Ⅲ段的施工受Ⅰ段的约束，故其施工流向应从A车间Ⅰ段开始，如图5-1所示。

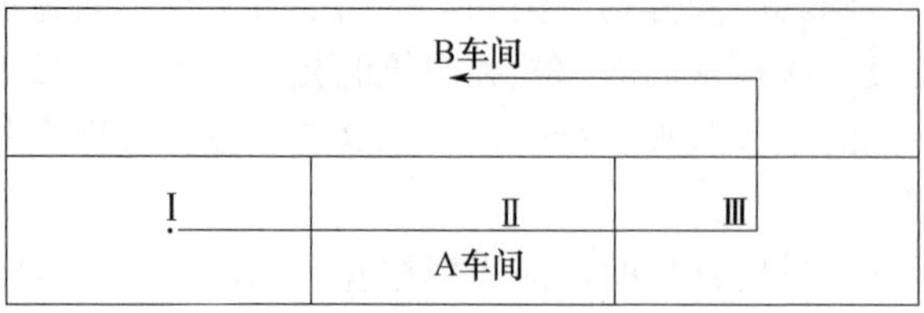

图5-1　施工起点流向示意图

5.4.3.4　单位工程中技术复杂而且对工期有影响的关键部位

一般对工程量大、技术复杂、工程进度慢、工期长的工段或部位先施工。

5.4.3.5　施工现场条件和施工方案

施工场地的大小，道路的布置和施工方案的不同，是确定施工起点流向的主要因素。如土方工程边开挖边余土外运，则施工起点应确定在离道路远的部位和由远及近的开挖方向。

5.4.3.6　施工技术和施工组织的要求

（1）施工组织的分层分段。划分施工层、施工段的部位，如伸缩缝、沉降缝、施工缝，也是决定其施工流程应考虑的因素。

当基础埋深不一致时，应按先深后浅的顺序施工；当有高低层或高低跨并列时，应先从并列处开始施工；对装配式房屋，结构安装与构件运输不能相互抵触等。

（2）分部工程或施工阶段的特点及其相互关系。如基础工程由施工机械和方法决定其平面的施工流程；主体结构工程从平面上看，从哪一边先开始都可以，但竖向一般应自下而上施工；装饰工程竖向的流程比较复杂，室外装饰一般采用自上而下的流程，室内装饰则有自上而下、自下而上及自中而下再自上而中三种流程。密切相关的分部工程或施工阶段，一旦前面施工过程的流程确定了，则后续施工过程也便随之而定了，如单层工业厂房的土方工程的流程决定了柱基础施工过程和某些构件预制、吊装施工过程的流程。现针对室内装饰工程的施工流向进行如下分析。

①室内装饰工程自上而下的流水施工方案是指主体结构工程封顶，做好屋面防水层以后，从顶层开始，逐层向下进行。其施工流程如图5-2所示的水平向下和垂直向下的两种情况，施工中一般采用图5-2（a）所示水平向下的方式较多。这种方案的优点是主体结构完成后有一定的沉降时间，能保证装饰工程的质量；做好屋面防水层后，可防止在雨期施工时因雨水渗漏而影响装饰工程质量；其次，自上而下的流水施工，各施工过

程之间交叉作业少，影响小，便于组织施工，有利于保证施工安全，从上而下清理垃圾方便。其缺点是不能与主体施工搭接，因而工期较长。

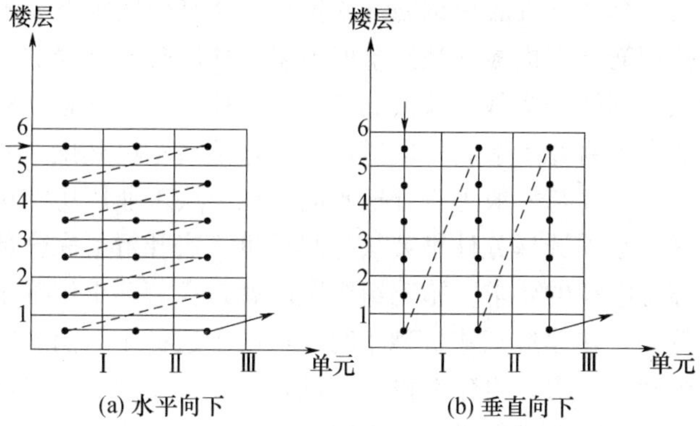

图 5-2　室内装饰工程自上而下的流程

②室内装饰工程自下而上的流水施工方案是指主体结构工程施工完第三层楼板后，室内装饰从第一层插入，逐层向上进行。其施工流程如图 5-3 所示的水平向上和垂直向上两种情况。这种方案的优点是可以和主体砌筑工程进行交叉施工，故可以缩短工期。其缺点是各施工过程之间交叉多，需要很好地组织和安排，并采取安全技术措施。

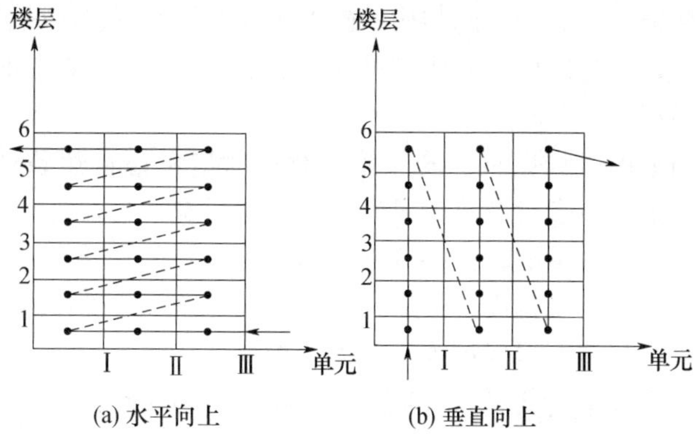

图 5-3　室内装饰工程自下而上的流程

③室内装饰工程自中而下再自上而中的流水施工方案，综合了前两者的优缺点，一般适用于高层建筑的室内装饰工程施工。

5.4.4　确定施工顺序

施工顺序是指分部分项工程施工的先后次序。确定施工顺序是为了按照客观规律组织施工，解决工程之间在时间上的搭接问题。在保证质量和安全的前提下，以期做到充分利用空间，争取时间，实现缩短工期的目的。确定施工顺序时，应遵循以下原则：

（1）必须遵守施工工艺的要求。各种施工过程之间客观存在的工艺顺序关系，随着房屋的结构和构造的相异而不同。在确定施工顺序时，必须服从这种关系。例如，土方工程完成后，才能进行基础施工；钢筋混凝土结构必须在支模、绑扎钢筋工作完成后，才能浇筑混凝土。

(2) 必须考虑施工方法和施工机械的要求。例如，基础工程中的钢筋混凝土箱形基础采取基坑开挖的施工顺序：挖基础基坑土方→支模板→浇基础垫层混凝土→养护→铺贴基础底板下防水层→绑扎基础底板钢筋→支模板、浇基础底板混凝土→养护→拆模→绑扎侧壁剪力墙、柱钢筋→支模板→浇侧壁剪力墙、柱混凝土→养护→拆模→支基础顶板模板→绑扎基础顶板钢筋→浇基础顶板混凝土→养护→拆模→施工外侧壁外防水层和保护层→回填土。北京王府井大饭店采用逆作业法，不需基坑开挖，而是采取地下连续墙施工基础，施工工艺顺序与一般土方开挖不同。在单层工业厂房结构吊装设计中，如采用自行式起重机械，必须选择分件吊装法，起重机三次开行吊完全部结构件。

(3) 必须考虑施工组织的要求。施工组织顺序就是在劳动组织确定的条件下，同一工作开展的顺序。例如，在建造某些重型车间时，由于这种车间内通常都有较大、较深的设备基础，如果先建造厂房，再建造设备基础，在设备基础挖土时可能破坏厂房的柱基础，在这种情况下，必须先进行设备基础的施工，然后进行厂房柱基础的施工；或者两者同时进行。

(4) 必须考虑施工质量的要求。在安排施工顺序时应以确保工程质量为前提，不能为了加快施工进度而采取影响施工质量的施工顺序。为了加快施工进度，必须有相应的保证工程质量的措施。为了加快施工进度，尽早进行装修工程，装修工程可以在结构封顶之前进行。如高层建筑主体结构进行几层后，可以对这部分先进行结构验收，然后进行自下而上的室内装饰。然而，上部结构的施工用水会影响下面的装修工程，因此必须采取严格的防水措施，并对装修后的成品采取保护措施；否则装饰工程应在结构封顶并做完屋面防水后再进行。

(5) 必须考虑当地的气候条件。安排施工顺序时应考虑自然条件对施工顺序的影响。南方地区应多考虑夏期多雨及热带风暴对施工的影响，北方地区应多考虑寒冷天气对施工的影响。受自然条件影响较大的分部分项工程，如土方工程、防水工程、装饰工程中的湿作业部分，要尽量安排在冬季来临之前完成；而一些受自然条件影响较小的项目要尽可能给上述项目让路，以保持施工的连续均衡。

(6) 必须考虑安全技术的要求。合理的施工顺序，必须使各施工过程的搭接不致于引起安全事故。对于多层、高层建筑工程施工，不宜进行垂直交叉作业。当不可避免地进行交叉作业时，应有严格的安全防护措施。

现将多层砖混结构居住房屋、多层全现浇钢筋混凝土框架结构房屋和装配式钢筋混凝土单层工业厂房的施工顺序分别叙述如下。

5.4.4.1 多层混合结构居住房屋的施工顺序

多层混合结构居住房屋的施工，一般可划分为基础工程、主体结构工程、屋面及装饰工程三个施工阶段。图 5-4 即为混合结构五层居住房屋施工顺序示意图。

1. 基础工程的施工顺序

基础工程施工阶段是指室内地坪（±0.000）以下的所有工程施工阶段。其施工顺序一般是挖土→垫层→基础→铺设防潮层→回填土。如果有地下障碍物、坟穴、防空洞、软弱地基等问题，需先进行处理；如有桩基础，应先进行桩基础施工；如有地下室，则应在基础完成后或完成一部分后施工地下室墙，在做完防潮层后施工地下室顶板，最后回填土。

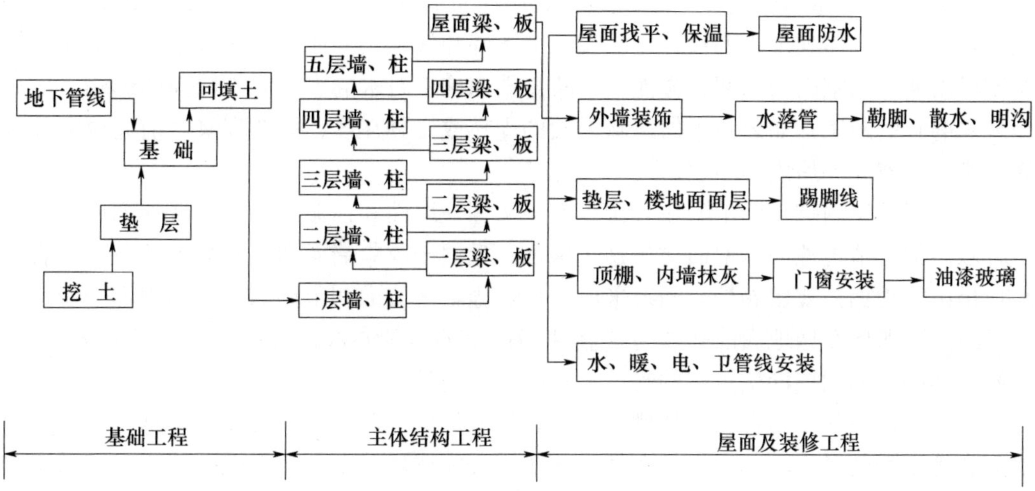

图 5-4 混合结构居住房屋施工顺序示意图

需注意的是，挖基槽（坑）和做垫层的施工搭接要紧凑，时间间隔不宜过长，以防雨后基槽（坑）内灌水，影响地基的承载力。垫层施工后要留有一定的技术间歇时间，使其具有一定强度后，再进行下一道工序。各种管沟的挖土、做管沟垫层、砌管沟墙、管道敷设等应尽可能与基础工程施工配合，平行搭接进行。回填土根据施工工艺的要求，可以在结构工程完工以后进行，也可在上部结构开始以前完成，施工中采用后者的较多，这样，一方面可以避免基槽遭雨水或施工用水浸泡，另一方面可以为后续工程创造良好的工作条件，提高生产效率。回填土原则上是一次分层夯填完毕。对零标高以下室内回填土（房心土），最好与基槽（坑）回填土同时进行，但要注意水、暖、电、卫、煤气管道沟的回填标高，如不能同时回填，也可在装饰工程之前，与主体结构施工同时交叉进行。

2. 主体结构工程的施工顺序

主体结构工程施工阶段的工作内容较多，有搭设脚手架、砌筑墙体以及浇筑圈梁、构造柱、梁、楼板、楼梯、阳台、雨篷等施工过程。主体结构的钢筋混凝土部分按现行规范规定应为现浇结构，其施工顺序应为立构造柱筋→砌墙→安柱模→浇筑混凝土→安梁、板、梯模板→安梁、板、梯钢筋→浇梁、板、梯混凝土。在主体结构施工阶段，砌墙与现浇楼板是主导施工过程，要注意这两者在流水施工中的连续性，避免不必要的窝工现象发生。

3. 屋面及装饰工程的施工顺序

这个阶段具有施工内容多、劳动消耗量大、手工操作多、需要时间长等特点。

屋面工程的施工，应根据屋面的设计要求逐层进行。柔性屋面的施工顺序为找坡、隔气层→保温层→找平层→冷底子油结合层→卷材防水层→保护隔热层；刚性屋面的施工顺序为找平层→保温层→找平层→刚性防水层→隔热层，其中细石混凝土防水层、分仓缝施工应在主体结构完成后尽快完成，为顺利进行室内装修创造条件。

装饰工程可分为室内装饰（顶棚、墙面、楼地面、楼梯等抹灰，门窗扇安装，门窗油漆、安玻璃，油墙裙，做踢脚线等）和室外装饰（外墙抹灰、勒脚、散水、台阶、明沟、落水管等）。室内外装饰工程的施工顺序通常有先内后外、先外后内、内外同时进行三种顺序，具体确定为哪种顺序应视施工条件和气候条件而定。通常室外装饰应避开冬期或雨期；当室内为水磨石楼面，为防止楼面施工时水的渗漏对外墙面的影响，应先完成水磨石的施工；如果为了加速脚手架的周转或要赶在冬、雨期到来之前完成室外装修，则应采取先外后内的顺序。

同一层的室内抹灰施工顺序有楼地面→顶棚→墙面和顶棚→墙面→楼地面两种。前一种顺序便于清理地面，地面质量易于保证，且便于收集墙面和顶棚的落地灰，节省材料，但由于地面需要留养护时间及采取保护措施，使墙面和顶棚抹灰时间推迟，影响工期。后一种顺序在做地面前必须将顶棚和墙面上的落地灰和渣滓扫清洗净后再做面层，否则会影响楼面面层同楼板间的黏结，引起地面起鼓。

底层地面一般多是在各层顶棚、墙面、楼面做好之后进行。楼梯间和踏步抹面，由于其在施工期间易损坏，通常是在其他抹灰工程完成后，自上而下统一施工。门窗扇安装可在抹灰之前或之后进行，视气候和施工条件而定。例如，室内装饰工程若是在冬期施工，为防止抹灰层冻结和加速干燥，门窗扇和玻璃均应在抹灰前安装完毕。门窗玻璃安装一般在门窗扇油漆之后进行。

室外装饰工程总是采取自上而下的流水施工方案。在自上而下每层装饰、水落管安装等分项工程全部完成后，即可拆除该层的脚手架，然后进行散水及台阶的施工。

4. 水、暖、电、卫等工程的施工顺序

水、暖、电、卫等工程不同于土建工程，可以分成几个明显的施工阶段，它一般与土建工程中有关的分部分项工程进行交叉施工，紧密配合。

（1）在基础工程施工时，先将相应的管道沟的垫层、地沟墙做好，然后回填土。

（2）在主体结构施工时，应在砌砖墙和现浇钢筋混凝土楼板的同时，预留出上下水管和暖气立管的孔洞、电线孔槽或预埋木砖和其他预埋件。

（3）在装饰工程施工前，安设相应的各种管道和电气照明用的附墙暗管、接线盒等。水、暖、电、卫安装一般在楼地面和墙面抹灰前或后穿插施工。若电线采用明线，则应在室内粉刷后进行。

室外外网工程的施工可以安排在土建工程施工之前或与土建工程施工同时进行。

5.4.4.2 多层全现浇钢筋混凝土框架结构房屋的施工顺序

钢筋混凝土框架结构多用于多层民用房屋和工业厂房，也常用于高层建筑。这种房屋的施工，一般可划分为基础工程、主体结构工程、围护工程和装饰工程四个施工阶段。图 5-5 即为多层现浇钢筋混凝土框架结构房屋施工顺序示意图。

1. 基础工程施工顺序

多层全现浇钢筋混凝土框架结构房屋的基础工程一般可分为有地下室和无地下室基础工程。若有地下室一层，且房屋建造在软土地基时，基础工程的施工顺序一般为桩基→围护结构→土方开挖→垫层→地下室底板→地下室墙、柱（防水处理）→地下室顶板→回填。若无地下室，且房屋建造在土质较好的地区时，基础工程的施工顺序一般为挖土→垫层→基础（扎筋、支模、浇混凝土、养护、拆模）→回填。

在多层框架结构房屋基础工程施工之前，和混合结构居住房屋一样，也要先处理好基础下部的松软土、洞穴等，然后分段进行平面流水施工。施工时，应根据当地的气候

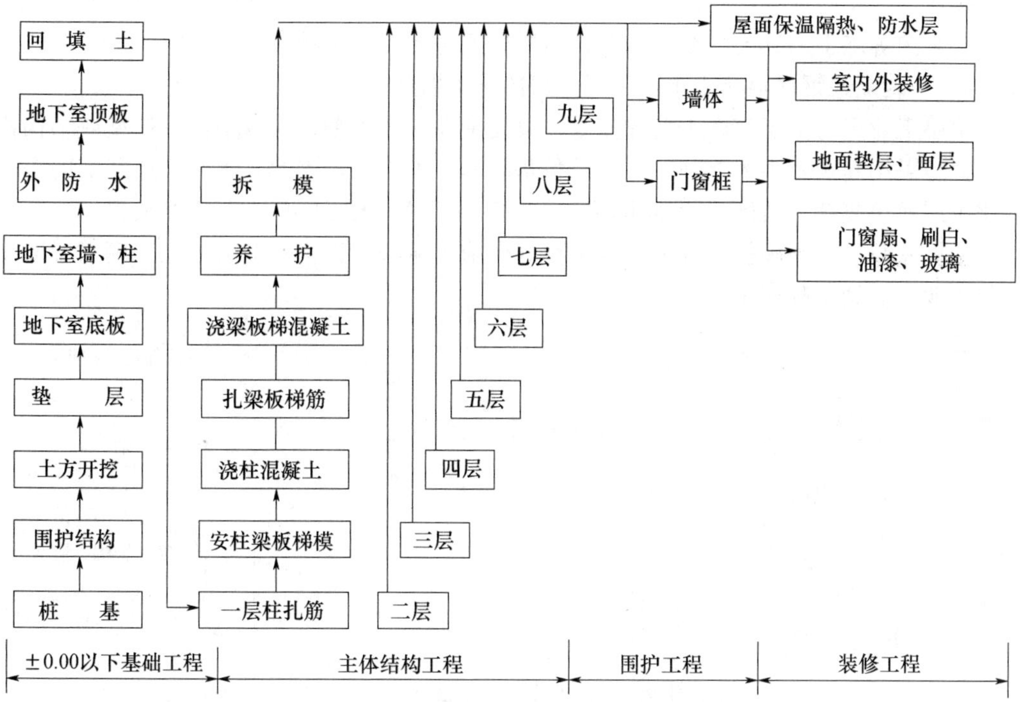

图 5-5 多层现浇钢筋混凝土框架结构房屋施工顺序示意图

（地下室一层、桩基础）

注：主体二～九层的施工顺序同一层

条件，加强对垫层和基础混凝土的养护，在基础混凝土达到拆模要求时及时拆模，并提早回填土，从而为上部结构施工创造条件。

2. 主体结构工程的施工顺序（假定采用木模板）

主体结构工程即全现浇钢筋混凝土框架的施工顺序为绑柱钢筋→安柱模板→浇柱混凝土→安梁、板模板→绑扎梁、板钢筋→浇梁、板混凝土。柱、梁、板的支模、绑筋、浇混凝土等工程量大，耗用的劳动力和材料多，而且对工程质量和工期也起着决定性作用。故需把多层框架在竖向上分成层，在平面上分成段，即分成若干个施工段，组织平面上和竖向上的流水施工。

3. 围护工程的施工顺序

围护工程的施工包括墙体工程、安装门窗框和屋面工程。墙体工程包括砌筑用的脚手架的搭拆，内、外墙砌筑等分项工程。不同的分项工程之间可组织平行、搭接、立体交叉流水施工。屋面工程、墙体工程应密切配合，如在主体结构工程结束之后，先进行屋面保温层、找平层施工，待外墙砌筑到顶后，再进行屋面防水层的施工。脚手架应配合砌筑工程搭设，在室外装饰之后、做散水坡之前拆除。内墙的砌筑则应根据内墙的基础形式而定，有的需在地面工程完成后进行，有的则可在地面工程之前与外墙同时进行。

屋面工程的施工顺序与混合结构居住房屋屋面工程的施工顺序相同。

4. 装饰工程的施工顺序

装饰工程的施工分为室内装饰和室外装饰。室内装饰包括顶棚、墙面、楼地面、楼梯等抹灰，门窗扇安装，门窗油漆，安玻璃等；室外装饰包括外墙抹灰、勒脚、散水、台阶、明沟等施工。其施工顺序与混合结构居住房屋的施工顺序基本相同。

5.4.4.3 装配式钢筋混凝土单层工业厂房的施工顺序

单层工业厂房由于生产工艺的需要，故无论在厂房类型、建筑平面、造型或结构构造上都与民用建筑有很大差别，具有设备基础和各种管网，因此，单层工业厂房的施工要比民用建筑复杂。装配式钢筋混凝土单层工业厂房的施工可分为基础工程、预制工程、结构安装工程、围护工程和装饰工程五个施工阶段。图 5-6 即为装配式钢筋混凝土单层工业厂房施工顺序示意图。

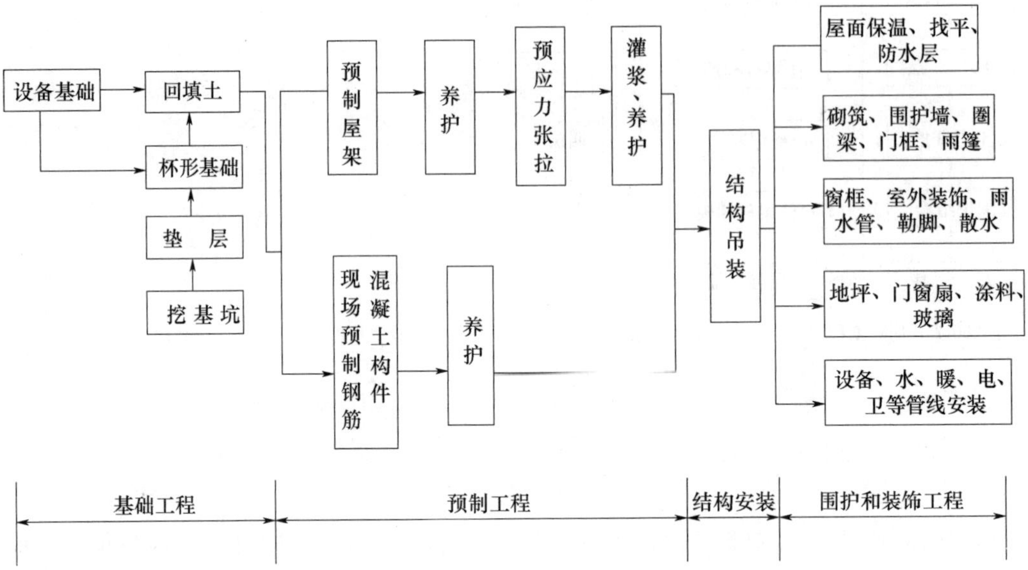

图 5-6 装配式钢筋混凝土单层工业厂房施工顺序示意图

1. 基础工程的施工顺序

单层工业厂房的柱基础一般为现浇钢筋混凝土杯形基础，宜采用平面流水施工。它的施工顺序与现浇钢筋混凝土框架结构的独立基础施工顺序相同。

对于厂房的设备基础，由于与其厂房柱基础施工顺序的不同，因此常常会影响主体结构的安装方法和设备安装投入的时间。因此，需根据具体情况决定其施工顺序。通常有以下两种方案：

(1) 当厂房柱基础的埋置深度大于设备基础的埋置深度时，则采用“封闭式”施工，即厂房柱基础先施工，设备基础后施工。

一般来说，当厂房施工处于冬期或雨期施工时，或设备基础不大，在厂房结构安装后对厂房结构的稳定性并无影响时，或对于较大、较深的设备基础采用了特殊的施工方法（如沉井）时，可采用“封闭式”施工。

(2) 当设备基础埋置深度大于厂房柱基础的埋置深度时，通常采用“开敞式”施工，即设备基础与厂房柱基础同时施工。

如果设备基础与厂房柱基础埋置深度相同或接近时，那么两种施工顺序均可随意选择。只有当设备基础较大、较深，其基坑的挖土范围已经与厂房柱基础的基坑挖土范围连成一片或深于厂房柱基础，以及厂房柱基础所在地土质不佳时，方采用“开敞式”施工。

在单层工业厂房基础工程施工之前，和民用房屋一样，也要先处理好基础下部的松软土、洞穴等，然后分段进行平面流水施工。施工时，应根据当时的气候条件，加强对钢筋混凝土垫层和基础的养护，在基础混凝土达到拆模要求时及时拆模，并提早回填土，从而为现场预制工程创造条件。

2. 预制工程的施工顺序

单层工业厂房结构构件的预制方式，一般可采用加工厂预制和现场预制相结合的方法。在具体确定预制方案时，应结合构件技术特征、当地加工厂的生产能力、工程的工期要求、现场施工及运输条件等因素，经过技术经济分析之后确定。通常，对于尺寸大、自重大的大型构件，因运输困难而带来较多问题，所以多采用在拟建厂房内部就地预制，如柱、托架梁、屋架、鱼腹式预应力吊车梁等；对于种类及规格繁多的异型构件，可在拟建厂房外部集中预制，如门窗过梁等；对于数量较多的中小型构件，可在加工厂预制，如大型屋面板等标准构件、木制品及钢结构构件等。加工厂生产的预制构件应随着厂房结构安装工程的进展陆续运往现场，以便安装。

单层工业厂房钢筋混凝土预制构件现场预制的施工顺序为场地平整夯实→支模→扎筋（有时先扎筋后支模）预留孔道→浇筑混凝土→养护→拆模→张拉预应力钢筋→锚固→灌浆。

现场内部就地预制的构件，一般来说，只要基础回填土、场地平整完成一部分以后就可以开始制作。但构件在平面上的布置、制作的流向和先后次序，主要取决于构件的安装方法、所选择起重机性能及构件的制作方法。制作的流向应与基础工程的施工流向一致，这样既能使构件早日开始制作，又能及早让出工作面，为结构安装工程提早开始创造条件。

（1）当预制构件采用分件安装方法时，预制构件的施工有三种方案：

一是若场地狭窄而工期又允许时，不同类型的构件可分别进行制作，首先制作柱和吊车梁，待柱和吊车梁安装完毕再进行屋架制作；

二是若场地宽敞时，可以依次安排柱、梁及屋架的连续制作；

三是若场地狭窄而工期要求又紧迫，可首先将柱和梁等构件在拟建厂房内部就地制作，接着或同时将屋架在拟建厂房外部进行制作。

（2）当预制构件采用综合安装方法时，由于是分节间安装各种类型的构件，因此，构件需一次制作。这样使构件的平面布置等问题上，要比分件安装法困难得多，需视场地的具体情况确定出构件是全部在拟建厂房内就地预制，还是一部分在拟建厂房外预制。

3. 结构安装工程的施工顺序

结构安装工程的施工顺序取决于安装方法。当采用分件安装方法时，一般起重机分三次开行才能安装完全部构件，其安装顺序是第一次开行安装全部柱子，并对柱子进行校正与最后固定；待杯口内的混凝土强度达到设计强度的70%后，起重机第二次开行安装吊车梁、连系梁和基础梁；第三次开行安装屋盖系统。当采用综合吊装方法时，其安装顺序是先安装第一节间的四根柱，迅速校正并灌浆固定，接着安装吊车梁、连系梁、基础梁及屋盖系统，如此依次逐个节间地进行所有构件安装，直至整个厂房全部安装完毕。抗风柱的安装顺序一般有两种：一是在安装柱的同时，先安装该跨一端的抗风柱，另一端的抗风柱则在屋盖系统安装完毕后进行；二是全部抗风柱的安装均待屋盖系统安装完毕后进行。

结构安装工程是装配式单层工业厂房的主导施工阶段，应单独编制结构安装工程的施工作业设计。其中，结构吊装的流向通常应与预制构件制作的流向一致。当厂房为多跨且有高低跨时，构件安装应从高低跨柱列开始，先安装高跨，后安装低跨，以适应安装工艺的要求。

4. 围护结构工程的施工顺序

单层工业厂房的围护结构工程的内容和施工顺序与现浇钢筋混凝土框架结构房屋的基本相同。

5. 装饰工程的施工顺序

装饰工程的施工分为室内装饰和室外装饰。室内装饰包括地面的平整、垫层、面层，门窗扇和玻璃安装，以及油漆、刷白等分项工程；室外装饰包括勾缝、抹灰、勒脚、散水坡等分项工程。

一般单层工业厂房的装饰工程施工是不占总工期的，常与其他施工过程穿插进行。如地面工程应在设备基础、墙体工程完成了地下部分和转入地下的管道及电缆、管道沟完成之后进行，或视具体情况穿插进行；钢门窗的安装一般与砌筑工程穿插进行，或在砌筑工程完成之后进行；门窗油漆可在内墙刷白后进行，或与设备安装同时进行；刷白应在墙面干燥和大型屋面板灌缝后进行，并在油漆开始前结束。

6. 水、暖、电、卫等工程的施工顺序

水、暖、电、卫等工程与混合结构居住房屋水、暖、电、卫等工程的施工顺序基本相同，但应注意空调设备安装工程的安排。生产设备的安装，一般由专业公司承担，由于其专业性强、技术要求高，应遵照有关专业的生产顺序进行。

上面所述三种类型房屋的施工顺序，仅适用于一般情况。建筑施工既是一个复杂的过程，又是一个发展的过程。建筑结构、现场条件、施工环境不同，均会对施工顺序的安排产生不同的影响，科学技术的进步也将促使人们不断更新这方面的思维观念，因此，对于每一个单位工程，必须根据其施工特点和具体情况，合理地确定施工顺序，以期达到时间和空间的充分利用。

5.4.5　选择施工方法和施工机械

资源需要量计划

选择施工方法和施工机械是施工方案中的关键问题，它直接影响施工进度、质量、安全及工程成本。因此，编制施工组织设计时，必须根据建筑结构特点、抗震要求、工程量大小、工期长短、资源供应情况、施工单位的技术装备水平和管理水平、施工现场情况和周围环境等因素，制订出可行方案，并进行技术经济分析比较，确定出最优方案。

5.4.5.1　选择施工方法

选择施工方法时，应重点考虑影响整个单位工程施工的分部分项工程的施工方法。主要是选择工程量大且在单位工程中占有重要地位的分部分项工程、施工技术复杂或采用新技术、新工艺及对工程质量起关键作用的分部分项工程、不熟悉的特殊结构工程或由专业施工单位施工的特殊专业工程的施工方法，要求详细而具体，必要时应编制单独的分部分项工程的施工作业设计，提出质量要求及达到这些质量要求的技术措施，指出可能发生的问题并提出预防措施和必要的安全措施。而对于按照常规做法和工人熟悉的分项工程，则不必详细拟订，只提出应注意的一些问题即可。

施工方法选择的内容如下：

1. 土方工程

（1）竖向整平、地下室、基坑、基槽的挖土方法，工作面宽度、放坡要求、土壁支撑方式，所需人工、机械的型号及数量。

（2）余土外运方法，所需机械的型号及数量。

（3）地下、地表水的排水方法，排水沟、集水井、井点的布置，所需设备的型号及数量。

2. 钢筋混凝土工程

（1）模板工程：模板的类型和支模方法是根据不同的结构类型、现场条件确定现浇和预制用的各种类型模板（如工具式钢模、木模，翻转模板，土、砖、混凝土胎模，钢丝网水泥、竹、纤维板模板等）及各种支承方法（如钢、木立柱、桁架、钢制托具等），并分别列出采用的项目、部位和数量及隔离剂的选用。

（2）钢筋工程：明确构件厂与现场加工的范围；钢筋调直、切断、弯曲、成型、焊接方法；钢筋运输及安装方法；钢筋工程所需机械设备的型号和数量。

（3）混凝土工程：搅拌与供应（集中或分散）输送方法；砂石筛选、计量、上料方法；拌和料、外加剂的选用及掺量；搅拌、运输设备的型号及数量；浇筑顺序的安排，工作班次，分层浇筑厚度，振捣方法；施工缝的留置位置与处理；养护制度。

3. 结构安装工程

（1）构件尺寸、自重、安装高度。

（2）选用吊装机械型号及吊装方法，塔吊回转半径的要求，吊装机械的位置或开行路线。

（3）吊装顺序，运输、装卸、堆放方法，所需设备型号及数量。

（4）吊装运输对道路的要求。

4. 垂直及水平运输

（1）标准层垂直运输量计算表。

（2）垂直运输方式的选择及其型号、数量、布置、服务范围、穿插班次。

（3）水平运输方式及设备的型号及数量。

（4）地面及楼面水平运输设备的行驶路线。

5. 装饰工程

（1）室内外装饰抹灰工艺的确定。

（2）施工工艺流程与流水施工的安排。

（3）装饰材料的场内运输，减少临时搬运的措施。

6. 特殊项目

（1）对四新（新结构、新工艺、新材料、新技术）项目，高耸、大跨、重型构件，水下、深基础、软弱地基，冬期施工等项目均应单独编制，单独编制的内容包括工程平剖示意图、工程量、施工方法、工艺流程、劳动组织、施工进度、技术要求与质量、安全措施、材料、构件及机具设备需要量。

（2）对大型土方、打桩、构件吊装等项目，无论内、外分包均应由分包单位提出单项施工方法与技术组织措施。

5.4.5.2 选择施工机械

选择施工方法必须涉及施工机械的选择问题。机械化施工是改变建筑工业生产落后面貌、实现建筑工业化的基础。因此，施工机械的选择是施工方法选择的中心环节。选择施工机械时应着重考虑以下几方面：

（1）选择施工机械时，应首先根据工程特点，选择适宜主导工程的施工机械。如在选择装配式单层工业厂房结构安装用的起重机类型时：当工程量较大且集中时，可以采用生产效率较高的塔式起重机；但当工程量较小或工程量虽大却相当分散时，则采用无轨自行式起重机较为经济。在选择起重机型号时，应使起重机在起重臂外伸长度一定的条件下，能适应起重量及安装高度的要求。

（2）各种辅助机械或运输工具应与主导机械的生产能力协调配套，以充分发挥主导机械的效率。如土方工程施工中采用汽车运土时，汽车的载重量应为挖土机斗容量的整数倍，汽车的数量应保证挖土机连续工作。

（3）在同一工地上，应力求建筑机械的种类和型号尽可能少一些，以利于机械管理和降低成本；尽量使机械少而配件多，一机多能，提高机械使用效率。

（4）施工机械的选择还应考虑充分发挥施工单位现有机械的能力。当本单位的机械能力不能满足工程需要时，则应购置或租赁所需的新型机械或多用途机械。

5.4.6 制定技术组织措施

技术组织措施是指在技术和组织方面对保证工程质量、安全、节约和文明施工所采用的方法。制定这些方法是施工组织设计编制者带有创造性的工作。

5.4.6.1 保证工程质量措施

保证工程质量的关键是对工程中经常发生质量通病的工序制订防治措施，可以按照各主要分部分项工程提出的质量要求，也可以按照各工种工程提出的质量要求。保证工程质量的措施可以从以下各方面考虑：

（1）确保拟建工程定位、放线、轴线尺寸、标高测量等准确无误的措施；

（2）为了确保地基土壤承载能力符合设计规定的要求而应采取的有关技术组织措施；

（3）各种基础、地下结构、地下防水施工的质量措施；

（4）确保主体承重结构各主要施工过程的质量要求；各种预制承重构件检查验收的措施；各种材料、半成品、砂浆、混凝土等检验及使用要求；

（5）对新结构、新工艺、新材料、新技术的施工操作提出质量措施或要求；

（6）冬、雨期施工的质量措施；

（7）屋面防水施工、各种抹灰及装饰操作中，确保施工质量的技术措施；

（8）解决质量通病措施；

（9）执行施工质量的检查、验收制度；

（10）提出各分部工程的质量评定的目标计划等。

5.4.6.2　安全施工措施

安全施工措施应贯彻安全操作规程，对施工中可能发生的安全问题进行预测，有针对性地提出预防措施，以杜绝施工中伤亡事故的发生。安全施工措施主要包括：

（1）提出安全施工宣传、教育的具体措施；对新工人进场上岗前必须做安全教育及安全、操作的培训；

（2）针对拟建工程地形、环境、自然气候、气象等情况，提出可能突然发生自然灾害时有关施工安全方面的若干措施及其具体的办法，以便减少损失，避免伤亡；

（3）提出易燃、易爆品严格管理及使用的安全技术措施；

（4）防火、消防措施；高温、有毒、有尘、有害气体环境下操作人员的安全要求和措施；

（5）土方、深基坑施工，高空、高架操作，结构吊装、上下垂直平行施工时的安全要求和措施；

（6）各种机械、机具安全操作要求；交通、车辆的安全管理；

（7）各处电气设备的安全管理及安全使用措施；

（8）狂风、暴雨、雷电等各种特殊天气发生前后的安全检查措施及安全维护制度。

5.4.6.3　降低成本措施

降低成本措施的制定应以施工预算为尺度，以企业（或基层施工单位）年度、季度降低成本计划和技术组织措施计划为依据进行编制。要针对工程施工中降低成本潜力大的（工程量大、有采取措施的可能性及有条件的）项目，充分开动脑筋，把措施提出来，并计算出经济效益和指标，加以评价、决策。这些措施必须是不影响质量且能保证安全的，它应考虑以下几方面：

（1）生产力水平是先进的；

（2）有精心施工的项目组来合理组织施工生产活动；

（3）有合理的劳动组织，以保证劳动生产率的提高，减少总的用工数；

（4）物资管理的计划性，从采购、运输、现场管理及竣工材料回收等方面，最大限度地降低原材料、成品和半成品的成本；

（5）采用新技术、新工艺，以提高工效，降低材料耗用量，节约施工总费用；

（6）保证工程质量，减少返工损失；

（7）保证安全生产，减少事故频率，避免意外工伤事故带来的损失；

（8）提高机械利用率，减少机械费用的开支；

（9）增收节支，减少施工管理费的支出；

（10）工程建设提前完工，以节省各项费用开支。

降低成本措施应包括节约劳动力、材料费、机械设备费用、工具费、间接费及临时设施费等措施。一定要正确处理降低成本、提高质量和缩短工期三者的关系，对措施要计算经济效果。

5.4.6.4　现场文明施工和环境保护措施

1. 现场文明施工措施

（1）文明施工责任区制度。根据文明施工管理员、材料负责人、各区域责任工程师具体的工作，建立现场文明施工责任区制度，将整个施工现场划分为若干个责任区，实行挂牌制，使各自分管的责任区达到文明施工的各项要求，项目定期进行检查，发现问题，立即整改，使施工现场保持整洁。

（2）工完场清制度。一是认真执行工完场清制度，每一道工序完成以后，必须按要求对施工中造成的污染进行认真的清理，前后工序必须办理文明施工交接手续。二是由项目经理、文明施工管理员、保卫干事定期对员工进行文明施工教育、法律和法规知识教育及遵章守纪教育，提高职工的文明施工意识和法制观念。要求现场做到“五有、四整齐、三无”以及“四清、四净、四不见”，每月对文明施工进行检查，对各责任人进行评比、奖罚，并张榜公布。

（3）文明施工检查措施。项目文明施工管理组每周对施工现场作一次全面的文明施工检查，施工企业每月对项目进行一次大检查，检查内容为施工现场的文明施工执行情况，检查依据《建筑施工安全检查评分标准》《建设工程施工安全条例》《施工现场检查评分记录表》《施工企业文明施工管理细则》等。检查采用评分的方法，实行百分制记分。每次检查均认真做好记录，指出其不足之处，并限期整改。对每次检查中做得好的进行奖励，做得差的进行处罚，并敦促其改进。

（4）现场内机具及各种施工用材料按要求放置且堆放码垛整齐、账物相符，做到及时清理、工完场清。

（5）设备、材料进出场应有查验制度和必要的手续。

（6）现场设立施工垃圾站，及时分拣、回收和清运，消灭长流水和长明灯，合理使用材料和节约能源。

（7）组织工人定点进出场，合理安排好施工程序，严格遵守招标文件规定作业时间。

（8）办公室保持整洁，场外生活区无污水无污物。

2. 环境保护措施

（1）施工现场四周设置封闭式围墙，防止扬尘向周边扩散。

（2）清理施工垃圾，必须使用封闭的专用垃圾道或采用容器吊运，严禁随意凌空抛撒造成扬尘。施工垃圾要及时清运，清运时，适量洒水减少扬尘。

（3）在施工前做好施工道路的规划和设置，确保施工现场表面无裸露土地。土方及垃圾外运时车辆要严密覆盖，防止扬尘和沿路遗洒；出场前用压力水冲洗车轮和槽帮。

（4）水泥和其他易飞扬的细颗粒散体材料应尽量安排库内存放，如露天存放应采用严密苫盖，运输和卸运时防止遗撒飞扬，以减少扬尘。

（5）施工现场要制定洒水降尘制度，配备专用洒水设备及指定专人负责，在易产生扬尘的季节，施工场地采取洒水降尘。

（6）灰浆搅拌机设置在封闭的搅拌棚内，搅拌机上设置喷淋装置后方可进行施工。

3. 现场“三废”控制

应对施工现场及办公区域内产生的废气、废水、固定废弃物等“三废”进行有效的控制。

（1）废物管理。现场产生的固定废弃物（如废电焊条、钢材切割产生的边角料、电焊渣等），应及时清理，定点堆放，施工完毕及时清运出场妥善处理。联系有处理有毒、有害固体废弃物资质的单位（如环卫公司），进行清运处理，并建立台账，记录回收处理情况。

（2）雨水管理。项目开工前，在做现场总平面规划时，设计现场雨水管网，并将其与市政雨水管网连接；设计现场污水管网时，应确保不得与雨水管网连接。由项目兼职环保管理员通知进入现场的所有单位和人员，不得将非雨水类污水排入雨水管网。

（3）砂浆搅拌站污水管理。搅拌站设污水沉淀池，污水经过三级沉淀后，进入现场的污水管网；沉淀池由分包单位每周清理一次，项目兼职环保管理员负责检查。

（4）厕所污水。施工现场设冲水厕所，厕所污水进入化粪池沉淀后，再排入现场污水管网。项目兼职环保管理员与当地环卫部门联络，定期对化粪池进行清理。

（5）其他污水管理。施工现场的所有施工污水，均应经过沉淀后，再排入市政污水管网。项目委托分包单位定期清理沉淀池内的泥沙。

5.5 单位工程施工进度计划

单位工程施工进度计划是在确定了施工方案的基础上，根据规定工期和各种资源供应条件，按照各施工过程的合理施工顺序及组织施工的原则，用横道图或网络图描述一个工程从开始施工到工程全部竣工各施工过程在时间上和空间上的安排和搭接关系。在此基础上，方可编制劳动力计划、材料供应计划、成品半成品计划、机械设备需要量计划等。所以，施工进度计划是单位工程施工组织设计中的一项非常重要的内容。通常有两种表示方法，即横道图和网络图。

5.5.1 施工进度计划的作用及分类

5.5.1.1 施工进度计划的作用

单位工程施工进度计划的作用如下：

（1）控制单位工程的施工进度，保证在规定工期内完成符合质量要求的工程任务；

（2）确定单位工程的各个施工过程的施工顺序、施工持续时间及相互衔接和合理配合关系；

（3）为编制季度、月度生产作业计划提供依据；

（4）是制定各项资源需要量计划和编制施工准备工作计划的依据。

5.5.1.2 施工进度计划的分类

单位工程施工进度计划根据施工项目划分的粗细程度，可分为控制性与指导性施工进度计划两类。控制性施工进度计划按分部工程来划分施工项目，控制各分部工程的施工时间及其相互搭接配合关系。它主要适用于工程结构较复杂、规模较大、工期较长而需跨年度施工的工程（如体育场、火车站等公共建筑以及大型工业厂房等），还适用于工程规模不大或结构不复杂但各种资源（劳动力、机械、材料等）不落实的情况，以及建筑结构、建筑规模等可能变化的情况。编制控制性施工进度计划的单位工程，当各分部工程的施工条件基本落实之后，在施工之前还应编制各分部工程的指导性施工进度计划。指导性施工进度计划按分项工程或施工过程来划分施工项目，具体确定各分项工程或施工过程的施工时间及其相互搭接配合关系。它适用于施工任务具体而明确、施工条件基本落实、各种资源供应正常、施工工期不太长的工程。

5.5.2 施工进度计划的编制依据和程序

5.5.2.1 施工进度计划的编制依据

编制单位工程施工进度计划，主要依据下列资料：

(1) 经过审批的建筑总平面图及单位工程施工图，以及地质、地形图、工艺设计图、设备及其基础图、采用的各种标准图及技术资料；

(2) 施工组织总设计对本单位工程的有关规定；

(3) 施工工期要求及开、竣工日期；

(4) 施工条件、劳动力、材料、构件及机械的供应条件，分包单位的情况等；

(5) 主要分部分项工程的施工方案；

(6) 劳动定额、机械台班定额及本企业施工水平；

(7) 其他有关要求和资料。

5.5.2.2 施工进度计划的编制程序

单位工程施工进度计划的编制程序如图 5-7 所示。

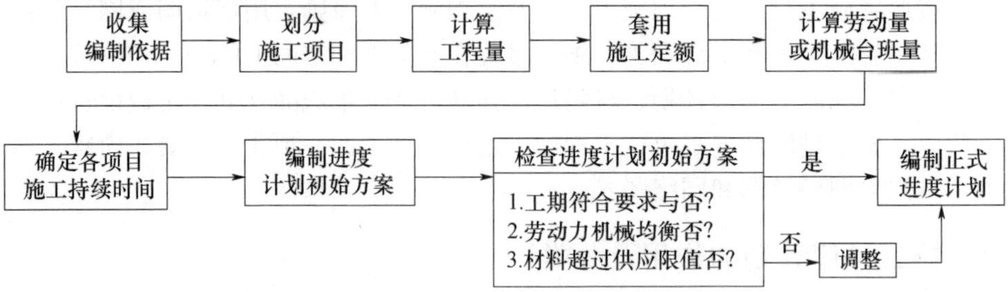

图 5-7 单位工程施工进度计划的编制程序

5.5.3 施工进度计划的表示方法

施工进度计划一般用图表来表示，通常有两种形式的图表：横道图和网络图。横道图的形式见表 5-1。

表 5-1 施工进度计划

序号	分部分项工程名称	工程量		定额	劳动量		需用机械		每天工作班次	每班工人数	工作天数	施工进度					
		单位	数量		工种	数量（工日）	机械名称	台班数				月			月		

从表 5-1 中可以看出，它由左、右两部分组成。左边部分列出各种计算数据，如分部分项工程名称、相应的工程量、采用的定额、需要的劳动量或机械台班量、每天工作

班次、每班工数及工作持续时间等；右边部分是从规定的开工之日起到竣工之日止的进度指示图表，用同线条形象地表现各个分部分项工程的施工进度和相互间的搭接配合关系，有时在其下面汇总每天的资源需要量，绘出资源需要量的动态曲线，其中的格子根据需要可以是一格表示一天或表示若干天。

网络图的表示方法详见第 4 章，这里仅以横道图表编制施工进度计划作以阐述。

5.5.4 施工进度计划的编制

5.5.4.1 划分施工项目

编制施工进度计划时，首先应按照图纸和施工顺序将拟建单位工程的各个施工过程列出，并结合施工方法、施工条件、劳动组织等因素，加以适当调整，使之成为编制施工进度计划所需的施工项目。施工项目是包括一定工作内容的施工过程，它是施工进度计划的基本组成单元。

单位工程施工进度计划的施工项目仅是包括现场直接在建筑物上施工的施工过程，如砌筑、安装等，而对于构件制作和运输等施工过程，则不包括在内，但对现场就地预制的钢筋混凝土构件的制作，不仅单独占有工期，而且对其他施工过程的施工有影响；或构件的运输需与其他施工过程的施工密切配合，如楼板随运随吊时，仍需将这些制作和运输过程列入施工进度计划。

在确定施工项目时，应注意以下几个问题：

(1) 施工项目划分的粗细程度，应根据进度计划的需要来决定。对控制性施工进度计划，项目划分得粗一些，通常只列出分部工程，如混合结构居住房屋的控制性施工进度计划，只列出基础工程、主体工程、屋面工程和装饰工程四个施工过程；而对实施性施工进度计划，项目划分要细一些，特别是其中的主导工程和主要分部工程，应尽量详细而且不漏项以便于指导施工。如上述的单层厂房的实施性进度计划中，预制工程可分为柱子预制、吊车梁预制等，而各种构件预制又分为支撑模板、绑扎钢筋、浇筑混凝土等。

(2) 施工过程的划分要结合所选择的施工方案。施工方案不同，施工过程名称、数量和内容也会有所不同。如某深基坑施工，当采用放坡开挖时，其施工过程有井点降水和挖土两项；当采用钢板桩支护时，其施工过程包括井点降水、打板桩和挖土三项。

(3) 适当简化施工进度计划的内容，避免施工项目划分过细、重点不突出。编制时可考虑将某些穿插性分项工程合并到主要分项工程中，如门窗框安装可并入砌筑工程；对于在同一时间内由同一施工班组施工的过程可以合并，而对于次要的、零星分项工程，可合并为其他工程一项列入。

(4) 水、暖、电、卫和设备安装工程通常由专业施工队负责施工。因此，在单位工程施工进度计划中只要反映这些工程与土建工程的配合关系即可，不必细分。

(5) 所有施工项目应大致按施工顺序先后排列，所采用的施工项目名称可参考现行的施工定额手册上的项目名称。

5.5.4.2 计算工程量

计算工程量应针对划分的每一个施工段分段计算。在实际工程中，一般先编制工程预算书，工程量可直接套用施工图预算的工程量，但应注意某些项目的工程量应按实际情况调整。如“砌筑砖墙”一项要将预算中按内墙、外墙，按不同墙厚、不同砌筑砂浆品种和强度等级计算的工程量进行汇总。因为进度计划中的工程量仅是用来计算各种资源需用量，不作为计算工资或工程结算的依据，故不必精确计算。计算工程量应注意以下几个问题：

（1）各分部分项工程的工程量计算单位应与采用的施工定额中相应项目的单位相一致，以便计算劳动量及材料需要量时可直接套用定额，不再进行换算。

（2）工程量计算应结合选定的施工方法和安全技术要求，使计算所得工程量与施工实际情况相符合。

（3）结合施工组织要求，分区、分段、分层计算工程量，以便组织流水作业。

（4）计算工程量时，尽量考虑编制其他计划时使用工程量数据的方便，做到一次计算，多次使用。

5.5.4.3 套用施工定额

根据所划分的施工项目和施工方法，即可套用施工定额（当地实际采用的劳动定额及机械台班定额），以确定劳动量和机械台班量。

施工定额有两种形式：时间定额和产量定额。时间定额是指某种专业、某种技术等级的工人小组或个人在合理的技术组织条件下，完成单位合格的建筑产品所必须的工作时间，一般用符号 H_i 表示，它的单位有工日/m^3、工日/m^2、工日/m、工日/t 等。因为时间定额是以劳动工日数为单位，便于综合计算，故在劳动量统计中用得比较普遍。产量定额是指在合理的技术组织条件下，某种专业、某种技术等级的工人小组或个人在单位时间内所应完成合格的建筑产品的数量，一般用符号 S_i 表示，它的单位有 m^3/工日、m^2/工日、m/工日、t/工日等。因为产量定额是以建筑产品的数量来表示的，具有形象化的特点，故在分配施工任务时用得比较普遍。时间定额和产量定额是互为倒数的关系，即

$$H_i=\frac{1}{S_i} 或 S_i=\frac{1}{H_i} \tag{5-1}$$

套用国家或地方颁发的定额，必须注意结合本单位工人的技术等级、实际施工操作水平、施工机械情况和施工现场条件等因素，确定完成定额的实际水平，使计算出来的劳动量、机械台班量符合实际需要，为准确编制施工进度计划打下基础。

有些采用新技术、新材料、新工艺或特殊施工方法的项目，施工定额中尚未编入，这时可参考类似项目的定额、经验资料，或按实际情况确定。

5.5.4.4 确定劳动量和机械台班数量

劳动量和机械台班数量应根据各分部分项工程的工程量、施工方法和现行的施工定额，并结合当地的具体情况加以确定。一般应按下式计算：

$$P=\frac{Q}{S} \tag{5-2}$$

或

$$P=QH \tag{5-3}$$

式中 P——完成某施工过程所需的劳动量（工日）或机械台班数量（台班）；

Q——完成某施工过程的工程量；

S——某施工过程所采用的产量定额；

H——某施工过程所采用的时间定额。

例如，已知某单层工业厂房的柱基坑土方量为 $3240m^3$，采用人工挖土，每工日产量定额为 $3.9m^3$，则完成挖基坑所需劳动量：

$$P=\frac{Q}{S}=\frac{3240}{3.9}=830(\text{工日})$$

若已知时间定额为 0.256 工日/m^3，则完成挖基坑所需劳动量：

$$P=QH=3240\times0.256=830(\text{工日})$$

S、H 最好采用本施工单位的实际水平，也可以参照施工定额水平。

经常还会遇到施工进度计划所列项目与施工定额所列项目的工作内容不一致的情况，具体处理方法如下：

（1）若施工项目是由两个或两个以上的同一工种，但材料、做法或构造都不同的施工过程合并而成时，可用其加权平均定额来确定劳动量或机械台班量。加权平均产量定额的计算可按下式进行：

$$\overline{S_i}=\frac{\sum_{i=1}^{n}Q_i}{\sum_{i=1}^{n}P_i} \tag{5-4}$$

式中 $\overline{S_i}$——某施工项目加权平均产量定额；

$$\sum_{i=1}^{n}Q_i=Q_1+Q_2+Q_3+\cdots+Q_n(\text{总工程量})$$

$$\sum_{i=1}^{n}P_i=\frac{Q_1}{S_1}+\frac{Q_2}{S_2}+\frac{Q_3}{S_3}+\cdots+\frac{Q_n}{S_n}(\text{总工程量})$$

式中 Q_1，Q_2，Q_3，…，Q_n——同一工种但施工做法、材料或构造不同的各个施工过程的工程量；

S_1，S_2，S_3，…，S_n——与上述施工过程相对应的产量定额。

例如，某学校的教学楼，其外墙面抹灰装饰分为干粘石、贴饰面砖、剁假石三种施工做法，其工程量分别是 $684.5m^2$、$428.7m^2$、$208.3m^2$；所采用的产量定额分别是 $4.17m^2$/工日、$2.53m^2$/工日、$1.53m^2$/工日。则加权平均产量定额为：

$$\overline{S}=\frac{Q_1+Q_2+Q_3}{\frac{Q_1}{S_1}+\frac{Q_2}{S_2}+\frac{Q_3}{S_3}}=\frac{684.5+428.7+208.3}{\frac{684.5}{4.17}+\frac{428.7}{2.53}+\frac{208.3}{1.53}}=2.81(m^2/\text{工日})$$

（2）对于有些采用新技术、新材料、新工艺或特殊施工方法的施工项目，无定额可遵循。此时，可将类似项目的定额进行换算，或根据试验资料确定。

（3）对于“其他工程”项目所需劳动量，可根据其内容和数量，并结合施工现场的具体情况，以占总劳动量的百分比（一般为10%～20%）计算。

（4）水、暖、电、卫设备安装等工程项目，一般不计算劳动量和机械台班需要量，仅安排与一般土建单位工程配合的进度。

5.5.4.5 确定各项目的施工持续时间

施工项目的施工持续时间的计算方法一般有经验估计法、定额计算法和倒排计划法。

1. 经验估计法

施工项目的持续时间最好是按正常情况确定，这时它的费用一般是较低的。待编制出初始进度计划并经过计算后再结合实际情况作必要的调整，这是避免因盲目抢工而造成浪费的有效办法。根据过去的施工经验并按照实际的施工条件来估算项目的施工持续时间是较为简便的办法，现在一般也多采用这种办法。这种办法多适用于采用新工艺、新技术、新材料等无定额可循的工种。在经验估计法中，有时为了提高其准确程度，往往采用“三时估计法”，即先估计出该项目的最长、最短和最可能的三种施工持续时间，然后据以求出期望的施工持续时间作为该项目的施工持续时间。其计算公式是：

$$t=\frac{A+4C+B}{6} \tag{5-5}$$

式中　t——项目施工持续时间；

A——最长施工持续时间；

B——最短施工持续时间；

C——最可能施工持续时间。

2. 定额计算法

这种方法就是根据施工项目需要的劳动量或机械台班量，以及配备的工人人数或机械台数，来确定其工作的持续时间。其计算公式是：

$$t=\frac{Q}{RSZ}=\frac{P}{RZ} \tag{5-6}$$

式中　t——项目施工持续时间，按进度计划的粗细，可以采用小时、日或周；

Q——项目的工程量，可以用实物量单位表示；

R——拟配备的工人或机械的数量，用人数或台数表示；

S——产量定额，即单位工日或台班完成的工程量；

Z——每天工作班制；

P——劳动量（工日）或机械台班量（台班）。

例如，某工程砌筑砖墙，需要总劳动量 110 工日，一班制工作，每天出勤人数为 22 人（其中瓦工 10 人，普工 12 人），则施工持续时间：

$$t=\frac{P}{RZ}=\frac{110}{22\times1}=5\ (\mathrm{d})$$

在安排每班工人人数和机械台数时，应综合考虑各施工过程的工人班组中的每个工人或每台施工机械都应有足够的工作面（不能少于最小工作面），以发挥效率并保证施工安全；各施工过程在进行正常施工时所必须的最低限度的工人班组人数及其合理组合（不能小于最小劳动组合），以达到最高的劳动生产率。

3. 倒排计划法

首先根据规定的总工期和施工经验，确定各分部分项工程的施工持续时间，然后按各分部分项工程需要的劳动量或机械台班数量，确定每一分部分项工程每个工作班所需的工人数或机械台数，此时可将式（5-6）变化为：

$$R=\frac{P}{tZ} \tag{5-7}$$

例如，某单位工程的土方工程采用机械化施工，需要 87 个台班完成，则当工期为 11d 时，所需挖土机的台数为：

$$R=\frac{P}{tZ}=\frac{87}{11\times1}\approx8(\text{台班})$$

通常计算时均先按一班制考虑，如果每天所需机械台数或工人人数已超过了施工单位现有人力、物力或工作面限制时，则应根据具体情况和条件从技术和施工组织上采取积极有效的措施。如增加工作班次或采取其他技术措施，使每班投入的机械数量或人数减少到可能与合理的范围。

5.5.4.6 编制施工进度计划的初始方案

流水施工是组织施工、编制施工进度计划的主要方式，在第 3 章中已作了详细介绍。编制施工进度计划时，必须考虑各分部分项工程的合理施工顺序，尽可能组织流水施工，力求主要工种的施工班组连续施工，其编制方法如下：

（1）首先，对主要施工阶段（分部工程）组织流水施工。先安排其中主导施工过程的施工进度，使其尽可能连续施工，其他穿插施工过程尽可能与主导施工过程配合、穿插、搭接。如砖混结构房屋中的主体结构工程，其主导施工过程为砖墙砌筑和现浇钢筋混凝土楼板；现浇钢筋混凝土框架结构房屋中的主体结构工程，其主导施工过程为钢筋混凝土框架的支模、扎筋和浇混凝土。

（2）配合主要施工阶段，安排其他施工阶段（分部工程）的施工进度。

（3）按照工艺的合理性和施工过程间尽量配合、穿插、搭接的原则，将各施工阶段（分部工程）的流水作业图表搭接起来，即得到了单位工程施工进度计划的初始方案。

5.5.4.7 施工进度计划的检查与调整

检查与调整的目的在于使施工进度计划的初始方案满足规定的目标，一般从以下几方面进行检查与调整：

（1）各施工过程的施工顺序是否正确，流水施工的组织方法应用得是否正确，技术间歇是否合理。

（2）工期方面，初始方案的总工期是否满足合同工期。

（3）劳动力方面，主要工种工人是否连续施工，劳动力消耗是否均衡。劳动力消耗的均衡性是针对整个单位工程或各个工种而言，应力求每天出勤的工人人数不发生过大变动。

为了反映劳动力消耗的均衡情况，通常采用劳动力消耗动态图来表示。对于单位工程的劳动力消耗动态图，一般绘制在施工进度计划表右边表格部分的下方。劳动力消耗动态图如图 5-8 所示。

劳动力消耗的均衡性指标可以采用劳动力均衡系数（K）来评估：

$$K=\frac{\text{高峰出工人数}}{\text{平均出工人数}} \tag{5-8}$$

式中的平均出工人数为每天出工人数之和被总工期除得之商。

最为理想的情况是劳动力均衡系数 K 接近于 1。劳动力均衡系数在 2 以内为好，超过 2 则不正常。

（4）物资方面，主要机械、设备、材料等的利用是否均衡，施工机械是否充分利用。

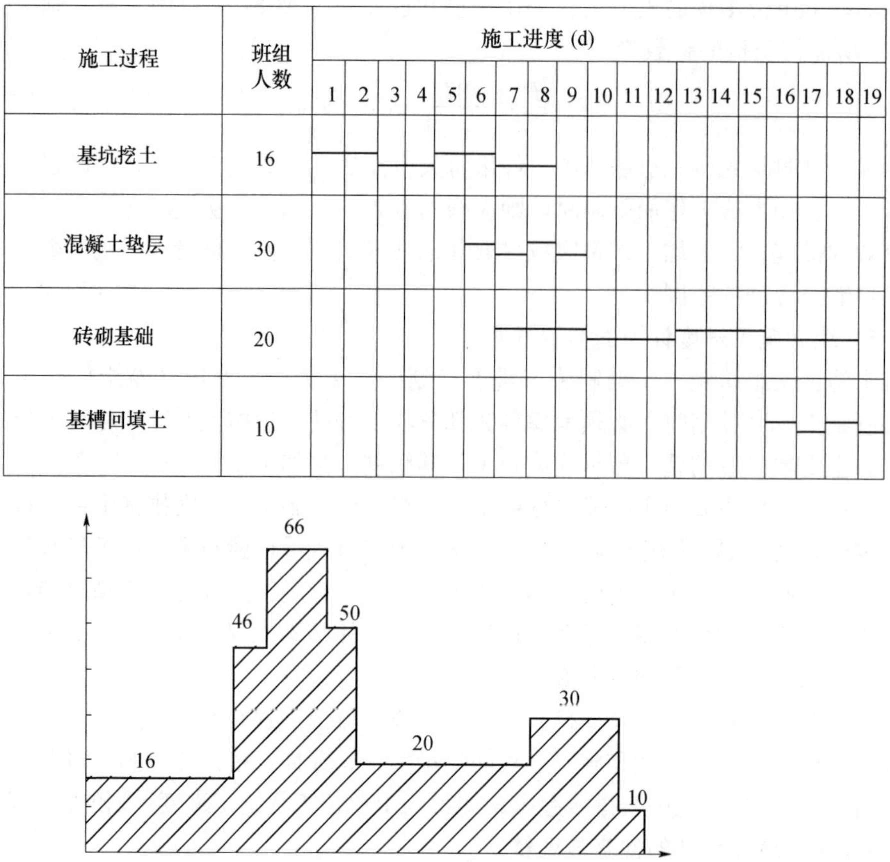

图 5-8　劳动力消耗动态图

主要机械通常是指混凝土搅拌机、灰浆搅拌机、自动式起重机和挖土机等。机械的利用情况是通过机械的利用程度来反映的。

初始方案经过检查，对不符合要求的部分需进行调整。调整方法一般有增加或缩短某些施工过程的施工持续时间；在符合工艺关系的条件下，将某些施工过程的施工时间向前或向后移动。必要时，还可以改变施工方法。

应当指出，上述编制施工进度计划的步骤不是孤立的，而是互相依赖、互相联系的，有的可以同时进行。还应看到，由于建筑施工是一个复杂的生产过程，受周围客观条件影响的因素很多，在施工过程中，由于劳动力和机械、材料等物资的供应及自然条件等因素的影响，使其经常不符合原计划的要求，因而在工程进展中应随时掌握施工动态，经常检查，不断调整计划。

5.6　施工准备工作及资源需要量计划

5.6.1　施工准备工作计划

如在第 2 章所述，施工准备工作既是单位工程的开工条件，也是施工中的一项重要内容，开工之前必须为开工创造条件，开工以后必须为作业创造条件，因此，它贯穿施工过程的始终。施工准备工作应有计划地进行，为便于检查、监督施工准备工作的进展情况，使各项施工准备工作的内容有明确的分工，有专人负责，并规定期限，可编制施工准备工作计划，并拟在施工进度计划编制完成后进行。其表格形式可参见表 5-2。

表 5-2　施工准备工作计划表

序号	准备工作项目	工程量		简要内容	负责单位或负责人	起止日期		备注
		单位	数量			日/月	日/月	

施工准备工作计划是编制单位工程施工组织设计时的一项重要内容。在编制年度、季度、月度生产计划中也应一并考虑并做好贯彻落实工作。

5.6.2　资源需要量计划

单位工程施工进度计划编制确定以后，根据各工序及持续时间所需资源编制出材料、劳动力、构件、加工品、施工机具等资源需要量计划，作为有关职能部门按计划调配的依据，以利于及时组织劳动力和技术物资的供应，确定工地临时设施，以保证施工进度计划的顺利进行。

5.6.2.1　劳动力需要量计划

劳动力需要量计划，主要是作为安排劳动力的平衡、调配和衡量劳动力耗用指标、安排生活福利设施的依据，其编制方法是将施工进度计划表内所列各施工过程每天（或旬、月）所需工人人数按工种汇总而得的，其表格形式见表 5-3。

表 5-3　劳动力需要量计划表

序号	工种名称	人数	月			月			备注
			上旬	中旬	下旬	上旬	中旬	下旬	

5.6.2.2　主要材料需要量计划

主要材料需要量计划是备料、供料和确定仓库、堆场面积及组织运输的依据。其编制方法是将施工进度计划表中各施工过程的工程量，按材料名称、规格、数量、使用时间计算汇总而得的。其表格形式见表 5-4。

表 5-4　主要材料需要量计划

序号	材料名称	规格	需要量		供应时间	备注
			单位	数量		

5.6.2.3 构件和半成品需要量计划

建筑结构构件、配件和其他加工半成品的需要量计划主要用于落实加工订货单位，并按照所需规格、数量、时间，组织加工、运输和确定仓库或堆场，可根据施工图和施工进度计划编制，其表格形式见表5-5。

表5-5 构件和半成品需要量计划

序号	构件、半成品名称	规格	图号、型号	需要量		使用部位	加工单位	供应日期	备注
				单位	数量				

5.6.2.4 施工机械需要量计划

施工机械需要量计划主要用于确定施工机械的类型、数量、进场时间。其编制方法是将单位工程施工进度计划表中的每一个施工过程每天所需的机械类型、数量和施工日期进行汇总，即得施工机械需要量计划。其表格形式见表5-6。

表5-6 施工机械需要量计划

序号	机械名称	类型、型号	需要量		货源	使用起止时间	备注
			单位	数量			

5.7 单位工程施工平面图设计

单位工程施工平面图是对一个建筑物或构筑物的施工现场的平面规划和空间布置图。它是根据工程规模、特点和施工现场来正确地解决施工期间所需的各种暂设工程、其他设施等永久性建筑物与拟建建筑物之间的合理位置关系。它是进行施工现场布置的依据，也是施工准备工作的一项重要依据，是实现文明施工、节约并合理利用土地、减少临时设施费用的先决条件，因此是施工组织设计的主要组成部分。其绘制比例一般为1∶200～1∶500。

5.7.1 单位工程施工平面图设计的依据和内容

5.7.1.1 设计的依据

（1）建筑总平面图及施工场地的地质地形；

（2）工地及周围生活、道路交通、电力电源、水源等情况；

（3）各种建筑材料、预制构件、半成品、建筑机械的现场存储容量及进场时间；

（4）单位工程施工进度计划及主要施工过程的施工方法；

（5）现有可用的房屋及生活设施，包括临时建筑物、仓库、水电设施、食堂、锅炉房、浴室等；

（6）一切已建及拟建的房屋和地下管道，以便考虑在施工中利用或影响施工的则提前拆除；

（7）建筑区域的竖向设计和土方调配图。

5.7.1.2 单位工程施工平面图布置的内容

（1）已建及拟建的永久性房屋、构筑物以及其他的位置和尺寸；

（2）材料、加工半成品、构件和机具的仓库或堆场；

（3）生产、生活用临时设施，如钢筋加工场、木工房、工具房、混凝土搅拌站、砂浆搅拌站、化灰池、沥青处、沉砂池、生活区及行政办公用房；

（4）场内施工道路与场外交通的联系；临时水电气管网及通信线路布置，水源、电源、变压站位置，加压泵房、消防设施、临时排水沟管及排水方向；围墙、传达室、现场出入口等；

（5）移动式起重机开行路线及轨道敷设、固定垂直运输工具或井架位置、起重机或塔吊回转半径及相应幅度的起重量；

（6）测量轴线及定位线标志，永久性水准点位置和土方取弃场地；

（7）必要的图例、比例尺、方向及风向标记。

5.7.2 单位工程施工平面图的设计原则

单位工程施工平面图的设计原则

（1）在保证工程顺利进行的前提下，平面布置应力求紧凑，节约用地；

（2）尽量减少二次搬运，最大限度缩短工地内部运距，各种材料、构件、半成品应按进度计划分批进场；

（3）力争减少临时设施的数量，并采用技术措施使临时设施装拆方便，能重复使用，节约资金。减少施工用的管线，尽可能利用施工现场附近的原有建筑物作为施工临时用房，并利用永久性道路供施工使用；临时设施的布置，应利于施工管理及工人生产和生活；办公用房应靠近施工现场；福利设施应在生活区范围之内；

（4）施工平面布置要符合环境保护、安全和防火的要求。

根据以上基本原则并结合现场实际情况，施工平面图可布置几个方案，选其技术上最合理、费用上最经济的方案。可以从如下几个方面进行定量的比较：施工用地面积、施工用临时道路、管线长度、场内材料搬运量、临时用房面积等。

5.7.3 单位工程施工平面图的设计步骤

首先详细研究施工图、施工进度计划、施工方法以及原始资料，单位工程施工平面图的设计步骤一般是确定起重机的位置→确定搅拌站、仓库、材料和构件堆场、加工厂的位置→布置运输道路→布置行政管理、生活福利用临时设施→布置水电管线→计算技术经济指标。

5.7.3.1 起重运输机械的布置及开行路线

起重机的位置影响仓库、材料堆场、砂浆搅拌站、混凝土搅拌站等的位置及场内道路和水电管网的布置，因此，它是施工现场全局的中心环节，应首先确定。布置起重机的位置要根据现场建筑物四周的施工场地的条件及吊装工艺进行确定，由于各种起重机械的性能不同，其布置位置的具体要求也不相同。

1. 塔式起重机的布置。

塔式起重机是集起重、垂直提升、水平输送三种功能为一体的机械设备。按其在工地上使用架设的要求不同可分为固定式、有轨式、附着式、内爬式四种。

布置塔式起重机的位置要根据现场建筑物四周的施工场地的条件及吊装工艺。如在起重臂操作范围内，使起重机的起重幅度能将材料和构件运至任何施工地点，避免出现“死角”。

在高空有高压电线通过时，高压线必须高出起重机，并留有安全距离。如果不符合上述条件，则高压线应搬迁。在搬迁高压线有困难时，则要采取安全措施。如搭设隔离防护竹、木排架。当塔式起重机轨道路基在排水坡下边时，应在其上游设置挡水堤或截水沟将水排走，以免雨水冲坏轨道及路基。

有轨式起重机可沿轨道两侧全幅作业内吊装，但占用施工场地大，铺设路基工作量大，且使用高度受到一定限制，一般沿建筑物长向布置，其位置、尺寸取决于建筑物的平面形状、尺寸、构件重量、起重机的性能及四周施工场地的条件等。当起重机的位置和尺寸确定后，要复核起重量、起重高度和回转半径三项工作参数是否满足建筑物吊装要求，保证起重机工作幅度能将材料和构件运送到任何施工地点，尽可能不出现“起重死角”。轨道通常布置方式有单侧布置、双侧布置或环形布置等形式。施工时应注意路基的平整、坚实，必要时应增加转弯设备，同时应注意轨道路基的排水应畅通。

固定式塔式起重机不需铺设轨道，但其作业范围较小。附着式塔式起重机占地面积小，且起重量大，可自行升高，但对建筑物有附着力。内爬式塔式起重机布置在建筑物中间，且作用的有效范围大，适用于高层建筑施工。

2. 无轨自行式起重机。

无轨自行式起重机械分为履带式、轮胎式、汽车式三种起重机。它们一般用作构件的装卸和起吊构件用，还适用于装配式单层工业厂房主体结构的吊装，吊装时的开行路线及停机位置主要取决于建筑物的平面布置、构件自重、吊装高度和吊装方法等，一般不用作垂直和水平运输。

3. 固定式垂直运输机械。

固定式垂直运输机械有井架、龙门架等，这类设备的布置主要根据机械性能、建筑物的平面形状和尺寸、施工段划分的情况、材料来向和已有运输道路情况而定。其布置原则是，充分发挥起重机械的能力，并使地面和楼面的水平运距最小。布置时应考虑以下几个方面：

(1) 当建筑物各部位的高度相同时，应布置在施工段的分界线附近；

(2) 当建筑物各部位的高度不同时，应布置在高低分界线较高部位一侧，以使楼面上各施工段的水平运输互不干扰。

(3) 井架、龙门架的位置以布置在窗口处为宜，以避免砌墙留槎和减少井架拆除后的修补工作。

(4) 井架、龙门架的数量要根据施工进度、垂直提升构件和材料的数量、台班工作效率等因素计算确定，其服务范围一般为 50～60m。

(5) 卷扬机的位置不应距离起重机械过近，以便司机的视线能够看到整个升降过程，一般要求此距离大于建筑物的高度，水平距外脚手架 3m 以上。

（6）井架应立在外脚手架之外，并应有一定距离为宜。

5.7.3.2　搅拌站、加工厂、仓库、材料和构件堆场的布置

搅拌站、加工厂、仓库、材料和构件堆场应尽量靠近使用地点或在起重机能力范围之内，并考虑运输和装卸的方便。

（1）当起重机布置位置确定后，再布置材料、构件的堆场及搅拌站。材料堆放应尽量靠近使用地点，减少或避免二次搬运，并考虑运输及卸料方便。基础施工时使用的各种材料可堆放在基础四周，但不宜距基坑（槽）边缘太近，以防压塌土壁。

（2）当采用固定式垂直运输设备，则材料、构件堆场应尽量靠近垂直运输设备，以缩短地面水平运距；当采用轨道式塔式起重机时，材料、构件堆场以及搅拌站出料口等均应布置在塔式起重机有效起吊服务范围之内；当采用无轨自行式起重机时，材料、构件堆场及搅拌站的位置，应沿着起重机的开行路线布置，且应在起重臂的最大起重半径范围之内。

（3）预制构件的堆放位置要考虑吊装顺序。先吊的放在上面，后吊的放在下面，预制构件的进场时间应与吊装就位密切配合，力求直接卸到其就位位置，避免二次搬运。

（4）搅拌站的位置应尽量靠近使用地点或靠近垂直运输设备。有时在浇筑大型混凝土基础时，为了减少混凝土运输，可将混凝土搅拌站直接设在基础边缘，待基础混凝土浇完后再转移。砂、石堆场及水泥仓库应紧靠搅拌站布置。同时，搅拌站的位置还应考虑使这些大宗材料的运输和装卸较为方便。

（5）加工厂（如木工棚、钢筋加工棚）的位置，宜布置在建筑物四周稍远位置，且应有一定的材料、成品的堆放场地；石灰仓库、淋灰池的位置应靠近灰浆搅拌站，并设在下风向；沥青堆放场及熬制锅的位置应远离易燃物品，也应设在下风向。

5.7.3.3　现场运输道路的布置

现场运输道路应按材料和构件运输的需要，沿着仓库和堆场进行布置。尽可能利用永久性道路，或先做好永久性道路的路基，在交工之前再铺路面。道路宽度要符合规定，通常单行道应不小于3～3.5m，双行道应不小于5.5～6m。路基要经过设计，转弯半径要满足运输要求。要结合地形在道路两侧设排水沟，沟深不小于0.4m，底宽不小于0.3m。总体来说，现场应设环形路，在易燃品附近也要设计成进出容易的道路。木材厂两侧应有6m宽通道，端头处应有12m×12m回车场。消防车道不小于3.5m。

5.7.3.4　行政管理、文化、生活、福利用临时设施的布置

应遵循使用方便，有利施工，符合安全、防火的要求。要尽量利用已有设施，必须修建时要经过计算，合理确定面积，努力节约临时设施费用。通常，办公室的布置应靠近施工现场，宜设在工地出入口处；工人休息室应设在工人作业区；宿舍应布置在安全的上风向；门卫、收发室宜布置在工地出入口处。行政管理、文化、生活、福利用临时房屋建筑面积见表5-7。

表5-7　行政管理、临时宿舍、生活福利用临时房屋建筑面积

序号	临时房屋名称	单位	参考面积（m^2）
1	办公室	m^2/人	3.5
2	单层宿舍	m^2/人	2.6～2.8
3	食堂	m^2/人	0.9
4	门卫、收发室	m^2/人	6～8

5.7.3.5 水电管网的布置

1. 施工水网的布置

（1）施工用临时给水管，一般由建设单位的干管或自行布置的干管接到用水地点。布置时应力求管网总长度短，管径的大小和水龙头的数量需视工程规模大小通过计算确定，其布置形式有环形、枝形、混合式三种。

（2）供水管网应按防火要求布置室外消防栓，消防栓应沿道路设置，距道路应不大于 2m，距建筑物外墙不应小于 5m，也不应大于 25m，消防栓的间距不应大于 120m，工地消防栓应设有明显的标志，且周围 3m 以内不准堆放建筑材料。

（3）为了排除地面水和地下水，应及时修通永久性下水道，并结合现场地形在建筑物周围设置排泄地面水集水坑等设施。

2. 临时供电设施

（1）为了维修方便，施工现场一般采用架空配电线路，且要求现场架空线与施工建筑物水平距离不小于 10m，架空线与地面距离不小于 6m，跨越建筑物或临时设施时，垂直距离不小于 2.5m。

（2）现场线路应尽量架设在道路的一侧，且尽量保持线路水平，在低压线路中，电杆间距应为 25～40m，分支线及引入线均应由电杆处接出，不得由两电杆之间接线。

（3）单位工程施工用电应在全工地性施工总平面图中统筹考虑，包括用电量计算、电源选择、电力系统选择和配置。若为独立的单位工程应根据计算的用电量和建设单位可提供的电量决定是否选用变压器，变压器的设置应将施工期与以后长期使用结合考虑，其位置应远离交通要道口处，布置在现场边缘高压线接入出，在 2m 以外四周用高度大于 1.7m 的铁丝网围住，以保安全。

5.8 单位工程施工组织设计技术经济分析

5.8.1 技术经济分析的目的

技术经济分析的目的是论证施工组织设计在技术上是否合理、经济上是否合算，通过计算、分析比较，选择技术经济效果最优的方案，为不断改变施工组织设计提供信息，为施工企业提高经济效益、加强企业竞争力提供途径。技术经济分析既是施工组织设计的内容之一，也是必要的设计手段，对不断提高建筑业技术、组织和管理水平，提高基本建设投资效益是大有好处的。

5.8.2 技术经济分析的基本要求

（1）全面分析。对施工的技术方法、组织手段和经济效果进行分析，对施工具体环节及全过程进行分析。

（2）做技术经济分析时，应重点抓住“一案”“一表”“一图”三大重点，即施工方案、施工进度计划表、施工平面图，并以此建立技术经济分析指标体系。

（3）在做技术经济分析时，要灵活运用定性方法和有针对性地应用定量方法。在做定量分析时，应对主要指标、辅助指标和综合指标区别对待。

（4）技术经济分析应以设计方案的要求、有关国家规定及工程的实际需要情况为依据。

5.8.3 单位工程施工组织设计技术经济分析的指标体系

单位工程施工组织设计中技术经济指标应包括工期指标、劳动生产率指标、质量指标、安全指标、成本率、主要工程工种机械化程度、三大材料节约指标等。这些指标应在单位工程施工组织设计基本完成后进行计算，并反映在施工组织设计文件中，作为考核的依据。

施工组织设计技术经济分析指标可在图 5-9 所列的指标体系中选用。其中，主要的指标如下：

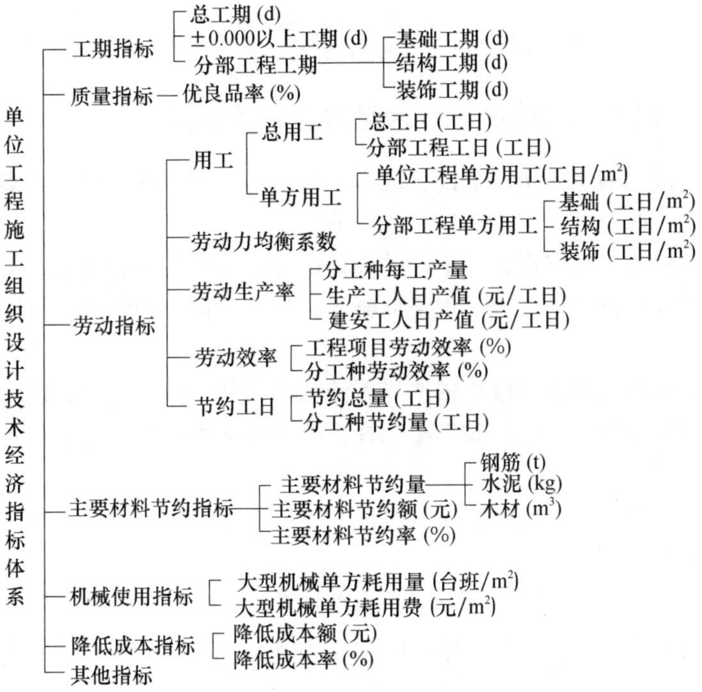

图 5-9 单位工程施工组织设计技术经济分析指标体系

（1）总工期指标。即从破土动工至竣工的全部日历天数。

（2）质量优良品率。它是在施工组织设计中确定的控制目标，主要通过保证质量措施实现，可分别对单位工程、分部分项工程进行确定。

（3）单方用工。它反映劳动的使用和消耗水平，不同建筑物的单方用工之间有可比性。

$$单方用工=\frac{总用工量(工日)}{建筑面积(m^2)}$$

（4）主要材料节约指标。主要材料节约情况随工程不同而不同，靠材料节约措施实现。可分别计算主要材料节约量、主要材料节约额或主要材料节约率：

$$主要材料节约量=技术组织措施节约量$$

或 $$主要材料节约量=预算用量-施工组织设计计划用量$$

$$主要材料节约率=\frac{主要材料计划节约额(元)}{主要材料预算金额(元)}\times 100\%$$

或
$$主要材料节约率=\frac{主要材料节约量}{主要材料预算量}\times 100\%$$

（5）大型机械耗用台班数及费用

$$大型机械单方耗用量=\frac{耗用总台班(台班)}{建筑面积(m^2)}$$

$$单方大型机械费=\frac{计划大型机械费(元)}{建筑面积(m^2)}$$

（6）降低成本指标

$$降低成本额=预算成本-施工组织设计计划成本$$

$$降低成本率=\frac{降低成本额(元)}{预算成本(元)}\times 100\%$$

5.8.4 单位工程施工组织设计技术经济分析的重点

技术经济分析应围绕质量、工期、成本三个主要方面。选用某一方案的原则是，在质量能达到优良的前提下，工期合理，成本节约。

对于单位工程施工组织设计，不同的设计内容，应有不同的技术经济分析重点。

（1）基础工程应以土方工程、现浇混凝土、打桩、排水和防水、运输进度与工期为重点。

（2）结构工程应以垂直运输机械选择、流水段划分、劳动组织、现浇钢筋混凝土支模、绑筋、混凝土浇筑与运输、脚手架选择、特殊分项工程施工方案和各项技术组织措施为重点。

（3）装饰工程应以施工顺序、质量保证措施、劳动组织、分工协作配合、节约材料及技术组织措施为重点。

单位工程施工组织设计的技术经济分析重点是工期、质量、成本，劳动力使用，场地占用和利用，临时设施，协作配合，材料节约，新技术、新设备、新材料、新工艺的采用。

5.8.5 技术经济分析方法

5.8.5.1 定性分析方法

定性分析法是根据经验对单位工程施工组织设计的优劣进行分析。例如，工期是否适当，可按一般规律或施工定额进行分析；选择的施工机械是否适当，主要看它能否满足使用要求、机械提供的可能性等；流水段的划分是否适当，主要看它是否给流水施工带来方便；施工平面图设计是否合理，主要看场地是否合理利用，临时设施费用是否适当。定性分析法比较方便，但不精确，不能优化，决策易受主观因素制约。

5.8.5.2 定量分析方法

1. 多指标比较法

该方法简便实用，也用得较多。比较时要选用适当的指标，注意可比性。有两种情况要区别对待：

（1）一个方案的各项指标明显地优于另一个方案，可直接进行分析比较。

(2) 几个方案的指标优劣有穿插，互有优势，则应以各项指标为基础，将各项指标的值按照一定的计算方法进行综合后得到一个综合指标进行分析比较。

通常的方法：首先根据多指标中各项指标在技术经济分析中的重要性的相对程度，分别定出权值 W_i；再用同一指标依据其在各方案中的优劣程度定出其相应的分值 C_{ij}。假设有 m 个方案和 n 种指标，则第 j 方案的综合指标值 A_j 为

$$A_j = \sum_{i=1}^{n} C_{ij} W_i$$

式中　$j=1, 2, \cdots, m$；$i=1, 2, \cdots, n$。

综合指标值最大的为最优方案。

2. 单指标比较法

该方法多用于建筑设计方案的分析比较。

5.9　剪力墙结构高层住宅楼工程施工组织设计实例

5.9.1　编制依据

施工合同及附件，工程技术资料及施工图，主要相关法律、法规及本企业管理文件，主要相关规范、标准、规程、图集等。(略)

5.9.2　工程概况

本工程由地下室 2 层及±0.00 以上 3 栋（以下称 1 号、2 号、3 号楼）各 31 层塔楼组成，占地总面积 75101.8m^2，总建筑面积 334069.68m^2，建筑总高度 109.3m。

5.9.2.1　建筑设计

本工程±0.00 以下二层为扩大地下室，设车库和设备用房，部分兼作 5 级、6 级人防工事；地下室顶板设有花园。±0.00 以上 3 栋为折线形大体量高层住宅，一层为架空层，二层以上为商品住宅，立面高低错落，上部切块，下部开洞，为一大底盘转换、连体、切块复杂的高层建筑。3 号楼平面见图 5-10，剖面见图 5-11。

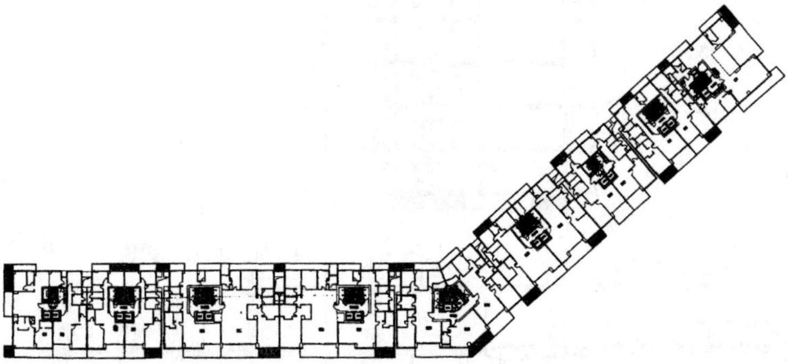

图 5-10　3 号楼标准层平面示意图

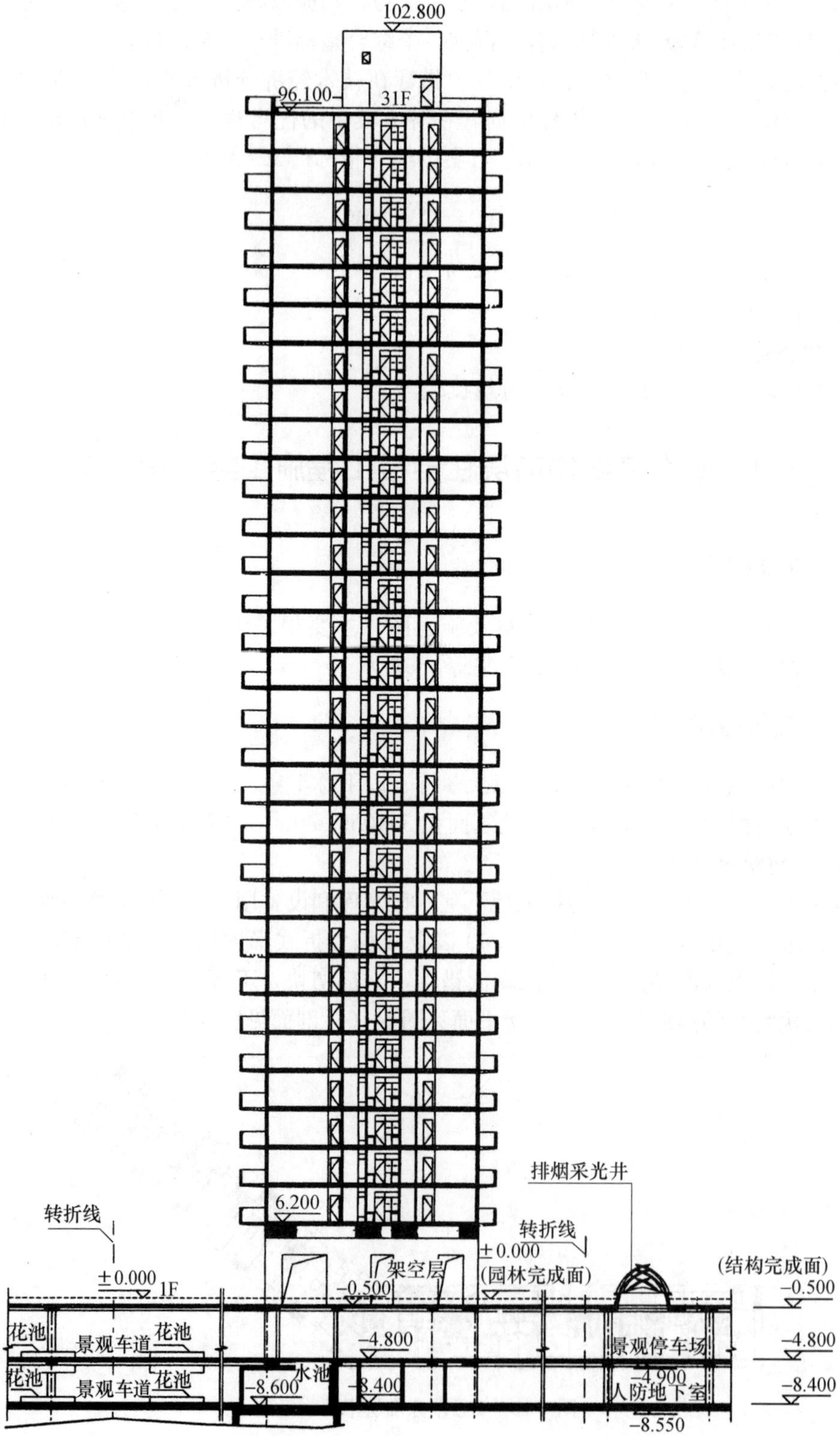

图 5-11　3 号楼剖面示意图

电梯厅墙、地面均采用白色微晶石装饰，顶棚采用轻钢龙骨石膏板艺术吊顶；住户内门厅、卧室及走道地面基体为混凝土楼板面原浆一次抹光，上铺聚苯板隔声层，再浇筑 40mm 厚表面压光细石混凝土作保护层，墙面为水泥砂浆抹灰，面层由住户二次装修；厨、卫间墙、地面采用白色高级瓷砖装饰配全套进口豪华卫生洁具，顶棚采用轻钢龙骨铝合金吊顶。进户门为进口木质豪华防火防盗门，内门为进口木门，防火门为钢质防火门。

主楼外墙主立面采用铝合金窗墙（Window-wall）系统，局部采用聚合物纤维砂浆粘贴 46.5mm×46.5mm 的金属外墙砖。

塔楼屋面面层为 300mm×300mm×10mm 厚浅灰色地砖，防水层设置刚柔两道：聚合物水泥砂浆和 SBS 改性沥青防水卷材。

地下室顶板设屋顶花园，防水层为聚合物水泥砂浆加 SBS 改性沥青防水卷材加高密度聚乙烯（HDPE）防穿刺卷材（种植区）。

5.9.2.2 结构设计

本工程为全现浇钢筋混凝土核心筒-剪力墙结构体系，地下室连为一体，上部塔楼各自独立，首层为架空层，2 层楼面设宽扁梁结构转换层，因工程临近空旷的海边，为减小海风对建筑物产生的侧压力，1 号楼 C、D 区 17 层楼面以下开洞，洞宽 13.60m；2 号楼 B 区 17 层及 D 区 12 层楼面以下开洞，洞宽分别为 13.60m 及 8.10m；3 号楼 B 区 11 层楼面以下开洞，洞宽 15.80m。所有洞顶设大截面梁式结构转换；1 号楼及 3 号楼、2 号楼 B 区下开洞两侧设 800mm、1200mm 厚钢骨剪力墙混凝土结构，墙两端分别设箱形钢柱，墙中设两根“H”形钢柱；2 号楼 D 区洞边一侧设 800mm 厚钢骨剪力墙混凝土结构，另一侧（4A 轴上）设钢结构，水平宽度 16.8m，由四根箱形钢柱及箱形支撑等组成平面网状结构体系，分别采用 70mm、100mm 厚 Q345B+Z15 钢板焊制，钢构架底部埋入承台和地下 2 层 1950mm 厚剪力墙混凝土结构中形成稳固可靠的钢骨混凝土结构基础，支托 12 层楼面以上结构。结构抗震设防烈度为 7 度，混凝土强度等级及主要构件尺寸见表 5-8。

表 5-8 主要构件部位、尺寸及混凝土强度等级

名称	层次	墙（板）厚度（mm）	柱截面尺寸（mm）	强度等级
墙柱混凝土	−2F～−1F	160～1200	600×600、1000×1000、3600×1000	C60（主楼墙柱） C30（挡土墙）
	1F～20F	160～1200	1000×500、650×650、700×700	C60
	21F～22F			C60
	23F～24F			C50
	25F 以上			CA0
梁板	2F（转换）	100～250		C60
	建筑物下部砌块洞顶	100～500		C60
	其他	100～220		C30

地下室墙体采用陶粒混凝土空心砌块，主楼墙体采用蒸压加气混凝土砌块，地下室砌体采用 M7.5 水泥砂浆施工，地上部分用 M5 水泥砂浆砌筑。

5.9.3 项目管理目标

5.9.3.1 质量目标

工程竣工一次性验收合格。允许偏差项目合格率：混凝土结构92%以上，其他各分部分项95%以上；顾客满意度86%以上；争创省、市优质工程及国家工程质量鲁班奖。

5.9.3.2 进度目标

本工程合同工期740d，计划工期700d，提前40d竣工。

5.9.3.3 安全目标

无重大伤亡事故，无火灾事故，无坍塌事故，无设备事故，无食物中毒事故，轻伤事故频率0.5‰以下。

5.9.3.4 环境、职业健康管理目标

营造文明、环保、安全、健康的施工现场、工程产品和工作环境。施工现场遵守国家现行各项法律、法规要求。争创省市安全生产及文明施工优良样板工地。

5.9.3.5 新技术积极应用目标

积极运用国家现行颁发的10项新技术项目，坚决以科学技术提高工程质量，保证工程施工进度，降低工程成本，本工程主要采用的“四新”技术见表（略）。

5.9.3.6 效益目标

在让业主满意、让社会满意的基础上，通过采取有效的技术及管理措施，合理降低施工成本，提高工程施工经济效益。

5.9.4 施工部署

5.9.4.1 施工安排

1. 施工重点

(1) 高性能混凝土C50、C60施工。

(2) 2层宽扁梁转换层和下开洞顶空中转换层施工技术。

(3) 下部开洞侧边钢骨混凝土结构及70mm、100mm厚钢板焊接质量及变形控制。

(4) 控制梁板钢筋不超高，保证梁板混凝土浇筑时的表面平整度控制，确保楼面混凝土原浆收光质量。

(5) 隔声楼板各工序质量把关，确保隔声楼板施工质量达到设计效果。

(6) 外墙窗墙系统施工质量控制，以确保建筑立面设计效果。

2. 流水段划分

地下室施工时，按后浇带分为64个区。±0.00以下各栋楼结构各设3道变形缝，按照各栋楼结构留设的变形缝将各栋楼结构划分为4个施工段，每2个施工段各自组织流水施工。

3. 工艺流程

(1) 地下室底板结构：测量放线→土方开挖→砌砖模→绑扎深坑、地梁及底板钢筋→后浇带施工缝处理→主体结构钢筋插筋→浇筑底板混凝土。

(2) 主体结构：测量放线→绑扎柱墙钢筋（含水电预埋）→支立柱墙、楼板模板→绑扎楼板钢筋（含水电预埋）→浇筑混凝土（柱、墙、板）。

（3）砌体：放线→现浇混凝土止水坎或砌混凝土空心砌块→砌墙及水电预埋。

（4）内外装饰：结构面层清理→冲筋→门窗框安装→各类安装工程穿插→顶棚装饰→墙面装饰→地坪装饰→安装门窗扇、小五金→风口灯具安装、调试。

（5）室外工程：放线→管道土方开挖→垫层→埋管、回填→路面绿化。

5.9.4.2 施工组织

1. 管理机构

本工程规模大，技术复杂，施工难度大，质量要求高，按总承包施工的方式承建，以优化组合和先进的管理方法组织施工，按照项目法进行管理，组成强有力的项目组织管理机构和精干队伍到该工程中去实施管理与施工，确保完成本工程的总体目标，项目部组织机构见图 5-12。

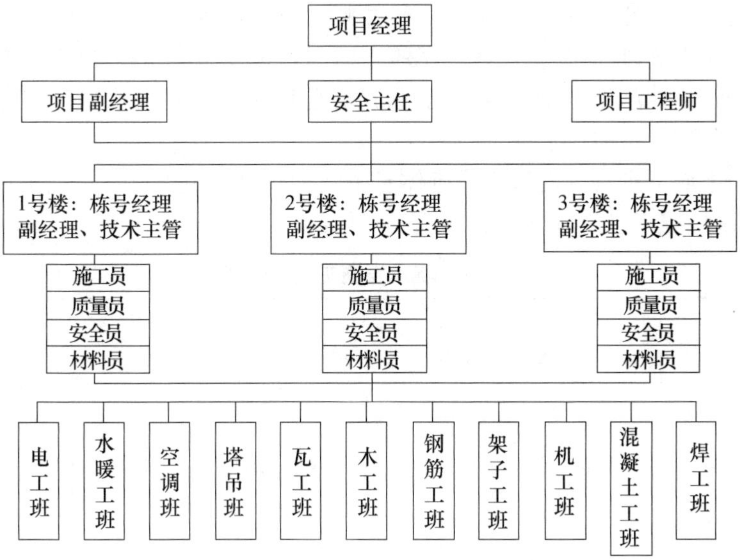

图 5-12 项目部组织管理机构

本工程实行项目经理负责制，项目经理负责本项目全面工作，对工程进度、质量、安全、文明施工和成本负责，项目工程师具体负责本工程的技术、质量工作，项目副经理 10 名，各司其职。

2. 施工力量组织

在劳动力组织上力求做到技术工种和辅助工种合理搭配，在保证工程质量和进度的前提下，由项目部根据各阶段任务安排提出劳动力计划，统一安排，力求劳动力组合处于最佳合理状态。

（1）土建工程队：负责钢筋混凝土、砌筑及脚手架工程等土建项目，下辖木工班、钢筋工班、架子工班、混凝土工班、砌体抹灰工班。

（2）安装队：负责整个工程的水、电、通风等各种设施管线、设备的预留预埋，设水、电、空调班。

（3）其他专业工种由各专业分包单位自定，但必须满足总进度计划工期的实现。

3. 施工机械配置

（1）塔吊：根据上部工程结构特点，并综合考虑地下室施工，1号、2号、3号楼各安装3台塔吊，主要用于吊运模板、钢筋及其他材料。

（2）施工电梯：上部主体结构施工时每栋楼各安装4台双笼施工电梯，用于运送施工人员及装饰材料。

（3）输送泵：配备HBT80型混凝土输送泵10台。

（4）砂浆搅拌机：配备24台砂浆搅拌机，主要用于砌体和抹灰。

（5）现场配备3台150kV·A柴油发电机组。

5.9.5 施工总进度计划

工程开工时间：第1年度10月19日；地下室封顶时间：第1年度12月31日；1号楼封顶时间：第2年度8月25日；2号楼封顶时间：第2年度8月22日；3号楼封顶时间：第2年度8月28日；工程施工竣工时间：第3年度9月20日，共计700d。

砌体工程在主体施工至15层结构完成后，随同主体进行流水施工，室内装饰待主体分段中间验收后，组织流水施工。

外装修由上而下进行，需待主体砌体及中间验收完成后进行，总施工进度计划详见表（略），标准层施工进度计划见表5-9。

表5-9 标准层施工进度计划

项目	1		2		3		4		5		6	
	上午	下午	上午	下午	上午	下午	上午	下午	上午	下午	上午	下午
弹线	——											
绑扎墙柱筋		——	——									
柱墙模板安装			——	——								
梁板模板安装					——	——						
绑扎梁板钢筋							——	——	——	——		
混凝土浇筑											——	——

5.9.6 总平面布置及管理

本工程在东、南、北侧开设出入口连接交通主干道，现场设办公室、宿舍、仓库及配电房。地下室施工期间，钢筋加工在基坑内进行，塔楼施工初期，考虑地下室顶板后浇带未封闭，不能完全承受荷载，顶板上仅布置钢筋、木模加工场（靠近各栋主体），以方便施工。职工生活区设置在施工现场外租用的厂区内。

地下室顶板施工完成后布置施工电梯基础，主体施工至5层时应将电梯安装完毕并投入使用。9台塔吊分别布置在3栋楼两侧，塔吊悬臂基本覆盖地下室及上部主体整个作业面且装拆方便。混凝土采用预拌混凝土，搅拌车运至现场，采用输送泵运送至各浇筑部位。

主体阶段施工现场平面布置见图5-13。

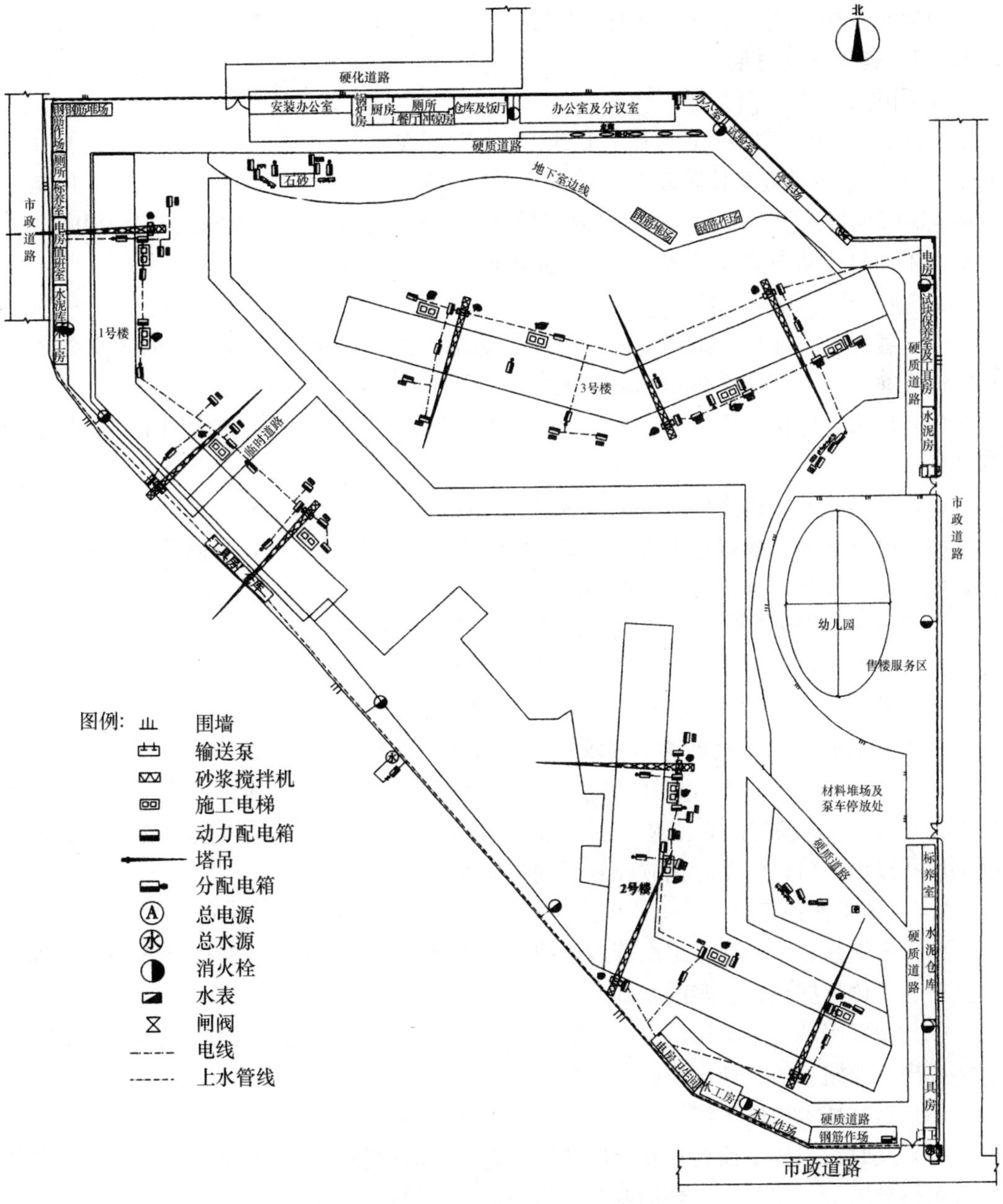

图5-13　主体施工现场平面布置图

5.9.7 施工准备

5.9.7.1 现场施工条件

（1）现场 5 台共 1980kV·A 变压器及 ϕ80mm、ϕ100mm 各 1 根临时供水管已经接通。

（2）场地东侧、南侧、西侧均靠近交通主干道，交通便利，建筑材料从东、南、北三个门运至现场。施工现场内设硬质混凝土道路，通道顺畅，材料等运输较为方便。

5.9.7.2 施工现场用电

1. 用电量计算

根据主要机械功率表经过计算施工用电量为 2014kV·A，现场已有 1980kV·A，施工期间变压器容量基本满足主体阶段施工要求，另在现场配置 3 台 150kV·A 发电机在停电时或用电高峰期投入使用，发电机通过双控开关与国电互为备用，但必须先调整好相序。

施工用电线路布置详见施工现场平面布置图（图 5-13）。

2. 施工用电注意事项

（1）各配电箱配锁，做到防雨、防尘、防潮，移动式配电箱底与地面垂直距离为 $1.5\text{m}>h>0.6\text{m}$，固定式配电箱底与地面距离为 $1.5\text{m}>h>1.3\text{m}$。

（2）塔吊、电梯、输送泵、水泵及木工和钢筋加工场等处的电箱为固定式，其余为移动式。

（3）防雷接地、重复接地、工作接地均按现行规范制作和埋设。

（4）电气防火：根据施工现场需要，配置干粉灭火器若干台，各固定式配电箱设 2 台，配电室设 6 台，其他易燃处适当配置。

（5）做好雨期施工安全用电的保证措施，落实预防漏电的措施。

5.9.7.3 施工现场用水

由于混凝土采用预拌混凝土，现按照消防用水计算管径，经计算现场 DN80 和 DN100 两根管道供水，已能满足要求，施工用水、消防用水见施工现场平面布置图。

地下室主体施工完成后，抓紧进行地下室水池施工，利用水池进行储水，并在其顶板上设 6 台 150m 扬程的高压泵，利用 ϕ75mm 立管将施工用水加压送至各施工层，各施工层开设出水口，施工时用软胶管引到相应部位。

5.9.7.4 施工准备工作

（1）组织强有力的项目组织管理机构与操作层，各栋号由栋号经理负责，为确保完成工程的总体目标奠定坚实的基础。

（2）做好图纸会审工作，组织工程技术人员认真熟悉图纸，全面掌握施工图纸的内容，提出方便施工的合理化建议。

（3）做好技术交底工作，对施工难点、重点编制专项方案。

（4）及时编制施工预算，充分反映工程施工所需的各种费用、材料、劳动力，做到以预算指导施工，使劳动力合理调配、施工进度合理化。

（5）现场所需的大宗材料（预拌混凝土、钢材、模板）制订采购计划，确保优质及时供应，做好各种机械设备、周转材料（钢管、顶撑、扣件）的进场准备，及时组织机具设备的安装调试及试运转。

(6) 根据施工现场场地和施工条件合理布置总平面，编制施工进度控制实施细则，分解工程进度控制目标，编制施工作业计划，采取有效进度控制措施，保证实现工程进度目标。

(7) 根据劳动力计划做好有效劳动力准备，保证劳动力能及时、有序、按计划投入。

(8) 建立健全项目部质量、安全、文明施工等施工管理制度和各级管理人员岗位责任制，在施工中认真贯彻执行公司ISO 9001：2000质量管理手册和程序文件及ISO 14001：2004环境/职业健康安全管理手册和程序文件，确保工程按期优质完成。

5.9.8 资源供应计划

5.9.8.1 劳动力安排计划

本工程体量大，各阶段劳动力要求多，故在施工中除各工种所需劳动力必须按计划满足外，还应充分运用流水施工，利用时间、空间组织立体交叉作业，穿插进行，保证每道工序的施工进度，确保建设单位的工期要求的实现和总体施工进度计划的完成。逐月劳动力动态分布图见图5-14。

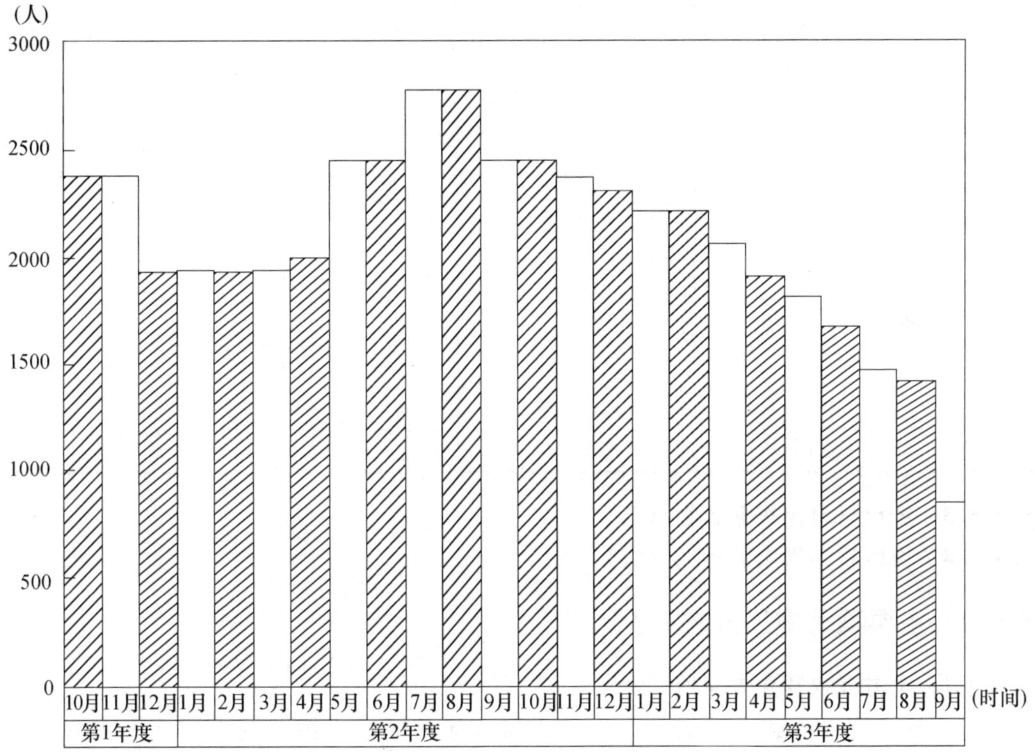

图5-14　劳动力动态分布图

5.9.8.2 机械设备需用量计划

各主要机械设备需用量计划见表5-10。

表 5-10 主要机械设备需用量计划

序号	名称	型号	单位	数量	功率（kW）
1	塔吊	FO/23B	台	9	75×6
2	混凝土输送泵	HBT80	台	10	55×5
3	电梯	SCD200/200J	台	12	38×12
4	电渣压力焊	MJH-36A	台	12	37×12
5	弯曲机	GJB6-40	台	12	3×12
6	对焊机	UN_1-100	台	6	110×6
7	切断机	GJ5-40	台	6	5.5×6
8	调直机	GTJ4/4	台	3	4×3
9	交流电焊机	GX_3-500-2	台	11	14kV·A×11
10	直流电焊机	AX7-300	台	24	10kV·A×24
11	高压泵	130m 扬程	台	6	11×6
12	潜水泵		台	15	2.5×15
13	发电机		台	3	150kV·A×3
14	振捣棒		台	75	1.1×75
15	平板振动器	N—7	台	9	2.2×9
16	圆盘锯		台	12	3×12
17	平刨机	MB504	台	4	3×4
18	砂轮切割机		台	6	1.1×6
19	手电钻		台	100	
20	钻床	ZQ4125	台	6	0.75×6
21	空压机		台	3	7.5×3
22	砂浆搅拌机	200L	台	24	0.75×24
23	手锯		台	60	
24	绞丝机		台	6	
25	砂轮机		台	3	

5.9.8.3 主要材料需求量计划（略）

5.9.8.4 周转材料需求量计划（略）

5.9.9 主要项目施工方法

5.9.9.1 土方开挖及土方回填

工程基底位于承载力较低的人工填土层或淤泥质土上部，挖土层地下水含量较丰富。

1. 土方开挖及降排水措施

（1）挖土：本工程土方在施工桩基前已挖至底板以上 0.35m 左右，采用 5 台挖土机开挖，机械挖土至垫层标高，采取先承台后基础梁再底板的开挖顺序。裙房地下室管桩土方采用人工开挖至设计标高，以防对桩基产生扰动。

(2) 降排水措施：

1) 排除地表水：挖土前在基坑四周及时挖出临时通向集水坑的排水沟，再由水泵抽出基坑至沉砂池，由沉砂池抽入市政污水井，并在基坑上面沿四周砌排水沟。

2) 降地下水：在土方开挖前，沿地下室四周外围及场地内（设在后浇带内）每隔20～30m设降水井，井底低于坑底3～5m。

2. 处理桩头

预应力管桩桩基采用割锯破桩，灌注桩采用人工剔凿法破桩。

(1) 割锯管桩：割桩时按桩身上的控制标高线割锯，并确保水平及平整，对于按设计预留抗拔钢筋的管桩只切到保护层，然后用人工打凿，不得破坏钢筋。

(2) 剔凿灌注桩：采用割锯锯除桩筋保护层混凝土后，手工锤錾或风镐錾剔凿超高挖孔桩头，剔凿后桩顶应平整，桩头钢筋不得破坏。

3. 土方回填

±0.00以下主体结构施工结束，挡土墙外侧防水及保护层完成经分项验收后及时进行土方回填。

(1) 应对填方基底和已完成隐藏工程进行检查并做好记录。

(2) 填方土料应符合设计要求，且在夯填后做密实度检验，回填区域内应无积水、无杂物。

(3) 回填土分层（≤300mm）进行，人工夯实，打夯时应一夯压半夯，夯夯相连，纵横交叉，分层夯打。

5.9.9.2 测量施工放线

1. 测量仪器（略）

2. 轴线定位和平面控制

在地下室四周基坑上面，定出封闭的平面测量轴线控制网的坐标点。根据建筑总平面图中施工控制点的坐标，与测量轴线控制网坐标点的关系，定出地下室底板及1号、2号、3号楼测量轴线控制点，在底板浇筑混凝土时，在轴线控制点位置预埋150mm×150mm铁板，底板混凝土终凝后，将轴线引测到铁板上刻上十字线，作为轴线控制点，在以上各层相应位置预留200mm×200mm方孔，用激光铅垂仪将轴线控制点传递至施工层，再用经纬仪测放各层控制轴线。

3. 高程控制及高程控制网的设定

按照施工现场的高程控制要求，±0.00相当于绝对标高10.20m，并由该点引测到场地内，埋设6个基本水准点（每栋楼2个），布设成闭合水准路线。

(1) ±0.00以下的标高控制：在土方开挖过程中，于基坑四周测设同一标高的水平线控制，丈量时，采用50m钢卷尺以基本点向下引测。

(2) ±0.00以上的标高控制：使用钢尺和水准仪沿结构外墙、边柱等向上竖直测量。丈量时，均以基本点向上引测，不分段，然后用水准仪转测各楼层标高。当建筑物超过30m时，重新设置控制点。

4. 竖向垂直度控制

根据该工程平面特点，选择内控法和外控法相结合的方法控制垂直度。施工时应加强电梯井和建筑物大角墙、柱的垂直度控制。在建筑物的各个立面引两根轴线到外墙面，用以控制建筑物的全高垂直度。其主要控制方法是提高外墙（梁板）模板边线的放线精度；支模时保证正确的尺寸和垂直度；外墙离大角 200mm 处弹模板垂直控制线。

5.9.9.3　钢筋工程

1. 钢筋加工

（1）钢筋加工的形状、尺寸必须符合设计要求。钢筋表面应洁净、无损伤、油渍、漆污和铁锈等，带有粒状和片状锈的钢筋不得使用。

（2）钢筋切断和弯曲时长度应准确，弯曲后平面上应没有翘曲不平现象，钢筋弯曲点处不得有裂缝，对于 HPB300、HRB335 级钢筋不能反复弯曲。

（3）墙、梁等构件上的负弯矩筋弯钩端部的直线长度不得超过板厚减去保护层，以免弯钩端部支在模板上而出现返锈现象。

2. 钢筋绑扎

（1）墙、柱竖向钢筋伸入梁内锚固长度必须符合设计要求，柱、墙在梁范围内纵筋保留箍筋 3 道、拉筋 3 道，柱、剪力墙钢筋要按设计要求错开接头。

墙内水平钢筋的端部锚固应按施工图保证长度≥La。按照墙厚设置拉钩。

（2）梁板的上筋在跨度中间 1/3 范围内搭接，下筋在净跨中间 1/3 范围内不允许采用绑扎接头，钢筋锚固长度应符合图纸及施工规范要求。

为保证钢筋的位置止确，保护层垫块在绑扎钢筋前放于梁底模内，板底筋保护层采用塑料垫块，梅花状垫置，上筋与下筋之间采用 ϕ14@1000mm 钢筋马凳支撑，以保证板的有效厚度及钢筋保护层厚度。

3. 钢筋连接

按设计及抗震规范要求，柱、暗柱、墙竖向钢筋 $d\leqslant$18mm 采用绑扎接头，18mm$<d\leqslant$22mm 采用闪光对焊，$d>$22mm 竖向钢筋采用直螺纹连接。

梁、板水平钢筋 $d>$22mm 采用冷挤压或直螺纹接头，$d\leqslant$22mm 的采用搭接焊或闪光对焊，楼面板钢筋全部采用绑扎接头。

5.9.9.4　模板工程

1. 模板制作施工

（1）柱、墙、梁板模板均采用 18mm 厚胶合板、50～100mm 木方定型组合拼装而成，柱、墙模板配制一套，梁板模板配制 3 套，翻转使用。

（2）电梯井筒模按图纸尺寸放样，配制定型木模板。为确保电梯井筒的成型尺寸，满足电梯安装要求，在楼层交接施工缝下 100mm 处上下预埋两根 ϕ12mm 螺栓，用 50mm×5mm 角钢制成三脚架，间距 1000～1500mm，与预埋螺栓连接固定电梯井筒内模板，以防电梯井筒墙体下部侧向变形。电梯井筒墙内模拆模时整体拆除，上一层电梯井筒立模时，利用塔吊将井筒内模整体提升，周转使用。

2. 拆模

（1）一般墙、柱模在混凝土终凝后强度能保证其表面及棱角不因拆模而受损后拆除。

（2）梁板底模拆除由施工员根据试块试验结果和规范规定下达通知单，经项目工程师审批及监理工程师批准后拆除。

（3）模板拆除过程中如发现质量问题应及时向项目工程师汇报，会同监理及设计师共同研究方案处理后继续拆除。

5.9.9.5 混凝土工程

（1）地下室底板共 64 个区按后浇带分 11 次浇筑，要求混凝土坍落度 140～160mm，承台基础梁较深，浇筑采用斜面（坡度 1∶5）分层，其厚度控制在 400mm 内。

（2）标准层柱、墙、梁板混凝土一次性浇筑，坍落度 140～160mm，由于竖向结构混凝土强度等级比水平结构强度等级高，在梁内用快易收口网呈 45°方向隔离，竖向结构混凝土浇筑至梁板顶并超出周边 20mm。

（3）混凝土振捣专人定位，柱墙梁采用插入式振捣器振捣，楼板采用平板式振动器振捣，1/2 初凝时间左右再采用平板振动器互成垂直方向振平，用 2m 刮尺刮平，木抹子搓毛后铁板压光。

（4）地下室竖向结构柱墙混凝土采用 PVC 管淋水养护，上部结构柱墙梁板浇水养护，养护时间不少于 14d。

5.9.9.6 型钢悬挑脚手架工程

本工程 2 层以下脚手架采用落地脚手架，外墙从塔楼 2 层楼面向上采用型钢悬挑钢管搭设的双排扣件式脚手架。

根据计算结果，悬挑脚手架采用 12.6 工字钢作钢梁，在结构梁上预埋钢板作为支点，与钢梁焊接。上两层楼板分别预埋套管，穿钢丝绳与钢梁上焊接两处吊环分别拉接。脚手架悬挑钢梁分别设于 2 层、12 层、22 层梁板，其中 22 层以上悬挑搭设高度为 32.4m，以下两段均为 31m，上下脚手架悬挑段分开，详见图 5-15。

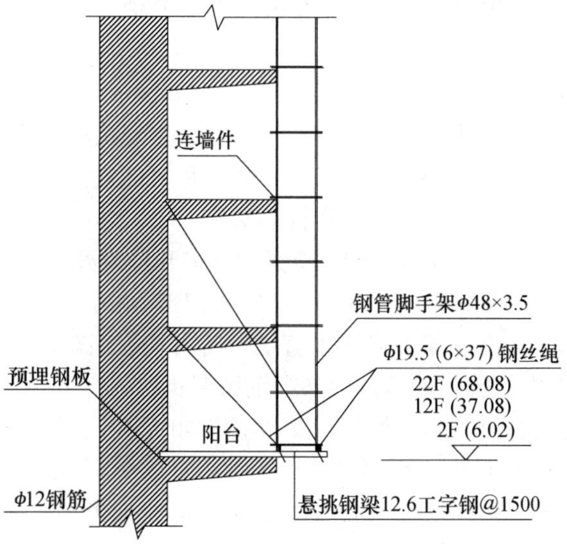

图 5-15 型钢悬挑脚手架示意图

在脚手架四面要设置防雷接地点，每栋塔楼设 8 个点，用 ϕ12mm 圆钢将建筑物内接地与立杆焊接。

5.9.9.7 宽扁梁转换层施工

本工程2层框支转换层层高6.54m，板厚200mm，转换梁为宽扁梁，梁高均为1200mm，宽1500～6600mm；宽扁梁钢筋密集（尤其是梁与梁和梁与柱节点处），混凝土强度等级均为C60。宽扁梁配筋如图5-16所示。

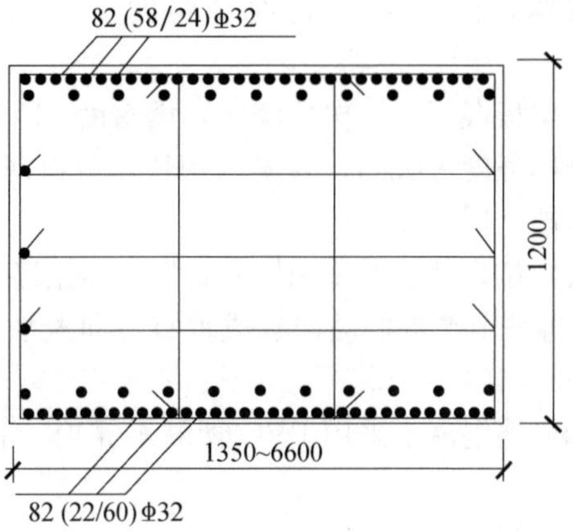

图5-16 宽扁梁配筋图

1. 宽扁梁转换层施工程序

弹线→柱、筒体墙钢筋绑扎（框支柱箍筋绑至梁下50mm），水电预埋→支立框支梁以下部分框支柱、剪力墙模及筒体内楼板模、宽扁梁底模→浇筑柱、剪力墙混凝土至宽扁梁钢筋下锚处→在模板上弹出宽扁梁边线，搭设搁置宽扁梁面筋支撑→宽扁梁钢筋铺设就位与绑扎宽扁梁钢筋，梁内水电预埋→宽扁梁侧模板和楼板模支立→板筋绑扎，水电预埋→上部墙、柱钢筋插设→混凝土浇筑→蓄水养护。

2. 宽扁梁钢筋施工

(1) 宽扁梁钢筋主筋规格有ϕ25mm、ϕ28mm、ϕ32mm三种，接头均采用冷挤压套筒连接，同一截面受拉区接头数量不超过50%。宽扁梁面筋接头设在跨中1/3范围内，底筋接头在跨边1/3范围内，钢筋弯起点10d外，尽可能避开宽扁梁端部箍筋加密区。

(2) 宽扁梁箍筋直径大，且交叉段梁箍筋密集，施工难度大，除ϕ16mm为封闭箍，其他均为焊接封闭箍，单面焊10d，坡口位置相互错开且避开弯点10d以上。

(3) 宽扁梁水平拉钩ϕ12@400mm，一端弯成135°，另一端先弯成90°，待钢筋绑扎成型后再打弯至135°；宽扁梁节点内垂直拉钩密集，施工难度大，ϕ14mm、ϕ16mm、ϕ18mm均做成160°左右，确保能与两交叉梁钢筋绑扎到位。

(4) 宽扁梁内有大量反吊筋、浮筋，要与箍筋同时绑扎就位，具体位置应在布设梁筋前按设计图纸标注在模板上。

(5) 宽扁梁底筋第1排向下锚入墙内，底筋2、3排向上锚；面筋第3排下锚，第2排直锚入板内，面筋向上锚入墙内。

3. 宽扁梁转换层模板及其下支撑施工

(1) 模板：宽扁梁高1200mm，梁侧设50mm×100mm木方@300mm；为加强梁模的侧向刚度，宽扁梁侧设两道2ϕ48mm水平钢管围檩，用ϕ12mm螺杆拉结固定，其间距水平方向@400mm，垂直方向下道距梁底250mm，螺杆间距400mm。宽扁梁宽度较大，采取对拉螺杆断开与宽扁梁内 ϕ10mm 构造拉筋焊接的方法，焊接长度单面焊 10d，螺杆伸出梁外 200mm，伸入梁内 200mm。梁板底格栅采用 50mm×100mm 木方@250mm，格栅直接敷设在钢管排架水平拉杆上，然后在格栅上直接敷设梁板模板。

（2）模板支撑系统：梁板支撑排架采用 ϕ48mm 钢管搭设梁板底，排架立杆间距为梁下 500mm，板下 1000mm；ϕ48mm 钢管纵横水平拉杆为梁下 4 道，板下 5 道。梁板排架最下一道纵横水平拉杆距楼面不大于 250mm，且所有排架与已浇好混凝土的墙柱相连的部位，均采用钢管顶死或箍紧，以增强排架的整体稳定性。宽扁梁混凝土浇筑前对转换层以下两层与宽扁梁相对应范围内梁用钢管顶撑进行回顶卸荷，间距@600mm，设 3 道纵横水平拉杆。

（3）宽扁梁模板拆除：梁侧模在混凝土浇筑后 12～24h 松开螺杆，7d 后拆除。底模在混凝土强度达到设计强度 100%由项目技术负责人批准签发通知单后方可拆除。后浇带模板与楼面梁板一起支立，但楼面梁板支撑系统拆除时，后浇带部位模板支撑系统不得拆除，2 个月后用 C65 膨胀混凝土补浇，补浇混凝土达到设计强度后，模板及其支撑系统方可拆除。

4. 宽扁梁混凝土施工

宽扁梁转换层采用 C60 高强混凝土，泵送施工。严格控制水泥用量，采用双掺技术，改善混凝土的坍落度、和易性和可泵性，降低混凝土的水化热，控制混凝土的入模温度，以减少混凝土结构内外温差。

（1）C60 高强混凝土配合比：配合比由厂家通过试配确定。水泥选用普通硅酸盐水泥，砂细度模数 2.70～3.0，石子粒径 5～25mm，压碎指标＜10%，外加剂采用 KFDN-SP，粉煤灰Ⅱ级，坍落度 160～200mm。

（2）混凝土浇筑：按后浇带分段浇筑，浇筑时每段连续作业，混凝土供应必须及时充足，坍落度测设做到每车必测。混凝土在浇筑过程中要加强振捣，选用高频插入式振动棒，振捣必须密实，尤其是梁柱核心区。宽扁梁浇筑采用“平面分层，斜坡浇捣”的方法，分层厚度控制在 500mm 以内，浇筑一次到顶，保证上下层混凝土之间浇筑间隙时间不超过初凝时间的 1/2，并加强该处上下层混凝土衔接时间的控制。

（3）混凝土养护：混凝土终凝后蓄水养护（50mm 厚），湿养护时间不少于 14d，宽扁梁养护 21d，侧模拆除时间应尽量延长，以防早期温度应力产生裂缝。

5.9.9.8 钢骨混凝土结构施工

1 号、2 号楼 B 区下开洞两侧设 800mm、3 号楼设 1200mm 厚劲钢剪力墙混凝土结构，在墙两端分别设有 500mm×500mm×20mm 箱形钢柱，墙中部设两根 500mm×500mm×20mm “H” 形钢柱，钢柱在剪力墙内，四周加 M19 螺栓，钢柱内混凝土设计强度等级为 C60。钢柱采用 20mm 厚的 Q345B 钢板制作，焊接材料采用 E4303 手工焊条、CO_2气体保护焊丝。

1. 钢柱制作

本工程钢柱工厂制作，考虑现场塔吊的吊装能力，地下室每层为一段，上部结构以每段跨越两层质量不超过 2t 为基本段，所有焊缝按二级焊缝控制质量。

2. 钢柱基础

钢柱生根于 1.6m 深的地下室底板承台，钢柱基础由钢柱、柱根封底板和柱脚肋板组成，为控制钢板焊接变形，焊接时对钢柱基础钢板实施刚性固定法。

钢柱基础搁置在承台底筋上设置的4个铁板凳上，控制钢柱基础的平面位置及标高是钢柱施工的关键环节之一。

(1) 定位放线：在承台底面放出柱脚封底板的实样，确定两条相互垂直的控制线，在承台的四侧面超出钢柱基础的底板标高。

(2) 在4个控制点上设4根ϕ10mm短筋（与承台下层筋点焊），使得短筋顶部标高较钢柱基础底面标高低10mm，把4个铁板凳中心放置在短筋顶部并使凳面水平，将每个凳的4个“L”形脚与承台底筋的上筋搭接焊（单面焊缝长度不小于$8d$）。

(3) 为保证4个凳面的整体性，用ϕ25mm钢筋相互焊成“田”字形与铁板凳底面焊接。

(4) 二次放线，在4个凳面上标出钢柱封底板外缘的4个控制点（十字线）。

(5) 钢柱基础吊装就位时，其平面位置由凳面的控制线控制，垂直度控制由两个方向的钢柱外轮廓挂线控制，有误差时，由钢楔块支垫封底板校正，最后将封底边缘与铁凳板面焊接固定。

(6) 浇筑钢柱承台混凝土时，要注意对称下料，分层浇捣，以防钢柱基础整体移位，加强钢柱封底混凝土的振捣，确保柱底混凝土密实。

3. 钢柱拼装

钢柱接头设计有连接板，以增强接头位置的刚度，保证钢柱对接焊口的质量，同时方便了钢柱的安装，连接板位置要考虑焊缝凸出表面及钢柱的制作误差、运输变形等因素，与上柱连接处应空出5mm间隙。

(1) 安装连接板：在设置的定位筋上，校正连接板的垂直度，最后按对称施焊的方法将连接板焊接固定在下柱上口。

(2) 鉴于钢柱段的自重大，采用对称捆绑式吊装。吊点位置距柱口不少于500mm（以防变形），控制吊点位置的限位钢板（20mm厚）必须同柱身钢板焊牢。

(3) 吊装由专人指挥，将钢柱慢慢吊装到位，借助人工将上下柱对好、吻合，如有误差可在上柱连接孔内嵌入钢楔来校正。

(4) 钢柱垂直度根据楼面上测设的钢柱周边的“井”字线，用两台经纬仪同时测设校正。

(5) 焊接对接焊缝由柱两端开始，两个焊工按顺时针方向同时施焊，严格控制焊接电流，确保焊接质量。

(6) 焊接上连接孔与连接板的贴角焊缝仍按“对称、分层”的原则施焊，每条焊缝分3层4～6遍成活。

4. 柱混凝土浇灌

柱内混凝土的浇灌同所在楼层的柱墙梁板混凝土一次性浇筑，每次浇灌混凝土前先浇一层厚度150mm左右与混凝土强度等级相同的水泥砂浆，既可保证柱脚混凝土密实又避免了自由下落的混凝土粗集料产生弹跳离析现象。每次浇筑至钢柱接头以下约300mm，以免在钢柱对接施焊时高温影响混凝土质量，施工缝采用植石笋法。

5.9.9.9 钢结构及厚钢板焊接施工

2号楼端部D区建筑平面从12层转换，平面延伸16.8m至4A轴，下部高度

44.64m，采用箱形钢柱、箱形支撑、100mm 厚加劲板等组成平面网状结构支撑体系，承受转换层以上建筑荷载。钢构架底部植入承台与地下二层混凝土结构中形成稳固可靠基座，上部伸至 12 层转换结构梁板中标高 36.24m 处，总钢量 900 余吨。

1. 材料

（1）采用 Q345B+Z15 钢板，厚度为 100mm、70mm，应符合现行国家标准要求。

（2）焊接材料采用 E5016 手工焊条，$HO_8Mn_2SiACO_2$ 气体保护焊丝、HO_8MnA 埋弧自动焊丝。焊接前应将焊条进行烘焙处理，烘焙次数不超过两次。

2. 钢结构制作

钢构件采用工厂预制，其工艺流程：CAD 放样→下料→拼板→CNC 切割→组立→埋弧焊接→制孔→组装→矫正成型→铆工零配件下料→制作组装→焊接和焊接检验→喷砂防锈处理、涂装、编号→构件验收出厂。

3. 钢结构现场安装

（1）安装前施放出各条主控制线，形成平面控制网，作为钢柱吊装就位的依据，同时对钢柱基础面的标高进行测量。

（2）箱形钢柱现场组拼焊接成，现场吊装分段。

（3）80t 吊机就位，吊钩索具与等待吊装的箱形钢柱连接就位。回转法提起箱形钢柱至待就位状态，严禁柱根拖地，下段先由牵引绳牵引就位；箱形钢柱下端通过连接板穿高强螺栓临时固定，同步进行箱形钢柱垂直度及标高测量调整。

（4）现场临时维护棚内，实施箱形钢柱超厚钢板焊接，焊接完成后拉缆风绳及连接扶墙钢杆件确保结构稳定。

（5）吊装柱间箱形钢斜撑构件，实施斜撑接头的全位置焊接。

（6）箱形钢柱就位后，先调整标高，再调整位移，最后调整垂直度，经初校垂直度偏差在 20mm 以内时，方可使吊机脱钩。校正后为防止钢柱位移，在柱四周用 10mm 厚的钢板定位，并用电焊固定。钢柱复校后，再紧固锚固螺栓，并将承重块上下电焊固定，防止移动。

（7）构件在安装过程中涂层如有损坏，在整个主体钢构架安装完成后，应进行补涂，补涂的油漆颜色、品牌应与原来的一致。

4. 钢结构现场焊接

本工程现场安装焊接主要为箱形钢柱吊装分段对接及箱形钢斜撑对接，属大型焊接接头，其特点是现场安装接头均处凌空部位（接口位置分布于－2.500m～34.100m）；外形截面积较大，如箱梁钢柱截面尺寸 1400mm×800mm，箱梁钢斜撑尺寸 800mm×800mm；钢柱及钢斜撑为 70mm 超厚钢板。现场接头焊缝分布密集且焊接填充金属量大，导致其几何截面积尺寸不易保持。现场接头对接口走形、对角线差异、长缝坡口部板缘起伏等误差必然存在，需要采取措施进行约束。

5.9.9.10　砌体工程

该工程塔楼砌体采用强度等级为 5MPa 加气混凝土砌块，地下室采用强度为 7.5MPa 陶粒混凝土空心砌块，塔楼墙体厚度分别为 100mm 厚和 200mm 厚两种，地下室砌体采用 M7.5 水泥砂浆施工，地上部分用 M5 水泥砂浆砌筑。

砌块砌筑应遵循现行国家规范要求，加气混凝土砌块不得与其他砖、砌块混砌。该砌块应使用专用工具切割。施工前应向砌块砌筑面洒水1～2遍，表面湿水深度宜为8～10mm。

5.9.9.11 窗墙（Window-wall）系统

1. 设计特点

（1）栏杆系统的主受力构件为热镀锌方通钢，外套100mm×85mm×2mm的铝方通。不锈钢驳接爪通过螺栓固定于方通钢上，安装方便、快捷，外观简洁、大方。

（2）遮阳格栅系统的主受力构件为100mm×200mm的钢梁，梁外包单层氟碳喷涂银灰色铝板，格栅条通过连接槽铝，用不锈钢螺钉固定在铝板上，结构坚固，工艺性好。

（3）窗墙系统主要铝合金受力构件均依据相关规范验算其强度和挠度。结构采用单元插接式，具有很好吸纳层间变形和竖向、横向地震变形的能力。

（4）结构设计中已从多方面加强了门窗本身的防水性能，同时利用等压原理，采用多层排水方式，设外排水和内排水系统，并在排水出口设单向卸水孔罩，增强了门窗的防水性能。

（5）每层的窗墙系统及普通外门窗均用8mm的热镀锌圆钢与均压环进行焊接连接。其中跨度小于6m的在门窗两端各设一个连接点；跨度在6m以上的要求连接点间距不大于6m。转角处就近与防雷接地引下线连接。

2. 铝合金构件的加工制作方法

铝合金表面进行了氟碳喷涂处理，加工时必须保护型材表面以免被划伤和污染，为此下料前应把铝材表面贴上保护胶带，防止加工过程中有划伤；型材锯切采用EM-MGICOM-BI双头锯及进口单头切割锯锯切，长度尺寸精度可保证；下料完成后，标明规格、数量，供下一道工序的使用。

加工制作时普通钻孔采用多头钻床加工；端头切角采用PRESSTA 500型切角锯加工；端头榫位采用卧式铣床加成型刀加工；端头圆弧接口采用靠模铣床或数控铣床加工；扣条、装饰件采用冲床及专用模具加工。

3. 铝合金安装方法

（1）铝合金门窗安装（Window-wall系统）工艺流程

安装基准线确认→洞口确认→材料就位→安装框→固定→检查调整→框填缝→复查框→清理框胶纸→打防水胶→安装固定玻璃→安装开启扇→调试→清理。

1）在最高层找出门窗口边线，用大线坠将门窗口边线下引，并在每层门窗口处划线标记，对个别不直的口边应剔凿处理。门窗口的水平位置应以楼层+500mm线为准，往上返，量出窗下皮标高，弹线找直，每层窗下皮（同标高）应在同一水平线上。

2）墙厚方向的安装应根据外墙灰饼和水平标高及窗的宽度，确定铝合金门窗在墙厚（及标高）方向的安装位置。

3）门窗框与墙体的固定采用预埋埋件的方法，用焊接的方法将框与预埋件连接。

4）铝合金门窗固定好后，应及时处理门窗框与墙体缝隙，采用发泡剂填塞缝隙，外表面留5～8mm深槽口填嵌防水密封胶。

5）门窗框安装完毕后，将门窗扇按编码套装到相应位置。

6）五金配件要求安装牢固，使用灵活。

（2）玻璃栏板安装工艺流程

测量放线定位→预埋件检查、校正→镀锌钢材点焊、调整→复核定位→加焊→外套铝型材打密封胶固定→安装不锈钢驳接爪→栏杆玻璃、扶手安装。

(3) 铝制格栅安装工艺流程

测量放线定位→预埋件检查、校正→焊接镀锌角钢→安装镀锌结构钢→安装铝合金盖板→安装挤压型材格栅→安装镀锌角钢→安装端部镀锌结构钢→安装栏杆工字钢→结构钢外包铝板→打密封胶→现场清理、验收。

(4) 玻璃隔墙安装工艺流程

测量放线→预埋件检查、校正→安装不锈钢玻璃槽→安装玻璃垫块→安装玻璃→塞泡沫条、打耐候胶→清理、验收。

5.9.9.12 隔声楼地面工程

本工程塔楼室内客厅、卧室及走道楼地面为混凝土原浆一次抹光，上铺聚苯板隔声层，再浇筑 40mm 厚细石混凝土表面压光（内配冷拔钢筋焊接网片）作保护层，面层由住户二次装修。

1. 材料

(1) 隔声垫：隔声垫是由挤塑聚乙烯泡沫卷材制成的，其内部组成形成了独特的闭孔结构，设计 5mm 厚的隔声垫可显著降低楼板撞击声。隔声垫的技术指标应符合国家标准要求。

(2) 挤塑板：挤塑板是由全封闭结构聚乙烯泡沫板构成，其独特的全闭孔结构具有极强的抗吸水能力和隔热保温性能。挤塑板技术指标应符合国家标准要求。

2. 隔声地面施工方法

(1) 工艺流程

混凝土（原浆抹光）基层清理找补→墙体四周弹水平控制线（控制地坪、隔声垫上卷高度）→隔声垫下料、铺设（验收）→挤塑板下料、铺设（验收）→铺焊接网片、垫置保护层垫块（验收）叶用混凝土做灰饼，设置控制点（验收）→浇筑混凝土→精装饰面层。

(2) 隔声垫施工

1) 根据墙体四周弹出隔声垫上卷的控制线进行铺设，确保隔声垫在墙面的位置准确。

2) 根据房间尺寸进行铺设，隔声垫之间搭接 100mm，并用透明胶带将搭接部位的缝进行连接。上卷墙面的部分用胶带将隔声垫与墙面固定。

3) 在地面与墙面结合的阴角处，铺设高度要超过精装饰完成面 20mm，以保证隔声垫边缘被压在踢脚中间部位（图 5-17）。

4) 在凸出地面的管道处，其铺设高度比装饰完成面低 10mm，然后用密封胶收口。

5) 在阴角或阳角的交接部位，通过合理的切割，使隔声垫能够顺利铺贴，多余部分要切掉，不足部分要填补。

(3) 铺设挤塑板

挤塑板下料时，用直尺靠在切割位置，然后用美工刀划出 10mm 深的缝，用力扳动即可。切割应确保误差在±1.5mm。铺设时采用错缝铺设，两块板之间采用拼接。拼缝间距控制在 lmm 以内，然后用透明胶带连接。安装时如出现拼接处有高差，应进行调整，再行铺设。反梁楼面高低差采用不同厚度的挤塑板进行填充调节。

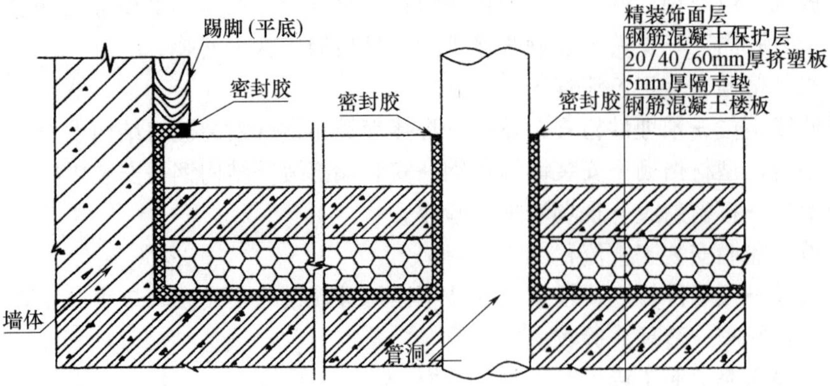

图 5-17　隔声楼面施工大样图

（4）铺设聚乙烯（PE）薄膜

聚乙烯 PE 薄膜采用 0.1mm 厚的增韧性塑料薄膜，以防止水泥砂浆流进隔声垫内，形成声桥，施工时要注意避免塑料薄膜遭到破坏。两条塑料薄膜之间搭接为 200mm，搭接处用透明胶带贴好，以防止浇筑混凝土时水泥浆进入隔声层。在隔声垫截断处（如墙角处）PE 膜应伸出隔声垫边缘 100mm 并用透明胶带固定。

（5）钢筋混凝土面层

1）隔声垫、PE 膜、挤塑板铺置完成验收合格后，在 PE 膜和挤塑板上绑扎钢丝焊接网（ϕ150mm），浇筑 C20 混凝土保护层（原浆抹光）。冷拔钢丝焊接网施工采用叠接法搭接，搭接长度不少于 15d。

2）板面网安装前应将需预埋管线系统装好，楼板上需开孔洞时，当洞口尺寸小于焊接网钢筋距离时，钢筋绕开洞口；当洞口尺寸大于网孔时，将通过洞口的钢筋切断，洞口四边各增加 2ϕ8mm 钢筋。

3）冷拔钢丝网片下料时其长度应比房间尺寸短 50mm，施工时每边离开上卷的隔声垫 25mm，这样防止冷拔钢丝过长刺破隔声垫。在房间和走道处冷拔钢丝网应断开，在此处设置分格缝。

4）浇筑混凝土时要搭设挑板，禁止小推车直接在挤塑板上行走以免引起挤塑板、PE 膜被破坏。在浇筑混凝土时，墙面与地面交接处应注意勿让混凝土进入 PE 膜和墙体之间，以防止隔声垫受到水泥砂浆污染而降低隔声效果。

5）在房间和走道之间设置宽 10mm 的分格缝，分格缝用沥青胶泥填实。

5.9.9.13　防水工程

本工程地下室底板背水面采用 1.5mm 厚 JS 复合防水涂膜；地下室侧墙采用 911 防水涂膜；主体结构外墙采用聚合物水泥砂浆防水；屋面采用 SBS 防水卷材；地下室顶板设计为种植屋面，采用 SBS＋HDPE 防水卷材设计方案，即种植屋面上先满铺一道 SBS 卷材，然后在 SBS 卷材上面再铺设一道 HDPE 土工膜卷材，地下室防水做法详见图 5-18。

1. JS 复合防水涂膜施工

JS 复合防水涂膜是采用专用聚合物乳胶为主要原料，配以多种助剂精制而成的防水乳胶，能在潮湿、干燥的多种材质的基面上施工，具有优良的粘结性、抗渗性、抗裂性、耐久性。

施工时先涂刷底胶提高涂膜与基层的黏结强度，防止涂层出现针眼气孔等缺陷。根据施工用量配制 JS 复合防水涂膜，将 JS 乳液、配套粉料、清水按 1∶0.8∶0.3 的比例配合后，倒入拌料桶中，用电动搅拌器搅拌 5min 左右，即可使用。在底胶基本干燥固化后，用塑料或橡胶刮板均匀刮第一层涂料，在第一遍涂层固化后，再在其表面刮涂第二遍涂层。

2. SBS 防水卷材施工

SBS 防水层施工要求基层必须干燥，施工前进行测试，卷材搭接宽度长边及短边不少于 100mm。采用热熔铺贴卷材时应注意必须加热均匀，不得过分加热，否则会烧穿卷材，以均匀地溢出改性沥青为度。卷材被热熔后应立即漆铺粘贴，并在卷材还较柔软时进行滚压，排除卷材下面的空气，使其黏结牢固，搭接缝处溢出的热熔改性沥青，应随即用刮板刮平，沿边封严。卷材防水施工在结构层与墙体交接处、凸出结构层转角处等部位应先加强处理。

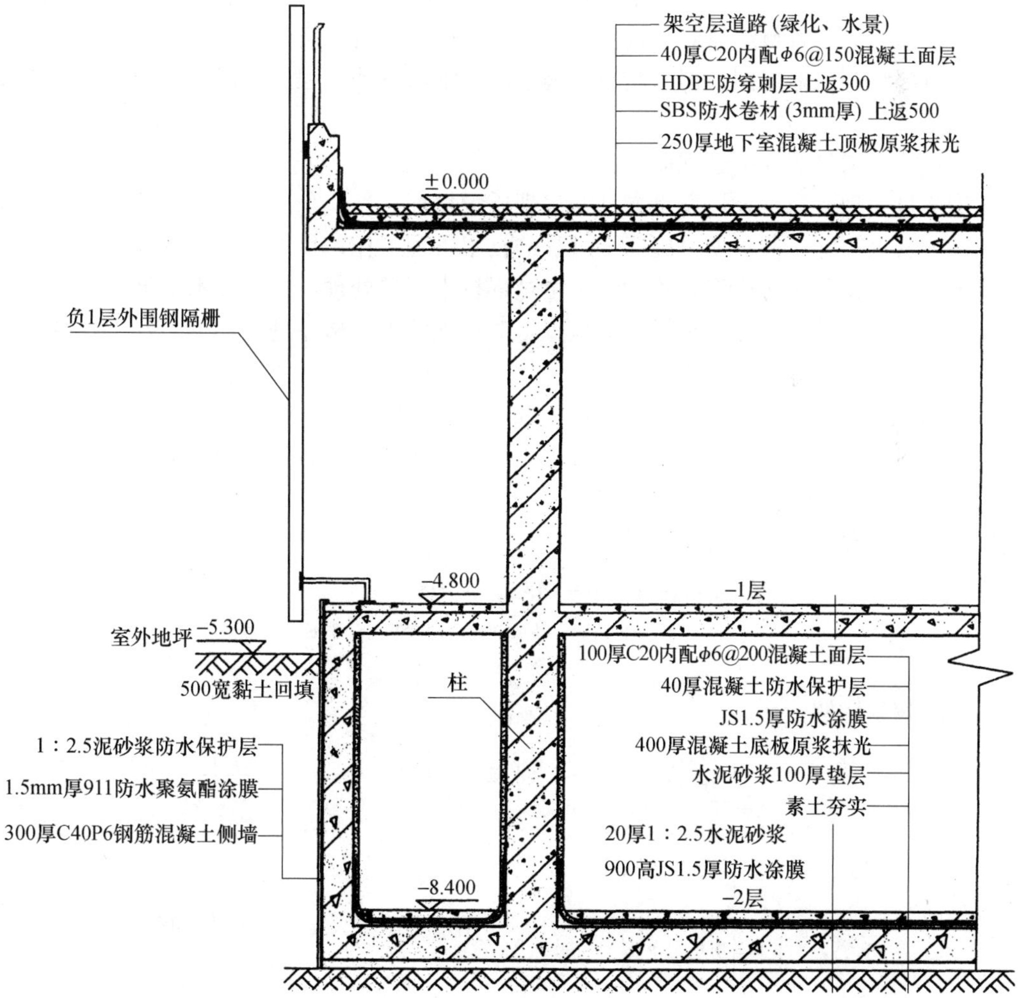

图 5-18　地下室防水做法详图

3. HDPE 土工膜卷材施工

HDPE 卷材是以高密度聚乙烯合成树脂为基料，加入抗氧剂、紫外线吸收剂、碳黑等辅料配制而成的防渗、防腐卷材，具有高度的韧性和优良的抗化学性、抗老化性能，不易腐蚀。卷材接缝采用自动热合机连接，更增加了防渗的保证性。技术性能指标应符合《土工合成材料聚乙烯土工膜》（GB/T 17643—2001）要求。

根据基层面尺寸，计算好剪裁尺寸，裁剪卷材。铺 HDPE 土工膜时，顺次铺设，搭接宽度为 5～10cm，随铺随焊，采用双缝焊枪焊接。铺设 HDPE 土工膜时不允许出现死折，当有死褶无法纠正时应将其划掉断开重新补焊，当土工膜下面有杂物无法取出时也应划开取出杂物后进行补焊。HDPE 土工膜收头处用水泥砂浆封闭。

5.9.10 主要施工管理措施

5.9.10.1 工程质量保证措施

（1）建立项目经理→项目副经理、项目工程师→1～3 号楼技术主管→各专职质检员及分项施工员→各班组兼职质检员的质量保证组织机构网络。

项目部在开工前根据公司《质量管理手册》编写好该工程质量保证计划，并坚决按计划实施。

（2）落实项目部人员管理职责：

①项目经理：执行公司质量方针，实现质量目标。

②项目工程师：负责项目施工全过程的技术管理工作，负责组织编制施工方案、作业指导书、纠正和预防措施，负责施工全过程技术问题处理，提出技术要求。

③专职质检员：在施工现场跟踪检查，对出现的不合格品进行标识。发出整改通知单，核定分项工程的质量等级。

④施工员：对自己组织施工的分项工程的质量评定。

⑤班组长：对负责施工的工序、分项工程进行自检合格后，向施工员申请验收。

（3）施工过程检验程序：

①分部工程质量检验流程如下：

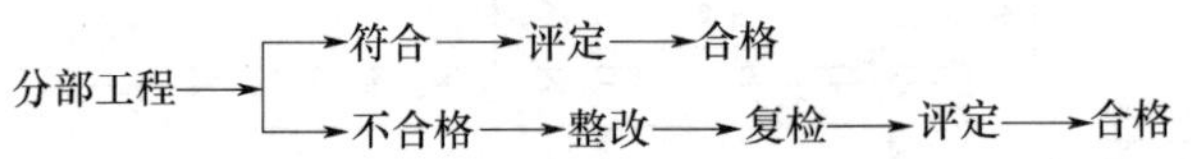

②检验程序如下：

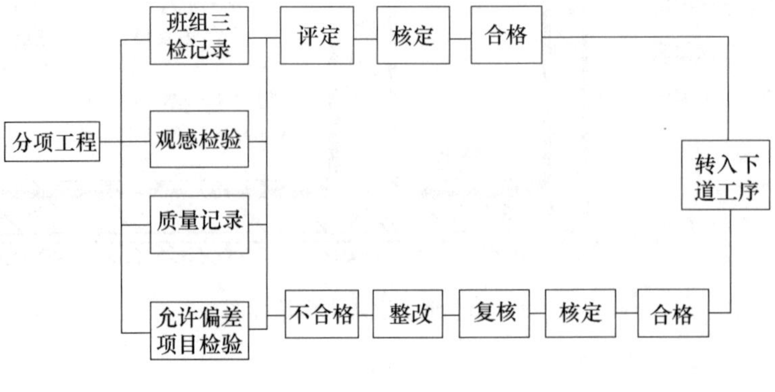

（4）严格把好原材料及半成品质量关，凡进入施工现场的各种原材料、半成品必须持有产品合格证同时认真及时做好各种原材料的抽样复检工作和半成品的有见证送检工作，确保工程质量。

（5）认真执行质量自检、互检、交接检的“三检制度”，对施工全过程实施全方位质量控制，确保各道工序的工程质量。

（6）按现行国家规范要求，做好检验、试验工作。混凝土按照现行施工验收规范要求进行制作、养护、试压，模板拆除以指导试块依据。

（7）加强技术管理工作，认真贯彻、执行国家施工规范和验评标准及各项管理制度，明确岗位责任制，认真熟悉图纸和施工组织设计，建立健全技术交底制度。

（8）在职工中开展全面质量管理基础知识教育，努力提高职工的质量意识。做到特殊工种焊工、电工、机操工及有关管理人员（施工员、质检员）持证上岗，有计划、有目的地进行专业培训指导，提高工人的技术水平。

5.9.10.2　安全保证措施

（1）建立项目经理→项目副经理、工地安全主任→项目部专职安全员→各作业班组的安全生产网络，完善各级人员的安全生产责任制。

（2）对新进场的工人必须进行三级安全教育，即公司教育、工程项目教育和岗位教育，并将教育内容和现场工作时间等登记入卡。

（3）特殊工种如电工、电焊工及架子工等操作人员必须经过有关部门培训，并取得上岗证方能持证上岗，高空作业人员应做定期体检。

（4）着重抓好防止高空坠落和机械伤害两个安全监控重点。

（5）塔机安装、拆除编制施工方案，经主管部门审批后方可实施。

（6）工程施工中的各种起重设备均应防雷接地，各种施工机械必须安装漏电保护。

（7）现场施工用电应编制专题施工方案。电气线路应按三相五线制架空。主体结构施工时，用电缆线通过管道井送入各楼层的分配电箱内。全部配电箱及开关箱均用金属外壳，并安装漏电保护器且有门、有锁、有防雨措施，并统一编号。现场配电房应派电工专人管理。必须做到一机一闸一漏电保护。

（8）建立健全施工现场防火制度，增强防火意识，按规定设置明显的防火标志和标牌，配备有效的消防器材，坚持施工动火审批制度。现场配专人负责消防工作，建立现场消防管理规定，编制专题消防防火预案。

（9）强化安全检查制度，由各级领导负责组织，有关职能人员参加，查出的事故隐患，要定人、定措施限期解决。

5.9.10.3　施工工期保证措施

为保证总目标的实现，要以质量、安全第一，以进度为核心，建立起一个以分解进度目标为手段，以进度控制点为目的的进度控制目标系统。

（1）明确工期进度控制：按专业工种分解，强调相互之间的衔接配合，确定交接日期，未按时交接需承担因耽误下道工序而造成的窝工等损失及总工期损失。强化工期严肃性，保证工程进度不在本工序造成延误。

（2）实现工期进度计划的动态控制：项目经理部要随时了解和掌握与施工进度相关的各种信息，一旦发现进度拖后，首先分析产生偏差的原因，并系统地分析对后续工序产生的影响，在此基础上提出修改措施，以保证项目最终按预计目标实现。

5.9.10.4　文明施工措施

（1）建立组织网络体系，成立项目部文明施工领导小组，按照文明施工要求，结合现场施工情况编制文明施工专题方案，报主管部门审批。

（2）施工现场做100mm厚C15硬质混凝土路面，并设置相应安全防护设施和标牌，现场不得有裸露地面。现场应设排水沟，及时将雨水排出场外。

（3）围墙采用砖砌围墙，其高度≥2.3m，围墙外侧刷防水油漆，保持围墙整洁、美观，现场临时大门做成密闭不透式，力求庄重、美观，正门两侧做文明施工的广告标语。

（4）施工现场设工程标牌（七牌一图），即施工总平面图和工程概况牌、组织网络牌、文明施工管理牌、安全纪律牌、安全记录牌、安全警示牌、防火须知牌，设置在工地醒目位置上，标明项目名称、开竣工日期、施工许可证号、建设、设计单位，质量、安全监督单位，施工及监理单位和联系电话，并设本公司投诉电话，以便周围市民对工地的文明施工情况进行监督。

（5）场内设沉淀池及冲洗池，所有生活或其他污水必须分别处理后方能排入市政管网。在大门入口处设置汽车冲洗台，装运建筑材料及土石方、垃圾的车辆应先冲洗后方可出场，以免污染城市道路。

5.9.10.5　环境、职业健康管理措施

1. 施工噪声控制措施

（1）控制噪声应从声源、传声途径和保护受害人3个环节采取措施。

（2）控制和消除噪声是一项根本措施。通过对工艺改革以无声或产生低声的设备和工艺代替高声设备。加强机器设备的保养，消除机器摩擦、碰撞引起的噪声；拆除脚手架时，严禁将钢管从高空抛下，应用绳索将钢管和扣件系下，减少钢管扣件与地面碰撞而产生的声音。

（3）采用吸声、消声、隔声的方法控制噪声的传播和反射。

2. 生产、生活用水节约措施

（1）生活用水

1）项目部积极营造节约用水的宣传气氛，张贴标语和在集中用水场所悬挂节水标志，使每个职工养成节约用水的好习惯。

2）各类水泵、阀门、供水管道、卫生器及时保养维修，保证不漏水，生活管理员每天对供水设施进行一次检查，发现问题及时解决。

3）用水后紧关阀门，严禁“细水长流”。

4）厕所冲水设备的冲水间由生活管理员管理。

5）严禁用大水量持续冲刷清洁地面，宜用水均匀湿润地面进行清扫。

6）实行奖罚办法，对节约用水的个人、集体进行奖励；对浪费水的个人、集体进行惩罚。具体惩罚办法由项目部根据实际情况制定。

（2）生产用水

1）尽量采用有利于节水的新工艺和方法进行施工作业。

2）蓄水池应尽量安装水位球阀，严禁水池外溢。

3）楼层混凝土的养护应尽量采用湿润的布袋淋水养护，放水养护时将楼层漏水部位全部封闭后方可进行。

4）工地的输水管道、水龙头、消防水栓等供水设备要确保不渗漏，工地应指派一名管理人员每天对供水设施检查一次，发现问题及时处理。

5.9.11 季节性施工措施

（1）项目部成立以项目经理为组长的防汛防风领导小组，负责本工程施工过程中风雨期施工技术措施的落实和日常工作的检查。

（2）每天由专业安全员注意收听市气象台的天气预报及台风警报，并做好气象预报记录，发现有暴雨或台风天气时及时汇报项目部防汛、防风领导小组，项目部领导亲自到现场值班，并组织各施工队安排专人值班，按风雨期施工技术措施进行防风防雨的准备工作，并检查各项准备工作的落实情况。

（3）钢筋工程雨期施焊时，须做好防雨措施，搭设防雨棚，施焊人员必须戴绝缘手套，穿绝缘鞋，做好防漏电、防雷工作；风期施焊时，必须设置挡风及焊接监护人，注意防止焊花飘落引起火灾。遇到五级以上大风时，应停止高空作业，禁止塔吊进行吊装、转运作业。每天下班时，应按规定将塔吊前臂锁定。塔吊、塔身不宜悬挂大面积宣传牌，以减小风载受力面积。

（4）脚手架严格按规范要求进行搭设并和建筑物连接，遇强风天气不得进行露天攀登，施工人员应撤离，待大风停止后再恢复施工。所有脚手架在雨期均需采取防滑措施，在经过大风之后，要对脚手架进行全面检查，如发现倾斜下沉、松扣或崩扣要及时修正，并检查合格后，方可恢复施工。

（5）现场设置风速仪，派专人进行观测记录，并以此指导高空施工作业。遇有强风、大雨等恶劣气候，不得进行悬空高处作业，对施工作业场内所有可能坠落的物体，一律事先拆除或加以固定，以防止物体伤人。

（6）台风暴雨后，应对高处作业安全设施逐一加以检查，发现有松动、脱落、变形、损坏等现象，应立即修整完善。除对以上设备检查外，要特别对用电设备、设施进行全面检查。

（7）遇八级以上大风、台风时，全部施工人员应提前撤离施工现场，对施工现场内的临建要做好加固工作。

（8）所有运至现场的钢构件及钢筋均要加强防雨工作，进场后构件下面要垫高，防止构件在存放过程锈蚀而影响工程质量。

（9）根据工程实际需要，购置防雨用具，设专人专库管理，严禁挪作他用。

（10）混凝土避免雨天作业，连续浇筑时，若遇雨天，用棚布将已浇好的尚未初凝的混凝土和继续浇筑的混凝土部位加以覆盖，以保证混凝土的质量。

（11）现场应配备大于一层建筑面积的彩条布，以便遇到有小雨时便于及时对新浇混凝土进行覆盖，同时也应对混凝土运输车及混凝土输送泵进行覆盖。

（12）夏期高温施工时，混凝土应掺用高效减水剂；选择低水化热的水泥；采用加碎冰措施降低拌和水温；采用洒水法或遮盖砂、石堆场，降低原材料温度；浇混凝土前充分湿润模板；适当减少浇筑厚度，减少内部温差；涂刷塑料薄膜养生液养护。

5.9.12 技术经济指标

(1) 工期：本工程合同工期（不含土方、桩基），共740d，计划700d，提前40d完成。

(2) 用工：总用工日数1740569，其中地下室405591工日，1号楼427514工日，2号楼478203工日，3号楼429261工日。

(3) 安全无重大伤亡事故，轻伤事故频率0.5%D以下。

(4) 主材节约指标：混凝土计155734m^3，拟节约7000m^3，钢材42105t，拟节约900t，木材5281m^3，拟节约300m^3。

(5) 成本降低率2%～3%。

上岗工作要点：

1. 编制单位工程施工组织设计时，首先应选择既合理又经济的施工方案，施工方案选择得当与否关系工程施工效率和经济效率。

2. 根据已定的施工方案，运用网络技术和横道图编制进度计划。

3. 根据施工方案和进度计划，编制施工准备工作计划、资源需要量计划，制定各种技术组织措施。

4. 根据相关设计图纸与施工现场实际情况、施工组织总设计、本工程的施工方案和进度计划以及各种资源需要量计划等进行单位工程施工平面图的设计。

5. 最后进行技术经济指标分析。

习　题

1. 单位工程施工组织设计包括哪些内容？

2. 单位工程的工程概况包括哪些内容？它们之间有何关系？

3. 单位工程施工方案的选择应包括哪些内容？

4. 确定单位工程施工流程一般应考虑哪些因素？

5. 确定单位工程施工顺序一般应考虑哪些因素？举例说明。室内外装修各有哪些施工顺序？

6. 试分别叙述多层混合结构居住房屋、多层全现浇钢筋混凝土框架结构房屋单层工业厂房的施工顺序？

7. 分别叙述土方工程、模板工程、钢筋工程、混凝土工程的施工方法选择的内容。

8. 单位工程施工机械的选择应着重考虑哪些问题？

9. 试述各种技术组织措施的主要内容。

10. 单位工程施工进度计划的作用有哪些？单位工程施工进度计划可分为哪两类？分别适用于什么情况？

11. 试述施工进度计划的编制程序。施工项目划分应注意哪些问题？

12. 工程量计算应注意什么问题？

13. 如何确定一个施工项目的劳动量、机械台班量、工作延续时间？

14. 叙述单位工程施工进度计划的编制方法，并说明如何检查和调查施工进度计划。

15. 施工准备工作计划包括哪些内容?

16. 单位工程施工平面图的内容有哪些? 试述施工平面图的设计原则和步骤。

17. 资源需要量计划包括哪些内容? 如何编制?

18. 什么叫塔吊的服务范围? 试述塔吊的布置要求。

19. 固定式垂直运输机械布置时应考虑哪些方面的因素?

20. 搅拌站的布置要求有哪些? 加工厂、材料堆场的布置要求有哪些?

21. 试述施工道路的布置要求。

22. 现场临时设施有哪些内容? 临时供水、供电有哪些布置要求?

23. 评价单位工程施工组织设计技术经济分析指标有哪些?

24. 试述单位工程施工组织设计技术经济分析的重点和方法。

25. 收集一份单位工程施工组织设计。

26. 独立编制一份单位工程施工组织设计。

27. 收集某单位工程的施工图纸和现场环境调查资料，结合该单位工程实际施工需要，试述该单位工程施工部署及总体施工安排的思路和方法。

6

施工组织总设计

重点提示

1. 本章立足于应用角度介绍如何编制施工组织总设计。

2. 施工组织总设计具体内容包括编制的程序、依据与内容、施工部署和施工方案、施工总进度计划、资源需要量计划及施工准备工作计划、施工总平面布置图。

3. 附有施工组织总设计工程应用实例。

建设项目或建筑群在施工之前，施工人员必须对施工的各项活动做出全面的部署，把设计和施工、技术和经济、前方和后方、企业的全局活动和建设项目或建筑群的施工组织以及施工中各单位、各阶段、各项目之间的关系等更好地组织起来，使建设项目或建筑群施工建立在科学合理的基础上，从而做到人尽其力，物尽其用，优质、低耗、高速地取得最好的经济效益和社会效益。这是对施工组织总设计编制的本质要求。

6.1 施工组织总设计概述

装配式项目施工组织总设计实例

施工组织总设计是以整个建设项目或建筑群为对象，根据初步设计图纸和有关资料及现场施工条件编制，用以指导施工全过程各项活动的全局性、控制性的技术经济文件。它一般由建设总承包公司或大型工程项目经理部（或工程建设指挥部）的总工程师主持编制。

6.1.1 施工组织总设计的作用

施工组织总设计的主要作用如下：

（1）为做好全工地的施工准备工作，为整个工程的施工建立必要的施工条件；

（2）从全局出发，为整个项目的施工做出全面的战略部署；

（3）为建设单位或业主编制工程建设计划提供依据；

（4）为编制单位工程的施工组织设计提供依据；

（5）为组织施工力量和技术，保证物资资源的供应提供了依据。

6.1.2 施工组织总设计的编制依据

为了切合实际地编好施工组织总设计，在编制时，应以如下资料为依据。

6.1.2.1 招标文件、计划文件及合同文件

如国家批准的基本建设计划、可行性研究报告、工程项目一览表、分期分批投产交付使用的期限和投资计划，工程所需设备、材料的订货指标，建设地点所在地区主管部门的批件、施工单位上级主管部门下达的施工任务计划；招投标文件及工程承包合同或协议，引进材料和设备供货合同等。

6.1.2.2 设计文件

如已批准的设计任务书，初步设计或技术设计或扩大初步设计、设计说明书、建设区域的测量平面图、建筑总平面图、总概算或修正概算、建筑竖向设计等。

6.1.2.3 工程勘察和技术经济资料

如地形、地貌、工程地质及水文地质、气象等自然条件；建设地区的建筑安装企业、预制构件、制品供应情况；工程材料、设备的供应情况；交通运输、水、电供应情况，当地的文化教育、商品服务设施情况等技术经济条件。

6.1.2.4 现行规范、规程、有关技术标准和类似工程的参考资料

包括现行的施工及验收规范、操作规程、定额、技术规定和其他技术标准以及类似工程的施工组织总设计或参考资料，另外还包括企业的技术力量、施工能力、施工经验、机械设备状况及自有的技术资料等。

6.1.3 施工组织总设计的编制程序

施工组织总设计的编制程序如图 6-1 所示。

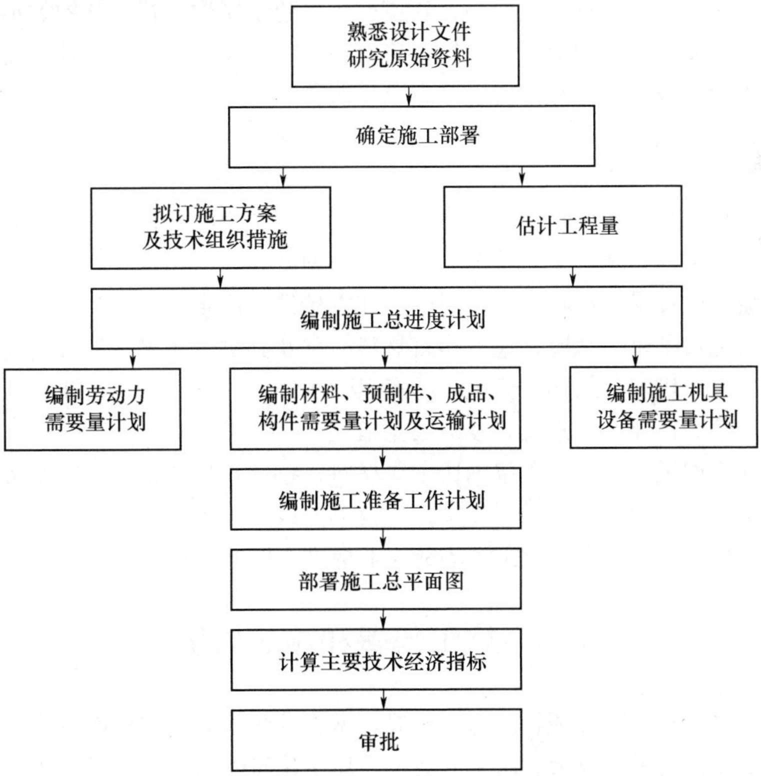

图 6-1 施工组织总设计的编制程序

6.1.4 施工组织总设计的内容

河北省工程实体质量
常见问题防治措施（一）

施工组织总设计的内容视工程性质、规模、建筑结构的特点、施工的复杂程度、工期要求及施工条件的不同而有所不同。

（1）工程概况及特点分析。

（2）施工管理项目组织结构。

（3）施工部署。

（4）主要项目施工方案。

（5）施工总进度计划。

（6）总的施工准备工作计划、各项资源需要量计划。

（7）施工总平面图。

（8）工期、质量、安全、冬雨期施工、环境保护等保障措施。

（9）主要技术经济指标。

工程概况及特点分析是对整个建筑项目的工程结构特征、施工难易程度、工期、质量以及各单位工程之间的内在联系所作的简要分析，从而采取一些相应的、对全局有影响的施工部署或措施，使工程施工进度快、质量好、成本低。一般包括下述内容：

（1）建设项目概况说明：建设地点、工程性质、建设总规模、总工期、分期分批投入使用的项目和期限、占地总面积、总建筑面积、总投资额；主要工种工程量、管线和道路长度、设备安装及其数量；建筑安装工作量、工厂区和生活区的工作量；生产流程和工艺特点；每个单位工程占地面积、建筑面积、建筑层数、建筑结构类型特征以及新技术、新材料的复杂程度和应用情况等；建筑项目的建设、勘察、设计、总承包和分包单位名称，以及建设单位委托的建设监理单位名称。

（2）施工组织设计总目标主要说明：建筑项目施工总成本、总工期和总质量等级，以及每个单项工程施工成本、工期和工程质量等级要求。

（3）建设地区自然条件状况主要说明：气象及其变化状况；工程地形和地质及其变化状况；工程水文地质及其变化状况；地震设防烈度。

（4）建设地区技术经济状况主要说明：地方建筑生产企业及其产品供应状况；主要材料和生产工艺设备供应状况；地方建筑材料品种及其供应状况；地方交通运输方式及其服务能力状况；供水、供热、供电及电信服务状况；社会劳动力和生活服务设施状况；承包单位信誉、能力、素质和经济效益状况。

（5）其他方面说明：施工单位阐述主要材料、特殊材料和生产工艺设备供应条；项目施工图样提供的阶段划分和时间安排；建设单位或上级主管部门对施工的要求；有关建设项目的决议和协议；提供施工现场的作业标准和时间安排。

6.2 施工部署和施工方案

施工部署是对整个建设项目的施工全局，做出的统筹规划和全面安排，即对影响全局性的重大战略部署做出决策。施工方案是对单个建筑物做出的战役安排。施工部署和施工方案分别为施工组织总设计和单个建筑物施工组织设计的核心。

6.2.1 确定工程开展程序

确定建设项目中各项工程合理的开展程序，是关系整个建设项目能否迅速投产或使用的重大问题。对于大中型工程项目，一般均需根据建设项目总目标的要求，分期分批建设。至于分几期施工，各期工程包含哪些项目，则要根据生产工艺要求、建设单位或业主要求、工程规模大小和施工难易程度、资金、技术资源等情况，由建设单位或业主和施工单位共同研究确定。例如，一个大型冶金联合企业，按其工艺过程大致有如下工程项目：矿山开采工程、选矿厂、原料运输及存放工程、烧结厂、焦化厂、炼钢厂、轧钢厂及许多辅助性车间等。如果一次建成投产，建设周期长达10年，显然投资回收期太长而不能及早发挥投资效益。所以，对于这样的大型建设项目，可分期建设，早日见效。

对于大中民用建筑群（如住宅小区），一般也应分期分批建成。除建设小区的住宅楼房外，还应建设幼儿园、学校、商店和其他公共设施，以便交付后能及早发挥经济效益和社会效益。

对小型企业或大型企业的某一系统，由于工期较短或生产工艺要求，也可不必分期；也可先建生产厂房，后边生产边施工。分期分批的建设，对于实现均衡施工、减少暂设工程量和降低工程投资具有重要意义。

6.2.2 施工任务划分与组织安排

在明确施工项目管理体制、机构的条件下，划分各参与施工单位的任务，明确总包与分包的关系，建立施工现场统一的组织领导机构及职能部门，确定综合的和专业化的施工组织，明确各单位之间分工与协作关系，划分施工阶段，确定各单位分期分批的主攻项目和穿插项目。

6.2.3 主要项目施工方案及主要工种工程施工方法的拟订

施工组织总设计应拟定主要项目的施工方案和主要工种工程的施工方法。其目的是为了进行技术和资源的准备工作，统筹安排施工现场，以保证整个工程的顺利进行。

6.2.3.1 主要项目的施工方案

主要项目的施工方案是对建设项目或建筑群中的施工工艺流程以及施工段划分提出原则性的意见。它的内容包括施工方法、施工顺序、机械设备选型和施工技术组织措施等。这些内容在单位工程施工组织设计中已作了详细的论述，而在施工组织总设计中所指的拟订主要建筑物施工方案与单位工程施工组织设计中要求的内容和深度是不同的，它只需原则性地提出施工方案，如采用何种施工方法；哪些构件采用现浇；哪些构件采用预制；是现场就地预制，还是在构件预制厂加工生产；构件吊装时采用什么机械；准备采用什么新工艺、新技术等，即对涉及全局性的一些问题拟定出施工方案。

对施工方法的确定要兼顾工艺技术的先进性和经济上的合理性；对施工机械的选择，应使主导机械的性能既能满足工程的需要，又能发挥其效能，在各个工程上能够实现综合流水作业，减少其拆、装、运的次数；对于辅助配套机械，其性能应与主导施工机械相适应，以充分发挥主导施工机械的工作效率。

6.2.3.2 主要工种工程的施工方法

主要工种工程是指工程量大、占用工期长、对工程质量、进度起关键作用的工程，如土石方、基础、砌体、架子、模板、混凝土、结构安装、防水、装修工程以及管道安装、设备安装、垂直运输等工程。在确定主要工种工程的施工方法时，应结合建设项目的特点和当地施工习惯，尽可能采用先进合理、切实可行的专业化、机械化施工方法。

1. 专业化施工

按照工厂预制和现场浇筑相结合的方针，提高建筑专业化程度，妥善安排钢筋混凝土构件生产、木制品加工、混凝土搅拌、金属构件加工、机械修理和砂石等的生产。要充分利用建设地区的预制件加工厂和搅拌站来生产大批量的预制件及商品混凝土。如建设地区的生产能力不能满足要求时，可考虑设置现场临时性的预制、搅拌场地。

2. 机械化施工

机械化施工是实现现代化施工的前提，要努力扩大机械化施工的范围，增添新型高效机械，提高机械化施工的水平和生产效率。在确定机械化施工总方案时应注意：

（1）所选主导施工机械的类型和数量既能满足工程施工的需要，又能充分发挥其效能，并能在各工程上实现综合流水作业。

（2）各种辅助机械或运输工具应与主导机械的生产能力协调配套，以充分发挥主导机械效率。如土方工程在采用汽车运土时，汽车的载重量应为挖土机斗容量的整倍数，汽车的数量应保证挖土机连续工作。

（3）在同一工地上，应力求使建筑机械的种类和型号尽可能少一些，以利于机械管理。尽量使用一机多能的机械，提高机械使用效率。

（4）机械选择应考虑充分发挥施工单位现有机械的能力，当本单位的机械能力不能满足工程需要时，则应购置或租赁所需机械。

总之，所选机械化施工总方案应是技术上先进和经济上合理的。

6.2.4 施工准备工作规划

施工准备工作是顺利完成建筑施工任务的保证和前提。应从思想上、组织上、技术上、物资上、现场上，全面规划施工准备。施工准备工作的内容有安排好场内外运输、施工用道、水、电来源及其引入方案；安排好场地的平整方案和全场性的排水、防洪；安排好生产、生活基地；规划和修建附属生产企业；做好现场测量控制网；对新结构、新材料、新技术组织试制和试验；编制施工组织设计和研究制定可靠的施工技术措施等。

6.3 施工总进度计划

施工总进度计划是根据施工部署和施工方案，对施工现场各项施工活动做出时间上的安排，合理确定各单项工程的控制工期、开工竣工日期及它们之间的施工顺序和搭接关系的计划，是初步编制资源供应计划的依据，并且应形成总进度计划表和主要分部（项）工程流水施工进度计划。

施工总进度计划的编制要求：保证拟建项目在规定期限内完成，以达到发挥投资效益的目的；保证施工的连续性和均衡性；切合实际，节约施工费用。

施工总进度计划的编制步骤见下述内容。

6.3.1 列出工程项目一览表并计算工程量

根据批准的总承建工程项目一览表，分别计算各工程项目的工程量。由于施工总进度计划主要起控制性作用，因此项目划分不宜过细，可按确定的工程项目的开展程序排列，应突出主要项目，一些附属、辅助工程、小型工程及临时建筑物可以合并。

计算各工程项目工程量的目的是为了正确选择施工方案和主要的施工、运输、安装机械；初步规划各主要工程的流水施工，计算各项资源的需要量。因此工程量计算只需粗略计算，可按初步（或扩大初步）设计图纸并根据各种定额手册进行计算。常用的定额、资料有以下几种：

（1）概算指标。根据建筑结构的不同类型、层次、特征，在综合预算定额的基础上将一些项目进一步合并，基本上以分部工程为一个子项的形式综合在一起的工、料、机消耗指标即为概算指标，以此来进行施工组织总设计的工、料、机分析，比较能符合客观实际。

（2）万元、十万元投资工程量、劳动力及材料消耗扩大指标。这种定额规定了某一种结构类型建筑、每万元或十万元投资中劳动力、主要材料等消耗数量。根据设计图纸中的结构类型，即可求得拟建工程各分项需要的劳动力和主要材料的消耗数量。可以将目前的投资额折算成当时（手册编制时）的投资额，将当时的建筑造价指数定为1.0，即

$$\text{折算当时投资额}=\frac{\text{目前投资额}}{\text{目前建筑造价指数}}$$

（3）标准设计或已建的同类型建筑物、构筑物的资料。在缺乏上述几种定额手册的情况下，可采用标准设计或已建成的类似工程实际所消耗的劳动力及材料，加以类推，按比例估算。但是，由于与在建工程完全相同的已建工程是没有的，因此在采用已建工程资料时，一般都要进行换算调整。这种消耗指标都是各单位多年积累的经验数字，实际工作中常用这种方法计算。

（4）运用计算机数据库系统，即广泛收集各地区不同类型、层次、特征的工程实例的各种资料，或自动保存一些符合实际的数据资料，通过回归拟合建立各种复合参数的函数库。只需一些简单的特征数据的输入，即可非常迅速地得到工、料、机的消耗量和比较准确的报价。

除房屋外，还必须计算其他全工地性工程的工程量，如场地平整，铁路及道路、各种管线长度等，这些可根据建筑总平面图来计算。

计算所得的各项工程量填入工程量汇总表中，见表6-1。

表6-1 工程项目工程量汇总表

工程项目分类	工程名称	结构类型	建筑面积	幢数	实物工程量						
					土方工程	基础工程	混凝土	砌体工程	钢筋工程	…	装饰工程

6.3.2　确定各建筑物或构筑物的施工期限

由于各施工单位的施工技术、管理水平、机械化程度、劳动力和材料供应情况等不同，建筑物或构筑物的施工期限有较大差别。因此，应根据施工单位的具体条件，并结合建筑物的建筑结构类型、规模和现场地质条件、施工环境等综合因素加以确定。但工期应控制在合同工期内，无合同工期的工程，以工期定额为准。

6.3.3　确定各建筑物或构筑物的开竣工时间和相互搭接关系

在确定了各单位工程项目的施工期限后，就可以进一步安排各建筑物或构筑物的开竣工时间和搭接时间。通常应考虑下列因素：

（1）同一时间进行的项目不宜过多，避免人力、物力过于集中。

（2）尽量使劳动力和技术物资消耗量在施工全程上均衡；做到基础、结构、装修、安装、试生产，在时间上、量的比例上均衡、合理。

（3）根据使用要求和施工可能，结合物资供应情况，组织专业大流水施工。

（4）以一些附属工程项目作为调节项目，调节主要项目的施工进度，以使施工连续均衡。

（5）保证主要工种和主要机械能连续施工。

（6）应考虑施工现场空间布置的影响。

6.3.4　安排施工进度计划

施工总进度计划可以用横道图表达，也可以用网络图表达。当以上各项工作完成后，即可编制施工总进度计划。首先根据各工程项目确定的工期、搭接关系编制初步进度计划，其次按照流水施工和综合平衡的要求，调整进度计划，最后绘制施工总进度计划和主要工程流水施工进度计划或网络计划。网络计划可进行优化，实现最优进度目标、资源均衡目标和成本目标。当用横道图表达总进度计划时，项目的排列可按施工总体方案所确定的工程开展程序排列。横道图上应表达出各施工项目的开竣工时间及其施工持续时间。表 6-2 所示为施工总进度计划的横道图形式。

表 6-2　施工总进度计划

序号	工程项目名称	结构类型	建筑面积（m^2）	工作量（万元）	工期	××年				××年			
						一	二	三	四	一	二	三	四

6.3.5 施工总进度计划的检查与调整优化

施工总进度计划表绘制完后，应对其进行检查。检查应从以下几个方面进行：

（1）是否满足项目总进度计划或施工总承包合同对总工期以及起止时间的要求；

（2）各施工项目之间的搭接是否合理；

（3）整个建设项目资源需要量动态曲线是否均衡；

（4）主体工程与辅助工程、配套工程之间是否平衡。

对上述存在的问题，应通过调整优化来解决。施工总进度计划的调整优化，就是通过改变若干工程项目的工期，提前或推迟某些工程项目的开竣工日期，即通过工期优化，工期-费用优化和资源优化的模式来实现的。在工程实施过程中也应随着施工的进展变化及时做必要的调整。

6.4 资源需要量计划和施工准备工作计划

施工总进度计划编制好了以后，就可以依此编制各种主要资源需要量计划和施工准备工作计划。

6.4.1 资源需要量计划

各项资源需要量计划是做好劳动力及物资的供应、平衡、调度、落实的依据，其内容一般包括以下几个方面。

6.4.1.1 劳动力需求计划

劳动力需求计划是确定暂设工程规模和组织劳动力进场的依据。编制时首先根据工种工程量汇总表分别列出的各个建筑物专业工种的工程量，预算定额或有关资料，求得各个建筑物主要工种的劳动量，再根据总进度计划表中各单位工程工种的持续时间，即可得到某单位工程在某段时间里的平均劳动力数。同样方法可计算出各个建筑物的各主要工种在各时期的平均工人数。将总进度计划表纵坐标方向上各单位工程同工种的人数叠加在一起并连成一条曲线，即为本工种的劳动力动态曲线图和计划表。劳动力需求计划见表 6-3。

表 6-3 劳动力需求计划

序号	工程名称	工种名称	高峰人数	××年				××年				备注
				一	二	三	四	一	二	三	四	
劳动力动态曲线		投入劳动力总数	2000	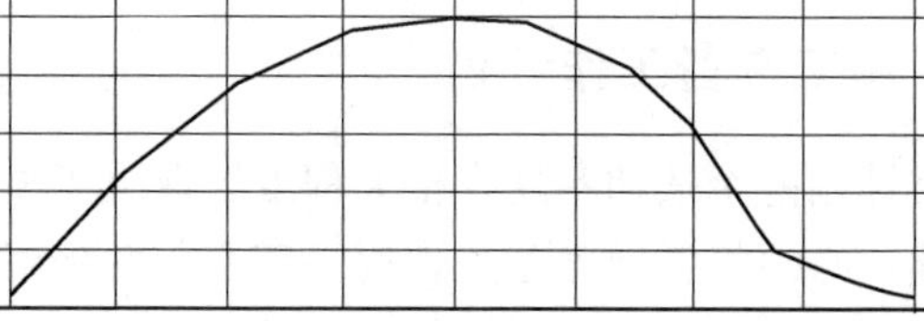								
			1500									
			1000									
			500									
			100									

6.4.1.2　构件、半成品及主要建筑材料需要量计划

根据工种工程量汇总表所列各建筑物的工程量，查万元定额或概算指标等有关资料，便得出各建筑物所需的建筑材料、半成品构件的需要量。然后根据总进度计划表，大致估算出某些建筑材料在某季度内的需要量，从而编制出建筑材料、半成品和构件的需要量计划。根据物资需要量计划，材料部门及有关加工厂便可据此准备所需的建筑材料、半成品和构件，并按期供应。表 6-4 所示为建筑项目土建所需构件、半成品及主要建筑材料汇总表。

表 6-4　建筑项目土建所需构件、半成品及主要建筑材料汇总表

序号	类别	构件、半成品及主要材料名称	单位	总计	工业建筑及全工地性工程					临时建筑	需要量计划			
					主厂房	辅助附属厂房	道路	上下水道	电气工		一季度	二季度	三季度	四季度
1	构件及半成品	钢筋混凝土构件												
2		钢结构构件												
3		…												
1	主要建筑材料	钢筋												
2		模板												
3		水泥												
…		…												

6.4.1.3　主要机具需要量计划

根据施工部署和主要建筑物施工方案、技术措施及总进度计划的要求，即可提出必需的主要施工机具的数量及使用时间。表 6-5 为与施工进度计划相对应的施工机具需要量计划汇总表。

表 6-5　施工机具需要量计划汇总表

序号	机具名称	型号	电动机功率	数量	需要量计划				备注
					一季度	二季度	三季度	四季度	

6.4.2　施工准备工作计划

各类计划能否按期实现，很大程度上取决于相应的准备工作能否及时开始和按时完成。因此，必须将各项准备工作逐一落实，并参考第 2 章编制施工准备工作计划表布置下去，在实施中认真检查和督促落实情况。

6.5 施工总平面布置图

施工总平面图是用来表示合理利用整个施工场地的周密规划和布置。它是按照施工部署、施工方案和施工总进度的要求，将施工现场的道路交通、材料仓库或堆场、附属企业或加工厂、临时房屋、临时水、电、动力管线等的合理布置，以图纸形式表现出来，从而正确处理全工地施工期间所需各项设施和永久建筑、拟建工程之间的空间关系，以指导现场进行有组织有计划的文明施工。

建筑施工过程是一个变化的过程，工地上的实际情况是随着工程进展在改变着。为此，对于大型工程项目或施工期限较长或场地狭窄的工程，施工总平面图还应按照施工阶段分别进行设计。

6.5.1 施工总平面图设计的依据

（1）招标文件、投标文件及合同文件。

（2）各种勘察设计资料，包括建筑总平面图、地形地貌图、区域规划图、建筑项目范围内有关的一切已建和拟建的各种设施位置。

（3）建设项目的建筑概况、施工部署和拟建主要工程施工方案、施工总进度计划，以便了解各施工阶段情况，合理规划施工场地。

（4）各种建筑材料、构件、加工品、施工机械和运输工具需要量一览表，以便规划工地内部的储放场地和运输线路。

（5）各构件加工厂规模、仓库及其他临时设施的数量及有关参数。

（6）建设地区的自然条件和技术经济条件。

6.5.2 施工总平面图设计的内容

6.5.2.1 建筑项目的建筑总平面图的设计内容

该内容应包括地上、地下建筑物、铁路、道路、各种管线、永久性、半永久性测量放线标桩位置。测量基准点的位置和尺寸。

6.5.2.2 一切为拟建项目施工服务的临时设施的布置

（1）施工用地范围和施工所用的道路。

（2）加工厂、制备站及机械化装置。

（3）各种建筑材料、半成品、构件的仓库和堆场的位置。

（4）取土、弃土位置，机械、车库位置。

（5）行政管理、生活用的临时建筑物。

（6）水源、电源、临时给排水管线和供电线路及设施。

（7）一切安全及防火设施。

6.5.3 施工总平面图设计的原则

（1）在保证顺利施工的前提下，布局紧凑合理，尽量少占土地。

（2）合理布置起重机械和各项施工设施，科学规划施工道路，最大限度地降低运输费用。

（3）科学划分施工区域和场地面积，符合施工流程要求，尽量减少专业工种和各工程之间的干扰。

（4）尽量利用各种永久性建筑物、构筑物或现有设施为施工服务，降低施工设施建造费用。

（5）各种生产、生活设施的布置应便于工人的生产和生活。

（6）满足安全防火、劳动保护和环境保护的要求。

6.5.4 施工总平面图的设计步骤

优质工程赏析

6.5.4.1 基本平面图的绘制

按比例绘制整个建设场地范围内的及其他设施的位置和尺寸。

6.5.4.2 进场交通的布置

设计施工总平面图时，首先应研究大批材料、成品、半成品及机械设备等进入现场的问题。它们进入现场的方式为铁路、公路和水运。当大批材料由铁路运入工地时；应将建筑总平面图中的永久性铁路专用线提前修建，为工程施工服务，引入时应注意铁路的转弯半径和竖向设计的要求。

当大批材料由水路运入时，应充分利用原有码头的吞吐能力。当需要增设码头时，卸货码头不应少于两个，其宽度应大于 2.5m，并可考虑在码头附近布置生产企业或转运仓库。

当大批材料、物资如以公路运进现场时，由于公路布置灵活，因此，设计施工总平面图时，应该先将仓库及生产企业布置在最合理最经济的地方，再来布置通向场外的公路线。对公路运输的规划，应统筹考虑，先布置干线，后布置支线。

6.5.4.3 仓库与材料堆场的布置

1. 仓库（或堆场）的分类及布置

建筑工程所用仓库按其用途分为：

（1）转运仓库：一般设在火车站、码头附近作为转运之用；

（2）中心仓库：用以储存整个企业、大型施工现场材料之用；

（3）现场仓库（或堆场），即为某一工程服务的仓库。

通常在布置仓库时，应尽量利用永久性仓库，仓库和材料堆场应接近使用地点，仓库应位于平坦、宽敞、交通方便之处，且应遵守安全技术和防火规定。例如，砂石堆场和水泥库应布置在搅拌站附近，砖、瓦和预制构件等直接使用的材料应布置在垂直运输设备工作范围内，靠近用料地点。基础用块石堆场应离坑沿一定距离，以免压塌边坡。钢筋、木材应布置在加工厂附近，工具库布置在加工区域施工区之间交通方便处，零星小件、专用工具库可分设于各施工区段。

2. 各种仓库面积的确定

确定某一种建筑材料的仓库面积，与该建筑材料需储备的天数、材料的需要量以及仓库每平方米能储存的定额等因素有关。一般可采用式（6-1）近似公式计算某种材料的储备量：

$$P=T_c\times\frac{QK}{T} \tag{6-1}$$

式中 P——该材料的储备量（t或m^3等）；

T_c——该种材料储备天数（d），根据材料的供应情况及运输情况确定；

Q——该种材料、半成品的总需量（t或m^3等）；

T——有关项目的施工总工作日（d）；

K——该种材料使用不均衡系数，一般取1.2～1.5。

在求得某种材料的储备量后，便可根据此种材料每平方米的储备定额，用式（6-2）算出其需要面积：

$$S=\frac{P}{qK_1} \tag{6-2}$$

式中 S——该种材料所需仓库总面积（m^2）；

q——每平方米仓库面积能存放该材料或半成品的数量（t/m^2或m^3/m^2）；

K_1——为仓库面积有效利用系数（主要是考虑人行道和车道所占的面积），一般取0.5～0.8。

另外计算仓库面积，也可采取另一种简便的方法，即按系数计算法：

$$S=\alpha\times m \tag{6-3}$$

式中 α——系数，可查表6-6；

m——计算基础数，可查表6-6。

表6-6 按系数计算仓库面积表

序号	名称	计算基础数 m	单位	系数 α
1	仓库（综合）	按全员（工地）	m^2/人	0.7～0.8
2	水泥库	按年的水泥用量的40%～50%	m^2/t	0.7
3	五金工具库	按年建安工作量计算	m^2/万元	0.2～0.3
		按在建建筑面积计算	$m^2/100m^2$	0.5～1
4	土建工具库	按高峰年（季）平均人数	m^2/人	0.1～0.2
5	水暖器材库	按年在建建筑面积	$m^2/100m^2$	0.2～0.4
6	电器器材库	按年在建建筑面积	$m^2/100m^2$	0.3～0.5
7	化工油漆危险品库	按年建安工作量	m^2/万元	0.1～0.15
8	三大工具库（脚手、跳板、模扳）	按在建建筑面积	$m^2/100m^2$	1～2
		按年建安工作量	m^2/万元	0.5～1
9	其他仓库	按当年工作量	m^2/万元	2～3

在设计仓库时还应正确决定仓库的长度和宽度。仓库的长度应满足货物装卸的要求，需有一定的装卸前线；装卸前线可用式（6-4）计算：

$$L=n\times l+d(n+1) \tag{6-4}$$

式中 L——装卸前线长度（m）；

l——运输工具长度（m）；

d——相邻两个运输工具之间的间距（火车运输时取d=1m；汽车运输时，端卸时取d=1.5m，边卸时取d=2.5m）；

n——同时卸货的运输工具数目。

6.5.4.4 加工厂（场）的布置

1. 工地加工厂（场）的类型及布置要求

通常工地加工厂（场）类型主要有钢筋混凝土预制构件加工厂、木材加工厂、钢筋加工场、金属结构构件加工厂和机械修理厂等。

各种加工厂布置，应以方便使用、安全防火、运输费用最少、不影响建筑安装工程施工的正常进行为原则。一般应将加工厂集中布置在同一个地区，且多处于工地边缘。各种加工厂应与相应的仓库或材料堆场布置在同一地区。

2. 工地加工厂面积的确定

加工厂建筑面积的确定，主要取决于设备尺寸、工艺过程及设计、加工量、安全防火等，通常可参考有关经验指标等资料确定。

钢筋混凝土构件预制厂、锯木车间、模板加工车间、细木加工车间、钢筋加工车间（棚）等其建筑面积可按式（6-5）计算：

$$S=\frac{K\times Q}{T\times D\times \alpha} \tag{6-5}$$

式中 S——所需确定的建筑面积（m^2）；

Q——加工总量（m^3或 t），依材料、预制加工品需要量计划定；

K——不均衡系数，取 1.3～1.5；

T——加工总工期（月）；

D——每平方米场地月平均产量定额，可按表 6-7 算得；

α——场地或建筑面积利用系数，取 0.6～0.7。

表 6-7 临时加工厂（场）所需面积参考指标

序号	加工厂名称	年产量		单位产量所需建筑面积	占地总面积（m^2）	备注
		单位	数量			
1	混凝土搅拌站	m^3	3200	0.022（m^2/m^3）	按砂石堆场考虑	400L 搅拌机 2 台
		m^3	4800	0.021（m^2/m^3）		400L 搅拌机 3 台
		m^3	6400	0.020（m^2/m^3）		400L 搅拌机 4 台
2	临时性混凝土预制厂	m^3	1000	0.25（m^2/m^3）	2000	生产屋面板或小型梁、柱、板，配有蒸汽养护设施
		m^3	2000	0.20（m^2/m^3）	3000	
		m^3	3000	0.15（m^2/m^3）	4000	
		m^3	5000	0.125（m^2/m^3）	<6000	
3	半永久性混凝土预制厂	m^3	3000	0.6（m^2/m^3）	9000～12000	
		m^3	5000	0.4（m^2/m^3）	12000～15000	
		m^3	10000	0.3（m^2/m^3）	15000～20000	
4	木材加工厂	m^3	15000	0.0244（m^2/m^3）	1800～3600	原木、方木加工
		m^3	24000	0.0199（m^2/m^3）	2200～4800	
		m^3	30000	0.0181（m^2/m^3）	3000～5500	

续表

序号	加工厂名称	年产量		单位产量所需建筑面积	占地总面积（m^2）	备注
		单位	数量			
5	综合木工加工厂	m^3	200	0.3（m^2/m^3）	100	加工门窗、模板、地板、屋架等
		m^3	500	0.25（m^2/m^3）	200	
		m^3	1000	0.2（m^2/m^3）	300	
		m^3	2000	0.15（m^2/m^3）	420	
6	粗木加工厂	m^3	5000	0.12（m^2/m^3）	1350	加工模板、屋架等
		m^3	10000	0.1（m^2/m^3）	2500	
		m^3	15000	0.09（m^2/m^3）	3750	
		m^3	20000	0.08（m^2/m^3）	4800	
7	细木加工厂	m^3	50000	0.014（m^2/m^3）	7000	加工门窗、地板等
		m^3	100000	0.0119（m^2/m^3）	10000	
		m^3	150000	0.0106（m^2/m^3）	14000	
8	钢筋加工厂	t	200	0.35（m^2/t）	280～560	加工、成型、焊接
		t	500	0.25（m^2/t）	350～750	
		t	1000	0.2（m^2/t）	400～800	
		t	2000	0.15（m^2/t）	450～900	
9	钢筋拉直场				70～80m×3～4m	包括材料和成品堆放
	卷扬机棚				15～20m^2	
	冷拉场				40～60m×3～4m	
	时效场				30～40m×6～8m	
10	钢筋对焊场				30～40m×4～5m	包括材料和成品堆放
	钢筋对焊棚				15～24m^2	
11	钢筋冷加工				40～50（m^2/台）	按一批加工量计算
	冷拔剪断机 冷扎机				30～40（m^2/台）	
	弯曲机 ϕ12 以下				50～60（m^2/台）	
	弯曲机 ϕ40 以下				60～70（m^2/台）	
12	金属结构加工	t	500	10（m^2/t）		按一批加工量计算
		t	1000	8（m^2/t）		
		t	2000	6（m^2/t）		
		t	3000	5（m^2/t）		

6.5.4.5 工地的内部运输道路的布置

应根据各加工厂、仓库及各施工对象的位置布置道路，并研究货物周转运行图，以明确各段道路上的运输负担，区别主要道路和次要道路。规划这些道路时要特别注意满足运输车辆的安全行驶。在任何情况下，不致形成交通断绝或阻塞。在规划临时道路时，还应考虑充分利用拟建的永久性道路系统，提前修建或先修建路基及简单路面，作为施工所需的临时道路。道路应有足够的宽度和转弯半径，现场内道路干线应采用环形布置，主要道路宜采用双车道，其宽度不得小于 6m，次要道路可为单车道，其宽度不得小于 3.5m。临时道路的路面结构，应根据运输情况、运输工具和使用条件来确定。

6.5.4.6 行政与生活福利临时建筑的布置

临时建筑可分：

（1）行政管理和辅助生产用房：包括办公室、警卫室、消防站、汽车库以及修理车间等；

（2）居住用房：包括职工宿舍、招待所等；

（3）生活福利用房：包括俱乐部、学校、托儿所、图书馆、浴室、理发室、开水房、商店、食堂、邮亭、医务所等。

对于各种生活与行政管理用房应尽量利用建设单位的生活基地或现场附近的其他永久建筑，不足部分另行修建临时建筑物。临时建筑物的设计，应遵循经济、适用、装拆方便的原则，并根据当地的气候条件、工期长短确定其建筑与结构形式。

一般全工地性行政管理用房宜设在全工地入口处，以便对外联系，也可设在工地中部，便于全工地管理；工人用的福利设施应设置在工人较集中的地方或工人必经之路；生活基地应设在场外，距工地 500～1000m 为宜，并避免设在低洼潮湿、有烟尘和有害健康的地方；食堂宜布置在生活区，也可设在工地与生活区之间。

临时房屋建筑面积的确定：

行政与生活临时房屋建筑面积，可由式（6-6）计算：

$$S=N\times P \tag{6-6}$$

式中 S——所需确定的建筑面积（m^2）；

N——使用人数；

P——建筑面积参考指标（m^2/人），对办公室取 3～4，对宿舍取 2.5～4，对家属宿舍取 8～15，对食堂取 0.5～0.8，对厕所取 0.02～0.07；其他房屋参考进行计算。

6.5.4.7 临时水电管网及其他动力设施的布置

1. 工地临时供水的规划

建筑工地临时供水，包括生产用水（含工程施工用水和施工机械用水）、生活用水（含施工现场生活用水和生活区生活用水）和消防用水三个方面。工地供水规划可按以下步骤进行：

（1）确定供水量

1）工程施工用水量（式 6－7）

$$q_1=K_1\sum\frac{Q_1N_1}{T_1b}\times\frac{K_2}{8\times3600} \tag{6-7}$$

式中 q_1——施工工程用水量（m^3/s）；

K_1——未预见的施工用水系数（1.05～1.15）；

Q_1——年（季）度工程量（以实物计量单位表示）；

N_1——施工用水定额，见表 6-8；

T_1——年季度有效工作日（d）；

b——每天工作班次；

K_2——用水不均衡系数，对施工工程用水取 1.5，对生产企业用水取 1.25。

表 6-8 施工用水参考定额

序号	用水对象	单位	用水定额 N_1	备注
1	浇筑混凝土全部	m^3/m^3	1.7～2.4	
2	搅拌普通混凝土	m^3/m^3	0.25	实测数据
3	搅拌轻质混凝土	m^3/m^3	0.3～0.35	
4	搅拌泡沫混凝土	m^3/m^3	0.3～0.4	
5	搅拌热混凝土	m^3/m^3	0.3～0.35	
6	混凝土普通养护	m^3/m^3	0.2～0.4	
7	混凝土蒸汽养护	m^3/m^3	0.5～0.7	
8	冲洗模板	m^3/m^3	0.005	
9	清洗搅拌机	m^3/台班	0.6	实测数据
10	人工冲洗石子	m^3/m^3	1	
11	机械冲洗石子	m^3/m^3	0.6	
19	洗砂	m^3/m^3	1	
13	砌砖工程全部	m^3/m^3	0.15～0.25	
14	砌石工程全部	m^3/m^3	0.05～0.08	
15	粉刷工程全部	m^3/m^3	0.03	
16	砌耐火砖	m^3/m^3	0.1～0.15	包括搅拌砂浆
17	洗砖	m^3/千块	0.2～0.25	
18	洗硅酸盐砌块	m^3/m^3	0.3～0.35	
19	抹面	m^3/m^3	0.004～0.006	不包括调制用水
20	楼地面	m^3/m^3	0.19	
21	搅拌砂浆	m^3/m^3	0.3	
22	石灰消化	m^3/t	3	

2）施工机械用水量（式 6-8）

$$q_2 = K_1 \sum Q_2 N_2 \frac{K_3}{8 \times 3600} \quad (6\text{-}8)$$

式中 q_2——施工机械用水量（m^3/s）；

K_1——未预计施工用水系数（1.05～1.15）；

Q_2——同种机械台数（台）；

N_2——施工机械用水定额，见表 6-9；

K_3——施工机械用水不均衡系数，对运输机械取 2.0，对动力设备取 1.05～1.1。

表 6-9　施工机械用水参考定额

序号	用水对象	单位	用水定额 N_2	备注
1	内燃挖土机	m^3/台，m^3	0.2～0.3	以斗的容量计
2	内燃起重机	m^3/台班，t	0.015～0.018	以起重吨数计
3	蒸汽打桩机	m^3/台班，t	1～1.2	以锤重吨数计
4	内燃压路机	m^3/昼夜，台	0.012～0.015	以压路机吨数计
5	拖拉机	m^3/昼夜，台	0.2～0.3	
6	汽车	m^3/昼夜，台	0.4～0.7	
7	标准轨蒸汽机车	m^3/昼夜，台	10～20	
8	空气压缩机	m^3/台班，m^3/min	0.04～0.08	以压缩空气量计
9	内燃机动力装置（直排水）	m^3/台班，kW	0.15～0.4	
10	自燃机动力装置（循环水）	m^3/台班，kW	0.04～0.055	
11	锅炉	m^3/h，t	1	以小时蒸发量计
12	锅炉	m^3/h，m^3	0.015～0.03	以受热面积计
13	点焊机 25 型	m^3/h	0.1	实测数据
14	点焊机 50 型	m^3/h	0.15～0.2	实测数据
15	点焊机 75 型	m^3/h	0.25～0.35	
16	冷拔机	m^3/h	0.3	
17	对焊机	m^3/h	0.3	
18	凿岩机 01-30（CM-56）	m^3/min	0.003	
19	凿岩机 01-45（TN-4）	m^3/min	0.005	
20	凿岩机 01-38（KⅡM-4）	m^3/min	0.008	
21	凿岩机 YQ-100	m^3/min	0.008～0.012	

3）施工现场生活用水量（式 6-9）

$$q_3=\frac{P_1N_3K_4}{b\times 8\times 3600} \tag{6-9}$$

式中　q_3——施工现场生活用水量（m^3/s）；

P_1——施工现场高峰期生活人数（人）；

N_3——施工现场生活用水定额，参见表 6-10；

K_4——施工现场生活用水不均衡系数，取 1.3～1.5；

b——每天工作班次（班）。

4）生活区生活用水量（式 6-10）

$$q_4=\frac{P_2N_4K_5}{24\times 3600} \tag{6-10}$$

式中　q_4——生活区生活用水量（m^3/s）；

P_2——生活区居民人数（人）；

N_4——生活区昼夜全部用水定额，见表 6-10；

K_5——生活区用水不均衡系数，取 2.0～2.5。

表 6-10　生活用水参考定额

序号	用水对象	单位	用水定额 N_3	备注
1	工地全部生活用水	m^3/人・d	0.1～0.12	
2	生活用水	m^3/人・d	0.025～0.03	
3	食堂	m^3/人・d	0.015～0.02	
4	浴室（淋浴）	m^3/人・次	0.05	
5	淋浴带大池	m^3/人・次	0.03～0.05	
6	洗衣	m^3/人	0.03～0.035	
7	理发	m^3/人・次	0.015	
8	病号	m^3/病床.d	0.1～0.15	

5）消防用水量见表 6-11

表 6-11　消防用水参考定额

序号	用水对象		火灾同时发生次数	单位	用水量
1	居民区	5000 人以内	一次	m^3/s	0.01
		10000 人以内	二次	m^3/s	0.01～0.015
		25000 人以内	二次	m^3/s	0.015～0.02
2	施工现场	现场面积小于 0.25km^2	一次	m^3/s	0.01～0.015
		现场面积每增加 0.25km^2	一次	m^3/s	0.005

6）总用水量

①当$(q_1+q_2+q_3+q_4)\leqslant q_5$时，

$$Q=q_5+\frac{1}{2}(q_1+q_2+q_3+q_4) \tag{6-11}$$

②当$(q_1+q_2+q_3+q_4)>q_5$时，

$$Q=q_1+q_2+q_3+q_4 \tag{6-12}$$

③当工地面积小于 5 万 m^2，并且$(q_1+q_2+q_3+q_4)<q_5$时，则

$$Q=q_5 \tag{6-13}$$

最后计算的总用水量，还应增加 10%，以补偿不可避免的水管渗漏损失。

（2）选择水源

建筑工地的临时供水水源，应尽量利用现场附近已有的供水管道，只有在现有给水系统供水不足或根本无法利用时，才使用天然水源。

天然水源有地表水（江河水、湖水、水库水等）；地下水（泉水、井水）。选择水源应考虑下列因素：水量充沛可靠，能满足最大需水量的要求；符合生活饮用水、生产用水的水质要求；取水、输水、净水设施安全可靠；施工、运转、管理、维护方便。

（3）配置临时给水系统

临时给水系统由取水设施、净水设施、储水构筑物（水塔及蓄水池）、输水管及配水管线组成。

通常应尽量先修建永久性给水系统，只有在工期紧迫、修建永久性给水系统难以应急时，才修建临时给水系统。

1）取水设施一般由取水口、进水管和水泵组成。取水口距河底（或井底）不得小于0.25～0.9m。给水工程所用水泵有离心泵、隔膜泵及活塞泵三种，所选用的水泵应具有足够的抽水能力和扬程。

2）储水构筑物有水池、水塔和水箱。在临时给水中，如水泵非昼夜连续工作，则必须设置储水构筑物。其容量以每小时消防用水量来决定，但不得小于10～20m^3。

3）管径计算。根据工地总需水量，按式（6-14）计算管径：

$$D=2000\sqrt{\frac{Q}{\pi v}} \tag{6-14}$$

式中 D——配水管内径（mm）；

Q——用水量（m^3/s）；

v——管网中水的流速（m/s），临时水管经济流速参见表6-12。

表6-12 临时水管经济流速

序号	管径	流速（m/s）	
		正常时间	消防时间
1	支管 $D<100$mm	2	
2	生产消防管 $D=100\sim300$mm	1.3	>3.0
3	生产消防管 $D>300$mm	1.5～1.7	2.5
4	生产用水管 $D>300$mm	1.5～2.5	3.0

4）选择管材

临时给水管道，根据管道尺寸和压力大小进行选择，一般干管为钢管或铸铁管，支管为钢管。

2. 工地临时供电的规划

建设工地临时供电的规划包括计算用电总量、选择电源、确定变压器、确定导线截面面积并布置配电线路。

（1）工地总用电量计算

施工工地的总用电量包括动力用电和照明用电两类，其计算公式如下：

$$P=\varphi\left(K_1\frac{\sum P_1}{\cos\varphi}+K_2\sum P_2+K_3\sum P_3+K_4\sum P_4\right) \tag{6-15}$$

式中 P——供电设备总需要容量（kW）；

φ——未预计施工用电系数（1.05～1.1）；

P_1——电动机额定功率（kW）；

P_2——电焊机额定容量（kW）；

P_3——室内照明容量（kW）；

P_4——室外照明容量（kW）；

$\cos\varphi$——电动机的平均功率因数（施工现场最高为0.75～0.78，一般为0.65～0.75）；

K_1、K_2、K_3、K_4——需要系数，见表6-13。

表 6-13 需要系数

用电设备名称	数量	K	流速（m/s）	备注
电动机	3～10 台	K_1	0.7	如施工中需用电热时，应将其用电计量算进去。为使计算接近实际，式中各项动力和照明用电应根据不同性质分别计算
	11～30 台		0.6	
	30 台以上		0.5	
加工厂动力设备			0.5	
电焊机	3～10 台	K_2	0.6	
	10 台以上		0.5	
室内照明		K_3	0.6	
室外照明		K_4	1.0	

单班施工时，最大用电负荷量以动力用电量为准，不考虑照明用电。各种机械设备以及室外照明用电可参考有关定额。

（2）电源选择

选择电源，比较经济的方案是利用施工现场附近已有的高压线路或发电站及变电所，但事前必须将施工中需要的用电量向供电部门申请，如果在新辟的地区中施工，没有电力系统时，则需自备发电站。通常是将附近的高压电，经设在工地变压器降压后，引入工地。

（3）确定变压器

变压器的功率按式（6-16）计算：

$$W=\frac{K\times P}{\cos\varphi} \tag{6-16}$$

式中 W——变压器的容量（kW）；

P——变压器服务范围内的总用电量（kW）；

K——功率损失系数，取 1.05～1.1；

$\cos\varphi$——功率因数，一般取 0.75。

根据计算所得容量，从变压器产品目录中选择。

（4）确定配电导线截面面积

配电导线要正常工作，必须具有足够的机械强度、耐受电流通过所产生的温升并且使得电压损失在允许范围内。因此选择配电导线有以下三种方法：

1）按机械强度确定。导线必须有足够的机械强度，以防止受拉或机械损伤而折断。在各种不同的敷设方式下，导线按机械强度要求所必须的最小截面可参考《施工手册》。

2）按允许电流选择。导线必须能承受负载电流长时间通过所引起的温升。

电流强度的计算：

三相四线制线路上的电流可按式（6-17）计算：

$$I=\frac{P}{\sqrt{3}\,v\cos\varphi} \tag{6-17}$$

二线制线路上的电流可按下式计算：

$$I=\frac{P}{v\cos\varphi} \tag{6-18}$$

式（6-17）～式（6-18）中：

I——导线中的负荷电流（A）；

v——供电电压（kV）；

P——变压器服务范围内的总用电量（kW）；

$\cos\varphi$——功率因数，一般取 0.75。

3）按允许电压降确定。导线上引起的电压降必须在一定限度之内。配电导线的截面可用下式计算：

$$S=\frac{\sum P\times L}{C\varepsilon} \tag{6-19}$$

式中 S——导线截面（mm^2）；

P——负载的电功率或线路输送的电功率（kW）；

L——送电线路的距离（m）；

ε——允许的相对电压降（即线路电压损失%）；照明允许电压降为 2.5%～5%，电动机电压降不超过±5%；

C——系数，视导线材料、线路电压及配电方式而定。

所选用的导线截面应同时满足以上三项要求，以求得三个截面中最大的为准，从电线产品目录中选用线芯截面。一般在道路工地和给排水工地作业线比较长，导线截面由电压降确定。在建筑工地配电线路比较短，导线截面可由允许电流选定。根据计算所得电流强度，查看导线产品目录或出厂标签标注的导线持续容许电流，就可以选择合适的导线。在小负荷的架空线路中往往以机械强度选定。

临时供电网的布置与水管网的布置相似。它们均有环状布置、枝状布置和混合式三种形式，如图 6-2 所示。对于 3～10kV・A 的高压线路，采用环状布置；380/220V 低压线采用枝状布置。为了架设方便，工地上一般采用架空线路，在跨越主要道路时则改用电缆。架空线路杆的间距为 25～40m，架空线路离路面或建筑物不应小于 6m，离铁路路轨不小于 7.5m。埋于地下的临时电缆应做好标记，保证施工安全。

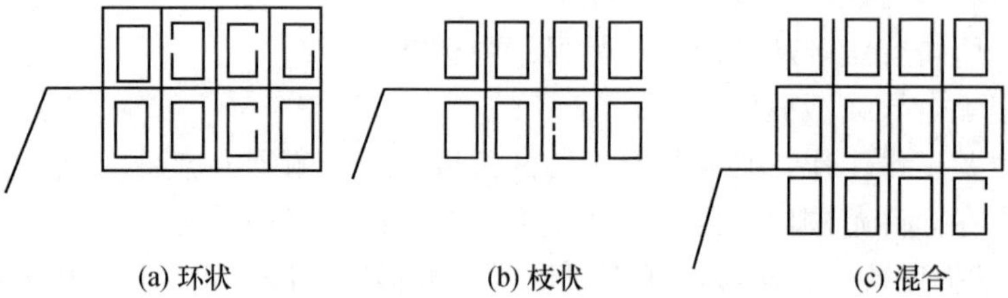

(a) 环状　　(b) 枝状　　(c) 混合

图 6-2　临时供水供电管线布置形式

3. 其他设施的布置

施工工地应依据防火要求设置消防站，一般设置在易燃建筑物附近，并须有通畅的出口和消防栓，其间距不得大于 100m。

上述施工总平面图的设计步骤不是截然分开、孤立进行的，而是需要相互联系、综合考虑，经反复修正后才能确定下来。

6.6 主要技术经济指标

为了评价每个项目施工组织总设计个各方案的优劣，以便确定最优方案，通常采用以下技术经济指标进行评价。

6.6.1 建筑项目施工总工期

建筑项目施工总工期是指建筑项目从正式开工到全部投产使用位置所持续的时间。应计算的相关指标如下：

(1) 施工准备期：从施工准备开始到主要项目开工为止的时间。

(2) 一般项目投产期：从主要项目开工到第一批项目投产的全部时间。

(3) 单位工程工期：指建筑群中各单位工程从开工到竣工为止的全部时间。

上述三项指标与常规工期对比。

6.6.2 建筑项目施工总成本

1. 建筑项目降低成本总额

$$\text{降低成本总额}=\text{承包总成本}-\text{计划总成本}$$

2. 降低成本率

$$\text{降低成本率}=\frac{\text{降低成本总额}}{\text{承包总成本额}}$$

6.6.3 建筑项目施工总质量

这是施工组织总设计中确定的质量控制目标。质量优良品率的计算方法如下：

$$\text{质量优良品率}=\frac{\text{优良工程个数（或面积）}}{\text{施工项目总个数（或面积）}}$$

6.6.4 建筑项目施工安全

它包括建筑项目施工安全指标，以工伤事故频率控制数表示。

6.6.5 建筑项目施工效率

(1) 全员劳动生产率（元/人·年）。

(2) 单位竣工面积用工量：它反映劳动的使用和消耗水平（工日/m^2竣工面积）。

(3) 劳动力不均衡系数：整个施工期间使用劳动力的不均衡程度。其计算方法如下：

$$\text{劳动力不均衡系数}=\frac{\text{施工高峰期人数}}{\text{施工期平均人数}}$$

6.6.6 临时工程

1. 临时工程投资比例

$$临时工程投资比例=\frac{全部临时工程投资}{建安工程总值}$$

2. 临时工程费用比例

$$临时工程费用比例=\frac{临时工程投资-回收费+租用费}{建安工程总值}$$

6.6.7 材料使用指标

1. 主要材料节约量：指依靠施工技术组织措施，实现三大材料（钢材、木材、水泥）的节约量。

主要材料节约量=预算用量-施工组织上及计划用量

2. 主要材料节约率

$$主要材料节约率=\frac{主要材料节约量}{主要材料预算用量}$$

6.6.8 综合机械化程度

$$综合机械化程度=\frac{机械化施工完成工作量}{总工作量}$$

6.6.9 预制化程度

$$预制化程度=\frac{在工程及现场预制工作量}{总工作量}$$

上述指标与同类型工程的技术经济指标比较，即可反映施工组织总设计的实际效果，并作为上级审批的依据。

6.7 框架剪力墙结构高层住宅群体工程施工组织总设计实例

6.7.1 编制依据

施工合同及附件，工程技术资料及施工图，主要相关法律、法规及本企业管理文件，主要相关规范、标准、规程、图集等（略）。

6.7.2 工程概况

本工程为一住宅小区，首期工程由 11 幢 33 层的高层商住楼及相应的配套设施组成，总建筑面积 274562m²，该工程位于市郊公路南侧。

6.7.2.1 建筑设计

该工程为 11 幢高层商住楼，地下 1 层作为车库和设备用房，地上 33 层，其中 1、—3 层的裙房作为商场和大厦的管理用房，裙房以上均为高层住宅，按照标准层的不同平面布置形式，分成几种类型，如 A 型（图 6-3）、C 型（图 6-4）。

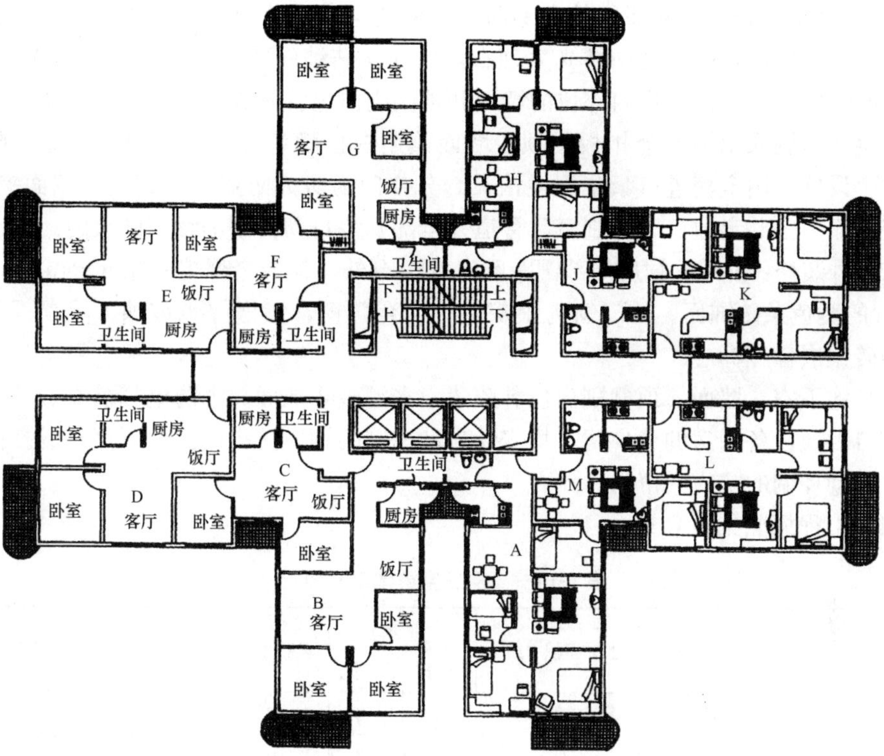

图 6-3　A 型标准层平面

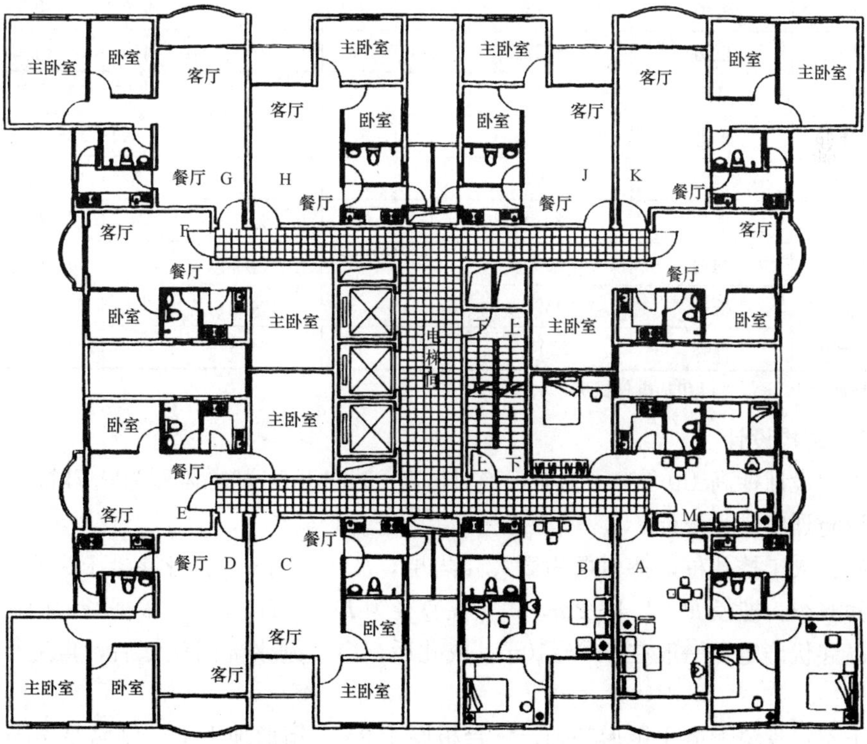

图 6-4　C 型标准层平面

（1）室内装修：公共部位的电梯前廊、公共走道及营业大厅的顶棚，采用轻钢龙骨石膏板艺术吊顶，墙面镶贴磨光大理石，局部镶贴釉面砖；楼地面铺贴磨光花岗石，局部铺贴同质地砖。住宅户内部位的墙面和顶棚刷白色乳胶漆，地面铺贴柚木地板。厨房、卫生间顶棚采用铝合金扣板吊顶，墙面镶贴白色隐花瓷片，地面贴浅绿色防滑地砖，卫生设施采用全套进口豪华卫生洁具。分户门为防火防盗门，其余为双面夹板门，刷醇酸瓷漆。公共走道口、控制室、管道井全部安装自动控制的钢质防火门。

（2）外装修：外墙除裙房局部镶贴磨光花岗石外，其余全部统一贴 60mm×60mm×240mm 的黄色条砖饰面。外门窗为银灰色铝合金门窗，镶嵌绿色玻璃。屋顶部位用印度红条砖镶嵌幢号标志。

（3）地下室：墙面、顶棚刷白色乳胶漆，水泥砂浆地面。消防电梯前廊、疏散楼梯的通道口以及设备用房的分户门，均安装自动控制的钢质防火门。地下停车场按防火分区布置自动控制的防火卷帘门。

（4）工程概况见表 6-14。

表 6-14 高层住宅群体工程概况

单位工程名称	建筑结构形式	建筑面积（m^2）	层数		总高度（m）	计划开竣工时间
			地下	地上		
A1 号楼	框剪	33105	1	33	103.9	本年 5.18～第 2 年 11.12
A2 号楼	框剪	33105	1	33	103.9	本年 5.18～第 2 年 11.12
B1 号楼	框剪	33073	1	33	101.6	本年 10.8～第 3 年 4.12
B2 号楼	框剪	23073	1	33	101.6	本年 10.8～第 3 年 4.12
B3 号楼	框剪	24927	1	33	101.6	本年 1.28～第 2～2.22
B4 号楼	框剪	24927	1	33	101.6	本年 1.28～第 2～2.22
C1 号楼	框剪	22197	1	33	104.8	本年 11.18～第 3 年 5.12
C2 号楼	框剪	22197	1	33	104.8	本年 11.18～第 3 年 5.12
C3 号楼	框剪	22030	1	33	104.8	本年 11.18～第 3 年 5.12
C5 号楼	框剪	22030	1	33	104.8	本年 11.18～第 3 年 5.12
C6 号楼	框剪	21694	1	33	104.8	本年 4.8～第 2 年 10.2
车库、游泳池	框架	2204	1	33	104.8	本年 11.8～第 2 年 9.8

注：地面以上 33 层，已包括电梯机房、水箱间。

6.7.2.2 结构设计

本工程设计标高±0.000，相当于绝对标高 29.640m，基本风压为 0.7kN/m^2，按 7 度抗震设防烈度进行设计。

基础：人工挖孔桩，持力层为微风化岩层，R_j=7MPa，桩身混凝土为 C25，护壁混凝土为 C20。桩径 D=1.4～2m，扩大头直径为 D+0.2m。桩长根据场地内微风化基岩的标高起伏确定，一般在 5.8～10m，成孔后，应经勘察部门认证后，再进行扩大头施工。

地下室：现浇混凝土筏形基础，承台板厚 1.9m，箱形地下室，侧墙厚 400mm，在迎水面抹防水砂浆，变形缝及车道接口处设橡胶止水带，用聚氯乙烯胶泥封口。

主体结构：1～3层裙房为框架剪力墙结构，框支梁转换层（梁高1.7～2.0m）。从4层标准层起为全剪力墙结构，墙厚350～250mm。

混凝土强度等级：基础垫层为C10；地下室外墙、底板及水池、水箱为C30、P6防水混凝土；框支柱为C60，框支梁及1～10层的梁、板、墙为C35；11～20层的梁、板、墙为C30，21层以上的梁、板、墙为C25。

砌体：非承重隔墙采用蒸压加气混凝土砌块，密度≤600kg/m^3，M5混合砂浆砌筑，抗震拉结钢筋2ϕ6.5@600mm，长600mm。

6.7.2.3 设备安装工程

1. 给排水工程

（1）供水部分：主要有给水和消防、自动喷淋两个系统。本工程的水源由市政自来水供给，并在地下室的A、B区间和C区各设一个容积分别为4000m^{3}和1014m^{3}的蓄水池，配备了DN200电动控制蝶阀和变频调速水泵。在每幢高层公寓的屋顶上各设一个18m^{3}的高位水箱，采用水泵加高位水箱上行下给式供水方式。15层以上为高压供水区，经水箱分送至各层用水点；15层以下为低压供水区，依靠地下室的变频调速水泵维持稳定水压，直接供至给水点。消防栓、自动喷淋与火灾自动报警系统联网，一旦发生火灾，连锁的水泵相应启动，水压能够保证建筑物内任何部位的消防栓都能有两股不小于10m的充实水柱。自动喷淋是一个整体的连通管网系统，动作温度为68℃，配备湿式报警阀，正常情况由气压罐稳压。

（2）循环水部分：由市政自来水直接供给，利用砂滤罐和热交换器控制游泳池的水质和水温。

（3）排水部分：污水系统集排污器具和洗涤器具的排放水，自流至室外污水检查井，经化粪池处理后，再排入市政排水管网；废水系统集洗沐器具的排放水，自流至废水检查井；雨水系统集屋面雨水、地面散水排水，自流至室外雨水检查井，检查井均和市政排水管网连通。

2. 电气工程

（1）供电系统：本工程的各幢地下室都设有独立的高压配电室，配备1000kV·A干式变压器，并安装了360kW的柴油发电机组，当市政停电时，末端自动切换，发电机组能在15s内自行启动，以保证消防电梯、消防水泵、正压送风和排烟风机及事故照明等设备的用电。

（2）配电与控制系统：在首层设有低压配电房和值班室，在值班室安装了供电系统的模拟信号盘，可监视高压环网柜、发电机组、变压器、主进线和母联开关的运行状态。

（3）线路敷设方式：动力电缆由配电柜顶部出线，经电缆桥架配至强电竖井，再由竖井桥架配至各用电设备。正常照明用电由竖井配至各楼层的电表配电箱，再引至各户内的开关盒，通过各个回路分配到各个用电器。

6.7.2.4 施工条件

施工场地：施工现场地貌原属残丘缓坡，经分区段整平推填，较为平坦，自然地坪绝对标高为海拔30.40m。场区内的临时道路基本畅通，现场主干道与公路相接，交通方便。

水、电：市政自来水管道已敷设至施工现场，总管直径 ϕ100，保留部分人工挖孔桩施工时所遗留的降水井。电力增容已全部完成，可向各施工区段分别提供 500kV·A 电源。

基坑：人工挖孔桩已施工完毕，待检测验收，基坑土方在挖桩前已开挖至－4.1～6.0m，还有平均 30cm 左右的土方需要开挖和修整。边坡采用 1：3 水泥砂浆护坡。

工期：桩基工程由业主自营，总包施工单位负责协调桩基工程的技术复核和质量控制，桩基验收合格后，仍要根据市场的售楼情况，由开发商另行确定各区段的具体开工时间，要求每幢高层住宅楼的总工期分别定为 540d（日历天）。

6.7.3 施工部署

6.7.3.1 施工区段划分

按照房地产开发商的要求，应优先施工邻近公路旁的 B_1、B_2 楼，并且及时完善局部的配套设施（交通道路、环境绿化、广告宣传等），以便形成销售样板楼，创造良好的促销环境。在用户踊跃订房、超前获得投资回报的条件下，按照 A_1、A_2，B_1、B_2，B_3、B_4，C_2、C_6 和 C_1、C_3、C_5 分区段布置的特点，自然形成 5 个独立的施工区段，在总包公司的统一领导和指挥下，组建 5 个项目经理部，各自独立承包，单独核算，统筹安排。

6.7.3.2 工期安排

当施工区段的专项资金到位，桩基验收合格后，按区段签订好总分包合同，商定具体的开工时间，每幢楼的总工期均为 540d，按如下 5 个阶段进行综合控制：

（1）地下室主体结构共 90d；

（2）3 层裙房，包括框支梁转换层的主体结构共 30d，地下室的防水施工、回填土方适时穿插进行；

（3）4～33 层主体结构，平均 7d 一层，共 210d，室内粗装修尾随跟进，立体交叉作业；

（4）外装饰、室内装修、屋面工程共 150d，设备安装工程的预留、预埋、安装、调试随土建同时进行；

（5）室外工程，土建扫尾，安装调试，共 60d。

6.7.3.3 施工顺序

每个区段的地下室及 3 层裙房施工后，各个塔楼自然形成了独立的平行工作面，只要在区段内调整 3d 的流水节拍，合理地控制时差，严格落实网络计划，就能平衡劳力，充分利用资源和机械设备。初期要以主体结构施工为先导，实施平面分段、立体分层、同步流水的施工方法，当主体结构完成到 10 层时，室内粗装修开始从下向上单向跟进，交叉流水。主体封顶后，室内、外装饰装修工作要全面展开，迅速做出样板块、样板间，组织员工现场交流学习、交底，而后装饰装修工程从上向下循序渐进，实施专业化施工，成为进度的主线。在整个施工过程中，安装工程的预留、预埋、安装、调试工作应始终贯穿主体、装饰、装修、收尾过程中，在时间和空间上要充分紧凑搭接，循环推进，严格交接班制度，相互爱护成品，避免交叉污染。

6.7.3.4 工艺流程

施工工艺流程如图 6-5 所示。其中，粗装修包括内隔墙砌筑，墙面、顶棚抹灰，门窗框安装；精装修包括楼地面工程，瓷砖、大理石、花岗石饰面，门窗内扇安装，油漆涂料施工；卫生洁具、灯具安装。

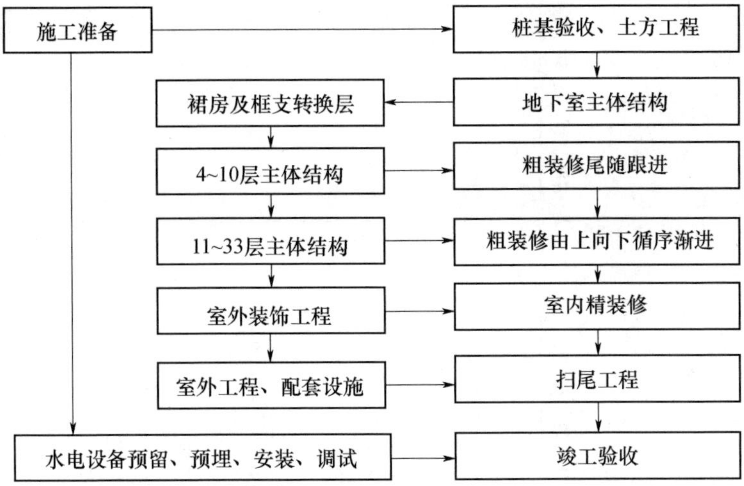

图 6-5　施工工艺流程

6.7.3.5 施工进度计划

钢筋混凝土结构工程的施工周期约占总工期的 60%以上，且易受自然气候的影响。但当进入标准层施工后，人员、设备的运转日趋正常，故该工程的 4～33 层，实际工期要从计划 7d 一层，压缩到 5～6d 一层，争取留有 30d 的时间余量，以弥补天气变化、暴风雨袭击等偶然因素所耽误的工期，确保阶段工期的实现。每幢单位工程及标准层的施工进度计划，见施工总进度网络（图 6-6）和标准层施工网络（略）。

6.7.3.6 施工组织

（1）施工组织机构见网络图（略）。

（2）项目经理部的组成、分工及各职能部门的权限。

①项目经理：负责项目经理部的行政领导工作，并对整个项目的施工计划、生产进度、质量安全、经济效益全面负责，分管行政科和安全科。

②项目副经理：项目经理的助手，负责项目施工中的各项生产工作，对进度、质量、安全负直接责任，分管施工科和材料科。

③项目总工程师：负责项目施工中的全部技术管理、质量控制和安全监督工作，分管技术科和质检科。

④施工科：负责定额核算、计划统计和预决算的编制工作；负责施工现场平面管理、施工调度及内外协调；负责施工测量、放线、机械设备管理和安全管理工作。

⑤技术科：负责施工组织设计、专项施工方案和技术交底卡的编制；负责钢筋翻样、木工放样，构配件加工订货和现场施工技术问题的处理；负责发放施工图纸、设计变更和有关技术文件；负责做好隐蔽工程的验收记录和各项工程技术资料的收集整理工作。

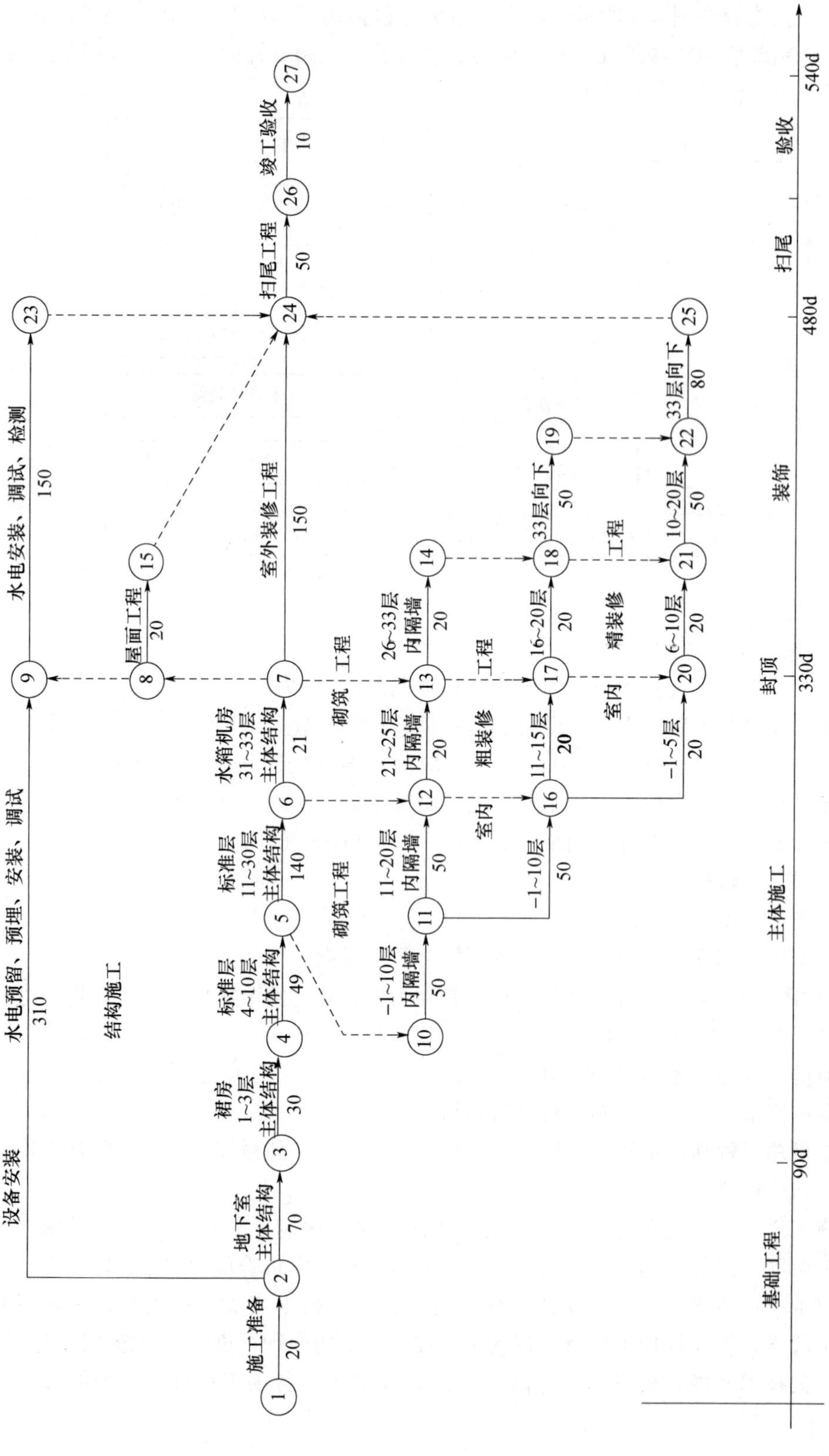

图6-6　施工总进度网络图

⑥质检科：负责工程质量的检查、监督，进行分部分项工程的自检评定，开展全面质量管理和 QC 小组的活动。

⑦安全科：负责做好经常性的安全生产宣传工作，贯彻“安全第一，预防为主”的方针，组织日常的安全生产检查、监督工作，帮助班组消除事故隐患，促进安全生产。

⑧材料科：负责编制材料供应计划，根据施工进度分批组织材料供应；负责材料的发放和物资保管，进行原材料的检验、化验、抽检，提供有关材料的技术文件。

⑨行政科：负责政治宣传、职工教育、生活后勤、安全保卫、环境卫生、文明施工及接待工作。

（3）劳动组织。

劳动组织按基础、主体结构、装饰装修等不同阶段，分别考虑和安排。为保证施工质量，提高效率，便于核算，作业班组应保持相对稳定，并隶属于项目经理部统一安排，统筹调度。以一个施工区段，即两幢一个组合为例，其劳动力组织安排如下：

①基础施工：针对地下室基础底板、墙板和顶板的混凝土体量大，施工环境易受自然气候影响，工作面大的特点，劳动组织为混凝土工 50 人、木工 80 人、钢筋工 60 人、架子工 15 人、机电操作工 10 人，在浇筑混凝土时，打破工种界限，分成两班，昼夜连续施工。

②主体结构施工：各工种按幢号，定轴线、定区位、定岗位组成流水施工作业。安排木工 90 人、钢筋工 45 人、混凝土工 50 人、架子工 20 人、机电操作工 15 人。当主体结构施工至 10 层后，增加瓦工 90 人，开始进行室内粗装修施工。

③装饰装修施工：当主体结构封顶，全面进入装修施工时，高峰期安排瓦工 280 人、木工 50 人、架子工 20 人、机电操作工 10 人、电焊工 4 人、油漆工 40 人，随着工程进展统一调配，逐步适当递减。

6.7.4 施工总平面布置

施工总平面布置见图 6-7。

6.7.5 施工准备

6.7.5.1 技术准备

（1）认真收集、查阅基础工程的技术档案资料。测量放线，建立坐标控制点和水准控制点。对桩基的轴线位置、标高进行复测、复核。

（2）组织现场施工人员熟悉理解施工图纸和有关技术资料。认真做好图纸会审和技术交底工作，编制施工预算，制定具体的施工方案。

（3）按照组织的货源和进场的材料及时进行原材料的物理、化学性能检验，按照施工图纸的设计要求做好混凝土和砂浆的配合比试验。

6.7.5.2 施工现场准备

（1）检查、观察基坑边坡的稳定情况，加固水泥砂浆护坡结构，完善坑底和坑顶周边的排水系统。

（2）平整场地、硬化场内临时道路，开挖雨水排水沟，砌筑污水沉淀池，接通排水管道。

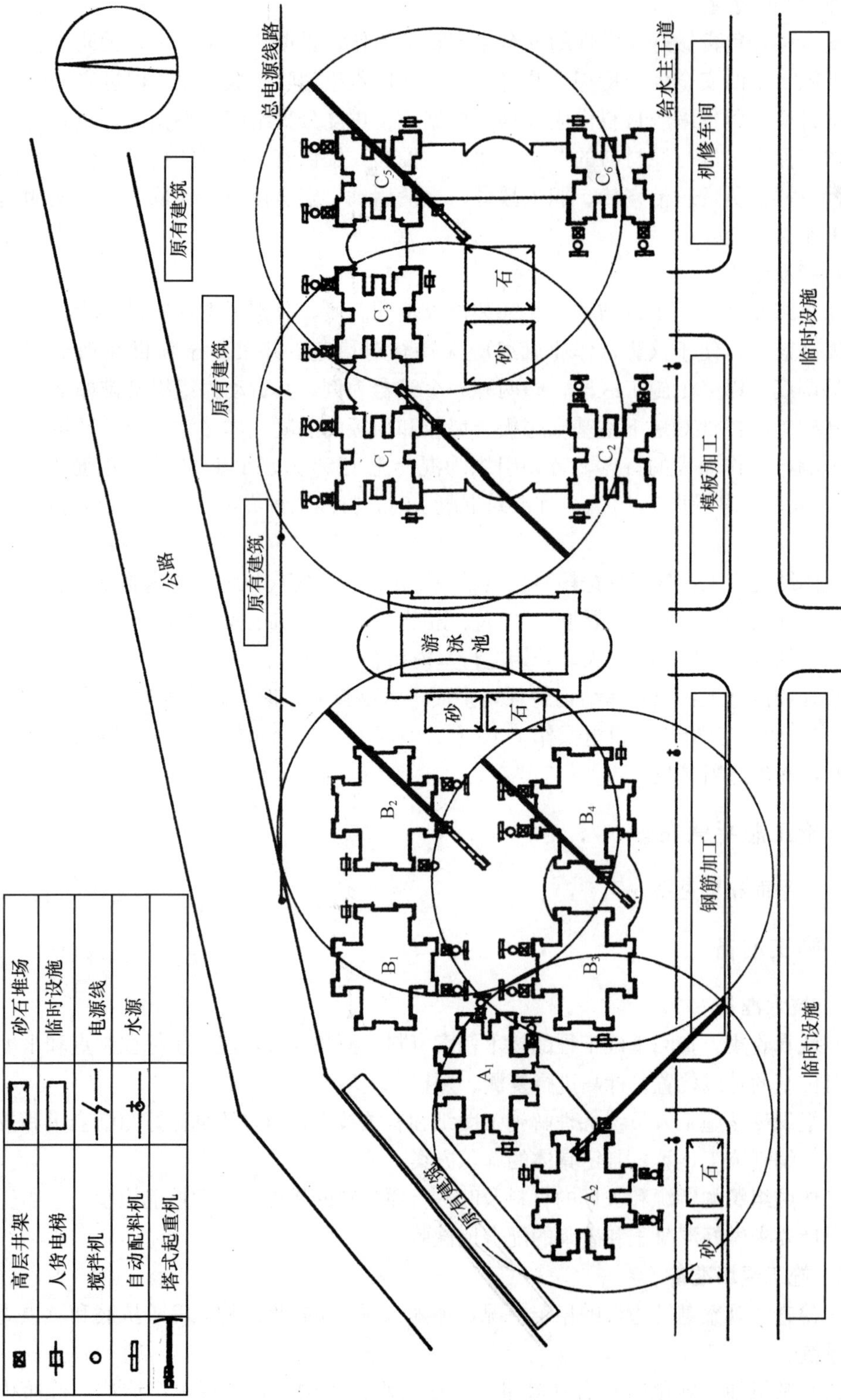

图6-7 施工总平面布置图

(3) 搭设生活、办公、生产、仓储、配电等临时设施，设置砂、石等大宗材料的堆放场地，安装通信指挥设施。

6.7.5.3 机械设备配备

该工程每个施工区段的平面布置形式基本上是两幢高层作为一个组合，垂直运输机械按 1∶1∶2 的施工方法配备，即每区段安装 1 台 F023B 型附着式塔式起重机，每幢楼各配备 1 台双笼人货电梯，2 部 120m 高层快速井架，其具体机械装备情况见表6-15。

表 6-15 主要施工机具计划表

序号	机具名称	型号	功率（kW）	数量（台）	序号	机具名称	型号	功率（kW）	数量（台）
1	塔式起重机	F023B	60	1	12	平刨机	MB504	5	2
2	双笼施工电梯	SCD120	28	2	13	压刨机	MB104	4	2
3	电梯井吊篮	1t	7.5	4	14	电钻		1	2
4	切断机	GJ-40	4.5	1	15	振动棒	HZX-60	1.7	10
5	切断机	GJ-50	5.5	1	16	平板振动器	N-7	3.3	2
6	弯曲机	WJ-40	3.5	1	17	高压水泵		7.5	2
7	弯曲机	WJ-50	4	1	18	砂浆搅拌机	UJZ200	3.3	2
8	对焊机	UN-75	75	1	19	发电机组	TZH-280 200kV·A		1
9	冷拉调直机	GTG3-10	5	1	20	潜水泵		2.2	3
10	交流电焊机	BX2-300	25	2	21	小型水泵		1.1	2
11	圆盘机	MJ109	3	2	22	空压机		7.5	1

注：以上机具计划仅指一个施工段的装备，功率是指单位设备的最大功率。

6.7.5.4 水电准备

(1) 敷设给水管道，根据施工需要设置给水点，建造蓄水池，安装高压水泵，并选 1～2 个降水井，布置潜水泵。停水时，可利用储存水或地下水源维持连续生产。

(2) 施工及照明用电、动力用电所需容量按下式估算：

$$P=1.1\times\left(K_1\frac{\sum P_1}{\cos\varphi}+K_2\sum P_2\right)\times1.1=1.1\times\left(\frac{0.6\times416}{0.75}+0.5\times225\right)\times1.1$$
$$=538.81\ (\text{kV}\cdot\text{A})$$

式中 p_1——电动机额定功率，算得 $p_1=416$kW；

p_2——各类电焊机最大额定功率，算得 $p_2=22$kV·A；

K_1、K_2——同时工作系数，$K_1=0.6$，$K_2=0.5$；

$\cos\varphi$——电动机平均功率因数，取 0.75。

照明用电按动力用电量的 10%估算。

向各施工区段分别提供 560kV·A 电源，满足生产需求。

（3）应急电源：每个施工区段，安装 1 台 200kW 柴油发电机组，固定专人值班，以保证混凝土的浇筑不受意外停电的影响。

6.7.6 主要项目施工方法

6.7.6.1 人工挖孔桩施工

1. 施工工艺

放线定桩位→砌筑井圈→安装提升机械→挖孔（每天下挖 1m 土层，修整桩孔壁，校核桩孔垂直度和桩径）→浇筑护壁→重复以上挖掘工序，挖至设计桩底→扩大头施工→对桩孔垂直度、直径、入岩深度、持力层性质进行检查验收→清理桩底积水、杂物，安装投料串筒→浇筑桩身混凝土到钢筋笼设计高度→安装钢筋笼→连续浇筑混凝土到桩顶。

2. 施工要点

（1）轴线控制，通过引测在基坑内建立 6 个永久性控制点，成工字形布置，以此正交的轴线控制网来确定、控制和校核各桩的轴线位置。

（2）砌筑的井圈要高于开挖地面的标高 150mm，以防地表水流入桩孔内，或碎石、土块滚入施工孔内伤人。

（3）开挖时，临时堆放的孔桩土体要运至离桩壁 2m 以外，并必须将每工作台班的弃土全部运走，防止堆积荷载过大使护壁被挤压偏位。

（4）进入孔内工作前，必须提前启动鼓风机，向孔内输送新鲜空气，并要用测毒仪测量孔内的 CO_2、SO_2 等有毒气体的浓度，严格把关，杜绝毒气伤人事故。

6.7.6.2 钢筋混凝土结构工程施工

1. 模板工程

（1）材料：主要采用钢木组合式模板体系，板材采用 18mm 厚九层胶合板；龙骨背枋采用 50mm×100mm 方木；紧固件采用 ϕ12 或 ϕ14 螺栓，配套用 ϕ20PVC 塑料管；支撑系统及包箍采用 ϕ8 钢管脚手架及活动钢管顶撑。

（2）数量：地下室及裙房各配备一层成套模板，周转后改制成标准层模板，其竖向结构配备一层，水平梁板结构配备二层成套模板，投入三层模板的钢管支撑系统材料。

（3）注意事项：

①模板边沿要求顺直方正，拼缝严密，板缝应不大于 1.5mm。立模前，模板表面应清理干净，并刷一道隔离剂。

②木方的小面要做刨平处理，以保证与胶合板紧密配合，大面不得弯曲变形，无死节、无断裂。

③所有柱和剪力墙模板应在根部开 200mm×200mm 的检查口，以便在混凝土浇筑前检查模内是否有杂物、确保无杂物、无积水，方可封闭检查口。

④为提高模板周转和安装效率，事先应按工程轴线位置、尺寸将模板编号，以便定位使用。拆除后的模板应按区段编号整理、堆放，安装操作人员也相应执行定区段、定编号的岗位负责制。

（4）模板构造详见节点大样图（图 6-8）。

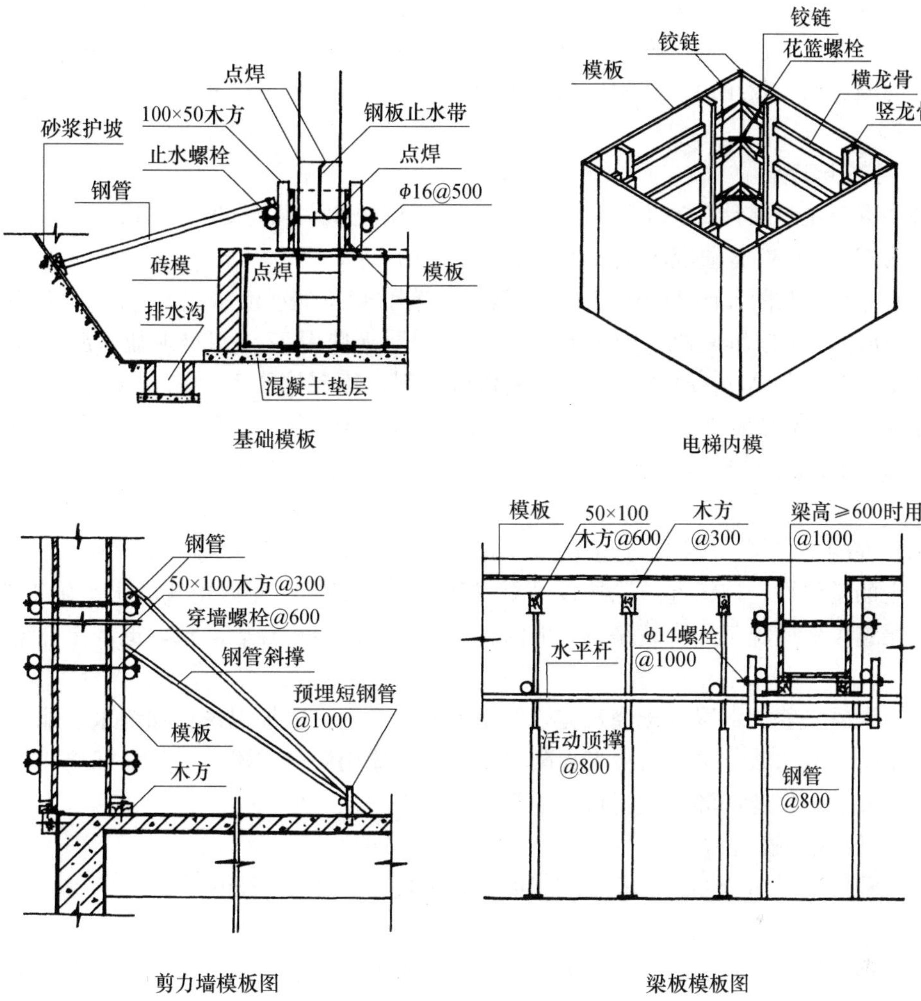

图 6-8　模板构造节点大样图

2. 钢筋工程

本工程钢筋总用量为 25900t，在现场集中加工，统一管理，运到作业面安装绑扎成型，具体施工质量保证措施如下：

（1）采购钢筋时，必须具有生产厂家的出厂合格证，国外进口钢材还要具备商检证明和化学分析报告，经现场随机抽样送实验室，进行物理力学性能和可焊性试验，合格后方可投入使用。

（2）现场加工时，所有接头采用闪光对焊，对于框架柱、剪力墙竖向结构的主筋接头，当 $d \geqslant 22$ 时均采用直螺纹连接；当 $d < 22$ 时采用绑扎搭接接头。框支梁的水平主筋接头采用冷挤压机械连接。所有焊接接头、机械接头必须经随机抽样检验合格后，才能进行下道工序。

（3）钢筋焊接和机械连接的操作工，都必须经过培训考核，持有特殊工种的岗位合格证书。

（4）按抗震要求弯成 135°弯钩的箍筋，为方便施工，制作时一边弯钩先弯成 90°，另一边弯成 135°，当安装绑扎成型后，再用小扳手把 90°的弯钩弯到 135°。

(5) 为保证竖向钢筋不移位，可在柱和剪力墙的根部套上一个箍筋并绑扎一排水平钢筋作为限位筋，校正后，将限位筋与梁和暗柱钢筋点焊固定，并逐根将竖向钢筋绑扎牢固。

3. 混凝土工程

现浇混凝土量共计 16.14 万 m^3，除地下室底墙板和水箱为 C30、P8 抗渗混凝土外，其他均为 C25～C60 普通混凝土。主要施工方法如下：

(1) 原材料及配合比：C30、P8 抗渗混凝土选用 42.5 级矿渣水泥，内掺 14%UEA 膨胀剂，另加 0.6%的 MG 木钙缓凝减水剂。C60 混凝土选用 52.5 级硅酸盐水泥，掺 15% Ⅰ级磨细粉煤灰和 0.4%FDN-440 缓凝高效减水剂，碎石粒径 10～25mm，压碎指标不得大于 10%，含泥量要小于 1%，中砂含泥量不大于 2%。C25～C40 混凝土可选用 42.5、52.5 级普通硅酸盐或矿渣水泥，掺 10%Ⅱ级粉煤灰和 0.6%MG 木钙缓凝减水剂。

(2) 混凝土浇筑：采用预拌混凝土泵送施工，混凝土坍落度为 140～160mm。为保证混凝土的整体性、连续性，除按设计要求留置的后浇带和允许留置的水平施工缝外，全部采用连续作业施工，浇筑路线一般沿长边方向，从短边开始浇筑，退浇至井架的上料口。

(3) 混凝土养护：混凝土浇筑完毕终凝后的 12h 内，要加以覆盖和浇水，地下室底板混凝土采用蓄水法养护。后浇带混凝土补浇后，要用湿麻袋覆盖，其他部位均用人工浇水自然养护，保持润湿时间不得少于 14 昼夜。

6.7.6.3 砌筑工程

本工程的内隔墙全部采用蒸压加气混凝土砌块，共计 17023m^3。

1. 砌筑

(1) 施工准备：施工前必须根据施工图和砌块尺寸、垂直灰缝的宽度、水平灰缝的厚度等，计算砌块的皮数和排数，以保证砌体的尺寸。砌筑前，应按施工图放出墙体的边线，将楼面局部找平，并立好皮数杆，检查与混凝土结构连接部位的拉结钢筋，要保证其间距、长度符合设计和抗震要求。

(2) 砌筑：砌体宜用混合砂浆砌筑，设计强度等级 M5，每层不大于 250m^3砌体必须留置一组砂浆试块。加气混凝土砌块应提前浇水润湿，其含水率一般不超过 20%，砌筑时，灰缝应横平竖直、砂浆饱满，以保证砌块之间有良好的黏结力。砌体的上下皮砌块应错缝砌筑，当搭接长度小于砌块的 1/3 时，水平灰缝中应设置钢筋加强，临时间断处应砌成阶梯形斜槎，不允许留直槎。

(3) 保证质量措施：垂直灰缝宽度不得大于 20mm，水平灰缝厚度不得大于 15mm，但是均不得小于 10mm。窗洞下部应放 2ϕ6 钢筋，伸出洞口两边长度均不得小于 500mm。厨卫间、阳台给水管道井隔墙，要在墙脚处预先浇筑与砌块同宽、高不小于 200mm、强度等级不低于 C10 的素混凝土坎，可防止砌块受浸蚀出现渗漏现象。填充墙砌至梁底板时，必须待次日砌筑砂浆沉实后，再将其与梁板底塞紧，顶死后用砂浆将缝隙填实。

2. 抹灰与饰面

(1) 基层处理：由于加气混凝土的吸水性能有先快后慢、容量大、延续时间长的特点，所以必须对基层表面进行处理，以保证抹灰层有良好的凝结硬化条件，避免抹灰层在水化过程中水分被加气混凝土吸走，失去预期要求的强度并引起空鼓、开裂。所以，施工前应浇水润湿，浇水量以渗入砌块内深度 8～10mm 为宜。

(2) 基层施工：墙面润湿后，可用素水泥浆或 108 胶水泥浆满涂墙面，也可用铁抹子将 108 胶水泥浆在墙面上刮成鱼鳞状，表面宜粗糙且紧密连接，厚度均控制在 3mm 左右，其作用既可增强抹灰砂浆与墙体的黏结力，又可提高墙面的封闭度。

(3) 抹底灰：在基层表面处理完毕后，应立即进行抹灰，其底灰应选用与加气混凝土的强度、弹性模量和收缩值相接近的材料，通常应选用 1：1：6 水泥混合砂浆，切忌采用高等级砂浆抹底灰。每层每次抹灰厚度不应大于 10mm，如找平有困难需加厚时，应分层、分次逐步加厚，并应在第一次抹灰层终凝后再进行，切忌连续流水作业。

(4) 装饰面层：加气混凝土墙体除基层表面处理和抹底灰等有特殊要求外，底灰以上的中层、面层、饰面层的抹灰和装饰要求，与其他墙体相同。

(5) 质量保证措施：基层处理宜在抹灰前 1h 进行，润湿后可立即刷涂或抹浆。刷浆作业后，应立即抹灰，不得在浆体干燥后再抹灰，这是保证抹灰质量的关键之一。对剔槽、切割、预埋管道、箱盒后的空隙，只能用与大面抹灰一样的材料，切忌采用高等级砂浆。预埋的电器管道，在填缝前应用铁丝扎牢，固定在墙面上，不得再有反弹现象，并于管道外侧钉 100mm 宽的镀锌铁丝网，以防止管道铺设方向出现裂缝。

6.7.6.4 装饰装修工程

1. 施工顺序

(1) 室内装修：清理基层→顶棚抹灰→门窗框安装→墙面抹灰→固定电器箱盒→镶贴饰面砖→敷设水、气管道→门窗内扇安装→楼地面工程刷油漆涂料→电气灯具、厨卫器具安装。

(2) 室外装饰：（从上向下施工）抄平吊线→清理基层→孔洞防水处理→墙面刮糙→弹线→镶贴饰面砖→擦缝清理→安装排水管道。

2. 质量保证措施

(1) 施工前要做详细的技术交底，明确施工工艺标准和质量目标，先做样板块、样板间，经验收合格总结经验后，再大面积施工。

(2) 保证使用功能，杜绝渗漏现象，厨卫间的轻质砌块根部预先浇同墙厚、高 100mm 的素混凝土，并做好防水处理。对穿过楼面的管道周边，要求用防水砂浆密实填嵌，装修前要先做蓄水试验，合格后方可进行下道工序。

(3) 突出观感效果，注重细部处理，严格把好灰饼、冲筋、护角等找规矩的质量关，确保墙面、顶棚表面平整，阴阳角方正，线条通顺。

(4) 强化自检、互检、交接检三检制度，加强土建、安装等专业的配合协调管理工作，按施工进度计划，相互提供工作面，合理安排工序搭接，保护成品，避免交叉污染，确保一次成优。

6.7.6.5 脚手架工程

1～3 层裙房以下搭设普通钢管脚手架，顶部铺设满堂全封闭安全棚，从第 4 层标准层起，全部采用套筒式爬升脚手架，每个片架单元长不大于 4m、高三层半，其主要工作原理和施工注意事项如下。

1. 工艺原理

套筒式爬升脚手架是以建筑物的钢筋混凝土墙体为承力主体，通过附着在已完成的钢筋混凝土墙体上的爬升架，即固定架和活动套架的相对交替滑移，完成脚手架的爬升和下降工作。

2. 工艺流程

（1）安装：混凝土墙体留洞→安装爬升架→搭设脚手架→铺挂安全防护网→荷载试验→验收合格后投入使用。

（2）升（降）操作：混凝土墙体留洞→升（降）活动套架→固定活动套架→升（降）固定架→固定固定架→验收合格后投入使用。

3. 注意事项

（1）爬升脚手架的安装、升降和拆除前应做详细的技术交底，并对爬升系统、通信器材、安全防护和保险装置做全面检查，施工中应统一指挥，专人监护，并要做好检查和交接记录。

（2）升降操作中，左右人员应相互协调，稳起稳落，不得大幅度摆动和碰撞，并注意不要使爬升架与墙面的其他物件挤轧，若发生挤轧现象，应立即停止爬升，排除故障后才能继续爬升。一个单元的爬升（降）应在一个工作班内完成，不得随意中断作业，爬升完毕后应及时固定。

（3）穿墙螺栓是紧固和保证爬升脚手架安全使用的重要构件，安装后应全部循环复检，复拧 2～3 遍，拧紧力矩在 40～50N·m 范围内，并对外露丝扣加以保护，防止砂浆污染造成磨损，一旦发现有锈蚀、磨损、变形现象，应立即更换。

（4）爬升脚手架升（降）时是分单元体各自独立进行的，升（降）完毕固定后又要相互连成一个整体。因此，在升（降）前应拆除相互间的连接件，使各个单元体完全独立，待升（降）后，应及时安装连接件，以保证爬升架的整体性和稳定性。

（5）动力设备倒链的额定起重能力，要求为其所承受荷载的 2 倍以上，吊钩须有保险装置，使用过程中应经常上油，并检查是否有滑扣现象。一旦发现链条、链盘轮、倒卡有变形、磨损现象，应立即更换，不得带病作业。

6.7.6.6 安装工程施工

1. 电气照明

（1）线管敷设：主要采用金属管和 PVC 塑料管两种材料，其中，金属钢管使用在楼梯照明、方向指示灯和消防系统控制部分，一般照明、共用天线、电话通信使用 PVC 塑料管。预埋线管的弯曲半径要$\geqslant 10d$，钢管采用丝扣连接，并做跨接焊作为保护接地，PVC 塑料管采用套管胶粘剂连接。

（2）电缆敷设：先根据设计要求画出电缆排列图，尽量避免互相交叉，敷设时应防止扭伤和过分弯曲。竖井内敷设电缆时，由上向下施工，以免电缆受过大的机械拉力。穿过墙洞或楼板时，均应套上合适的保护套管，电缆与套管间应用防火材料填充密实，以满足消防要求。电缆的标牌要扎牢，标牌上应标明回路编号、电缆规格、长度和终端设备编号。电缆头制作完毕后，要进行复检复测，其线间绝缘电阻值应大于 10MΩ。

（3）管内穿线：各回路导线的颜色统一规定为红（火）、黑（0）、双色（PE）。待土建粗装修结束后，开始进行穿线，管内导线的总截面不应超过管内截面的60%，穿线前要检查管口是否光滑、有无毛刺，要求护口齐全，管道畅通，导线型号符合设计要求，同一管内不同系统、不同电压、不同电流类别的导线，不允许穿在同一根管内。穿线后还要测量线间绝缘电阻，其线间绝缘电阻值应大于0.5MΩ，并做好隐蔽记录，才能接入用电器具。

（4）开关、插座、灯具的安装：开关、插座应严格按设计标高进行施工，同室同一水平标高，偏差不应大于5mm，成排安装的不应大于2mm，插座一律按左零、右相、上端PE。开关一律上开、下关，并控制火线回路。同一室内的成排灯具，安装前应放线，以保证横竖成排、中心对齐，安装后其中心偏差不大于5mm。

（5）户内配电箱盒安装：配电箱盒一般都安装在分户门内侧，箱底距地面高度为1.7m，内配备插座回路的漏电开关、照明回路的限额电流开关。箱体、箱盖应与接地支干线连接，要求所有回路的PE线和零线分别接到各自的汇流端子上，安装完毕后，对各回路分别做一次检测，然后才能通电，并做漏电试验，检验配电开关的灵敏度，做好验收记录。

2. 给排水工程

（1）排水系统：主要采用PVC塑料管道，安装时采用上封下通的施工方法，防止杂物落入管内，以保证排水管不被堵塞。灌水试验时应用“堵球”新工艺，即用可充气的橡皮球，从排水管上方送入管内，分区段控制试压高度，向球内充气，使之堵塞管子下部，再向管内注水，检验各接口有无渗漏现象。

（2）给水管道：全部采用镀锌无缝钢管，管径≤100mm时，采用丝扣连接，管径>100mm时方可采用焊接接口。具体做法是：安装各系统主干管，单独试压；各层支管在吊顶安装前，要分系统试压；待吊顶完成后，再安装消防喷淋头，然后进行系统试压检验，以免大面积泄漏损坏装修材料，确保一次成功。

（3）卫生洁具安装：卫生间空间小，交叉作业多，施工配合极其重要。主要施工方法是土建结构施工→安装给排水主干道→土建封管道井，砌内隔墙→卫生洁具的支管安装到位→土建封洞、槽和内粉刷→安装浴缸→土建镶贴瓷砖，内装修→卫生洁具安装→通水检验。施工中要严格执行“三检制”，注重成品、半成品的保护，防止污染。

6.7.7 季节性施工组织措施

6.7.7.1 夏期施工

（1）高温期要适当调整露天作业人员的作息时间，避免中午从事焊接等高温作业，保证茶水、清凉饮料的供应，及时发放防暑用品，做好职工的防暑降温保健工作。

（2）高温期间混凝土施工配合比要做适当调整，控制缓凝减水剂的用量，要延长终凝时间，克服坍落度损失，浇筑混凝土前对模板充分浇水润湿，拆模后要加强对混凝土的养护管理。

（3）高温期间使用的水泥砂浆要随拌随用，在2h以内使用完。加气混凝土砌块使用前要提前浇水润湿；抹面和装饰面的基层，施工前也要提前浇水润湿，饰面的镶贴材料要充分浸水。

6.7.7.2 雨期施工

（1）沿基坑的顶、底周边设置环状砖砌排水沟，以防地表水、雨水流入基坑，并及时抽干集水井的余水。基础混凝土垫层施工时，应采取分段修整土方、分段验槽，及时浇筑混凝土封闭基底的施工方法，以防雨水浸泡扰动基底。

（2）认真做好天气预报记录，尽量避免雨天浇筑混凝土，并在现场备足防雨材料，以防突然下雨。刚浇筑的混凝土应及时遮盖。雨后继续施工时，要及时检查调整混凝土的施工配合比。

（3）堆放砌块的场地应有防雨和排水措施；雨后继续砌筑时，必须复核已完砌体的垂直度、平整度和标高，不得用过湿的砌块，以免砌筑时砂浆流失，使砌块滑移和墙体干缩后造成裂缝。

（4）镶贴的大理石、花岗石外墙面，采用环氧树脂胶水泥浆嵌缝，避免雨水浸蚀后从板缝中渗碱，出现泛白挂污现象。

6.7.7.3 台风季节施工

（1）遇到六级风以上天气，塔式起重机要放松旋转制动刹，让塔臂能随风自由转动，连同高层井架、施工电梯，均应暂停使用，爬升脚手架严禁升降操作。

（2）塔式起重机、井架、电梯、脚手架都要设置防雷接地装置，定期检测，接地电阻不应大于4Ω。

6.7.8 主要技术管理措施

河北省工程实体质量常见问题防治措施（二）

6.7.8.1 技术质量措施

（1）收到图纸后，积极组织技术力量认真阅图，正确理解设计意图和技术要求，做好图纸审查和各专业图纸的会审工作，并做好会审记录。

（2）坚持“质量第一，预防为主”的指导思想，针对各个具体分部分项工程的施工特点，编写专项施工方案，经公司审批后实施。施工前做好技术交底工作，施工中及时进行检查、验收、技术复核和隐蔽记录。

（3）加强原材料的进场验收工作，及时收集好产品合格证和出厂证明书，按有关规定进行随机抽样检验、化验。凡是不合格的材料，一律清仓退货，不得使用，并要做好不合格材料的退场签证记录。

（4）施工过程中要认真收集、整理技术档案资料，做到记录真实、数据准确、收集及时、分类归档、装订整洁，并定期组织各施工区段进行自检、互查，共同提高档案管理水平。

（5）开展全面质量管理活动，定期对职工进行技术培训、技术考核和技能比赛，提高全员质量意识。严格质量验收标准，质量样板制贯彻全过程，明确质量目标，积极开展QC活动，防治质量通病。

6.7.8.2 安全生产措施

（1）所有进场人员，必须先进行安全知识普及教育，贯彻有关安全生产文件精神，讲清有关安全的规章制度，引起职工对安全生产的高度重视。特殊工种应进行专业培训，考试合格后发给操作证书，并坚持职工上岗前、探亲复岗前、更换工种前进行专业安全知识考试，合格并经有关部门批准后方可上岗。

(2) 施工人员进入施工现场，要戴好安全帽，高空作业要系好安全带，严禁高空抛物。上料平台、阳台口、楼梯边口、管道井、电梯洞口、施工洞口，要设置安全围护栏杆和醒目标志牌，电梯井和施工洞口内还要增设安全网。

(3) 垂直运输机械，塔式起重机、施工电梯等，使用中要严格遵守有关安全操作规程，操作人员应持证上岗，明确职责，统一指挥，密切配合，服从调度。遇到六级以上的大风、噪声过大、大雾天气或照明不足、不能听清或看明指挥信号，应坚决停止操作，不得盲目运行。

(4) 地下室等潮湿环境、通道口及主要出入口的黑暗处，应设置低压照明灯具。机械设备使用做到定人、定机、定岗位，明确责任。用电时应做到一机、一闸、一保险，配电箱应有门锁及防雨措施。

(5) 临时设施、宿舍、食堂、办公室及仓库等处，要按消防要求，保持道路畅通，并设置水龙头，布置灭火器。在建筑物中，安装 $\phi50$ 的主立管，每层留口，通过高压多节水泵供水，以满足消防及高层施工用水需求。

6.7.8.3 文明施工措施

(1) 严格按施工现场的总平面规划布置各种临时设施、机械设备和材料堆场。施工前，应修好现场内的临时道路，并砌筑砖砌排水沟。生活污水、施工废水应先引入沉淀池，经处理后才能排到市政污水井内。

(2) 工地进出路口应设置冲洗车辆的临时场地和高压水枪，防止施工运输车辆带泥上路，影响市政道路的清洁和环境卫生。

(3) 施工期间各工种、各专业班组，应各自做到工完料尽、及时清理，保证场内道路畅通，无积污水。交接班时做到无钉头、扎丝、钢筋头、残渣、残浆等杂物。各专业间应相互爱护成品、半成品，避免交叉污染。

(4) 组织场容清洁队，专门负责生产区、生活区的清洁卫生工作。生活、生产垃圾应及时运出场外，保持良好的现场环境。生活区的工人宿舍、伙房等场所要经常打扫，定期消毒，栽花种草，美化生活环境。

6.7.9 主要材料及技术经济指标

主要材料及技术经济指标见表（略）。

上岗工作要点：

1. 施工组织总设计的编制对象是整个建设项目或建筑群，因此它与单位工程施工组织设计的区别在于前者是宏观的思路。

2. 在施工组织总设计的编制过程中，无论是施工方案，还是施工总进度计划或施工总平面图，均以整个项目为对象，提出原则性的方案或意见。

习　题

1. 什么是施工组织总设计？它的主要内容包括哪些？

2. 施工总设计中工程概况包括哪些内容？

3. 施工组织总设计中的施工部署包括哪些内容?
4. 施工准备工作的内容是什么?
5. 施工总进度计划的编制要求是什么?编制步骤有哪些?
6. 资源需要量计划中各种资源是如何计算需要量的?
7. 施工总平面图设计的内容包括哪些?设计原则和编制步骤是什么?
8. 对施工组织总设计进行评价的主要技术经济指标有哪些?
9. 结合某建设工程项目投标的需要,试述编制该项目施工组织总设计的总体思路。

7 施工组织设计软件介绍与应用

重点提示

1. 结合施工组织设计的编制，详细说明新奔腾标书快速制作与管理系列软件中的标书制作与管理软件、智能网络计划软件、施工平面图布置软件的操作方法。

2. 简要说明寰宇夺标第三代智能型施工组织设计编制系列软件、同洲工程项目管理软件 2003 版和筑龙物资采购管理系统软件的相关内容。

随着计算机技术的普及，给施工企业的技术发展带来了巨大的变化，使施工企业进入了信息化发展的轨道。计算机在施工企业中的应用，最早应该是从工程概预算开始的。经过近年来的发展，计算机技术已经渗透施工企业的各个部门，逐步从单一的概预算、文字处理，发展到了全面信息化管理。这其中，利用计算机进行施工组织设计的制作与优化，进而到施工项目的计算机管理，是近年来计算机在建设工程项目中的应用热点。

施工组织设计标书制作与管理软件可以编制投标用施工组织设计文档，日常施工管理中编制施工方案；施工平面图软件可以快速制作建筑、安装、铁路、公路、水电等各种施工平面布置图，可以调用丰富的施工图库等施工现场常用图形；网络图软件可以用于项目进度管理和控制、实时进度预测和调度，打印出施工进度计划图提供给有关部门。下面结合施工组织设计的编制，以新奔腾施工组织设计编制系列软件为主，介绍几种比较优秀的施工组织设计相关软件，供大家学习之用。

7.1 新奔腾标书快速制作与管理系列软件操作指南

7.1.1 标书制作与管理软件

新奔腾标书文档制作演示

随着我国工程建设事业的不断发展，工程建设市场越来越趋向规范化，招标投标形式也应用得越来越广泛。在这种形势下，建设单位和施工单位对于标书文件的接触也越来越多。并且，随着计算机的普及，各种相关文档的电子化已成为趋势，越来越多的单位将计算机引进标书文档的制作及管理中。这样，就需要一套能真正有助于快速进行标书及相关文档的制作，并对历史积累的素材进行管理的计算机软件。

奔腾计算机技术有限公司针对这一需要，经过广泛的调查研究和技术积累，成功地开发出了“标书快速制作及管理系统”软件（以下称“标书制作”）。

该软件专门为帮助工程技术人员准确、快速地编制标书而开发，具有以下主要特点：

（1）软件提供了大量的素材和标书样本，在编制标书时不用输入大量的文字也能利用软件提供的素材快速制作标书文件，大大提高效率。同时，对于那些缺乏以往标书文件积累或者开始招投标工作不久的单位，这些素材及标书样本就更加有益。

（2）软件提供了标书管理功能，可以对以往的标书进行有效的管理，改变以往标书管理的混乱状况。

（3）可直接利用以往完成的标书文件建立新的标书文件。随着竞标的增多，标书的积累，工作会越来越方便。

（4）软件采用了内嵌 Word 技术，对文档的操作完全针对于 Word，使软件实现最大易用性。

7.1.1.1　标书文档的建立、打开及保存

1. 新建标书文件

软件运行后会自动弹出“操作向导”窗口，或选择主菜单“文件”→“操作向导”选项，即弹出如图 7-1 窗口。

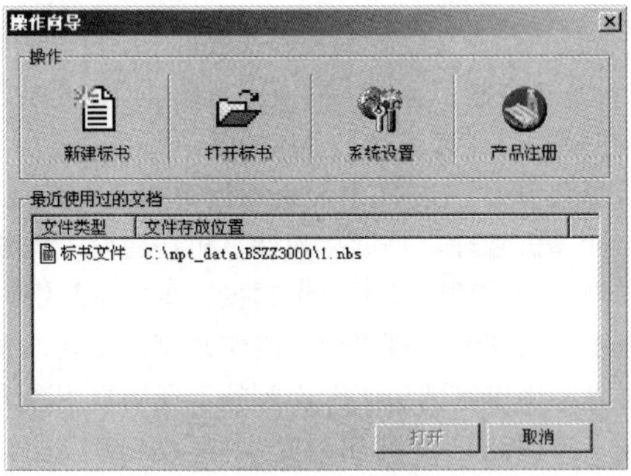

图 7-1　操作向导窗口

单击新建标书按钮，或单击工具栏中的“新建”按钮，或选择主菜单“文件”→“新建”命令，即弹出如图 7-2 窗口。

图 7-2　标书文档保存窗口

选择标书文件保存路径，输入文件名后，单击“保存”按钮即可建立新的招标文件。

2. 打开标书文件

软件运行后自动弹出“操作向导”窗口，在该窗口列出了最近使用过的文档，如果有要打开的标书文件，可直接选中打开，也可单击打开标书按钮，或选择菜单“文件”→“打开”或直接用鼠标单击快捷按钮，系统弹出打开窗口如图 7-3 所示。

图 7-3　打开文档窗口

单击查找下拉选择框可以选择磁盘路径，当前路径下的所有目录即出现在下方显示框内，双击目录名进入子目录，查看文件，要想打开某文件，用鼠标单击，使其变为蓝色，再单击“打开”按钮即可；双击文件名或使用快捷键也可实现。

由于软件采用了先进的单文件存储方式，在 Windows 操作系统中使用“我的电脑”或“资源管理器”找到标书文件的存放位置，直接用鼠标左键双击其图标，即可启动“新奔腾标书快速制作系统”并同时打开选中的标书文件。如图 7-4 所示。

图 7-4　标书文件图标

注意：系统默认记录最近 6 个打开的文档，下次打开时只需用鼠标单击快捷按钮右边的选择将要打开的文档即可。如图 7-5所示。

图 7-5　新奔腾标书快速制作系统窗口

标书文件打开后，软件界面如图 7-6 所示。

在软件目录索引区中，选中根节点或文件夹节点，在具体内容区显示出子节点的详细信息；选中文件节点，在具体内容区显示该文件的详细内容，用户可进行编辑。

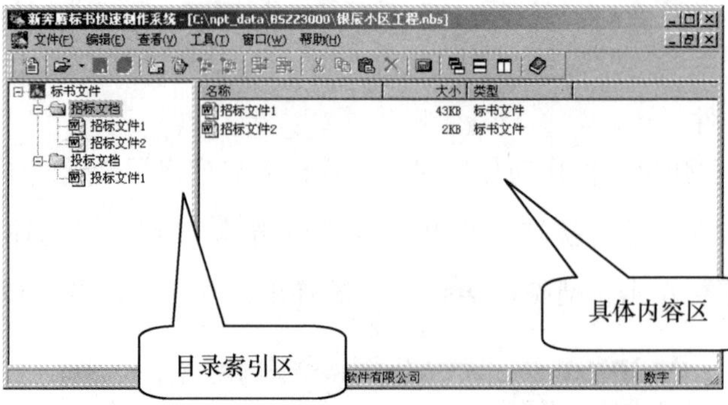

图 7-6 标书文件打开后的软件界面窗口

3. 保存标书文件

为了安全起见，本系统采用先进的实时存储技术，只要新建或打开标书文件后，实时存储功能就会启动，可以放心进行操作，本系统保存的标书文件，扩展名为“.nbs”。

7.1.1.2 文件夹或文档的基本操作

1. 添加文件夹或文档

(1) 追加新文件夹或新文档

追加新文件夹：在目录索引区选中目标节点，单击工具栏上的按钮，或选择主菜单“编辑”→“追加新文件夹”命令，或在具体内容区右击，选择弹出菜单的“添加新文件夹”命令即可。

追加新文档：在目录索引区中选中目标节点，单击工具栏上的按钮，或选择主菜单“编辑”→“追加新文件”命令，或在具体内容区右击，选择弹出菜单的“添加新文档”命令，系统弹出“选择 Word 文档”对话框，如图 7-7 所示。

图 7-7 “选择 Word 文档”对话框

选择要加入的文件，单击“打开”按钮，即可将该文件加入，如图 7-8 所示。

(2) 插入新文件夹或新文档

插入新文件夹：在具体内容区中，选中某节点，单击工具栏上的按钮，或选择主菜单“编辑”→“插入新文件夹”命令，或在具体内容区右击，选择弹出菜单的“插入新文件夹”命令即可在当前位置前插入新文件夹。

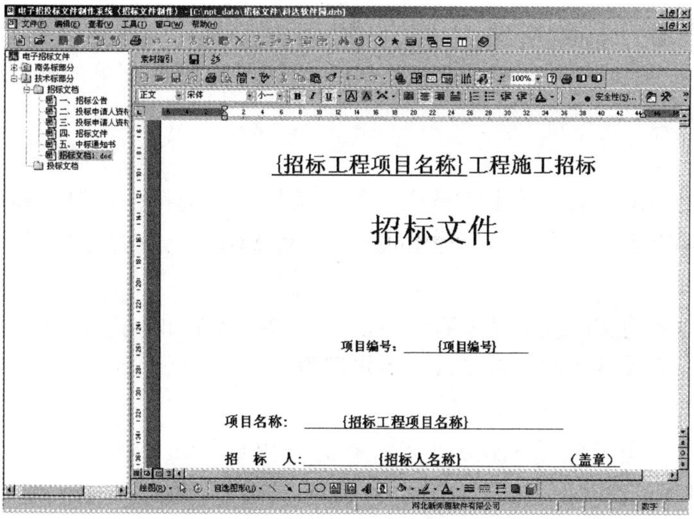

图 7-8 加入后的文件显示窗口

插入新文件：在具体内容区中，选中某节点，单击工具栏上的按钮，或选择主菜单“编辑”→“插入新文件”命令，或在具体内容区右击，选择弹出菜单的“插入新文件”命令，系统弹出“选择 Word 文档”对话框，选择要加入的文件，单击“打开”按钮，即可将该文件插入。

2. 新建空白文档

在具体内容区右击，选择弹出式菜单的 新建空白文档(Z) 命令，即可新建一个空白文档，用户可以直接对其进行操作。

3. 移动文件夹或文档

（1）位置上移

在具体内容区中，选中要移动的文件或文件夹，然后单击工具栏上的按钮，或选择主菜单“编辑”→“上移一行”命令，或在目标文件或文件夹上右击，选择弹出菜单的 上移(M) 命令，可使选中的文件或文件夹上移一个位置。当所选的文件或文件夹处于最上一行，本命令无效。

（2）位置下移

在具体内容区中，选中要移动的文件或文件夹，然后单击工具栏上的按钮，或选择主菜单“编辑”→“下移一行”命令，或在目标文件或文件夹上右击，选择弹出菜单的 下移(O) 命令，可使选中的文件或文件夹下移一个位置。当所选的文件或文件夹处于最后位置，本命令无效。

4. 剪切、复制、粘贴、重命名文件或文件夹

（1）剪切

选中要剪切的文件或文件夹，单击工具栏上的按钮，或选择主菜单“编辑”→“剪切”命令，或在具体内容区该节点上右击，选择弹出式菜单的 剪切(T) Ctrl+X 命令，即可将该节点剪切。

（2）复制

选中要复制的文件或文件夹，单击工具栏上的按钮，或选择主菜单“编辑”→“复制”命令，或在具体内容区该节点上右击，选择弹出式菜单的复制(C) Ctrl+C命令，即可将该节点复制。

（3）粘贴

选择要粘贴的位置后，单击工具栏上的按钮，或选择主菜单“编辑”→“粘贴”命令，或在具体内容区右击，选择弹出式菜单的粘贴(P) Ctrl+V命令即可。

（4）重命名

选择要重命名的文件或文件夹后，右击，在弹出式菜单上选择重命名(R)命令，目标节点的名称处于可编辑状态，直接进行编辑即可。

5. 激活文档

由于本系统应用了内嵌 Word 技术，有时会出现 Word 刷新不及时的情况，导致 Word 菜单不可用，内容不能激活，这时只需单击激活当前文档按钮即可。

6. 删除文件夹或文档

选择要删除的文件或文件夹，单击工具栏上的按钮，或选择主菜单“编辑”→“删除”命令，或在具体内容区右击，选择弹出式菜单的删除(L) Del命令，系统弹出“确认删除”对话框，确认删除后，该文件或文件夹即可删除。

7.1.1.3 编辑文档及素材指引

本系统采用了内嵌 Word 技术，用户可以对文档的内容进行编辑，软件提供了“素材指引”功能，可以利用系统提供的丰富的素材库对自己的标书文件进行组织与编辑。

1. 编辑文档

文档内容的修改，即对 Word 的操作，如图 7-9 所示。

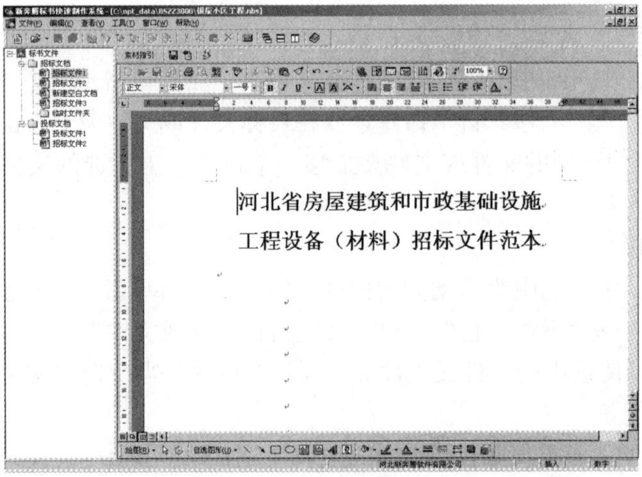

图 7-9 文档编辑窗口

内容修改后，保存按钮变为可用，单击该按钮内容即可保存，内容保存后，保存按钮变为不可用。如果内容修改了而没有单击“保存”按钮，在切换其他文档时，系统会提示是否对该文档进行保存。如图 7-10 所示。

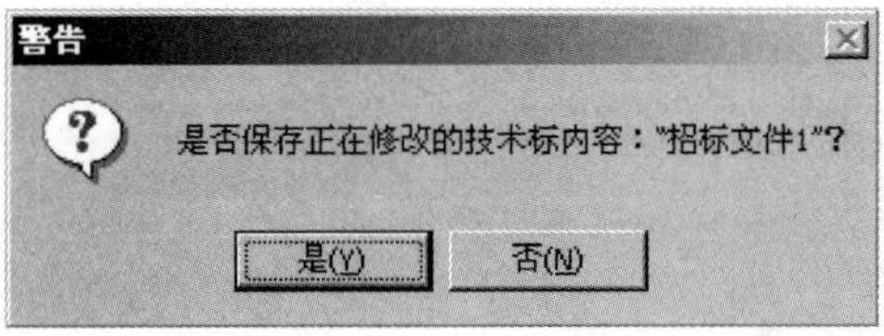

图 7-10　“警告”对话框

如果要保存，单击按钮“是”，反之则单击按钮“否”。

2. 素材指引

系统以“素材指引”的方式提供了丰富的“招、投标素材”，用户只需通过简单的鼠标操作就能完成一份规范的技术标编制。单击素材指引按钮，即会弹出“素材指引”窗口。用户可以随意将该窗口移动到任意合适的位置，并可随意改变其大小。在不关闭素材指引窗口的情况下，用户可直接回到主窗口进行其他操作。这样在插入招、投标素材时，就可以任意在此主窗口与素材指引窗口之间进行穿插工作。

素材指引窗口如图 7-11 所示。系统提供了“政策法规”“招标素材”“施工工艺、质量控制、通病防治”“民用建筑施工组织设计”“工业、安装、构筑物及其他工程施工组织设计”“标书样板库”“招标文件范本”“工程实例”和“其他素材”等丰富的素材库，近万个素材文件。

先在文档中确定要插入素材的位置，然后在素材指引窗口中选中要加入的文件，单击“添加”按钮或者直接双击要加入的素材名称，则该素材内容插入指定的位置。

用户也可以将素材文件的一部分内容添加到文档中，在素材文件中选中要加入的内容，单击“添加”按钮，素材中选中的内容即可插入指定的文档中的位置。

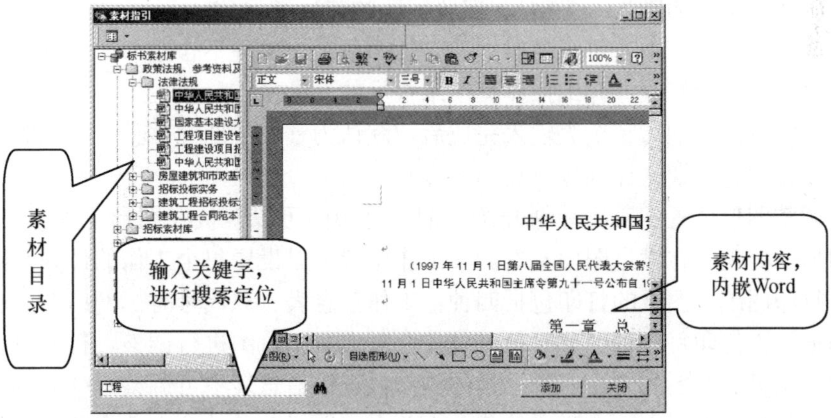

图 7-11　素材指引窗口

3. 输出为外部 Word 文档

要将系统中的文档导出为外部独立的 Word 文件，单击按钮，弹出“输出为外部 Word 文档”窗口，如图 7-12 所示。

图 7-12　输出为外部 Word 文档窗口

选择输出目录，并将文件命名后，单击“保存”按钮，系统弹出“导出成功”提示框，如图 7-13 所示。外部文档输出完毕。

图 7-13　“导出成功”提示框

7.1.2　智能网络计划软件

智能网络计划绘制演示

7.1.2.1　用智能网络计划软件制作网络图的一般过程

（1）新建工程、设定开工日期。新建工程，在“新建工程”窗口中输入工作名称，设定开工日期（详细操作见第 2 章）。

（2）工作信息表的输入（关键）。按照工序的先后顺序输入工作表。在输入表的过程中，可以随时查看其他图形页，发现不合适的地方及时返回工作信息表一页对表进行修改（详细操作见本章常见的几种操作）。

（3）设定休息日期。整个表输入完成后，默认为整个工期无休息日。此时可根据工作的需要设置休息日期（详细操作见第 5 章）。

（4）调整图形位置、设置计划开始日期。打印前可以直接在图形上调整工作位置，以保证图形的美观。在横道图中左右调整工作位置可以设置每个工作的计划开始时间。

（5）打印图纸。图纸的打印包括四种：工作信息表、双代号时标网络图、单代号网络图和横道图。打印每一种图形时都可以先在对应页中对图进行调整，打印时显示的图的大小都和调整后的图的大小一致。具体操作：工作信息表中可调整每一列的宽度，还可以在工作信息表上右击，在弹出的菜单中单击“选栏”菜单项来选择打印的列。双代号网络图与横道图中可用放大、缩小按钮来调整日期单位格的宽度。单代号网络图只能在打印时调整。

7.1.2.2　工程管理

（1）新建工程。功能是建立一个新的网络计划工程。操作步骤如下：

①输入工程名称。

②单击图 7-14 所示位置，设置开工日期。

③单击图 7-14 日历中“年”的位置设置开工年份，单击“月”的位置设置开工月份，单击“日”的位置设置开工日。

④单击“确定”按钮。

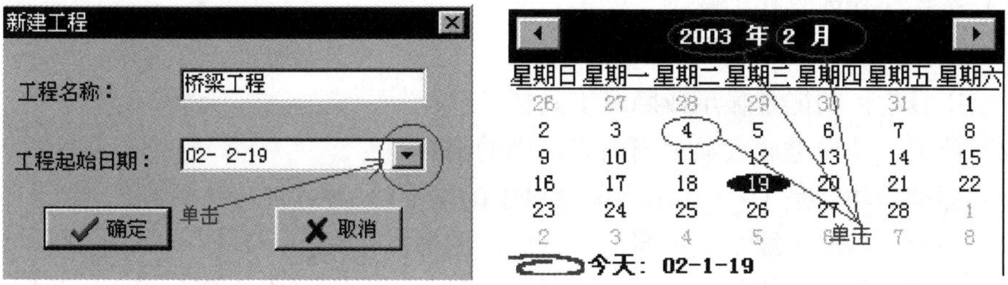

图 7-14 “新建工程”对话框

(2) 打开工程。功能是打开已存在的工程项目，操作与 Win98 中打开文件相同。

(3) 关闭工程。功能是关闭当前工程。

(4) 保存工程。功能是保存当前工程，操作和 Win98 中保存文件相同。

(5) 工程另存为。功能是把当前工程换名保存。操作步骤：在“保存”对话框中选择保存路径，输入工程名。

(6) 打印及预览。功能是预览并打印当前窗口的内容。操作步骤：图纸的打印包括工作信息表、双代号时标网络图、单代号网络图和横道图 4 种。打印每一种图形时都可以先在对应页中对图进行调整，打印时显示的图的大小都和调整后的图的大小一致。具体操作如下：

①工作信息表：可调整每一列的宽度，还可以单击选栏菜单项，在弹出的窗口中选择打印的列。

②双代号网络图与横道图中可用放大、缩小按钮来调整日期单位格的宽度。

③单代号网络图只能在打印时调整。

(7) 退出系统。功能是退出系统。

7.1.2.3 编辑

本章所讲的菜单项的操作都是对工作表的操作。下面分步来看具体操作。

(1) 插入空行。功能是在工作表选中行的上方插入空行。其步骤如下：

①单击工作表左边第一列的行号选中一行。

②运行此功能。

(2) 剪切。功能是剪切工作表中选中的一行或多行。其步骤如下：

①单击工作表左边第一列的行号选中一行或用拖动鼠标的方法选中多行。

②运行此功能。

(3) 复制。功能是复制工作表中选中的一行或多行。其步骤如下：

①单击工作表左边第一列的行号选中一行或用拖动鼠标的方法选中多行。

②运行此功能。

(4) 粘贴。功能是把已复制的行插入到选中行的上方。其步骤如下：

①单击工作表左边第一列的行号选中一行。

②运行此功能。

(5) 删除。功能是删除工作表中选中的行。其步骤如下：

①单击工作表左边第一列的行号选中一行或用拖动鼠标的方法选中多行。

②运行此功能。

(6) 全选。功能是选中整个工作表。

7.1.2.4 查看

(1) 工具栏。功能是显示或隐藏工具栏。

(2) 放大。功能是放大显示当前窗口中的图形。

(3) 标准。功能是 1∶1 显示当前窗口中的图形。

(4) 缩小。功能是缩小显示当前窗口中的图形。

(5) 全局视图。功能是用一个小窗口全局显示当前窗口中的整个图形（只限于双代号网络图与单代号网络图），如图 7-15 所示。

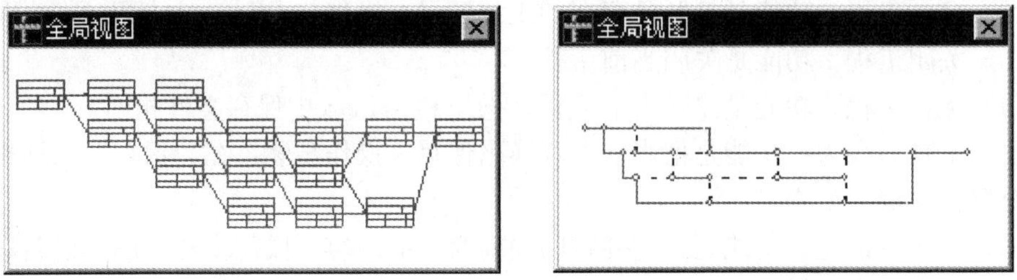

图 7-15 全局视图窗口

其步骤如下：

①单击全局视图窗口中图的某一位置，主窗口中的图将自动调整，把单击点调整到窗口中用户能够看到的地方。

②按住鼠标在全局视图窗口中拖动，窗口中将出现一个蓝色的框。圈在框中的部分将自动调整大小出现在主窗口的中间如图 7-16 所示。

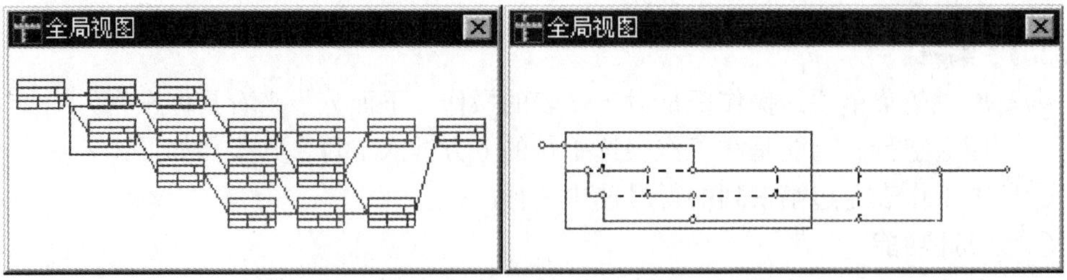

图 7-16 全局视图窗口操作

相关问题：

①横道图中看图方法：单击左边窗口中的每一个工作，横道图中的对应工作将会显示到视图范围内，如图 7-17 所示。

②当鼠标指针移动到图中的工作上时鼠标指针变为手形，此时单击鼠标左键将显示此工作的具体信息，如图 7-18 所示。

(6) 按日显示。功能是按日显示当前窗口中的图形。

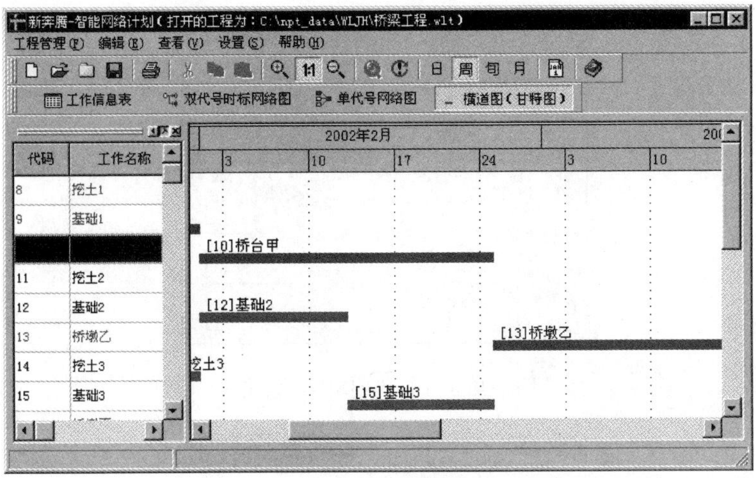

图 7-17　横道图窗口

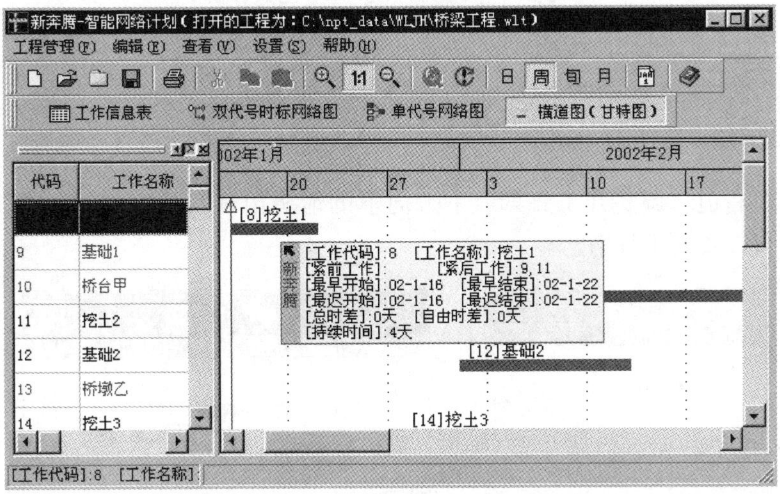

图 7-18　横道图窗口中挖土 1 的具体信息

(7) 按周显示。功能是按周显示当前窗口中的图形。

(8) 按旬显示。功能是按旬显示当前窗口中的图形。

(9) 按月显示。功能是按月显示当前窗口中的图形。

(10) 选栏。功能是选择工作信息表中的列。

(11) 刷新。功能是重新计算后显示当前图形。

7.1.2.5　设置

1. 日历设置

功能是设置工程期间的休息日、设置工程开工日期。黄色代表休息，白色代表工作，默认为无休息日。窗口如图 7-19 所示。

其步骤如下：

(1) 窗口的左下方部分（图 7-20）可设置双休日，第一行表示单周，第二行表示双周。选中表示休息。单双周的判断方法：每一年的第一周为单周，以后以此类推。

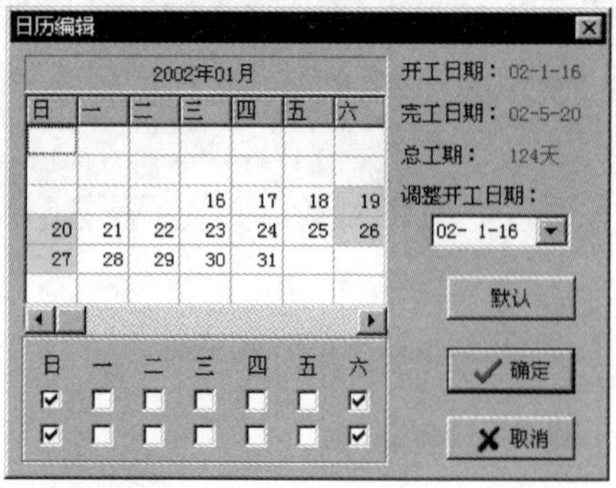

图 7-19 “日历编辑”对话框

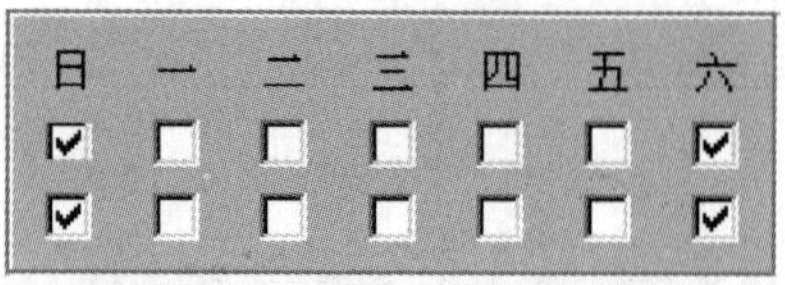

图 7-20 “单双周休息”选项框

(2) 窗口的左上方部分（图 7-21）可设置某一天是否休息。用鼠标左键单击即可设置。

单击窗口右边“调整开工日期”下方向下的箭头出现日历窗口，如图 7-22 所示，在此窗口中可设置开工日期。

图 7-21 “休息日”选项框

图 7-22 日历窗口

2. 选项

功能是设置双代号网络图的行间距、显示模式、工程的密码、系统的有关选项，如图 7-23 所示。

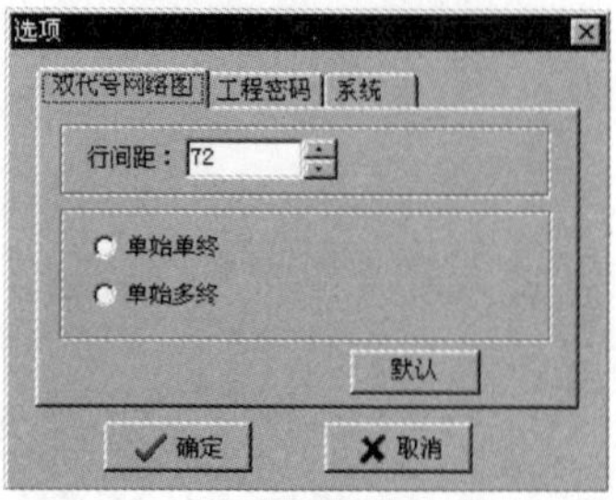

图 7-23 “选项”对话框

7.1.2.6 帮助

“帮助”功能是激活帮助窗口，查看帮助内容。“关于本系统”是查看版本信息，注册软件。

7.1.2.7 打印窗口的有关操作

打印工具条如下：

1. 开始打印

在打印机上打印出当前图形。

注意：选择“全部”将打印出所有页；选择“页码范围”可选择打印的页；中间用“,”隔开（页的排列方式：从左到右，从上到下），如图 7-24 所示。

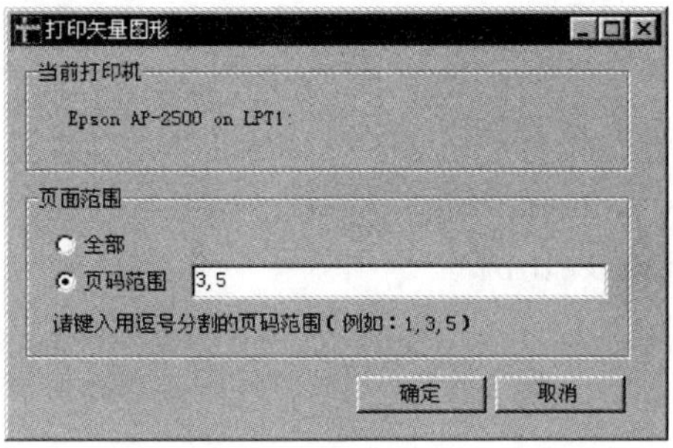

图 7-24 “打印矢量图形”对话框

2. 页边距设置

设置打印页的页边距。注意输入页边距的大小后按回车键确定。

3. 页面设置

设置页面属性，如图 7-25 所示。

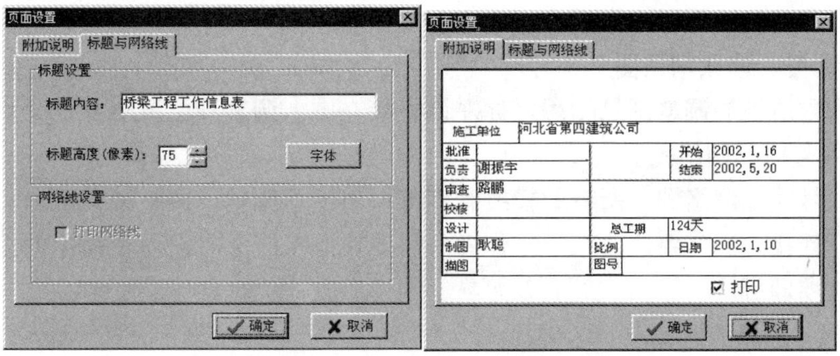

图 7-25 “页面设置”对话框

操作步骤如下：

（1）在“附加说明”页中可以直接输入如“施工单位”“批准”等说明。

（2）在“标题与网络线”页中可以设置标题的内容、标题的高度、标题的字体大小及颜色；可以设置是否打印网络线。

4. 打印机设置

设置打印机（与 Word 中操作相同），如图 7-26 所示。

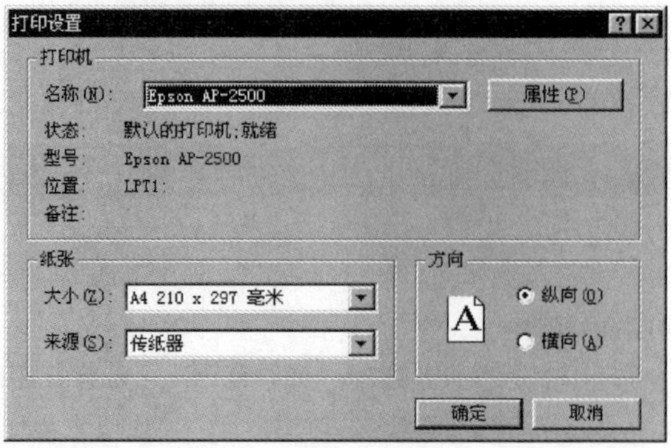

图 7-26 “打印设置”对话框

5. 预览比列 25% 预览显示比例

调整页面显示比例（与 Word 中操作相同）。

6. 图形比列 100% 图形缩放比例

调整图形的打印比例。

注意：此操作不同于“预览比例”，调整大小后将直接影响打印图形的大小（可直接输入百分数）。

7. 打开矢量图文件

在窗口中打开其它矢量图文件。

8. 保存成矢量图文件

把当前图形保存成矢量图文件。

9. 关闭打印窗口

关闭打印窗口，返回主窗口。

7.1.2.8 调整、修改网络图

在本章中所说的调整都是指用鼠标左键直接在图上调整其位置。

1. 双代号时标网络图

在双代号时标网络图中所有的横线和圈都可以上下调整，调整某一部分后其他部分将自动进行连接。当需要修改某一工作时只需要在此工作上右击，在弹出的编辑窗口上修改相应的项即可。

2. 单代号网络图

在单代号网络图中所有工作都可以自由调整其位置，调整某一部分后其他部分将自动进行连接。当需要修改某一工作时只需要在此工作上右击，在弹出的编辑窗口上修改相应的项即可。编辑窗口如图 7-27 所示。

3. 横道图（甘特图）

在横道图中所有工作线都可以左右调整来改变工作的计划开始时间，调整后双代号图也将相应改变，按横道图中的计划开始时间自动画出。

当需要修改某一工作时只需要在此工作上右击，在弹出的编辑窗口上修改相应的项即可。编辑窗口如图 7-28 所示。

图 7-27 “编辑单代号网络图”对话框

图 7-28 “编辑横道图”对话框

7.1.3 施工平面图布置软件

施工平面图布置软件界面如图 7-29 所示。

基础图形绘制演示

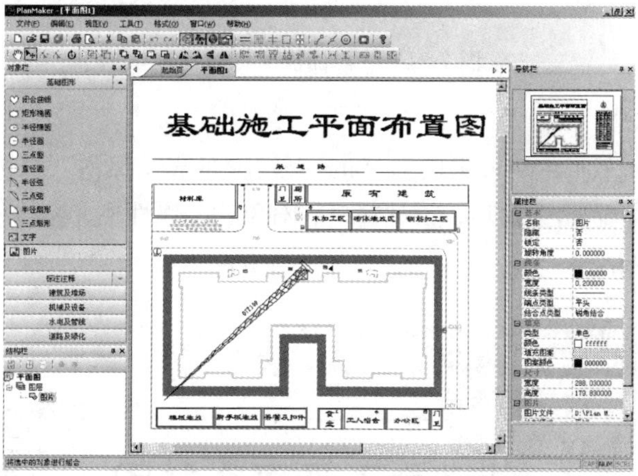

图 7-29 施工平面图布置软件界面

7.1.3.1 软件启动和注册

1. 软件的启动

双击桌面图标“平面图（PlanMaker)”；或者通过“开始”→“程序”→“新奔腾招投标系列软件”→“施工平面图布置软件”，启动软件。平面图软件启动过程中出现图 7-30 的界面。

2. 软件注册

启动软件，这时系统会提示进行软件注册。直接单击“注册”按钮，系统会自动打开“产品注册”窗口，在窗口左下角位置选择正确的加密锁类型后，就可以进行软件注册了。另外，执行主菜单“帮助”→“产品注册（R）…”选项（图 7-31），也可打开“产品注册”窗口。

图 7-30　施工平面图布置软件界面

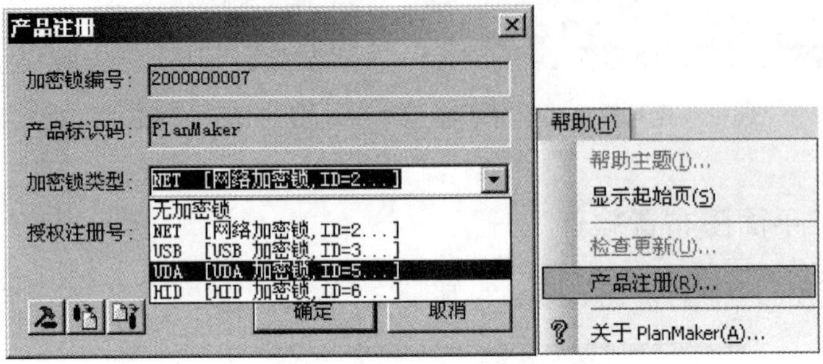

图 7-31　“产品注册”对话框

3. 软件操作环境

施工平面图布置软件的界面采取了 Windows XP 的界面风格，具有良好的人机工作界面。如图 7-32 所示，它由主窗口、设计窗口、对象栏、属性栏、结构栏和导航栏组成。

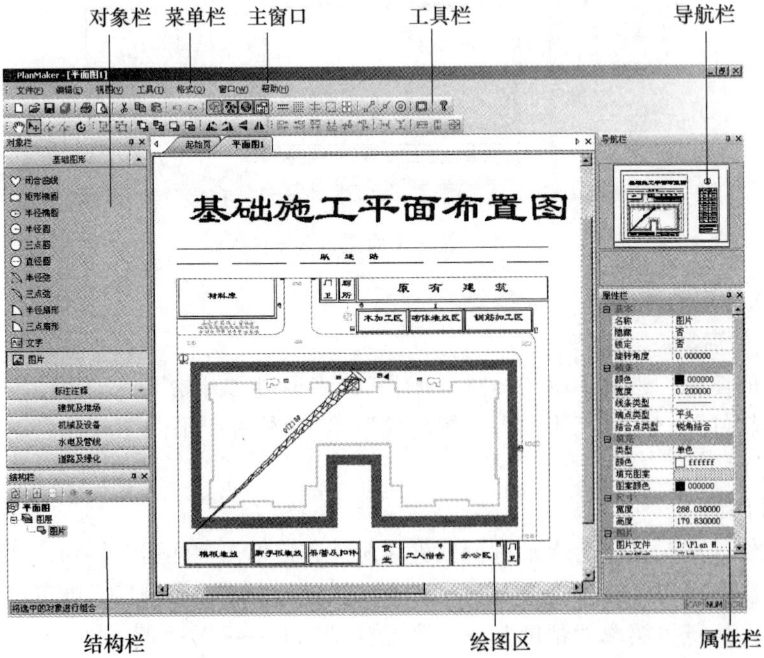

图 7-32　施工平面图布置软件界面构成

（1）主窗口。主窗口位于软件界面的上部，其中包含系统菜单和工具栏。工具栏由菜单命令通过按钮的方式实现，包括如图 7-33 所示的标准工具栏、如图 7-34 所示的视图工具栏、如图 7-35 所示的操作工具栏以及如图 7-36 所示的辅助操作工具栏。

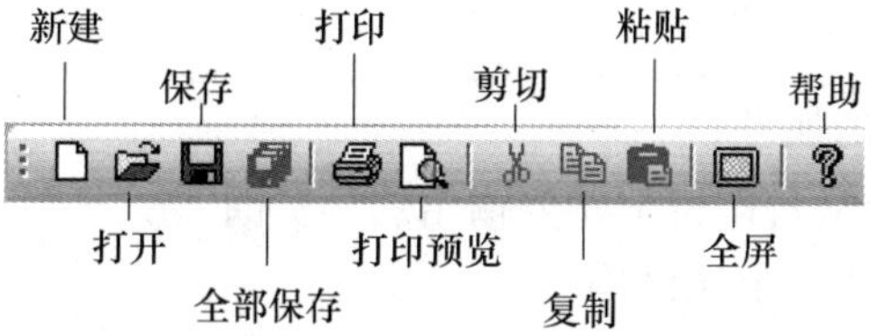

图 7-33　标准工具栏

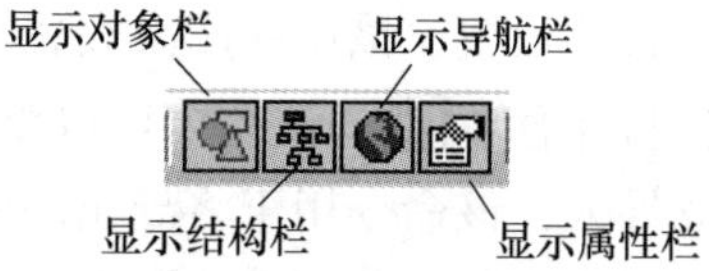

图 7-34　视图工具栏

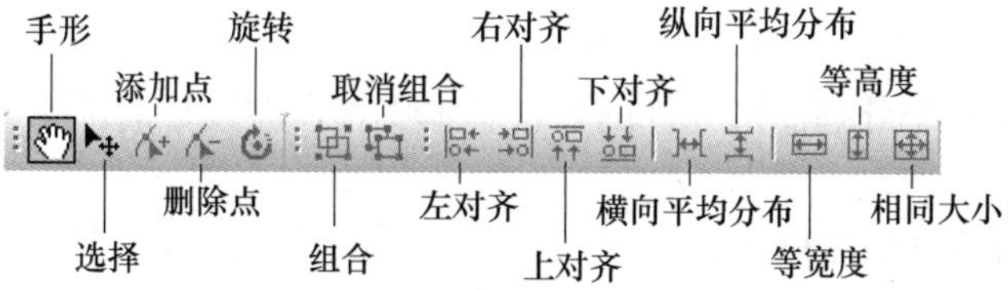

图 7-35　操作工具栏

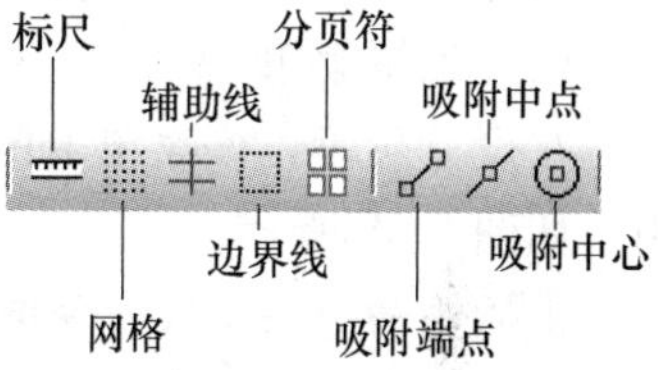

图 7-36　辅助工具栏

（2）对象栏。对象栏位于窗体左侧，并且支持自由拖放和自动隐藏功能，如图 7-37 所示。它包含基础图形、标注注释、建筑及堆场、施工设备、水电相关和道路及绿化 6 个部分。

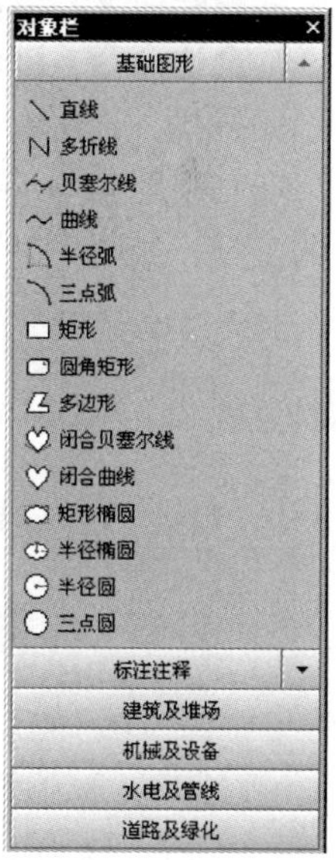

图 7-37　对象栏

（3）结构栏。结构栏同样位于窗体左侧，也支持自由拖放和自动隐藏功能。它用于显示图层以及图层中的对象。

（4）属性栏。属性栏用于设置或修改绘制实体的属性，如线宽、颜色、填充方式及一些特性。

（5）导航栏。导航栏中显示整幅图的总体布局。

7.1.3.2　菜单与工具栏

1. 菜单

Plan Maker 提供了菜单和工具栏，以方便绘图人员完成图纸的设计。这些菜单包括文件、编辑、视图、工具、格式、窗口、帮助和工具栏的快捷方式。

（1）文件菜单。该菜单用于新建、打开、关闭、保存、打印图纸。

①新建命令。该命令新建一个空工程图纸，当开始绘图时，选择此命令。

②新建向导命令。该命令用于调用标准工程模板。

③打开命令。该命令显示一个打开文件对话框，在其中可以选择打开以前绘好的图纸。

④关闭命令。该命令关闭当前正在打开的图纸。

⑤保存命令。该命令保存当前使用的文件。

⑥另存为命令。该命令使用新的文件名保存当前使用的文件。

⑦全部保存命令。该命令保存所有打开的文件。

⑧页面设置命令。该命令设置页边距、纸张类型以及版式等。

⑨打印。该命令打印图纸。

⑩打印设置。该命令用来设置打印机的属性。

⑪打印预览。该命令可以模拟显示从打印机上将要输出的预览图。

⑫导入。该命令用于将导出的图元导入当前图纸内。

⑬导出。该命令用于将图元保存。

⑭属性。该命令用于设置工程属性。

⑮退出。该命令关闭打开文件和 Plan Maker 并返回 Windows 状态。

(2) 编辑菜单

在设计阶段，该菜单上的命令用于处理图形元件的各种基本操作，在设计时非常有用。如图 7-38 所示。

①撤销命令。该命令取消用户最近的操作。

②重复命令。该命令是“撤销”命令的逆向操作，即恢复被“撤销”的操作。

③剪贴命令。该命令在图纸上剪取选中的图元，并把这些元件放入剪贴板上。

④复制命令。该命令将图纸上选择的图元拷贝到剪贴板上，并取代剪贴板上的原来内容。

⑤粘贴命令。该命令将剪贴板上的内容拷贝到图纸上。

⑥删除命令。该命令删除所选择的图元。

⑦全选命令。该命令选择图纸上所有的图元。

⑧查找。该命令用于查找图纸上所有隐藏了的图元。

(3) 视图菜单。视图菜单显示工具栏、状态栏、结构栏、属性栏、导航栏和其他快捷的工具，如图 7-39 所示。

图 7-38　编辑菜单

图 7-39　视图菜单

①工具栏命令。该命令显示一个层叠式菜单列表，在列表中包含了标准、形状、布局等命令。可以快速改变图形元件的样式。

②工具栏（T）命令。该命令决定是否显示工具栏，选中，状态工具栏出现，否则隐藏。

③状态栏命令。该命令决定是否显示状态栏，选中，状态栏出现，否则隐藏。

④对象栏命令。该命令显示或隐藏对象栏。

⑤结构栏命令。该命令显示或隐藏结构栏。

⑥导航栏命令。该命令显示或隐藏导航栏。

⑦属性栏命令。该命令显示或隐藏属性栏。

⑧标尺命令。该命令显示或隐藏标尺。

⑨网格命令。该命令显示或隐藏网格。

⑩辅助线命令。该命令用于添加绘图辅助线。

⑪边界线命令。该命令用于为图纸添加外边界。

⑫吸附命令。该命令使绘图人员很容易连接两条线的端点，包含三个子命令，即吸附端点、吸附中点、吸附中心，如图 7-40 所示。

⑬全屏显示命令 。该命令全屏显示软件窗口，使看到绘图的区域更大。

（4）工具菜单。该菜单显示常用的绘图操作，绘图时常用的操作都可以通过该菜单操作执行，如图 7-41 所示。

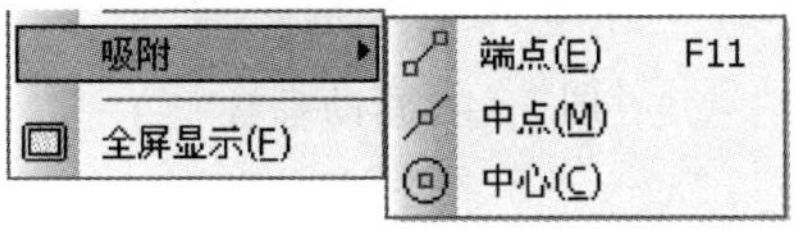

图 7-40　吸附命令

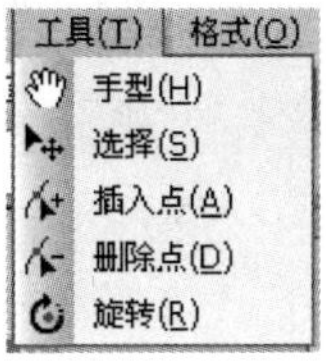

图 7-41　工具菜单

①手型命令。该命令使绘图人员可以很方便地实时移动图纸，以显示希望操作的区域。

②选择命令。该命令被选择后，可以选择图纸上的图元。

③插入点命令。该命令可在多个点之间再插入一个点，可以用来提高图形的精确度。

④删除点命令。该命令删除多个绘制点中的一个。

⑤旋转命令。该命令使一个选中的图元旋转一定的角度。

（5）格式菜单。在图纸绘制中，常常需要把某几个图形组合，以及进行合理排布，针对这种情况，软件提供格式菜单来满足这种需要。它主要有以下几组命令，如图 7-42 所示。

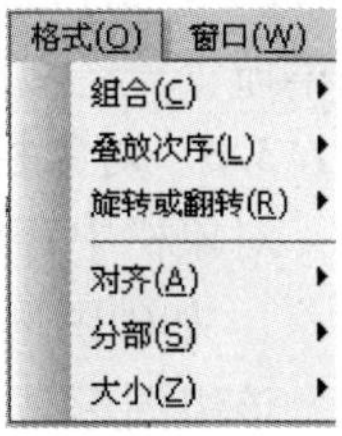

图 7-42　格式菜单

①组合命令。该命令有 2 个子命令，分别可以把多个图形组合，并把组合好的图形拆分开。

②叠放次序命令。该命令用来改变图元的前后排布状态，分别是置于顶层、置于底层、上移一层、下移一层。

③旋转或翻转命令。该命令使选中的图元水平翻转和垂直翻转。该命令有 4 个子命令，分别是左旋转、右旋转、水平翻转、垂直翻转。

④对齐命令。该命令使所绘制的图元对齐，包括 6 个子命令，分别是左对齐、右对齐、上对齐、下对齐、横向中间对齐、纵向中间对齐。

⑤分部命令。该命令使绘制的图元在纸张上等间距分布。

⑥大小命令。该命令使绘制的图元可以在尺寸上保持一致。它们分别是等宽度、等高度、相同大小。

(6) 窗口菜单。该菜单可以用来新建一个窗口，并按绘图人员喜欢的方式来排列窗口的样式，如图 7-43 所示。

①新建窗口命令。该命令用来新建一个绘图窗口。

②层叠命令。该命令使多个绘图窗口层叠在一起。

③平铺命令。该命令使多个窗口平铺在一个主窗口里。

④排列图标命令。该命令用于将绘制过的所有图元生成图例。

(7) 帮助菜单。该菜单显示帮助信息及提供产品信息和注册信息，如图 7-44 所示。

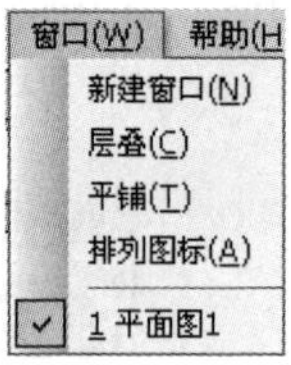

图 7-43　窗口菜单

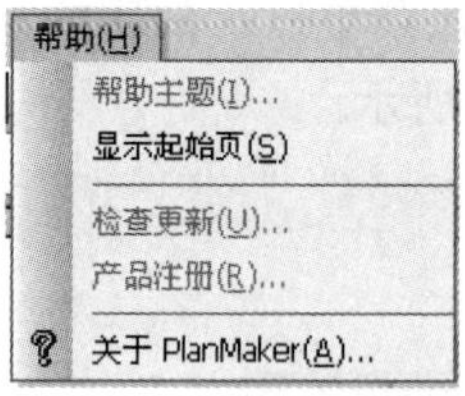

图 7-44　帮助菜单

①帮助主题命令。该命令显示帮助文档。

②显示起始页命令。该命令在主窗口显示起始页。

③检查更新命令。该命令更新产品。

④产品注册命令。该命令用于注册该软件。

⑤关于 Plan Maker 命令。该命令显示 Plan Maker 的版本信息。

2. 工具栏

该工具栏在绘图时提供了方便快捷的操作，使绘图人员不用进入菜单选项就可以对各种图形元件进行方便快捷的操作，大大提高了绘图的效率。由于所有的工具栏命令与菜单命令一一对应，因此在此不再介绍，如果想查看工具栏命令参考相应菜单部分。

7.1.3.3　对象栏

对象栏中存放绘图的各个需要的实际对象，具体分类如图 7-45 所示。

1. 基础图形

该组图形是一些基本绘图图形，包括直线、贝塞尔曲线、圆、弧等多种常用的线段，该图组是作为其他组图元实体的有力补充，在其他图元实体不能满足需求时，可用基本图形绘制。基本的图形在此不赘述。

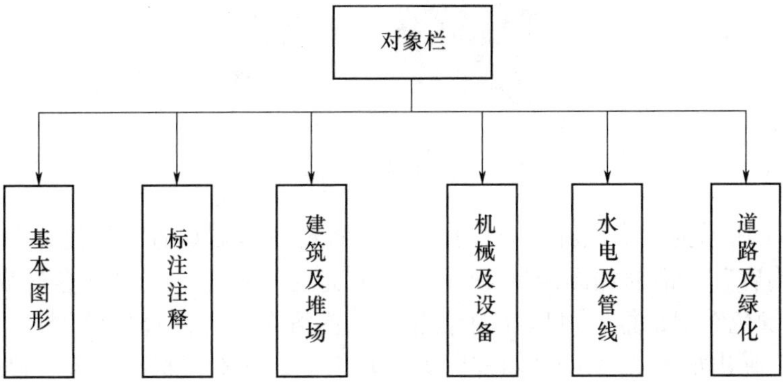

图 7-45　对象栏结构图

2. 标注及注释

该组图形提供常见的标注和注释符号，在绘图时提供方便的服务。下边对这些标注和注释作简单的介绍。

（1）竖直标注线。在“对象栏”选择竖直标注线，然后在图纸上绘出竖直标注线，通过“属性栏”可以改变一些属性，如图 7-46 所示。

通过对齐线项中“线条宽度”属性改变对齐线的宽度；通过“标注长度”属性设置标注长度，将会在图 7-47 中黄色控制点的位置显示。

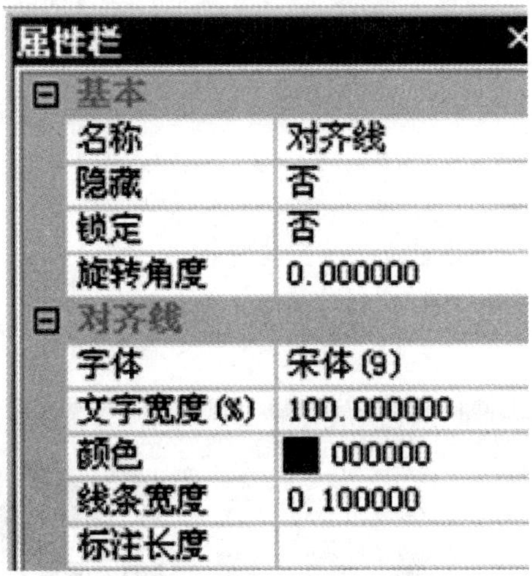

属性栏

⊟ 基本	
名称	对齐线
隐藏	否
锁定	否
旋转角度	0.000000
⊟ 对齐线	
字体	宋体 (9)
文字宽度 (%)	100.000000
颜色	000000
线条宽度	0.100000
标注长度	

图 7-46　对齐线图例

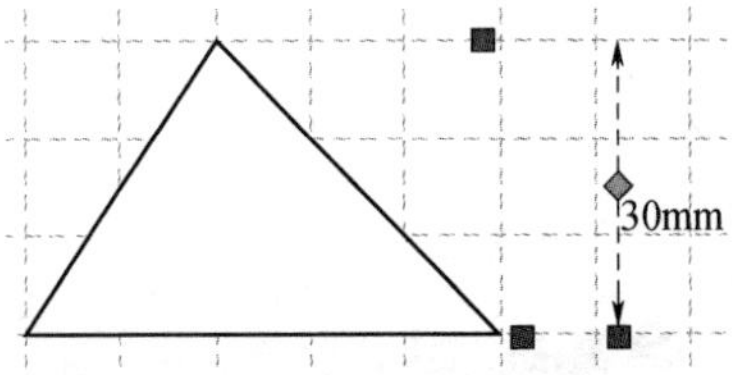

图 7-47　对齐线属性

（2）水平标注线。用于水平标注图元尺寸，设置方法同上。

（3）对齐标注线。用于标注图元的任意方向尺寸，设置方法同上。

（4）直径标注线。用于标注圆形图元的直径尺寸，设置方法同上。

（5）角度标注线。用于标注图元的角度，设置方法同上。

（6）矩形注释。矩形注释有两类，如图 7-48 所示，对于这两个图，它们都有丰富的属性，通过设置不同的属性，绘出各种不同的矩形注释框。

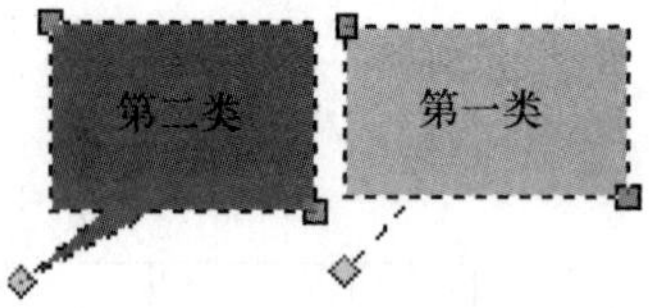

图 7-48　两类矩形注释框

如图 7-49 所示为矩形注释框属性栏，在属性栏中可以设置矩形注释框的各项参数。矩形“注释内容”对话框如图 7-50 所示。在填充这一项中单击“颜色”属性，弹出如图 7-51 的“颜色”对话框，可以在对话框中设置填充矩形注释框的颜色。单击“填充图案”按钮，弹出如图 7-52 的“填充图案”对话框，该对话框共有 60 种填充图案，可以任意填充。在下面的一项中还可以设置它的填充颜色。

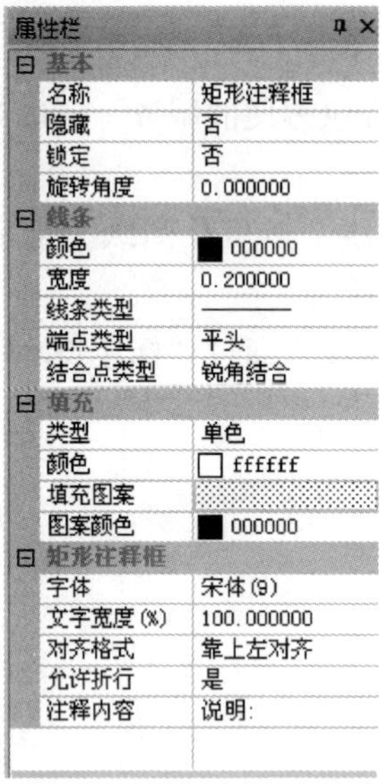

图 7-49　矩形注释框属性栏

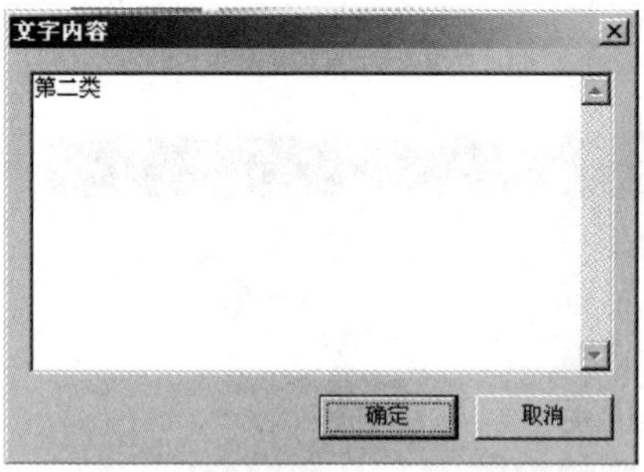

图 7-50　“注释内容”对话框

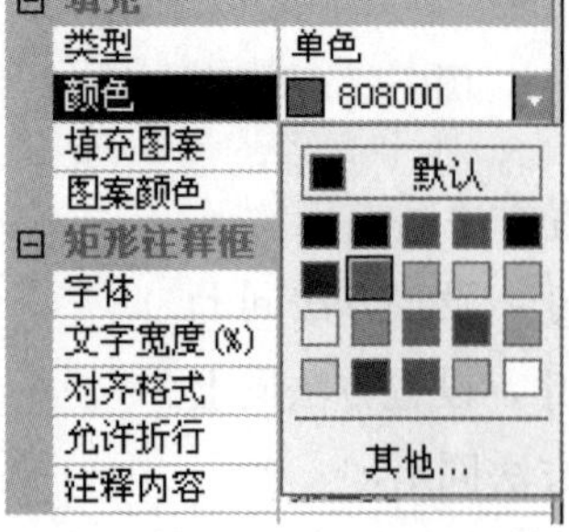

图 7-51　矩形注释框的“颜色”设置对话框

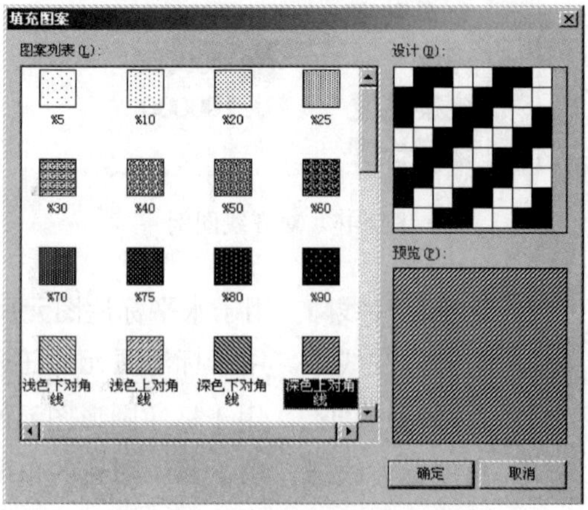

图 7-52　“填充图案”对话框

(7) 指北针。指北针的风格包含两种，分别是通用和标准，在它的属性栏如图 7-53里选择“风格”多选框，选择其中一个类型。图 7-54 分别画出通用和标准两个指北针。移动其中的绿点可以改变指北针圆弧的大小，移动黄色点可以改变指北针的方向。

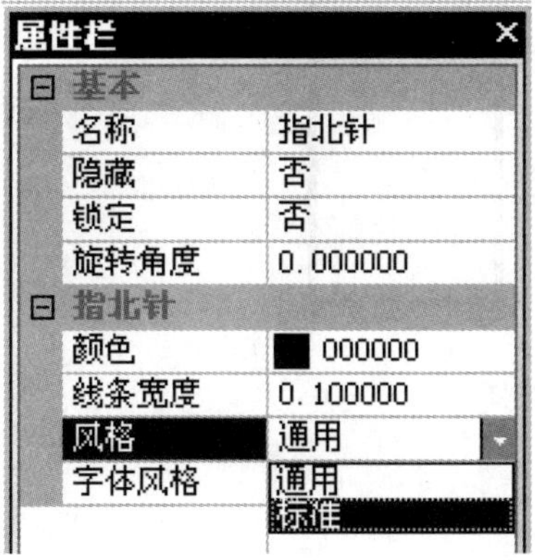

图 7-53　指北针属性

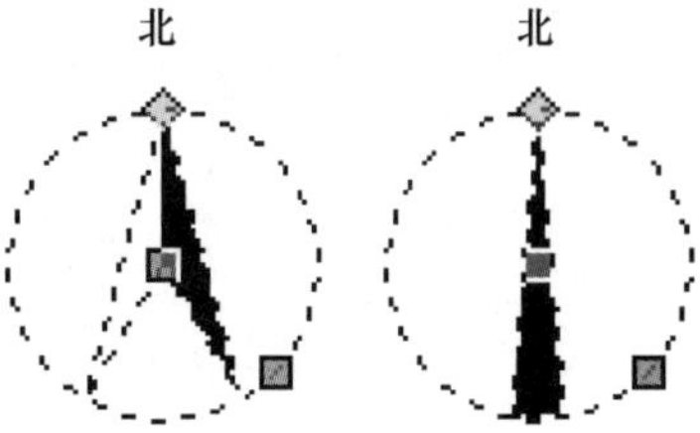

图 7-54　指北针

(8) 比例尺。在对象栏里选择比例尺后，在绘图区域单击，移动鼠标，比例尺线的长度跟随鼠标的移动改变，直到单击确定。通过“单位长度”属性可以设置比例尺的单位长度。如图 7-55 和图 7-56 所示。

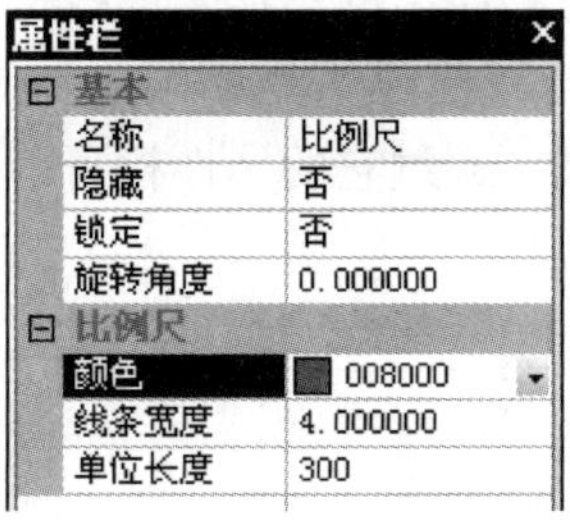

图 7-55　比例尺属性

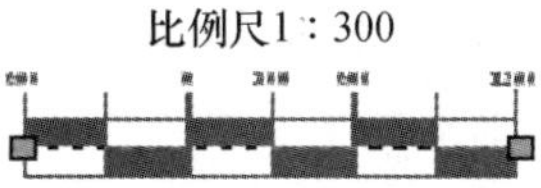

图 7-56　比例尺

3. 建筑及堆场

该组图形提供常见的建筑及堆场的符号，在绘图时提供方便。下边对这些建筑及堆场符号作简单的介绍。

(1) 新建建筑物。在对象栏里选择新建建筑物后，在绘图区域，绘出原有建筑物的形状，如图 7-57 移动 A 点可以把 A 点对应两个绿端点之间的线段拉成一条弧线，移动 C 拉伸或缩短线的长度。移动 B 点可移动建筑物的高度标注的摆放位置。移动 D 点时可以移动入口位置，移动 E 点改变黑三角的指向。还可以在属性栏中改变字符的大小和线的属性。

(2) 原有建筑物。原有建筑物的绘制如图 5-58 所示，通过拖动绿色的点可以改变原有建筑物的形状，通过拖动黄色的点形成曲线图形。还可以通过属性栏改变它的线条宽度和线条颜色。

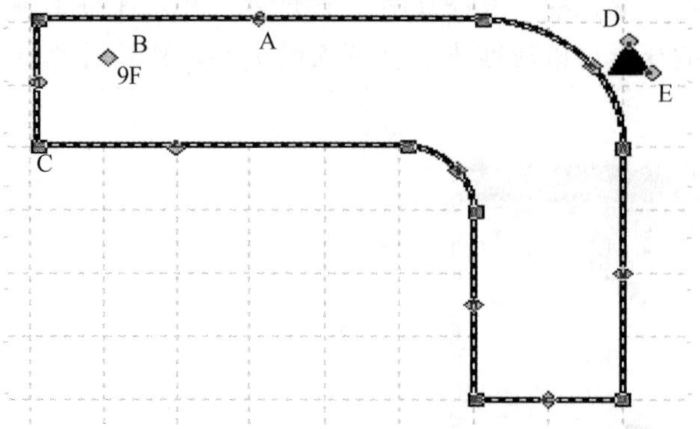

图 7-57　新建建筑物图

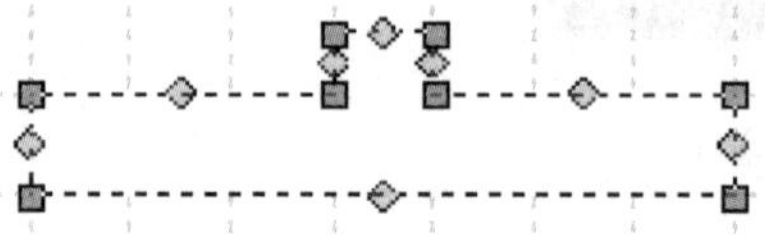

图 7-58　原有建筑物

(3) 计划建筑物。计划建筑物的绘制图形和操作方法与原有建筑物基本相同，只是原有建筑物绘出的图形线条是实线，计划建筑物绘出的图形是虚线。

(4) 拆除建筑物。拆除建筑物在操作上与新建建筑物相同，如图 7-59 和图 7-60 所示。只是在线条上与新建建筑物有明显的区别，通过它的属性栏可以改变其中短线的长度和间距，线条的宽度、颜色。

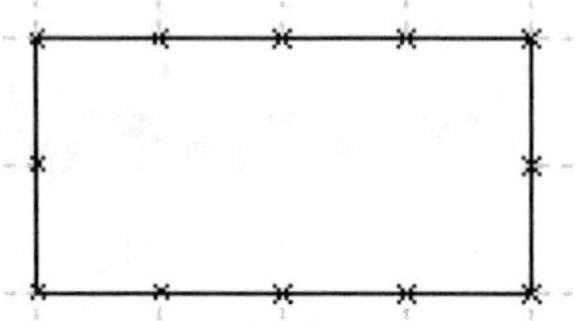

图 7-59　拆除建筑物图

图 7-60　拆除建筑绘制

(5) 临时建筑。临时建筑物的绘图如图 7-61 所示，拖动绿点可以改变矩形框的大小，拖动黄色的点可以改变“临时建筑”中“建筑名称标注”的摆放位置。

(6) 散料堆场。散料堆场的操作与临时建筑的操作一样，如图 7-62 所示。

图 7-61　临时建筑物

图 7-62　散料堆场

（7）其他料场。其他料场的操作与临时建筑的操作一样，图 7-63 是其他图形。

图 7-63 其他料场

（8）围墙。围墙的绘制及完成图如图 7-64 和图 7-65 所示。拖动绿色的点可以改变围墙的形状，通过拖动黄色的点可以改变线条的形状，拖动红色的点可以改变门的位置。还可以通过属性栏改变短线的长度和间距。

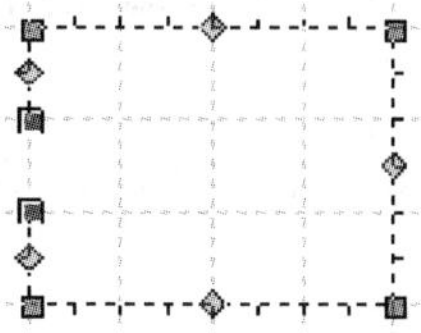

图 7-64 围墙

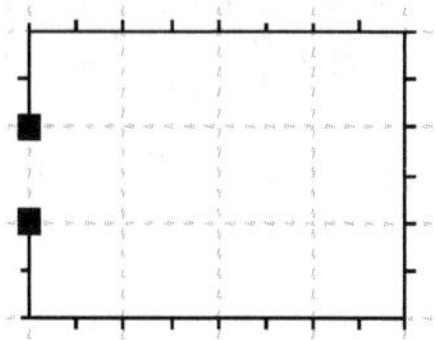

图 7-65 绘制好的围墙

4. 机械及设备

该组图形提供常见的机械及设备的符号，在绘制机械和设备时提供方便。下边介绍这些机械和设备符号的使用。

（1）塔吊。很多情况下都会遇到绘制塔吊的问题，下面介绍本软件的处理方式。单击塔吊。按钮，然后在图纸所预定的塔吊位置上单击，拖动到确定位置，一个塔吊就绘制完成了，如图 7-66 所示。然后通过调整达到绘制要求。

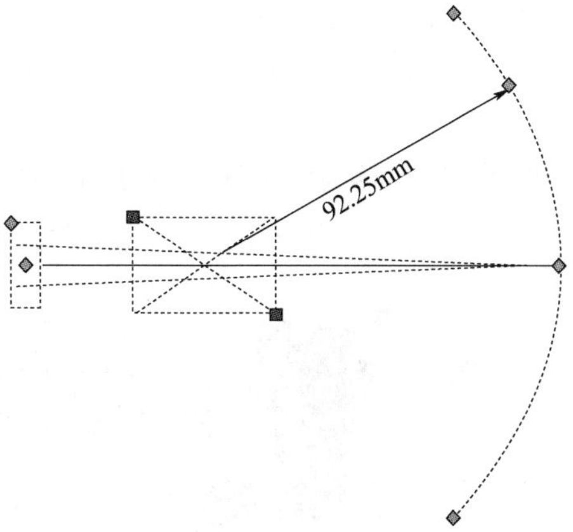

图 7-66 塔吊调整前

拖动绿色的点可以改变塔吊基座的大小及位置，拖动配重上的黄色点可以改变塔吊配重的大小，拖动塔吊臂上的黄点可以改变塔吊臂的长度，拖动圆弧上的黄点可以改变塔吊臂的范围。调整后的图如图 5-67 所示。

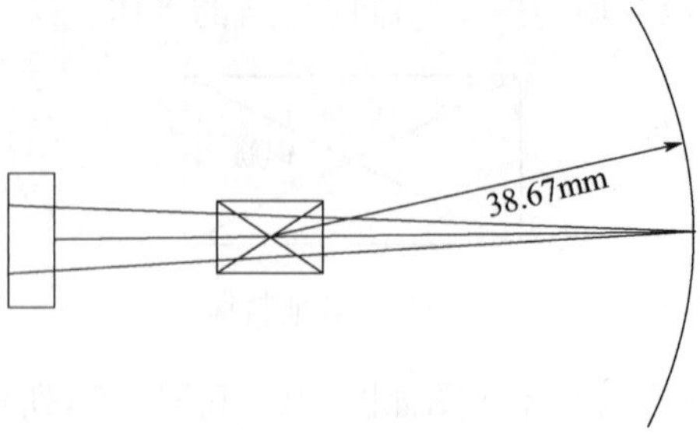

图 7-67　塔吊调整后

（2）施工电梯。施工电梯绘制方法很简单，只要在图纸上用鼠标轻轻拖动，一个形象的施工电梯图就呈现在眼前，如图 7-68 所示。

（3）龙门架。绘制龙门架，用鼠标在图纸上轻轻拖动，单击确定，如图 7-69 所示。

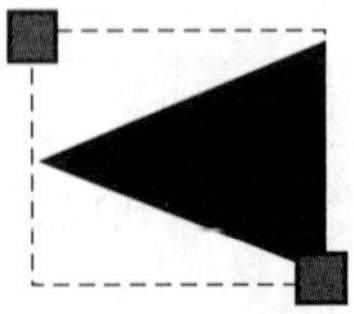

图 7-68　施工电梯

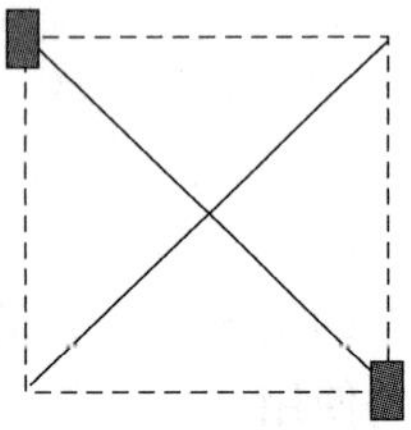

图 7-69　龙门架

（4）卷扬机。绘制卷扬机，在图纸上选定卷扬机的位置移动一下鼠标，画出一个卷扬机，如图 7-70 所示，可以拖动绿色的点改变卷扬机的大小，拖动黄色的点把卷扬机和龙门架连接起来，并且这个黄点具有吸附功能。

（5）混凝土输送泵。混凝土输送泵的画法和卷扬机一样，通过图上的绿点改变大小，如图 7-71 所示。

（6）搅拌机。搅拌机的画法和卷扬机一样，通过图上的绿点改变大小，如图 7-72 所示。

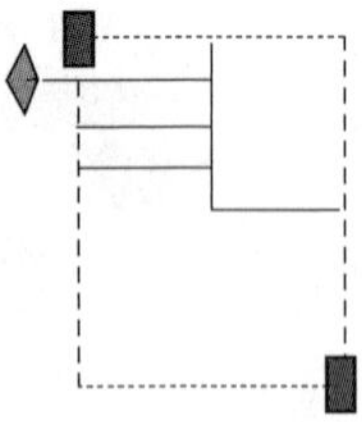

图 7-70　卷扬机

图 7-71　混凝土输送泵

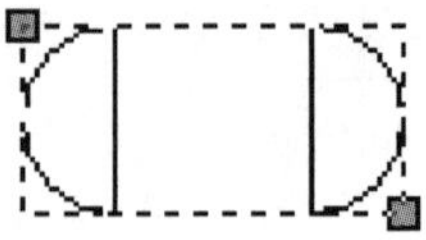

图 7-72　搅拌机

（7）起重机。起重机的画法和前面图的画法一样，起重机分带式和轮式两种，如图 7-73 和图 7-74 所示。软件默认画出的是带式起重机，在属性栏中选择“风格”属性，在其中选择起重机类型，如图 7-75 所示。

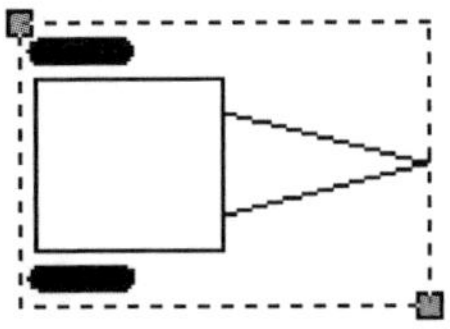

图 7-73　带式起重机

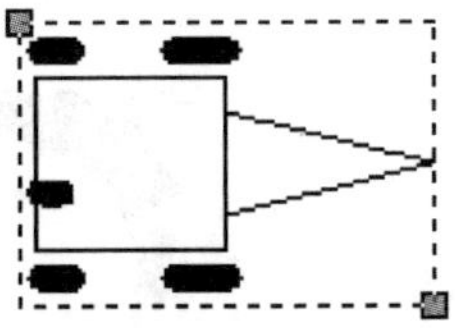

图 7-74　轮式起重机

图 7-75　起重机风格

（8）挖土机单击绘制挖土机，可以通过属性设置来画出多种挖土机。软件默认画出的挖土机是正铲，可以在属性栏的“风格”项选择挖土机的类型。如图 7-76～图 7-80 所示。

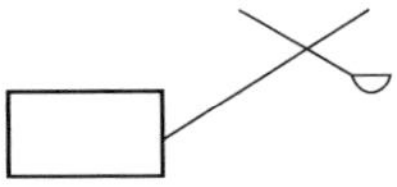

图 7-76　正铲

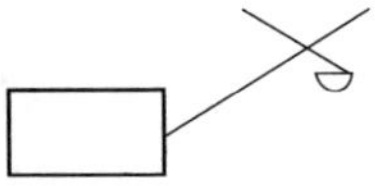

图 7-77　反铲

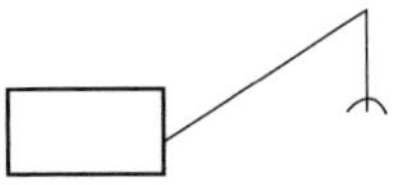

图 7-78　抓铲

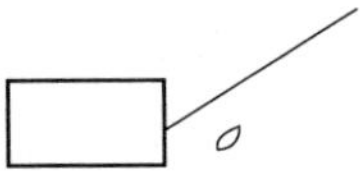

图 7-79　拉铲

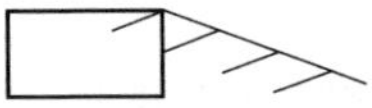

图 7-80　多斗挖土机

5. 水电及管线

（1）给水阀门。在对象栏里选择给水阀门按钮，在图纸选定的地方单击，拖动鼠标即出现给水阀门的图形符号如图 7-81 所示。拖动绿点可改变图形的大小，拖动黄点可跟水线相连接。

（2）水源。水源的操作和给水阀门相似，拖动绿点可改变水源图形符号的大小，如图 7-82 所示。

（3）消防栓。在对象栏里选择消防栓按钮，在图纸上用鼠标拖动一个矩形区域单击确定。拖动绿点改变消防栓的大小，拖动黄点可以把消防栓和水线连接起来。还可以在属性栏设置消防栓的类型，如图 7-83 所示，分别是临时和随层的消防栓。

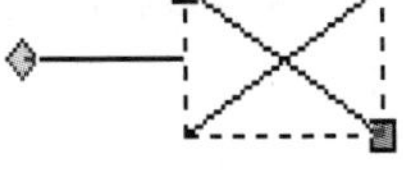

图 7-81　给水阀门

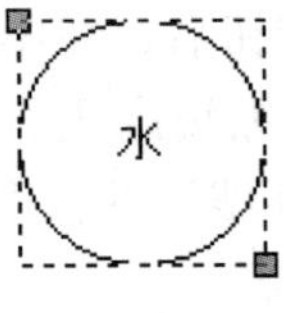

图 7-82　水源

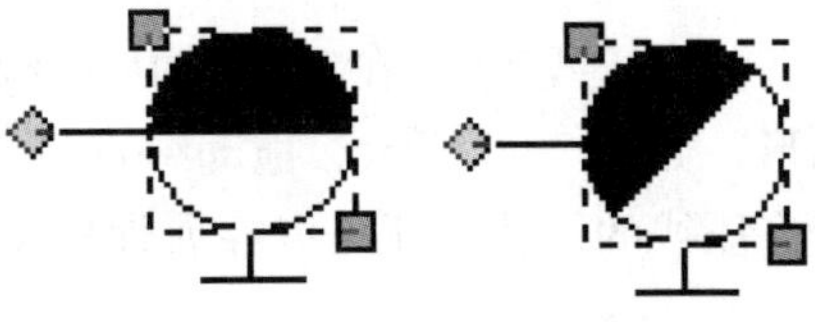

图 7-83　随层消防栓

（4）水池。在对象栏里选择水池按钮，在图纸上拖出一个水池图形，如图 7-84 和图 7-85 所示，通过设置其属性可以改变水池的形状。

（5）排水篦子。选择排水篦子后，在图纸上拖动鼠标，画出排水篦子如图 7-86 所示，可以拖动绿点改变它的大小。

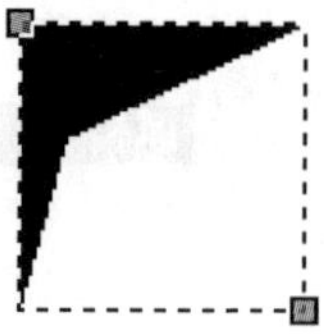

图 7-84　矩形水池

图 7-85　圆形水池

（6）污水井。在对象栏中选择污水井按钮后，在图纸上拖动鼠标画出一个污水井图形，通过图 7-87 中的绿点改变污水井图形的大小。还可以在它的属性栏设置线宽和颜色。

图 7-86　排水篦子

图 7-87　污水井

（7）电源（发电机）。在对象栏中选择电源按钮后，在图纸上拖动鼠标画出一个电源图形，通过图 7-88 中的绿点改变电源图形的大小。

（8）配电箱。在对象栏中选择配电箱按钮后，在图纸上拖动鼠标画出一个配电箱图形，通过图中的绿点改变电源图形的大小。在它的属性栏可以设置配电箱的类型。如图 7-89 分别是临时配电箱和随层配电箱。

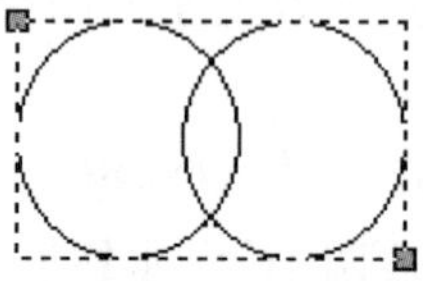

图 7-88　电源

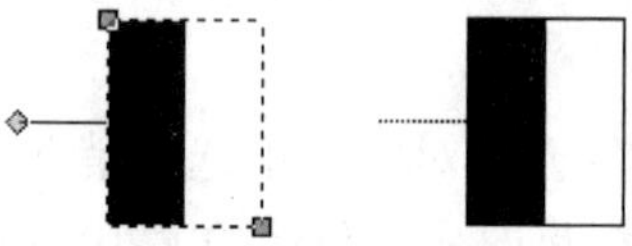

图 7-89　配电箱

（9）高压线。在对象栏中选择高压线按钮后，在图纸上拖动鼠标画出一条高压线图形，如图 7-90 所示。拖动绿点可以拉伸或缩短高压线的长度，拖动黄点可以任意改变高压线的形状。还可以在属性栏设置高压线线段的长度。

图 7-90　高压线

（10）低压线。低压线的设置与操作方法与高压线一样，在此不再赘述。

（11）电信线。在对象栏里选择电信线后，在图纸上绘出电信线，如图 7-91 所示，拖动绿点拉伸或缩短电信线，拖动黄点改变线形。还可以在属性栏中设置圆圈半径。

（12）字线。在对象栏里选择字线按钮后，在图纸上绘出字线，如图 7-92 所示，拖动绿点拉伸或缩短电信线，拖动黄点改变线形。还可以在属性栏里设置不同的字。

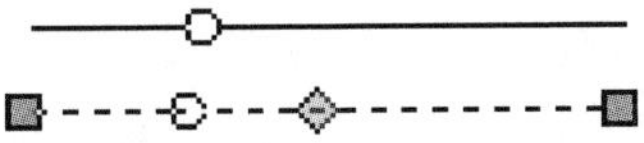

图 7-91　电信线

图 7-92　字线

（13）高压水箱。在对象栏里选择高压水箱按钮后，在图纸上绘出高压水箱，如图 7-93 所示，拖动绿点可改变高压水箱的大小。

（14）化粪池。化粪池的设置方法和高压水箱一样，如图 7-94 所示。

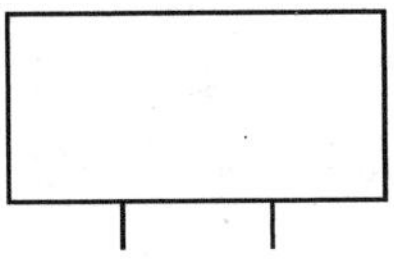

图 7-93　高压水箱

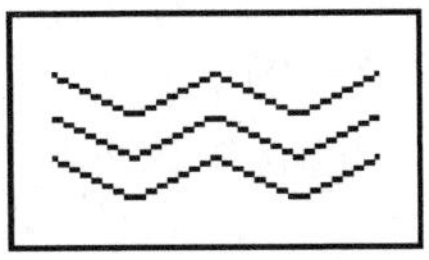

图 7-94　化粪池

6. 道路及绿化

该组图形提供道路及绿化相关的图形符号。

（1）铁路。在对象栏里选择铁路后，在需要画铁路线的地方单击，然后拖动鼠标在终止的地方再次单击，一条铁路线就画好了，如图 7-95 和图 7-96 所示。拖动绿点可以拉伸或缩短铁路线，拖动黄点可以改变铁路线的形状。还可以在属性栏里改变黑白短线的长度。

图 7-95　铁路线

图 7-96　绘制好的铁路线

（2）道路。在对象栏里选择道路线后，在需要画道路线的地方单击鼠标左键，然后拖动鼠标在终止的地方再次单击，一条道路线就画好了，如图 7-97 所示。拖动绿点可以拉伸或缩短线的长度，拖动黄点可以改变道路线的形状。还可以在属性栏中改变道路的前景色和背景色。

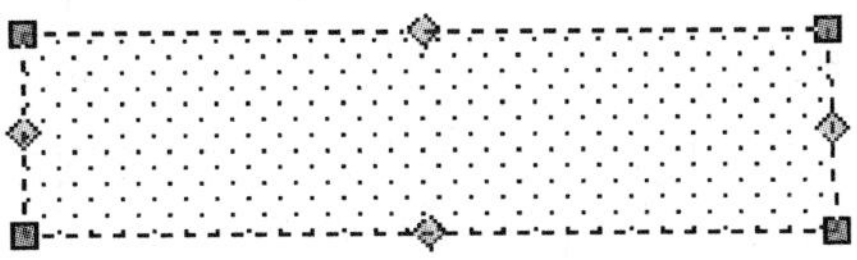

图 7-97　道路

（3）排线。用于一般道路及工程标线，绘制方式与铁路相同。

（4）边线。边线的操作方法和前几个对象的操作方法相同。如图 7-98 所示是边线的图形，可以在属性栏中设置短线的长度和角度及间距，线的总宽度也可以通过属性栏中的设置改变。

（5）防护通道。防护通道的操作方法和前几个对象的操作方法相同。如图 7-99 是防护通道的图形，可以在属性栏中设置短线的间隔，线的总宽度也可以通过属性栏中的设置改变。

图 7-98　边线

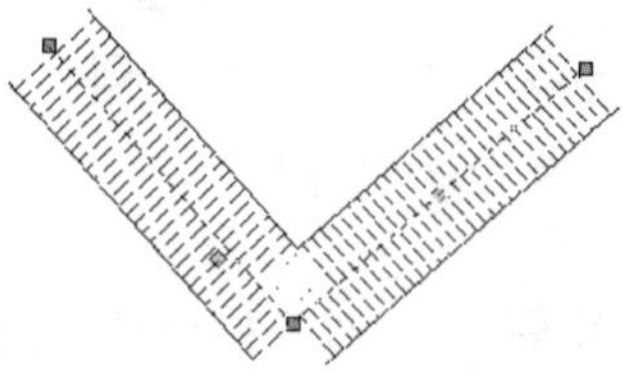

图 7-99　防护通道

（6）树。在对象栏里选择树后，在图纸上用鼠标拖动一个矩形区域就画出了一个树的图形。默认画出的是图 7-100 中的第一个图形，可以在属性栏“风格”属性里设置树的类型，还可以在“颜色”属性里设置树的背景色和前景色。

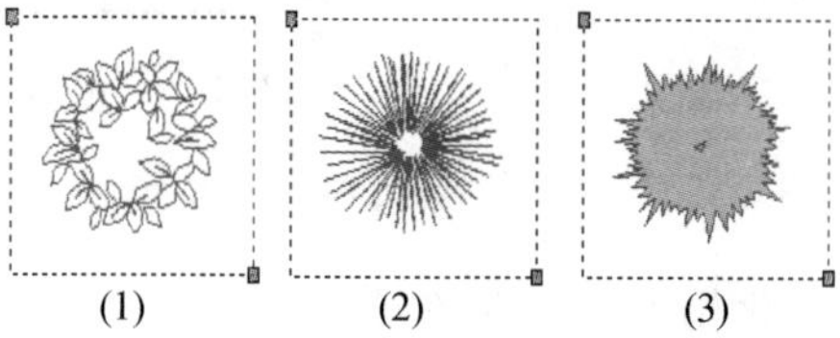

图 7-100　树的图

（7）草坪。在对象栏里选择草坪按钮后，在图纸单点击鼠标左键，然后拖动鼠标，在需要拐弯的地方再单击鼠标左键，直到绘出想要草坪的大概形状，如图 7-101 所示。在图纸上可以拖动绿点拉伸或缩短草坪的线条，移动黄点改变线条的形状，通过属性栏还可以改变草坪的前景色和背景色。

（8）花卉。花卉的操作方法和草坪一样，可以根据需要画出想要的形状，如图 7-102 所示。

7.1.3.4　结构栏

结构栏的主要功能是显示一幅图的绘图层次，并显示在绘图区域的图形元件，如图 7-103所示。

图 7-101　草坪

图 7-102　花卉

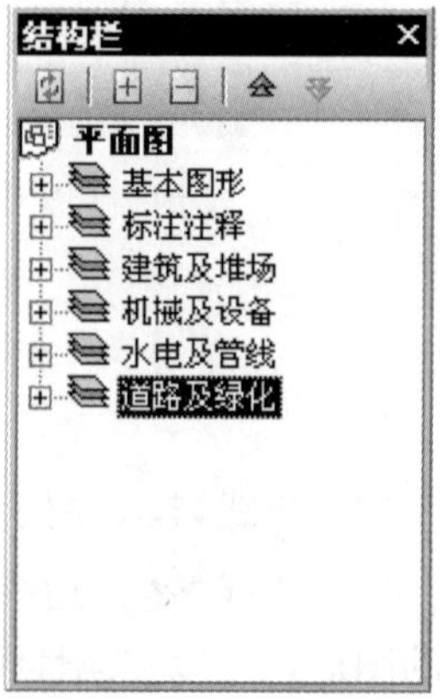

图 7-103　结构栏

(1) 增加图层。当想绘一个新图形，且不影响以前所绘的图形，这时需要建立一个新的图层，Plan Maker 提供了这项功能，单击系统将新建一个图层，在当前图层不能操作其他图层的图形。

(2) 删除图层。不再需要某个图层，想把它删掉时，先选择要删除的图层，单击图标删除相应的图层。

(3) 刷新。绘出的某一个图形元件没显示出来时，单击刷新图层，把所要的图形显示出来。

(4) 移动图层。单击来上下移动图层，以便调整图层层次。

7.1.3.5 属性栏

属性栏主要显示每一个对象所拥有的属性，并且在属性栏中设置对象的属性，以图 7-104“矩形注释框”为例说明属性栏的使用方法。

所有的对象基本项都相同，在“名称”属性里显示对象的名称，在“隐藏”属性里显示对象是否被隐藏，在“锁定”属性里选择对象是否被锁定，如果对象被锁定，那它在绘图时不能被移动，在“旋转角度”属性里设置对象的旋转角度。

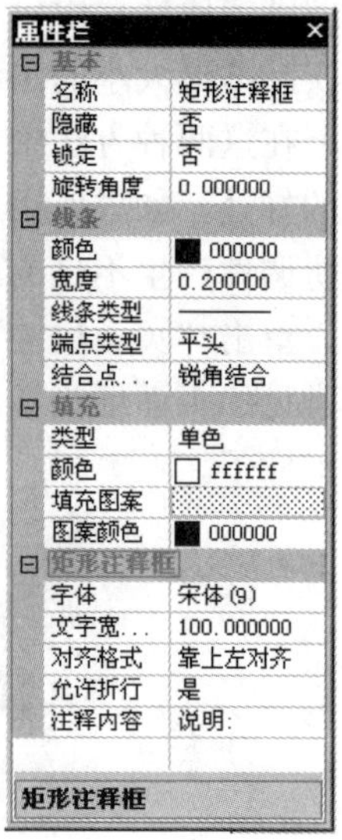

图 7-104 属性栏

在线条这一项里，单击“颜色”属性按钮，将弹出如图 7-105 所示的对话框。在其中可以设置线条颜色，在“宽度”属性里设置线条宽度，还可以设置线条类型等多种线条的属性，在“端点类型”中设置线端点的类型，在“结合点类型”设置点结合时的结合类型。

7.1.3.6 导航栏

导航栏主要提供了一个观察整体绘图的视角，为绘图人员提供一个整体图的布局，如图 7-106 所示。

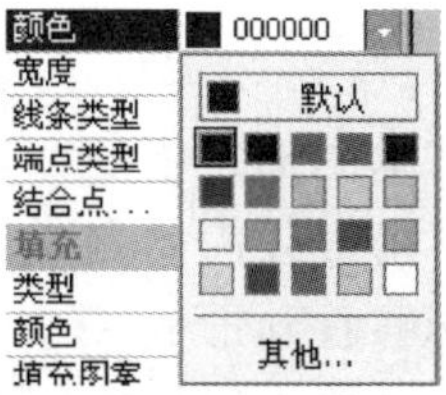

图 7-105 “颜色”对话框

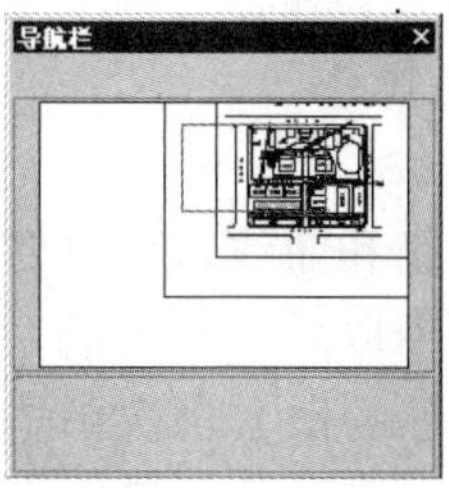

图 7-106 导航栏

在导航栏中，可以看到当前图纸的一个完整的缩略图，一个红色的边框所圈定的区域代表当前图纸的视图范围，将鼠标移到导航栏上时，鼠标变成。形状，移动鼠标，该红色的边框发生了移动，其中心点与当前鼠标单击位置重合，此时当前视窗范围已随之发生了改变。

使用这个功能，在视图范围较小的情况下，可以方便地切换视窗，对图纸细部进行编辑。

7.1.3.7 图纸参数

1. 图纸尺寸

软件有两种方法进行图纸空间（即图幅的大小）的定义和调整。新建时，可以在新建图纸的属性栏中设置纸型及图纸的大小，一般均采用这种方法，注意图纸的长宽比以及实际图形大小的协调，如图 7-107 所示。另外，也可以在打印设置中设置纸型。

在这两种方法中，建议最好在新建图纸时，一次性设置好图纸的大小，这样做有很大的好处。如果使用后一种方法调整图纸的大小，很可能对已经绘制好的图形的美观性和协调性产生不良的影响。下面介绍相关的操作。

单击“页面尺寸”按钮，将会弹出如图 7-108 所示的对话框。软件已经定义好了几种常见的页面纸张类型，如果里面没有想要的类型，选择自定义，就可以自己设置图纸的尺寸了。

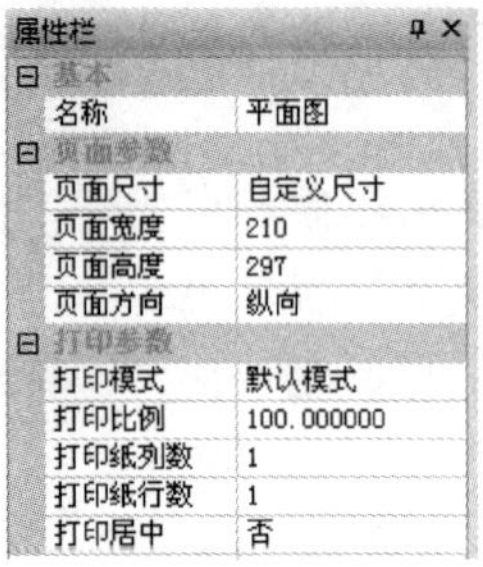

图 7-107　图纸尺寸

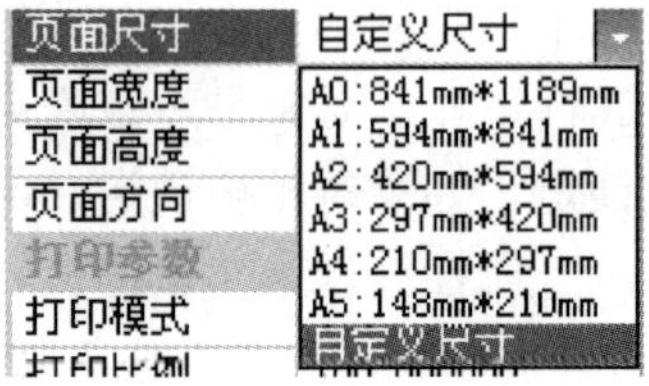

图 7-108　“页面尺寸”对话框

2. 绘图比例

在绘图过程中，用户一般比较关心绘图比例的设置问题，如果使用过其他计算机绘图软件，就可以忽略本小节的内容。其实，在绘制图形过程中，根本就可以不用考虑绘图比例，绘图比例可以仅在图纸输出时考虑。在绘图过程中，完全可以按照实际尺寸绘制图形，无须为绘图比例浪费时间。可以在打印参数设置绘图的比例，软件将按照要求打印。

7.1.3.8 一般绘图操作

1. 画直线

施工平面图绘制演示

绘制一般的直线和曲线，可以使用对象栏“基本图形”中的直线和曲线项，选中以后，在图纸上用鼠标左键单击直线起始端点，拖动鼠标，在停的地方再次单击鼠标左键就能够看到形成一条直线；如果绘制一条曲线，可以在曲线转折的地方单击鼠标左键，画完后在停的地方右击，一条曲线就形成了，还可以拖动线上的绿点和黄点来改变曲线的形状和走向。应注意的是，在绘制线的过程中，按住 Shift 键不放能够轻松地绘制一条正交线，同时可以在属性栏中改变线的颜色和形状。

绘制弧线的操作，在对象栏中选择“弧线”按钮，在绘制图纸上单击，画出一个圆弧，然后拖动鼠标移动一个角度，画出一条弧线。可以选择半径弧和三点弧来画出所要的弧线来。

绘制贝赛尔曲线（即连续平滑曲线），单击“贝塞尔曲线”按钮，然后在图纸上单击各端点，圆滑曲线就绘制好了。同样，可以打开属性栏，可以通过定义贝赛尔曲线属性来对当前圆滑曲线进行编辑和修改。

2. 画实体

在绘制一张图纸时，大部分时间是在绘制实体，本软件实体包括五大部分：标注注释、机械及设备、水电及管线、建筑及堆场、道路及绿化。在绘制过程中，实体如何摆放、调整是一项很重要的工作，如果不熟悉将耗费大量的时间，因此，在这一节中将介绍实体的绘制。

（1）画指北针。新建一张图纸，在对象栏中选择“指北针”按钮，然后在图纸上单击，拖动鼠标到合适的位置，再次单击，一个指北针就画好了，如图 7-109 所示。把鼠标移动到指北针的绿点上，拖动鼠标，这时指北针也跟着运动，可以把它任意放大或缩小。当把鼠标放到黄点上，拉动黄点时会发现黄点只能在虚线圆上运动，用它可以改变指北针指的方向。还可以参照对象栏中介绍的指北针的属性设置它。

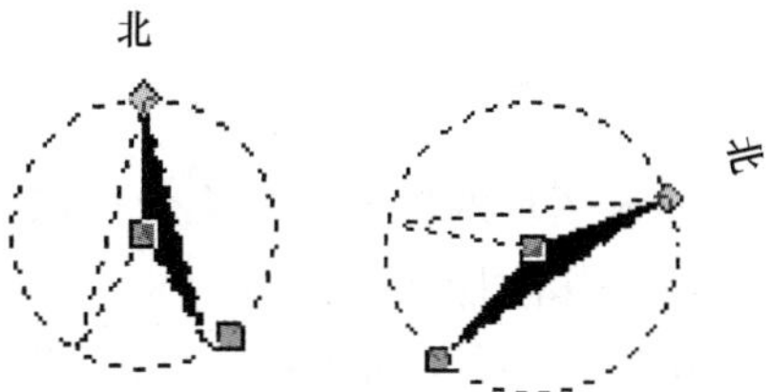

图 7-109 “指北针”对话框

（2）画围墙。围墙在建筑施工中不可缺少，在对象栏中已做介绍，鉴于它的重要性，下面再做详细的介绍。

先在对象栏中找到围墙按钮 围墙，在图纸上单击，拖动鼠标，在拐弯的地方单击，会出现一个绿点，它在以后改变围墙的形状时将发挥作用。其中两个小黑点表示大门，所以也就是说，如果画的围墙只有一个大门，那么在拉动围墙时就不能右击，虽然可以拖动绿点和黄点来调整，但还是很花费时间的，建议一次把大概位置调整好，以方便以后的位置调整。如果围墙是直线，可以一直按住 Shift 键；如果是弧线，则拖动黄色的控制点即可，如图 7-110 所示。围墙的其他属性还可以参见对象栏中的介绍。

（3）画道路。道路是施工时不可缺少的，同样在对象栏中选择“道路”按钮，在图纸上需要画道路的地方单击鼠标左键，然后拖动鼠标拉动道路，在需要拐弯的地方单击鼠标左键，需要停时右击，然后根据需要调整线的位置及长度。鼠标变成形状时就可以移动道路，在道路的属性栏中还可以改变道路的前景色和背景色，如图 7-111 所示。

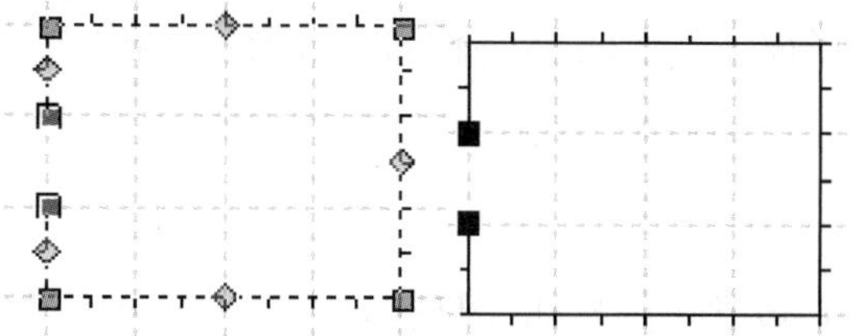

图 7-110 围墙

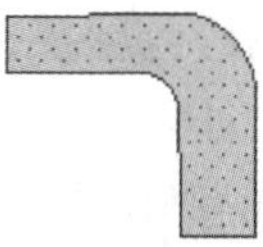

图 7-111 道路

3. 画标注和插入图片

(1) 注释。每一张图纸都需要进行一定程度的文本操作，施工平面图软件提供了输入文字的工具，在对象栏里的基础图形项里单击 文字，然后在图纸上拖出一个矩形区域，通过属性栏里的文字内容添加文字内容，如图 7-112 所示。

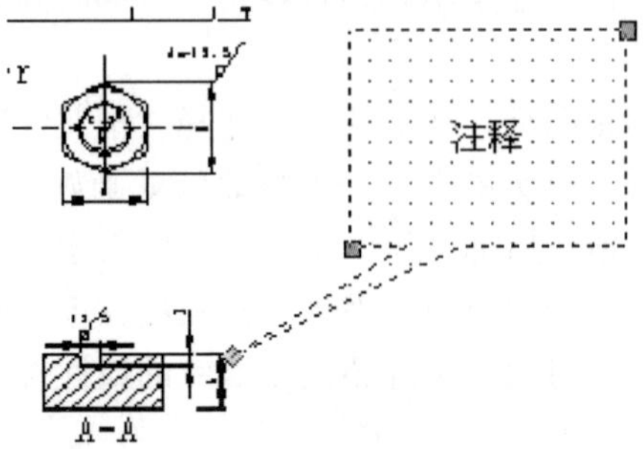

图 7-112　注释

(2) 图片。通常情况下，插入图片的操作比较多，可以先插入图片。软件专门提供插入图片的操作工具，下面介绍具体的操作方法。

选择对象栏里的基础图形选项，在最下面的图片选项里单击，然后在图纸上需要插入图片的地方拖出一个矩形区域。选择属性栏，在属性栏的最下面一项图片文件中单击（图 7-113），出现选择文件对话框，选择需要插入的图片，单击确定按钮，图片就插入到选定的位置。

对于选择的图片可以有多种显示方式，用户可以通过“绘制模式”选项修改，如图 7-114所示。

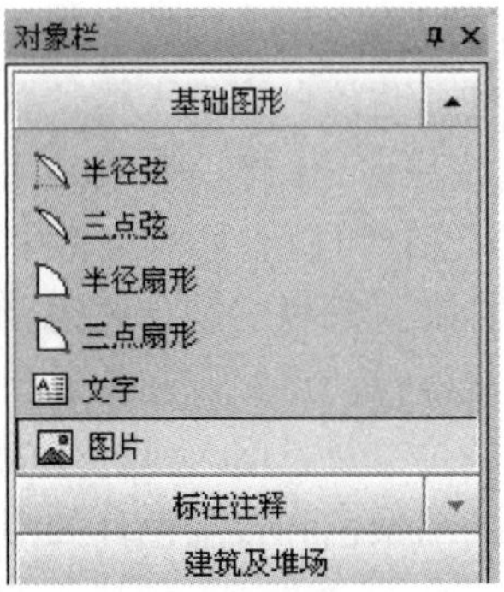

图 7-113　对象栏选项框

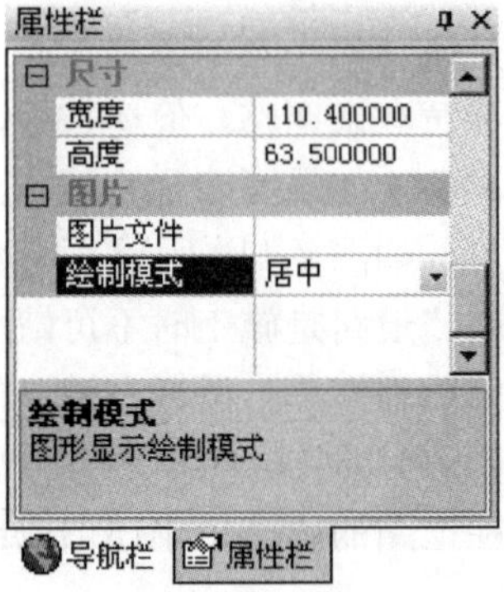

图 7-114　属性栏选项框

7.1.3.9　高级绘图操作

1. 选择图形

在实际的操作中，选择图形是最常用的操作。只有被选择的图形才可以进行剪切、复制、粘贴、修改属性、调整位置和修改大小等一系列操作。选择图形可以通过以下几种方式完成。

（1）点选。直接用鼠标单击图形。

（2）多选。按住键盘的 Shift 键依次单击多个图形。

（3）框选。在没有图形的绘图区按下鼠标左键不放开，移动鼠标拉出虚线选框，把要选择的图形框到虚线选框中，抬起鼠标完成选择。

（4）选择已被隐藏或者锁定的图形。隐藏或锁定的图形无法通过上述三种方法选择，需要打开“结构栏”选择，如图 7-115 所示。

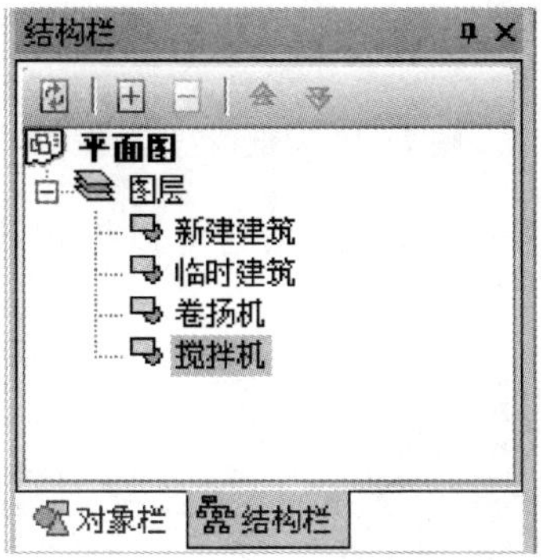

图 7-115　结构栏选项框

2. 剪切、复制、粘贴

这是提高绘图效率的最简单方法。当要绘制的图形存在多个时，可以先绘制第一个并设置其属性。然后选中刚绘制的图形通过功能复制，通过功能粘贴出多个图形，然后将这些图形放置到相应的位置。

还可以选中多个图形一起进行本操作。当复制图形后，系统会将复制的图形同时保存到计算机系统内存中一份，这样就可以直接在 Word、画图等软件中进行粘贴操作（本功能只对正式版有效）。

3. 对齐、分布

有时可能需要将多个图形（如料场、临建）对齐到一条直线上，或者等间距分布。Plan Maker 通过功能对此提供了很好的支持。

：依照第一个被选中的图形左边对齐；

：依照第一个被选中的图形右边对齐；

：依照第一个被选中的图形上边对齐；

：依照第一个被选中的图形下边对齐；

：依照第一个被选中的图形横向中线对齐；

：依照第一个被选中的图形纵向中线对齐；

：依照第一个和最后一个被选中的图形横向平均分布；

：依照第一个和最后一个被选中的图形纵向平均分布。

4. 贝塞尔线和闭合贝塞尔线

理论上来讲，如果熟练地掌握了“贝塞尔线”和“闭合贝塞尔线”，就可以绘制出任意复杂的线条和区域。

绘制的方法很简单，这里主要讲解编辑和修改。如图 7-116 所示，黄色菱形点是控制点，拽动控制点产生自己想要的形状。

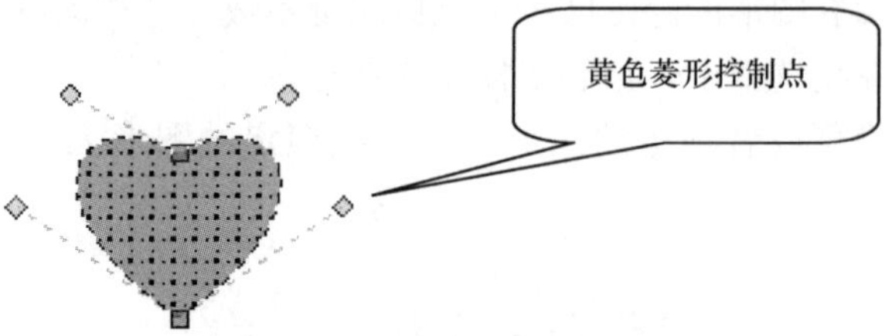

图 7-116　属性栏选项框

拽动控制点的同时如果按住 Ctrl 键，则可以拽出平滑的曲线节点，如图 7-117 所示。

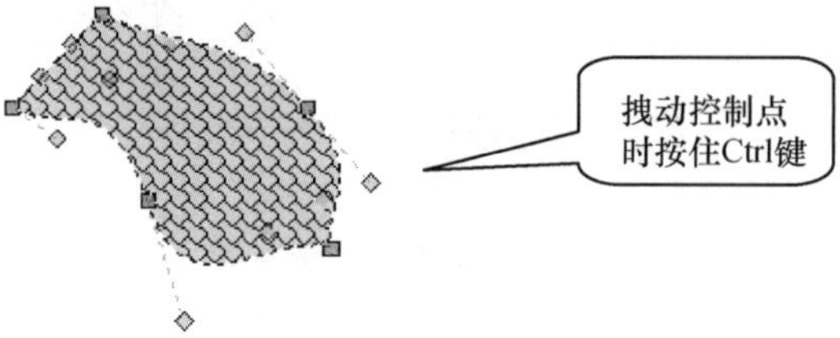

图 7-117　拽动控制点

5. 填充区域

对于闭合的图形以及建筑物等图形元素都有“填充”属性（图 7-118）。在“填充”属性中有类型、颜色、填充图案、图案颜色等多个选项。

类型分为“透明”“单色”和“图案”三种。如果想将图形填充成一种颜色，可以将类型设为“单色”同时选择想要填充的颜色。如果想将图形填充成一种图案，首先要设置类型为“图案”，然后单击“填充图案”后边的 按钮，在“填充图案”对话框（图 7-119）中选择图案，如果对话框中没有满足需要的图案，可以通过右上角的设计区来设计私有图案。

图 7-118　属性栏选项框中的填充区域

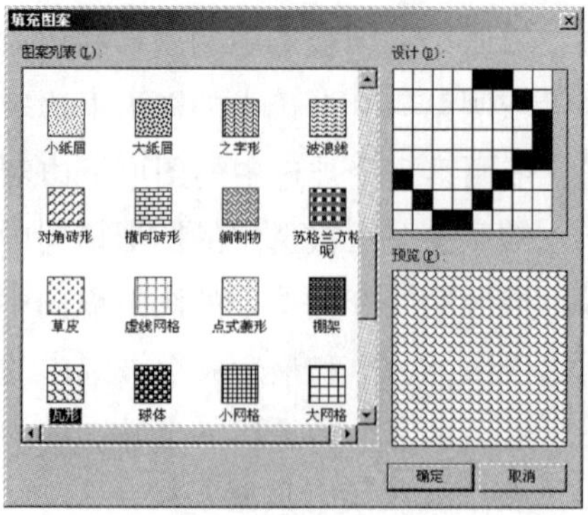

图 7-119　“填充图案”对话框

6. 利用网格、吸附精确绘图

（1）网格。网格是很好的辅助绘制方式，可以通过按钮启动网格功能。网格功能被启动后用户的鼠标会受到系统的控制，在用户绘制图形和修改图形时，如果鼠标位置靠近网格，则系统会自动进行吸附（图 7-120）。网格功能可与下面的吸附功能共用。

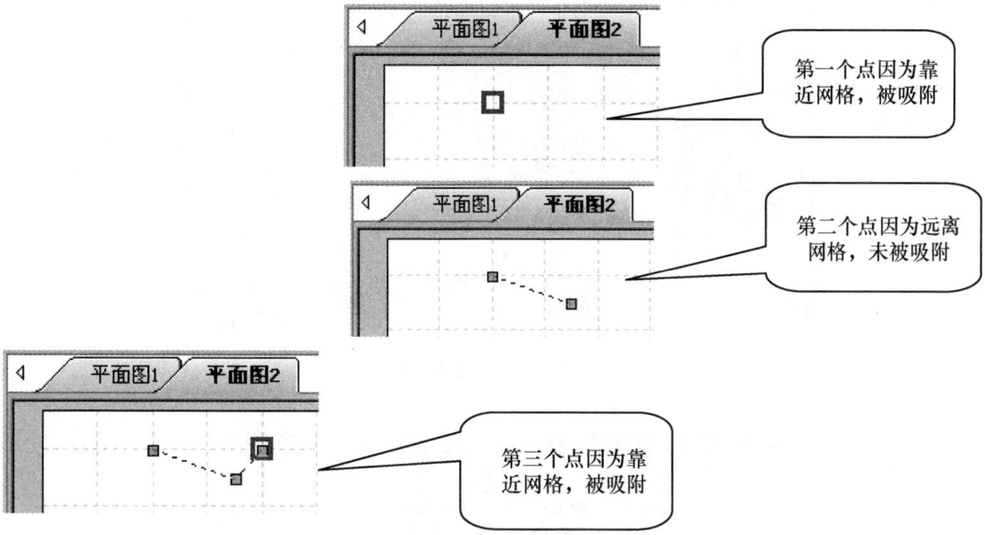

图 7-120　网格

（2）吸附。吸附功能可以将操作点直接定位到特定的位置，如圆的中心、线的端点等。要想使此功能起作用，首先应选择中的相应按钮，使其处于选择模式。然后开始绘制操作，系统会控制操作点靠近吸附点时直接定位，如图 7-121 所示。

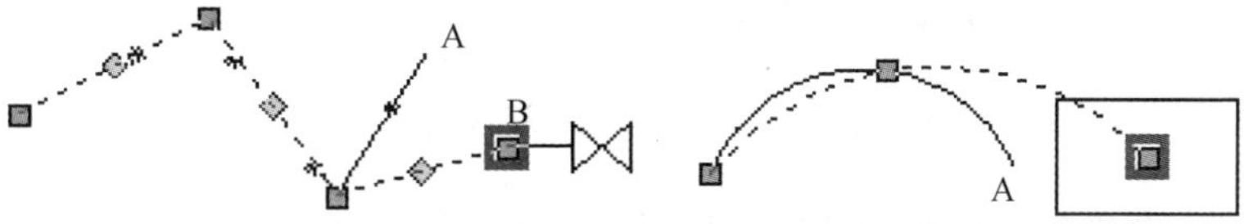

A 点被吸附到B点　　A 点被吸附到矩形的中心

图 7-121　吸附

7.1.3.10　打印输出

（1）打印预览执行文件菜单中的“打印预览”命令以及单击打印预览按钮均能够完成这个操作，打印预览可直接从屏幕上“看”到打印效果，当执行打印预览操作后，屏幕弹出预览窗口如图 7-122 所示。当前预览的结果即与打印输出的图纸完全一致。

屏幕左上角的按钮分别为打印、放大、缩小、前一页、下一页、两页、关闭。其中，单击“打印”按钮，软件将给出打印机设置的对话框如图 7-122 所示，可以在这里设置打印份数以及打印机的相关配置，其具体使用方法将在下一节介绍。单击“确定”按钮，只代表确定了当前的打印机设置，而非直接打印；要直接打印，就单击按钮，此时图纸开始打印；使用文件菜单的打印设置可以进一步调整图纸的打印状况，页面设置的对话框如图 7-123 所示。

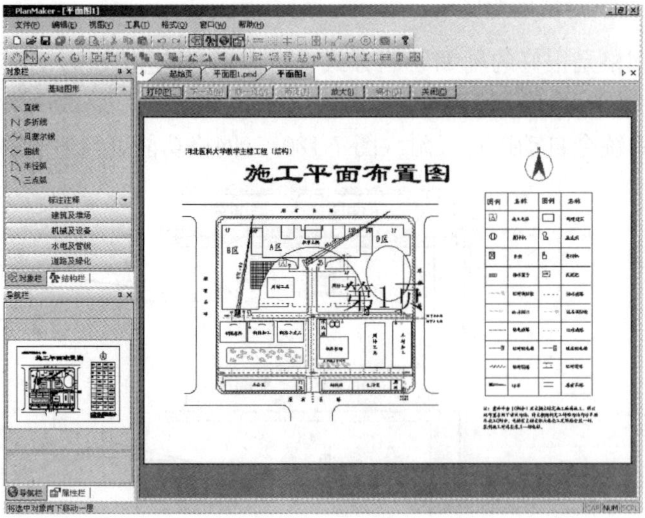

图 7-122　打印预览

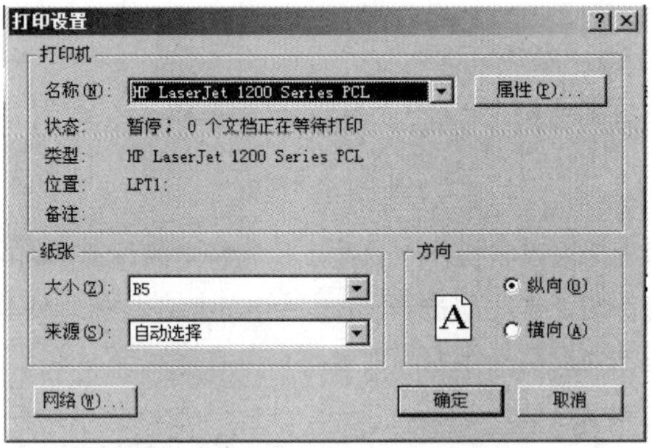

图 7-123　“打印设置”对话框

可以看到，在纸张选项对话框中，可以设置图纸的大小、来源以及方向。在方向区域内，可以设置图纸的方向，所有图形将自动按比例缩放到当前定义的纸张上；如果长度超过页高，软件将自动分成多页打印，图纸也可能打印一页或多页，图纸将不随着打印纸的改变而改变，而是自动分解成一页或多页打印。软件会自动根据打印机型号设置页边距（同时，也允许手工调整）。单击“关闭”按钮，退出当前图纸预览操作。当发现图纸属性无法适应打印时，为了方便调整图纸属性，在页面设置中给了一个图形属性设置，可以在这里对图形的基本属性直接进行更改，在这里更改了图形属性，当前图纸设置就会直接更改。

（2）打印设置使用文件菜单中的“打印”命令，或者使用工具栏上的按钮，可以对打印机进行设置，其设置对话框如图 7-124 所示。在打印设置中，可以设置打印份数，也可以对打印机的设置进行更改，其具体操作就不一一介绍了。现将软件中涉及的绘图图例汇总，见表 7-1。

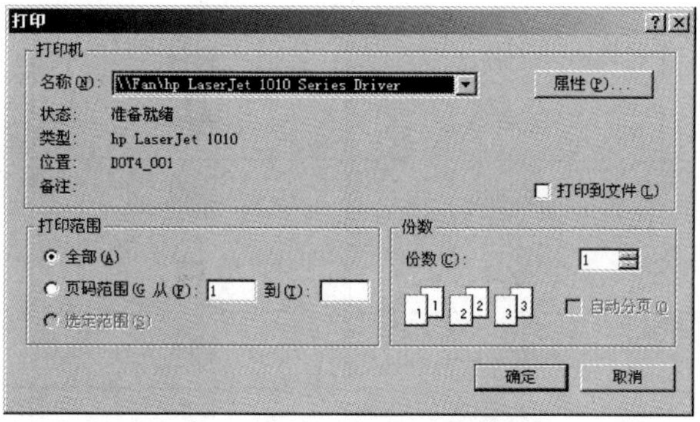

图 7-124 “打印”对话框

表 7-1 施工平面图布置软件图例列表

图例	名称	图例	名称
	竖直标注线		水平标注线
	对齐标注线		角度标注线
	直径标注线		矩形注释框
	矩形注释框		指北针
	比例尺		新建建筑物
	原有建筑物		计划建筑物
	拆除建筑物		散料堆场
	其他料场		围墙
	塔式起重机		施工电梯
	龙门架		卷扬机
	混凝土输送泵		搅拌机
	起重机		挖土机
	打桩机		灰浆搅拌机
	洗石机		水源
	给水阀门		消防栓
	水池		排水篦子
	污水井		电源（发电机）

续表

图例	名称	图例	名称
	配电箱		高压线
	低压线		电信线
	字线		高压水箱
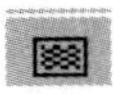	化粪池		水泵
	冷却池		冷却塔
	铁路线		道路
	排线		边线
	防护通道		树
	草坪		花卉

7.2 寰宇夺标第三代智能型施工组织设计编制系列软件简介

寰宇夺标第三代智能型施工组织设计编制系列软件由济南环宇通科技有限公司开发，由三个软件组成，分别为建筑施工组织设计快速编制软件、智能建筑施工网络计划软件和建筑施工平面规划软件。每个软件各自完成施工组织设计的不同部分，将三个软件结合起来，在短时间内编制出一份优秀的施工组织设计就很容易。该软件界面如图 7-125 所示。下面分别简单介绍这三个互相关联又相互独立的软件的功能。详细演示操作可登录网址http：//sgzz.0531hyt.com/demo 查询。

7.2.1 建筑施工组织设计快速编制软件

寰宇夺标・施工组织设计编制系列软件演示

该软件从 1999 年 1 月开始发行，其最新版继承了 Dos 版、Win95 版的优点，运行于 Win98/se/me/2000/XP，充分利用了操作系统的优点。该软件广泛应用于施工方案、现场管理、标书、方案、施工组织设计制作等方面。其内置的施工组织计划模块来源于中建系统各大企业的实际工程，设计水平能够保证。其内容包含了工业、民用、水电及路桥等各种施工组织设计。同时，还提供了特种工程、建筑、安装乃至钢结构的施工组织设计，能够适应不同的编标内容。

该软件具有一些智能化的功能：自动搜索连接功能，查找资料方便快捷；良好的兼容性，支持不同格式的文件；图文混排功能，图片、表格和流程图能够随意插入或接入；向导功能，提供自动生成各种类型方案的快速途径；方案继承功能，可将用户原有的各种方案转换成用户的素材；目录自动生成，能自动填写所属内容的位置页码。

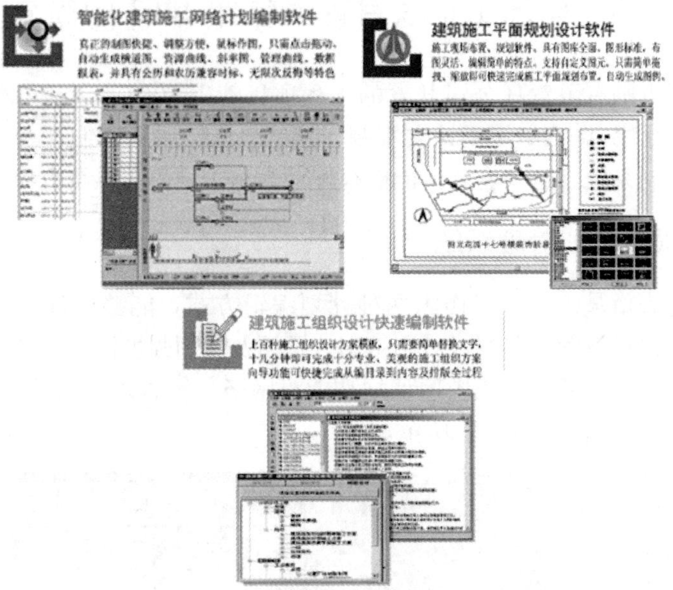

图 7-125　寰宇夺标第三代智能型施工组织设计编制系列软件界面

7.2.2　智能建筑施工网络计划编制软件

该软件功能齐全、实用，操作简单、易用，能够直接导入预算的工序和工作量，实现数据共享，能够随意通过拖动鼠标自动感知地添加、插入、删除、编辑、移动、复制、粘贴工序以及资源的分配，能根据网络图自动生成横道图、资源曲线、斜率图、管理曲线、数据报表、电子邮件等，可任意调整行间距、页面边距、显示顺序等。对任何部分的字体、字形、字号、颜色、线形、宽度，该软件都可任意设定，打印页面可任意设定。

该软件还有一个特点就是适应中国特色，提供无限次“反悔”和“恢复”功能，操作错误也不怕；提供公历和农历两种兼容时标，在使用公历时标绘图的同时，可以得到农历时标的提示，如“春节放假”“中秋农忙”等时间段。

7.2.3　建筑施工平面规划软件

该软件曾获 1995 中建优秀科技成果奖。该软件面向施工技术人员，参数智能化，图形标准，图库丰富，自动化程度高。例如，要绘制塔式起重机，只需给出其位置及臂长；要绘制某种堆场，只需选择对应的堆场图标，然后指定位置和大小即可；要绘制水电等各种线路，也只需寥寥几键。

该软件还能分析图面内容，自动不重不漏地绘制图例图形和文字；支持自定义图元，绘图者可以随时添加自己的图元；各种汉字录入法和扫描仪录入；打印或绘图仪输出方便，且支持位图输出、矢量剪贴板输出、自定义内容的图形输出。

7.3 同洲工程项目管理软件 2003 版简介

由大连同洲电脑有限责任公司开发的工程项目管理 2003，包括工程项目计划管理系统、工程项目标书/施工组织设计文本制作系统、施工平面图制作与管理系统、工程项目合同动态控制系统。这一套软件能够很好地为施工项目提供全方位服务。

7.3.1 工程项目计划管理系统

该系统具有表格录入、手工作图两种计划编辑方式，能够处理搭接关系和强制时限，能够灵活输出横道图、单双代号网络图、资源及费用强度图等。其主要特点是具有动态控制进度、追踪进度、生成中期计划功能；网络分级管理、资源均衡与有限优化、费用管理功能。其界面如图 7-126 所示。

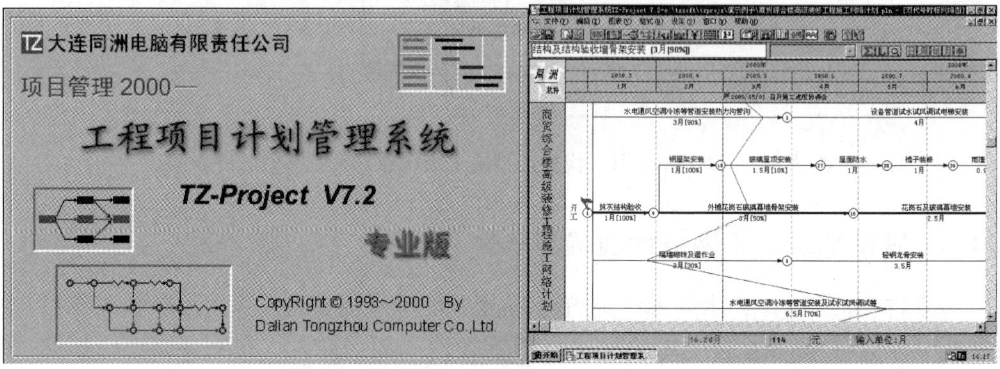

图 7-126 同洲工程项目计划管理系统界面

7.3.2 工程项目标书/施工组织设计文本制作系统

该系统能提供丰富的素材库（包含建筑、公路、市政、铁路、水利等行业），并对素材库实行分类管理，可编辑、可浏览、可查询、可快速生成标书。软件操作简单。

7.3.3 施工平面图制作与管理系统

该系统具有丰富的标准图形库及强大的编辑功能，能灵活地输出打印，并且支持多文档窗口和 OLE 功能。其主界面如图 7-127 所示。

7.3.4 工程项目合同动态控制系统

该系统具有合同文档管理、合同法规查询、合同预警功能及动态控制功能。

该套软件中的“工程项目计划管理系统”软件，被建设部建筑业司推荐为“施工企业主导软件产品”，并被列为国家级火炬计划项目。目前该套软件已有客户 5 千多家。在随书光盘中，有该软件的详细介绍及软件学习版，供大家学习。想进一步了解该软件可登录 http：//www. tongzhou. com. cn. 网站进行查询。

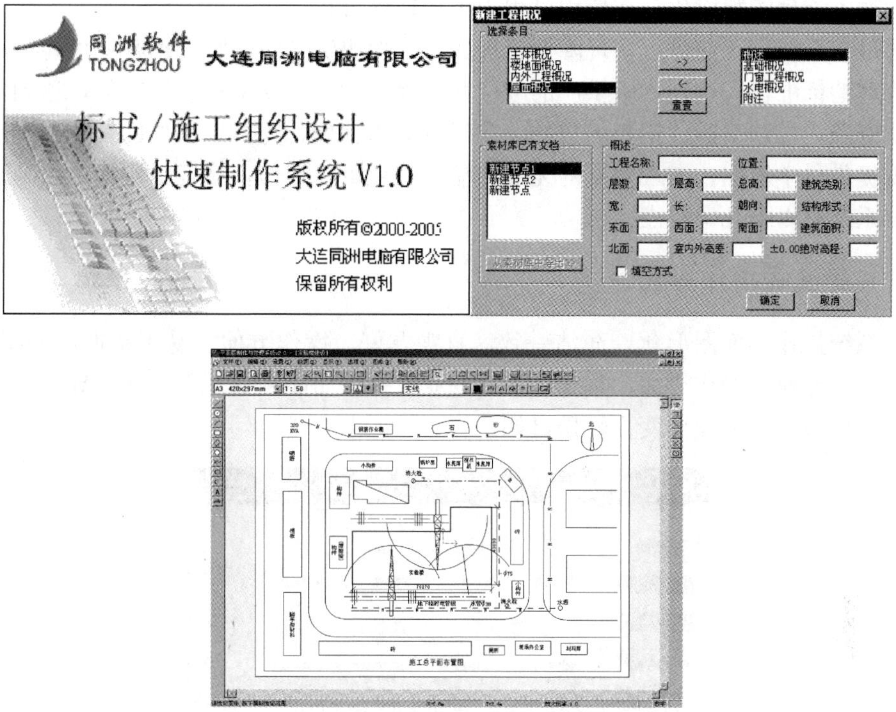

图 7-127　同洲施工组织文档快速制作系统和平面图制作

7.4　筑龙物资采购管理系统简介

随着建筑业的快速发展，业界管理者要求对施工过程中各个环节的成本分析、控制的各种动态数据信息做到全面、准确、及时掌握，这都对传统的管理模式、管理方法提出了更高的要求，而计算机作为一种先进的技术手段必将渗透施工管理的方方面面，全面、高效的管理贯穿施工始终的物资系统，利用网络实现信息快速传递和共享，降低物资资金占用率，提高企业的生产效率。

筑龙建筑物资管理信息系统是筑龙伟业科技公司凭借建筑业的背景优势，长期接触广大建筑企业用户应用和信息化需求，按照建筑业的特点，经过用户长期使用，在充分吸收广大用户反馈意见和建议的基础上进行许多重大改进和修正，扩大需求的覆盖面，进一步增强系统的稳定性和数据的安全性基础上，总结研制而成的物资管理的信息系统。

该系统主要适用于有分支机构或分项目部的，建筑业务标准、全面，具有分散或集中采购行为的大中型建筑企业，也适用于各类大中型（专业和公共）建筑企业、施工单位的项目管理和物资管理。

该系统运行于 Windows9X/NT/2000 操作系统，是真正面向用户和面向业务的管理信息系统。该系统将物资信息、付款形式、合格分供方、领料单位、仓库信息作为系统共享，方便各个项目的信息上下沟通，方便了总公司对各个项目的了解和控制。系统包含项目管理子系统、物资采购管理子系统（公司版）、物资管理子系统、周转物资子系统等。这几个子系统涵盖了目前建筑企业项目部主要业务，可以全面实现对建筑企业项目部的物资管理的智能化，在使用过程中更加轻松自在。

通过该系统，企业可以实现降低管理成本，加快资金的回收，提升交付能力；实现库存管理的标准化，达到物资供应的准确性、及时性；实现采购的标准化，达到优化企业物质资源，控制采购、销售的目的；实现自动化管理，为企业的长远发展和阶段目标的实现提供科学依据；实现数据的无缝传输，避免重复工作，减轻工作量，提高工作效率。该系统有以下几个特点。

7.4.1 导航式操作界面

该系统操作界面图形化，简洁一致、直观友好、操作方便、易于掌握，如图 7-128 所示。采用导航式操作界面，集合了所有的业务操作功能，直观形象地引导用户进行业务操作，使各项业务操作变得轻松自如。

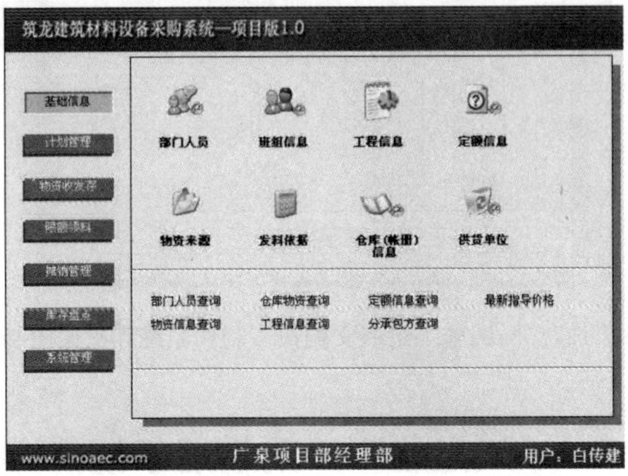

图 7-128　筑龙物资采购管理系统界面

7.4.2 高度的安全性、可靠性

为保证企业内部的协同工作，该系统对所有用户进行了严格的分组管理，并对每个用户组进行严密的权限分配；采用先进的加密技术，保证数据安全，保护数据环境，彻底解决了长期困扰企业信息化的安全性问题。同时，该系统又具有全面的容错处理性能和快速稳定的执行速度。

7.4.3 系统功能齐全

系统模块主要分为编辑和浏览两大类：编辑类完成以编辑为主的功能，如增加、删除、修改等；浏览类完成以再现为主的功能，如查询、浏览、统计等。系统的每一模块根据需要又分别具有查询、打印等功能。

7.4.4 先进的管理思想

该系统采用了全新的现代管理思想和先进的技术手段，可以有效地将企业和合作伙伴紧密地联系起来，持续可靠地满足各类客户的需求，最大限度地降低企业的风险，最终实现以最低的成本和费用提供最大的价值和最好的服务。

7.4.5 完善的报表功能

该系统能根据不同的过滤条件自动提取相应的数据，快速生成不同的报表。该系统提供了固定打印和定制打印两种打印方式，以适应不同的打印需求。

7.4.6 系统可扩展性强

该系统按照账套形式进行划分，各个账套相互独立又相互联系，具有很强的可扩展性，企业只要购买一套软件，就可以根据自身地特点自由地创建不同项目的账套，对多个项目进行管理，为企业节约信息化的投资与费用。

7.4.7 全能的信息查询

该系统提供了组合查询、模糊查询等强大的检索功能，包括对采购、库存、计划、生产、期末、报表等一系列动态数据资料的查询。

7.5 BIM 技术在现场施工管理中的应用

7.5.1 BIM 技术简介

BIM 的全称是 Building Information Modeling，在国内比较通用的翻译为“建筑信息模型”。BIM 技术是一种应用于工程设计、建造、管理的数据可视化工具，其主要作用是提高生产效率、节约成本和缩短工期。作为一种新兴的建筑设计方法，BIM 被誉为继 CAD 之后的第二次设计革命。与传统的二维图纸不同，BIM 可以说是三维、四维（空间+时间）的设计，可以构建建筑物的三维模型，同时还加入了时间的维度。BIM 技术应用的最大价值是能贯通建筑工程的全生命周期，使建筑工程在各个进程中显著提高效率、降低施工风险、保证施工质量和安全。随着建筑结构安全技术体系的日渐成熟，高层建筑在国内迅速发展，建筑高度不断被刷新，高层建筑结构形式多变、施工工艺复杂、工程体量大、管线错综复杂、专业覆盖广、存在大量交叉作业，更需应用 BIM 技术把控施工全过程。通过基于 BIM 的现场施工管理信息技术的应用，实现工程项目的精细化、信息化、协同化管理。

7.5.2 BIM 技术在现场施工管理中的应用

施工管理是施工过程中各项组织管理工作的总称，是施工单位管理工作的重要组成部分。施工管理工作一般分为计划管理、技术管理、质量管理、安全管理、成本管理等方面，它们主要是贯穿于整个施工过程，对施工全过程实施管理。

BIM 技术的大数据功能及互用特性，使 BIM 模型能应用在不同软件平台上，实现现场进度管理、质量管理、成本管理、安全管理、文档管理、试运行和竣工交付，还能统一协调业主、顾问、监理、总包、分包单位及劳务队，使各单位及时将现场问题反馈给相关责任方，进行施工跟进，及时、便捷、有依据地协调现场情况。同时还能实现撰写施工日志、下达施工任务、查询设备信息、离线查看图纸等功能，使传统施工管理模式逐渐向电子化方向发展。

7.5.2.1 进度管理

将进度计划与模型相关联生成施工进度管理模型，利用 BIM 4D，进行施工过程模拟、可视化对比分析，确定合理的施工工期，实现施工进度的控制与管理。

应用 BIM 技术可以从以下几方面对现场施工的进度进行管理：其一，施工人员可以利用 BIM 技术建立工程模型，施工人员可以在模型中对存在变更的计划进行提前演练，从而得到科学合理的管理计划，使进度管理的效率得到极大程度的提升。例如施工人员将各项变更数据录入 BIM 技术模型中，可以生成变更后的施工方案；其二，BIM 技术可以在早期制定进度计划，对现场施工的各项环节进行协同规划，推断各种方案的可行性，从而提升现场施工的效率；其三，施工人员可以利用 BIM 技术生成进度计划书，对施工中存在风险的部分进行预先防范，并协同各运营单位降低风险发生的概率，及时对可能发生的风险作出防范。

7.5.2.2 质量、安全管理

通过 Navisworks 作为平台，将现场照片、资料、网页等多种形式整合到模型内，并通过移动端软件在现场实时浏览模型，对比现场施工状况，快速判断问题所在。

按施工段划分原则建立模型，结合阶段性施工进展，在 Navisworks 中漫游检查识别施工危险源，预先进行洞口标记，将更多的时间用于安全风险评估与措施制定。

为提升质量管理水平，必须做到以下两点：一是利用 BIM 技术建模，减少施工错误。由于建筑工程的全过程都能够在模型中得到体现，因此施工的各个方案都能够进行模拟演示，从而及时发现方案中存在的问题及不同专业领域的冲突，并且进行协调解决，充分提高技术交底和方案优化的效率；二是利用 BIM 技术提升产品质量管理水平。例如建立专门的材料管理信息数据库，将建筑工程中的各项材料进行分类储存，并且追踪和记录各项材料的施工过程，从而对材料的应用途径和应用效果进行分析，为后续的应用提供可靠的数据依据。

为提高安全管理水平，需要做到以下两方面内容：其一，在施工前，通过整合相关信息建立 BIM 模型，利用本文所构建的模型模拟施工过程，识别施工风险因素并对危险区域进行划分。由于所构建的模型可以实现建筑施工的高精度模拟，因此可以精准识别出施工过程中所存在的风险因素，包括高空坠落风险、临边洞口，从而制定相关的防护措施，并对存在危险的区域进行识别与检查，及时对隐患部位进行修改，并提出安全建议；其二，对于临边防护安全的管理，由于在现场作业中经常会出现高空作业，考虑到周围环境属于人群高密度区域，对施工现场进行了高空临边防护。针对坠落实施的防护措施包括临边位置防护和施工洞口位置防护，主要防护装置为添加防护栏，借助 BIM 技术构建立体模型，对不同施工阶段存在的对应洞口、临边防护风险点进行周期性防护。

7.5.2.3 成本管理

采用广联达 5D 平台，动态计算实际工程量，快速显示成本变化，为成本控制提供依据。通过计划用量与实际用量间的对比和分析，进行实时动态管理，当现场实际工程量与计划工程量发生偏差时，系统发出预警，可及时寻找原因，进行改进，防患于未然。

为了提高现场施工成本管理的水平，需要做到以下两方面内容：其一，利用 BIM 技术对成本进行精确核算。在 BIM 技术模型中，整个建筑工程中的所有数据信息都会被全面反映到立体模型中，这些数据既包括实质性信息，同时也包括非实质性信息，BIM 技术可以对这些信息进行有效识别，从而对工程量进行精准核算，优化传统人工成本核算中存在的误差；其二，应用 BIM 技术对建筑工程的设计进行优化。通过 BIM 技术建立一个动态的数据库，将建筑工程中存在变更的信息进行技术录入，并且在模型中反映出来，从而提升造价核算的效率和质量，及时调整施工中的成本核算结果。

7.5.2.4 竣工管理

由于 BIM 模型整合了建筑工程的全部信息，竣工交付时将 BIM 模型一并交付，保证建筑信息的完整性，BIM 信息的存储可采用硬盘和云存储相结合的模式，有效提高管理水平和降低管理成本，方便业主获取的信息、运营维护。

7.6 其他说明

7.5.1 其他建筑工程应用软件简介

梦龙网络计划软件演示

目前国内的施工组织设计编制软件还包括梦龙、品茗、筑业等品牌。用施工组织设计软件编制建筑工程施工组织设计只是计算机技术在建筑业应用的一个缩影。建筑工程常用的其他应用软件一般包含：通用办公软件，包括 Word、Excel、Powerpoint 等；工程设计类软件，包括 AutoCAD 绘图软件（美国 Autodesk 公司出品）、PKPM 结构设计软件（中国建筑科学院出品）、天正建筑设计软件（基于 CAD 平台的二次开发软件）、探索者绘图软件（绘制结构图）等；建筑方案图和效果图设计软件，包括 Photoshop 软件、Sketchup 软件（三维效果图渲染）、3DS-Max 软件（三维动画渲染和制作）等；工程资料软件，包括恒智天成、新奔腾、品茗、筑业等品牌；工程造价算量及计价软件，包括广联达、鲁班、新奔腾等品牌。

BIM 的全称是 Building Information Modeling，在国内比较通用的翻译为“建筑信息模型”。BIM 技术是一种应用于工程设计、建造、管理的数据可视化工具，其主要作用是提高生产效率、节约成本和缩短工期。作为一种新兴的建筑设计方法，BIM 被誉为继 CAD 之后的第二次设计革命。与传统的二维图纸不同，BIM 可以说是三维、四维（空间+时间）的设计，可以构建建筑物的三维模型，同时还加入了时间的维度。

7.5.2 科技创新引领建筑业的未来发展

科技引领建筑时代

展望未来，建筑业要以科技创新有效支撑行业结构的优化升级，围绕工程建设推动集成创新，拉动产业链，持续优化经营流程，提升国际竞争力；加大对基础创新的支持，推动原始创新和引进消化吸收再创新，支持培育一批细分行业冠军企业，让创新能力突出的专业企业走上以技术领先占据高端市场的发展快车道；要把提升产业链、供应链现代化水平放到突出位置，坚持自主可控、安全高效，做好供应链战略设计和精准施策，推动产业高端化、智能化、绿色化，发展服务型建造，以科技创新引领我国建筑业进入高质量发展新时代。

上岗工作要点：

1. 掌握利用标书快速制作与管理系列软件更好地编制施工组织设计的方法。
2. 了解并学会使用多种施工组织设计系列软件完成施工组织设计及施工管理工作。

习　题

1. 上机练习使用标书制作与管理软件编制单位工程施工组织设计文本。
2. 上机练习使用智能网络计划软件编制单位工程施工进度计划。
3. 上机练习使用施工平面图布置软件绘制建筑工程项目施工总平面布置图。
4. 进一步了解其他施工组织设计软件的详细使用方法，并下载试用版尝试使用。
5. 对比评价相关施工组织设计软件的优缺点。
6. 通过收集和学习相关文献，试述通过科技创新引领建筑业高质量发展的新思路。

8 施工组织设计的排版与装帧

重点提示

1. 本章从文稿角度讲述了施工组织设计的排版和装帧技巧。

2. 具体内容包括施工组织设计的版式风格、文稿要求、编写通病防治、装帧以及其他说明。

3. 指出了施工组织设计撰写中常见的错误。

随着印刷技术的发展，施工组织设计从早期的手写、油印、胶印，发展到了现在的计算机打印、激光排照。一本施工组织设计的最终完成，一般少则几十页，多则几百页。施工组织设计的内容也变得越来越丰富。各种表格、插图、流程图、体系图等的应用使得施工组织设计更加直观、实用。一本施工组织设计其实就是一本科学专著，因此，其文字表达、排版也就变得更加重要。特别是投标施工组织设计，为了美观，一般都是进装订厂或专业的文印店进行装订，其排版和装帧就显得尤其重要。

8.1 施工组织设计的版式风格

单位工程施工组织设计是规划和指导拟建工程从施工准备到竣工验收全过程施工活动的技术经济文件。它既是施工前的一项重要准备工作，也是施工企业实现生产科学管理的重要手段。它既要体现拟建工程的设计和使用要求，又要符合建筑施工的客观规律，对施工的全过程起战略部署或战术安排的作用。

8.1.1 招标文件或相关规定的要求

在确定施工组织设计，特别是投标施工组织设计的版式风格时，首先考虑的是要符合招标文件和相关规定的要求。一定要满足这些要求。否则，也许会被废标。如果没有特殊要求，或者是编制标后施工组织设计，则可根据下述内容确定其版式风格。

8.1.2 纸张大小

一般用 A4 幅面纸张。页边距建议：左边 3.17cm，上、下和右边均为 2.5cm。

8.1.3 页眉和页脚

页眉和页脚的设计应该与企业 CI 一致，而且应该体现该章节的内容。当然，页码是必不可少的。最好每章节的页眉内容不同，但风格应该一致。

8.1.4 字体、字号和行距

字体的选择应该富于变化，让人有新鲜感，但同一内容的字体应该一致。同时，字体也不宜过多。一般应选择常用的宋体、仿宋体、楷体和黑体。文本字号不能太大，让人觉得空洞，也不能太小，让人看着费劲。一般建议四号字体。一般取 1.5 倍行距。对于一些特殊的文本，如公式，为了求得行距统一美观，可采用固定行距。

8.1.5 章节间的安排

施工组织设计一般分成多个章节，每章（节）的第一页可用相同或者不同的彩页来分开，打上该章（节）名称。这样可以给人一种变化和一张一弛的节奏感。

8.1.6 章节内的层次

一般来讲，篇、章、节题要居中。文章中的各种小标题应该醒目。常用的标题层次和格式见表 8-1。

表 8-1 常用标题层次及格式

第 1 种	第 2 种
第一章××（居中） 第一节××（居中） 一、××××（占一行） （一）××××（占一行） 1. ××××（接排或不接排） (1) ×××××× ×××（接排或不接排） 1) ×××× ×××（接排或不接排） (A) ×××× ×××（接排）	一、××（居中） （一）××××（占一行） 1. ××××（接排或不接排） (1) ×××××× ×××（接排或不接排） 1) ×××× ×××（接排或不接排） (A) ×××× ×××（接排）
第 3 种	**第 4 种**
第 1 章××（居中） 1.1×××（占一行） 1.1.1××××（占一行） 1.1.1.1×××（占一行或接排） (1) ×××××× ×××（接排或不接排） 1) ×××× ×××（接排） (A) ×××× ×××（接排）	1××（居中） 1.1×××（占一行） 1.1.1××××（占一行） 1.1.1.1×××（占一行或接排） (1) ×××××× ×××（接排或不接排） 1) ×××× ×××（接排） (A) ×××× ×××（接排）

注：需要时在“章”的前面还可以加“篇”。

8.2 施工组织设计的文稿要求

8.2.1 文字

不要乱用不规范的简化字、自造字、别字、繁体字（如“零件”写成“另件”、“圆周”写成“园周”等）。对于计算机打字容易出现的打字错误要加强检查，防止遗漏。

8.2.2 数字

统计数字、各种计量（包括分数、倍数、百分数、约数）及图表编号等各种顺序号，一般均用阿拉伯数字。世纪、年代、年、月、日和时刻均用阿拉伯数字，并一概用全称。例如，“2009 年”不写作“二零零九”年和“09 年”；“2005—2009 年”不能写作“2005～09 年”；“20 世纪 90 年代”不写作“二十世纪九十年代”。

8.2.3 外文符号

代表纯数和标量的外文字母，一般写成斜体。用外文缩写表示的一些函数和算符如三角函数 sin、cos 等，计量单位符号如温标℃、K，国标和部标代号，产品型号、零件及产品牌号如钢筋型号 HRB，外文人名、书名、地名及机关团体和各种缩写等，一般用正体字。

全篇采用的符号应前后统一，力求避免两个相同概念采用同一符号或同一概念用不同符号表示。

8.2.4 表格

表格应放在靠近相关正文的地方。每个表格须有表名和表序号。表名居中填写，表序号写在表右角上。表序号可全篇统一编号，也可按篇、章、节编号，如表 1.1、表 2-3。表注写在表下，表注为表中某个特定项目的说明，须采用“呼应注”。表内同一栏或行中的数据为同一单位时，单位应在表头内表示。表内数据对应位要对齐，数据暂缺时应空出，不应填写数据时应画一短横线。表内文字字号可比正文小一号，表内文字末尾不用标点。

8.2.5 插图

插图应放在靠近相关正文的地方。插图应有图题和编号，图号和图题写在图下居中，字号可比正文小一号。图号可全篇统一编号，也可按篇、章、节编号，如图 1-1、图 2-3。几个图组成一个图号的图，尽可能不要大小悬殊，并应在各个图下用（a）、（b）、（c）标注。图和表的编号要统一，或统一按章排，或统一按整篇排。

插图的画法和尺寸符号的标注，应符合有关制图标准。无规定的，应以通常习用的标注方法为准。

插入的照片，其主要部分必须突出，背景不要杂乱，主题轮廓必须突出，光线层次分明。一篇施工组织设计的照片图，最好尺寸大小和形式基本一致。

同一篇施工组织设计的插图风格、体例、名词、术语、字母、符号要前后统一，并且要与正文呼应。

8.3 施工组织设计编写通病防治

8.3.1 打字错误

这类错误最容易犯，因而需要多遍检查纠正。读者（特别是评标人）看到这类错误时心中往往不舒服，对整篇施工组织设计的印象马上降低，在评标打分时，自觉不自觉地给分就低，严重时会影响中标。解决这类错误，唯一的办法就是多遍仔细检查。

8.3.2 “其他”替换“其它”

建议用“其他”替换“其它”，这样显得整篇施工组织设计比较人性化。

8.3.3 “黏土”非“粘土”

当作为名词使用时，用“黏土”而不用“粘土”。“粘”在作动词时使用，如“粘贴”；而“黏”当作名词、形容词使用。

8.3.4 注意物理单位的写法

在正文描述中，若前面是中文数字，则用中文，前面是阿拉伯数字则用英文，如“每 m^2”应写成“每平方米”，“100 立方米”应写成“$100m^3$”。如果数字为具体数，则用阿拉伯数字表示，所用数为概数则用中文表示，如“100m”“几十米”“五六公里”等。

在用英文字母，特别是表达单位时，该大写的大写，该小写的小写，该用上标或下标的要用上标或下标，该用斜体的用斜体。如：千米为“km”而不是“Km”或“KM”，平方米为“m^2”而不是“m2 或 M2”，混凝土抗压强度是“f_c”而不是“fc”。具体可以查阅国家法定计量单位表。

8.3.5 少用或不用行业专用字

少用或不用行业专用字，尽量用“混凝土”而少用“砼”。若要用，也要全文统一，都用“砼”或都用“混凝土”。在一篇施工组织设计中，尽量不要同时出现“砼”和“混凝土”。

8.4 施工组织设计的装帧

施工组织设计的装帧，体现一本施工组织设计的整体风格，也体现一个企业的文化传承和审美观点，展示一个企业的素质。因此，对施工组织设计的装帧必须给予重视。一般应考虑以下问题。

8.4.1 招标文件或相关规定的要求

与版式风格一样，在确定施工组织设计，特别是投标施工组织设计的装帧时，首先考虑的是要符合招标文件和相关规定的要求。一定要满足这些要求。否则，同样可能会成为废标。如果没有特殊要求，或者是编制标后施工组织设计，则可根据下述内容确定其装帧样式。

8.4.2 封面设计

封面设计应该与企业的 GI 系统一致，体现自己企业的文化。对于投标施工组织设计有特殊要求必须隐去单位的，可以在封面颜色、格式及图案等方面给予体现。封面的设计既要吸引人的目光，给人以美感，又不能太花哨，让人觉得华而不实。

8.4.3 印刷

若施工组织设计对图片的要求较高，如装饰施工组织设计或园林施工组织设计，可部分或全部采用彩色印刷。当然成本会高，但效果会很好。对于一般施工组织设计，可以把一些特别的图片，如施工总平面图、网络图等采用彩色印刷以增强效果，而其他则普通印刷。

8.4.4 装订

对于施工组织设计的装订，有两种途径。第一种方法是采用已经定制好的封面夹，将打印好的施工组织设计打孔或穿线与封面夹结合好就行。这种做法简单，成本低，但不是很整齐。第二种方法是在装订厂装订。这样出来的施工组织设计装订精美，切边整齐，会给人良好的印象，在投标中将占有额外的优势。

8.5 其他说明

8.5.1 鲁班和鲁班奖

鲁班，姬姓，公输氏，名般，又称鲁般，春秋时期鲁国人。“般”和“班”同音，古时通用，故人们常称他为鲁班。鲁班生活在春秋末期到战国初期，出身于世代工匠的家庭，从小就跟随家里人参加过许多土木建筑工程劳动，逐渐掌握了生产劳动的技能，积累了丰富的实践经验。木工师傅们用的手工工具，如钻、刨子、铲子、曲尺、画线用的墨斗，据说都是鲁班发明的。而每一件工具的发明，都是鲁班在生产实践中得到启发，经过反复研究、试验出来的。2400 多年来，人们把古代劳动人民的集体创造和发明也都集中到他的身上。因此，有关他的发明和创造的故事，实际上是我国古代劳动人民发明创造的故事。我国的建筑具有悠久的历史传统和光辉的成就，我国古代的建筑艺术也是美术鉴赏的重要对象。

江南古典建筑赏析

鲁班奖

中国建设工程鲁班奖（以下简称鲁班奖）是我国建设工程质量的最高奖，工程质量应达到国内领先水平。为贯彻落实科学发展观，坚持“百年大计、质量第一”的方针，加快我国建筑业的技术进步，促进建筑业企业提高技术装备水平和经营管理水平，推动建设工程质量水平的提高，规范鲁班奖（国家优质工程）的评选活动，制定了鲁班奖（国家优质工程）评选办法。

鲁班奖的评选工作是在住房城乡建设部指导下由中国建筑业协会组织实施，评选结果报住房和城乡建设部。鲁班奖每两年评选一次，获奖工程数额不超过240项，获奖单位为获奖工程的主要承建单位、参建单位。鲁班奖由建筑业企业自愿申报，经省、自治区、直辖市建筑业协会、有关行业建设协会或有关单位择优推荐后进行评选。

8.5.2　优秀工程项目施工组织设计的特点和优势

施工组织设计方案演示

多年来的施工实践表明，施工组织设计是指导施工全局、统筹施工全过程，在施工管理工作中起核心作用的重要技术经济文件。包括鲁班奖获奖工程在内的优秀工程项目施工组织设计，具有如下明确的特点和优势：

（1）施工组织设计的编制，应符合《建筑施工组织设计规范》（GB/T 50502—2009）、《市政工程施工组织设计规范》（GB/T 50903—2013）等国家现行有关标准的规定。

（2）优秀施工组织设计应编制规范、内容完整、措施先进、指导性强，施工工艺先进可行，具有较强操作性和针对性，经济和社会效益明显；同时合理控制篇幅，一般大型工程的施工组织设计篇幅宜控制在150页以内，特大型工程宜控制在200页以内（专项施工方案不在施工组织总设计中具体体现，简要说明方法即可）。

（3）重视管理创新和技术创新，积极采用国内外新技术、新工艺、新材料、新设备，践行绿色施工，节能环保，能够解决难度较大的技术问题，从而取得显著的社会、经济和环境效益。

（4）针对施工中的质量管理和安全管理提出科学合理、切实可行的管控措施，具有典型示范作用。

了解了上述这些，读者在阅读各种施工组织设计时会有很大感触。在所看到的施工组织设计中，各单位的版式风格和具体内容可能有优秀的，也有不太理想的，或者是同样的技术水平，能够立即做出选择。如果企业因在这些方面不足被淘汰，是很不值得的。

希望通过本书能使编制工作（不仅仅是施工组织设计）更加顺利，为企业中标铺平道路，这对编者来说将是最大的收获。

上岗工作要点：

1. 把握施工组织设计的版式风格、文稿要求以及装帧。

2. 在施工组织设计中尽可能杜绝编写通病。

习　题

1. 施工组织设计的版式风格有哪些要求？
2. 施工组织设计的文稿要求有哪些？
3. 如何装帧投标用施工组织设计？
4. 结合学习体会，试述如何更好地编制工程项目施工组织设计。

9 建筑工程施工组织设计参考资料

重点提示

1. 为建筑工地交通运输组织的安排提供的参考资料。

2. 为建筑工地临时仓库、办公、生活临时建筑物的设置提供的参考资料。

3. 为建筑工地临时供水设计提供的参考资料。

4. 为建筑工地临时供电设计提供的参考资料。

施工现场平面和临时水电布置图

建筑工程的施工现场准备是建筑施工组织能否有效实施的十分重要的环节。在建筑工程施工组织设计中，必须结合工程施工需要和施工现场的实际情况，针对建筑工地交通运输组织、建筑工地临时房屋设施以及工地临时供水和供电设施等做出科学合理的确定和布置。

9.1 建筑工地交通运输组织

建筑产品体积庞大，消耗量大，在建设过程中需要调运大量的建筑材料、物资与设备。如砂、石、水泥、钢材、木材，这些物品占总货运量的75%～80%。因此，合理选择运输方式，组织交通运输，对节约费用、加快施工速度具有重要意义。

9.1.1 确定运输量

运输量按工程实际需要量确定，同时还应考虑每日的最大运输量及各种运输工具的最大运输密度。每日的运输量可按下式计算：

$$q=K\times\frac{\sum Q_iL_i}{T} \tag{9-1}$$

式中 q——日货运量；

Q_i——各种货物需要总量；

L_i——各种货物从发货地点到储存地点的距离；

T——有关施工项目的施工总工日；

K——运输工作不均衡系数，铁路运输可取1.5，汽车运输可取1.2。

9.1.2 运输方式和运输工具需要量的确定

工地运输方式可采用水路运输、铁路运输、汽车运输等。运输方式的确定，必须充分考虑各种影响因素，如材料的性质、运输量的大小、运输的距离及期限、现有运输设备、利用永久性道路的可能性、当地地形和工地实际情况，在保证完成任务的条件下，通过采用不同运输方式的技术经济比较分析，选择最合适的运输方式。

运输方式确定后，就可以计算运输工具的需要量。在一定的时间内（工作班）所需的运输工具数量可以采用下式求得：

$$n=\frac{q}{c\times b\times K_1} \tag{9-2}$$

式中 n——运输工具的数量；

q——日货运量；

c——运输工具的台班生产率；

b——日工作班数；

K_1——运输工具使用不均衡系数（包括修理停歇时间）。对于 1.5～2t 汽车运输取 0.6～0.65，3～5t 汽车取 0.7～0.8。

9.1.3 确定运输道路

工地运输道路应保证运输通畅，工程进度按期完成。道路的设置按下列原则进行：

（1）尽量利用永久性道路，在施工前可先期筑成永久性道路路基并铺设简易路面，以减少临时设施费用。

（2）场地较大时，临时道路要筑成环形或纵横交错。该方案适用于多工种多单位联合施工。

（3）满足工地消防要求。车道宽度不小于 3.5m，并应畅通。端头道路要设置 12m×12m 的回车场。

临时道路路面种类和厚度见表 9-1。

表 9-1 临时道路路面种类和厚度

路面种类	特点及其使用条件	路基土	路面厚度（cm）	材料配合比（体积分数）
级配砾石路面	雨天照常通车，可以通行较多车辆，但材料级配要求严格	砂质土	10～15	体积比 黏土：砂：石子＝1：0.7：3.5 质量比 面层：黏土 13%～15%，砂石料 85%～87% 底层：黏土 10%，砂石混合料 90%
		黏质土或黄土	14～18	
碎（砾）石路面	雨天照常通车，碎（砾）石本身含土较多，不加砂	砂质土	10～18	碎（砾）石＞65%，当地土壤含量≤35%
		砂质土或黄土	15～20	
炉渣或矿渣路面	可维持雨天通车，通行车辆较少	一般土	10～15	炉渣或矿渣 75%，当地土 25%
		较松软时	15～30	

9.2 建筑工地临时房屋设施

临建标准化做法演示

9.2.1 一般要求

（1）结合施工现场具体情况，统筹安排，合理布置。

①布点既要适应生产需要，又要方便生活；

②避开正式工程和取、弃土位置；

③接近交通线路；

④安全、防火。

（2）节约用地，少占农田。

（3）尽量利用已有建筑物，或提前修建永久性建筑物为施工服务。

（4）适用、经济、就地取材，尽量采用移动式、装配式临时房屋。

9.2.2 生产性临时建筑

按建筑工地承担工程的规模不同，有时需要建立临时附属生产企业，如采料、集料加工、混凝土制备、木材加工、钢筋加工、机械修配站等。其所需设备取决于所需的昼夜生产率，一般按下式计算：

$$V=\frac{(Q_1-Q_2)\ K}{T} \tag{9-3}$$

式中 V——附属生产企业所需昼夜生产率；

Q_1——工程紧张施工时期需要的产品数量；

Q_2——工程紧张施工时期由其他工厂采购的产品数量；

K——不均匀系数，可取 1.5～2.0；

T——工程紧张施工时期的昼夜数。

根据生产能力，查阅参考指标，确定设备型号、数量。其生产工艺布置应保证生产流水线在整个生产中不发生逆流现象，减少运输线路交叉；还必须遵循有关技术规范及定额（包括防火规范、卫生工程、劳动保护及安全技术规程等），以求得完满的结果。

生产性临时建筑的计算可参照表 9-2～表 9-4 直接求得。

表 9-2 现场加工厂所需面积参考指标

序号	加工厂名称	年产量		单位产量所需建筑面积	占地总面积（m^2）	备注
		单位	数量			
1	混凝土搅拌站	m^3 m^3 m^3	3200 4800 6400	0.022（m^2/m^3） 0.021（m^2/m^3） 0.020（m^2/m^3）	按砂石堆场考虑	400L 搅拌机 2 台 400L 搅拌机 3 台 400L 搅拌机 4 台
2	临时性混凝土预制	m^3 m^3 m^3 m^3	1000 2000 3000 5000	0.25（m^2/m^3） 0.20（m^2/m^3） 0.15（m^2/m^3） 0.125（m^2/m^3）	2000 3000 4000 小于 6000	生产屋面板和中小型梁柱板等，配有蒸养设施

续表

<table>
<tr><th rowspan="2">序号</th><th rowspan="2">加工厂名称</th><th colspan="2">年产量</th><th rowspan="2">单位产量所需建筑面积</th><th rowspan="2">占地总面积（m^2）</th><th rowspan="2">备注</th></tr>
<tr><th>单位</th><th>数量</th></tr>
<tr><td>3</td><td>半永久性
混凝土预制厂</td><td>m^3
m^3
m^3</td><td>3000
5000
10000</td><td>0.6（m^2/m^3）
0.4（m^2/m^3）
0.3（m^2/m^3）</td><td>9000～12000
12000～15000
15000～20000</td><td></td></tr>
<tr><td rowspan="6">4</td><td>木材加工厂</td><td>m^3
m^3
m^3</td><td>15000
24000
30000</td><td>0.0244（m^2/m^3）
0.0199（m^2/m^3）
0.0181（m^2/m^3）</td><td>1800～3600
2200～4800
3000～5500</td><td>进行原木、
木方加工</td></tr>
<tr><td>综合木
工加工厂</td><td>m^3
m^3
m^3
m^3</td><td>200
500
1000
2000</td><td>0.30（m^2/m^3）
0.25（m^2/m^3）
0.20（m^2/m^3）
0.15（m^2/m^3）</td><td>100
200
300
420</td><td>加工门窗、模板、
地板、屋架等</td></tr>
<tr><td>粗木加工厂</td><td>m^3
m^3
m^3
m^3</td><td>5000
10000
15000
20000</td><td>0.12（m^2/m^3）
0.10（m^2/m^3）
0.09（m^2/m^3）
0.08（m^2/m^3）</td><td>1350
2500
3750
4800</td><td>加工屋架、模板</td></tr>
<tr><td>细木加工厂</td><td>万 m^3
万 m^3
万 m^3</td><td>5
10
15</td><td>0.0140（m^2/m^3）
0.0114（m^2/m^3）
0.0106（m^2/m^3）</td><td>7000
10000
14000</td><td>加工门窗地板</td></tr>
<tr><td>钢筋加工厂</td><td>t
t
t
t</td><td>200
500
1000
2000</td><td>0.35（m^2/t）
0.25（m^2/t）
0.20（m^2/t）
0.15（m^2/t）</td><td>280～560
380～750
400～800
450～900</td><td>加工、成型、焊接</td></tr>
<tr><td>现场钢筋调直、冷拉
拉直场
卷扬机棚
冷拉场
时效场</td><td colspan="4">所需场地（长×宽）

70～80×3～4（m）
15～20（m^2）
40～60×3～4（m）
30～40×6～8（m）</td><td>包括材料和
成品堆放</td></tr>
<tr><td>5</td><td>钢筋对焊
对焊场地
对焊棚
钢筋冷加工
冷拔冷轧机
剪断机
弯曲机 ϕ12 以下
弯曲机 ϕ40 以下</td><td colspan="4">所需场地（长×宽）
30～40（m）×4～5（m）
15～24（m^2）
所需场地（m^2/台）
40～50
30～40
50～60
60～70</td><td>包括材料和成品
堆放，按一批
加工数量计算</td></tr>
<tr><td>6</td><td>金属结构加工
（包括一般铁件）</td><td colspan="4">所需场地（m^2/t）
年产 500t 为 10
年产 1000t 为 8
年产 2000t 为 6
年产 3000t 为 5</td><td>按一批加工
数量计算</td></tr>
<tr><td>7</td><td>贮灰池
石灰消化淋灰池
淋灰槽</td><td colspan="4">5×3=15（m^2）
4×3=12（m^2）
3×2=6（m^2）</td><td>每 2 个贮灰池
配 1 个淋灰池</td></tr>
</table>

表 9-3 现场作业棚所需面积参考指标

序号	名称	单位	面积(m²)	备注
1	木工作业棚	m²/人	2	占地为建筑面积的 2~3 倍 86~92cm 圆锯 1 台 小圆锯 1 台 占地为建筑面积的 3~4 倍
2	电锯房	m²	80	
3	电锯房	m²	40	
4	钢筋作业棚	m²/人	3	
5	搅拌机棚	m²/台	10~18	
6	卷扬机棚	m²/台	6~12	
7	烘炉房	m²	30~40	
8	焊工房	m²	20~40	
9	电工房	m²	15	
10	白铁工房	m²	20	
11	油漆工房	m²	20	
12	机、钳工修理房	m²	20	
13	立式锅炉房	m²/台	5~10	
14	发电机房	m²/kW	0.2~0.3	
15	水泵房	m²/台	3~8	
16	空压机房(移动式)	m²/台	18~30	
17	空压机房(固定式)	m²/台	9~15	

表 9-4 现场机运站、机修间、停放场所需面积参考指标

序号	施工机械名称	所需场地(m²/台)	存放方式	检修间所需建筑面积	
				内容	数量(m²)
 1 2 3 4 5	一、起重、土方机械类 塔式起重机 履带式起重机 (正铲、反铲)、拖式 铲运机,轮胎式起重机 推土机、拖拉机、压路机 汽车式起重机	 200~300 100~125 75~100 25~35 20~30	 露天 露天 露天 露天 露天或室内	10~20 台设 1 个检修台位 (每增设 1 个检修台位)	200(增加 150)
 6 7	二、运输机械类 汽车 (室内)(室外) 平板拖车	 20~30 40~60 100~150	一般情况下室内 不小于 10%	每 20 台设 1 个检修台位 (每增设 1 个检修台位)	170 (增加 160)
8	三、其他机械类 搅拌机、卷扬机、 电焊机、电动机、水泵、 空压机、油泵等	4~6	一般情况下, 室内占 30%, 露天占 70%	每 50 台设 1 个检修台位 (每增设 1 个检修台位)	50(增加 50)

9.2.3 仓库

9.2.3.1 仓库类型

（1）转运仓库。设置在货物转载地点（如火车站、码头和专用线卸货物）的仓库。

（2）中心仓库（或称总仓库）。专供贮存整个建筑工地（或区域性建筑企业）所需材料的仓库。中心仓库一般设在现场附近或区域中心。

（3）现场仓库。为某一在建工程服务的仓库，一般就近设置。

（4）加工厂仓库。专供本加工厂储存原材料和加工半成品、构件的仓库。

9.2.3.2 仓库材料储备

各类仓库按其储存材料的性质和贵重程度，宜分别采用露天堆场、半封闭式（棚）和封闭式（库房）三种存放形式。大宗材料一般应直接运至使用地点附近堆放，以减少二次搬运。

确定仓库材料储备量，要做到一方面能保证施工的正常需要，另一方面又不宜储存过多，以免造成扩大仓库面积，积压资金。通常的储备量是以合理的储备天数来确定的，同时根据现场条件、供应条件和运输条件来确定。如场地狭小或为了节省流动资金，储存就可少些，进货次数多些；有的材料生产受季节性影响，就须考虑中断因素，水运材料则须考虑枯水期和严寒对航运的影响，储备量就可大些；加工周期较长的材料，也应考虑储备量大些等。

（1）建筑群（全现场）的材料储备，主要用于备料计划，一般按下式计算：

$$q_1 = K_1 Q_1 \tag{9-4}$$

式中 q_1——总储备量；

K——储备系数，一般情况下，对型钢、木材和砂石以及用量小、不经常使用的材料取 0.3～0.4；对水泥、砖、瓦、块石、石灰、管材、暖气片、玻璃、油漆、卷材、沥青取 0.2～0.3；特殊条件下宜根据具体情况确定；

Q_1——该项材料需用量。

总储备量（q_1）中包括能为本工程使用已经落实的材料，如已进入转运仓库和中心仓库的材料，以及有货源并已订货的材料。

（2）单位工程的材料储备量，应保证该工程实际连续施工的需要，同时应与现场全部材料的储备量综合考虑，做到减少仓库面积，节省资金。其储备量应是在库的平均量，按下式计算：

$$q_2 = \frac{nQ_2}{T} \tag{9-5}$$

式中 q_2——单位工程材料储备量；

n——储备天数（d）；

Q_2——计划期内材料需要的数量；

T——要用该项材料的施工天数，大于 n。

（3）仓库面积计算：

仓库面积一般按材料储备量按下式计算：

$$q_2 = \frac{nQ_2}{T} \tag{9-6}$$

式中 F——仓库面积（m^2），包括通道面积；

P——每平方米仓库面积存放材料数量；

q——材料储备量，用于总储备计划时为 q_1，用于单位工程时为 q_2。

每一仓库必须具有必要长度的材料装卸线，其长度按下式计算：

$$L=K\frac{nL_1+(n-1)L_2}{m} \tag{9-7}$$

式中 L——卸货线长度（m）；

n——每昼夜到达的运输车辆数量（台）；

L_1——运输车辆长度（m）；

L_2——运输车辆间的距离（m）；

m——每昼夜向仓库输送次数；

K——输送不均匀系数。

运输车辆的长度（L_1）采用：

宽轨铁路双轴车箱（手动制动，载重量 20t）为 10.86m；宽轨铁路四轴车箱（载重量 50t）为 15.1m；宽轨铁路四轴车箱（载重量 60t）为 15.4m；铁路双轴平板车（载重量 20t，手动制动）为 10.4m；铁路四轴平板车（载重量 50t）为 14.2m；铁路四轴平板车（载重量 60t）为 14.6m。

载重汽车长度：侧面卸时为 6.5m，端头卸时为 3.0m；窄轨小斗车（容积 1.5m^3）长度为 2.2m；窄轨小斗车（容积 6m^3）长度为 6.8m；马车长度为 6.0m。

汽车运输车辆间的距离（L_2）：端部卸时为 1.5m；侧面卸时为 2.5m。

运输不均匀系数（K）：铁路运输为 1.2；汽车运输为 1.3～1.5。

在设计仓库和卸货线长度时，应考虑铁路双轴车箱的卸货时间（h）：毛石及集料为 1.0h；木材为 1.5h；散状材料（水泥、石灰）为 2.5h。

露天材料仓库可设龙门吊车。

各类仓库材料储备的面积指标见表 9-5。

表 9-5 仓库及堆场面积计算所需数据

序号	材料名称	单位	储备天数（d）	每平方米储存量	堆置高度（m）	仓库类型
1	钢材（综合）	t	30～50	1.5	1.0	露天
	钢筋（直）	t	30～50	2.0～2.4	1.2	露天 80%
	钢筋（盘）	t	30～50	0.8～1.2	1.0	棚或库 20%
	工字钢、槽钢	t	30～50	0.8～1.0	0.5	露天
	角钢	t	30～50	1.2～1.8	1.2	露天
	钢板	t	30～50	2.4～2.7	1.0	露天
	钢管（ϕ200 以上）	t	30～50	0.5～0.7	1.2	露天
	钢管（ϕ200 以下）	t	30～50	0.8～1.0	2.0	露天
	钢轨	t	20～30	2.3	1.0	露天
	铁皮	t	30～50	2.4	1.0	库或棚
2	生铁	t	40～50	5	1.4	露天

续表

序号	材料名称	单位	储备天数（d）	每平方米储存量	堆置高度（m）	仓库类型
3	铸铁管	t	20～30	0.6～0.8	1.2	露天
4	暖气片	t	40～50	0.5	1.5	露天或棚
5	水暖零件	t	20～40	0.7	1.4	库或棚
6	五金	t	20～40	1.0	2.2	库
7	钢丝绳	t	30～50	0.7	1.0	库
8	电线电缆	t	30～50	0.8	2.0	库或棚
9	木材（综合）	m^3	30～50	0.8	2.0	露天
	原木	m^3	40～60	0.9	2.0	露天
	成材	m^3	20～40	0.7	2.0	露天
	枕木	m^3	15～25	1.0	2.0	露天
	灰板条	千根	15～25	5	3.0	露天
10	水泥	t	20～40	1.4	1.5	库
11	生石灰（块）	t	20～30	1～1.5	1.5	棚
	生石灰（袋）	t	10～20	1～1.3	1.5	棚
	石膏	t	10～20	1.2～1.7	2.0	棚
	砂、石子（机械堆置）	m^3	10～30	2.4	3.0	露天
12	块石	m^3	10～20	1.0	1.2	露天
13	砖	千块	10～30	0.5～0.7	1.5	露天
14	耐火砖	t	20～30	2.5	1.8	棚
15	黏土瓦、水泥瓦	千块	10～30	0.25	1.5	露天
16	石棉瓦	张	10～30	25	1.0	露天
17	水泥管、陶土管	t	20～30	0.5	1.5	露天
18	玻璃	箱	20～30	6～10	0.8	棚或库
19	卷材	卷	20～30	15～24	2.0	库
20	沥青	t	20～30	0.8	1.2	露天
21	各种油料	t	20～30	0.3	0.9	库
22	电石	t	20～30	0.3	1.2	库
23	炸药、雷管	t	10～30	0.7	1.0	库
24	煤	t	10～30	1.4	1.5	露天
25	炉渣	m^3	10～30	1.2	1.5	露天
26	钢筋混凝土构件板	m^3	3～7	0.14～0.24	2.0	露天
	梁、柱	m^3	3～7	0.12～0.18	1.2	露天
27	钢筋成品	t	3～7	0.36～0.72		露天
28	钢筋骨架	t	3～7	0.18～0.36		露天
29	金属结构	t	3～7	0.20～0.28		露天
30	铁件	t	10～20	0.9～1.5	1.5	露天或棚

续表

序号	材料名称	单位	储备天数（d）	每平方米储存量	堆置高度（m）	仓库类型
31	钢门窗	t	10～20	0.65	2	棚
32	木门窗	m^3	3～7	30	2	棚
33	木屋架	m^3	3～7	0.3		露天
34	木模板	m^3	3～7	6～8	1.8	露天
35	钢模板	m^3	3～7	12～20	1.8	露天或棚
36	大型砌块	m^3	3～7	0.9	1.5	露天
37	轻质混凝土制品	m^3	3～7	1.1	2	露天
38	水、电、卫设备	t	20～30	0.35	1	棚库各占 1/4

9.2.4 行政生活福利临时建筑

行政生活福利临时建筑，可分以下几类。

（1）行政管理用房：包括建筑安装工地的办公室、传达室、警卫室、消防站、汽车库以及各类行政管理用仓库和维修车间等。

（2）居住生活用房：必要时包括家属宿舍、职工单身宿舍、食堂、医务室、招待所、浴室、理发室、锅炉间、小卖部和厕所等。

（3）文化生活用房：包括俱乐部、小学、托儿所（或哺乳室）、图书馆和邮亭等。

居住和文化生活用房，大多数情况下是建造在生活基地或临时工人村内，其中一小部分如浴室、开水房、食堂和诊疗所等，视具体需要，有时也建造在建筑工地上。

各种临时建筑物需要的数量，与建筑工程的性质、工程量、工期、当地条件及施工组织方法等因素有关。计算行政业务、居住和文化生活等的建筑物需用量时，是依据建筑工程中的居民人数和国家规定的各项临时建筑物的使用定额来确定的。

建筑工地上的居民，一般可分成五类：

第一类：直接参加施工的工人（包括施工过程中的装卸运输工人）；

第二类：辅助施工的工人（包括施工机械的维护工人、运输及仓库管理工人、动力设施管理工人、冬期施工时的附加工人）；

第三类：行政、技术和管理人员；

第四类：为建筑工地上居民提供生活服务的人员；

第五类：上述各项人员中的部分家属（必要的情况下）。

第一类基本工人数：

$$\text{年（季）度平均在册基本工人}=\frac{\text{年(季)度总工日数}\times(1+\text{缺勤率})}{\text{年(季)度有效工日数}}$$

$$\text{年（季）度高峰在册基本工人}=\text{年（季）度平均在册基本工人}\times\text{年（季）度施工不均衡系数}$$

第二类附加工人数：

年（季）度平均在册附加工人＝年（季）度平均在册基本工人×附加工人系数年（季）度高峰在册附加工人
＝年（季）度平均高峰在册基本工人×附加工人系数

第三类行政、技术和管理人员数：

技职人员数＝（年度平均在册基本工人＋年度平均在册附加工人）×技职人员系数

第四类其他人员数：

其他人员数＝（年度平均在册基本工人＋年度平均在册附加工人）×其他人数系数

第五类居民是第一、二、三、四类工作人员的家属，视施工具体条件不同，可以采取不同系数。在市区建造一般工业与民用建筑工程时，或工期短的工程，可考虑不建造家属宿舍，而由企业所在中心城市的生活基地予以解决。

职工家属人数＝（年度平均在册基本工人＋年度在册平均附加工人＋其他人员）×工人带眷系数 D

技职工家属人数＝技职人员×技职人员带眷系数

全部居民人员确定之后，可按现行的定额或实际经验数值，计算出临时行政业务、居住及文化生活用房的面积，其计算方法是将该临时性建筑物的使用人数，乘以相应的使用面积定额。

临时宿舍、文化福利及行政管理房屋的面积指标见表 9-6。

表 9-6　行政生活福利临时设施建筑面积参考指标

序号	临时房屋名称	单位	面积指标	备注
1	办公室	m^2/人	3～4	
2	单身宿舍	m^2/人	2.5～3.5	按技职人数 70%计算
	单层通铺	m^2/人	2.5～3	扣除不在工地住宿人数
	双层床	m^2/人	2.0～2.5	
	单层床	m^2/人	3.5～4	
3	家属宿舍	m^2/户	16～25	
4	食堂	m^2/人	0.5～0.8	视工期长短，距基地远近为 0%～30%
5	食堂兼礼堂	m^2/人	0.6～0.9	包括厨房、库房，考虑在工地就餐人数和进餐次数
6	其他合计	m^2/人	0.5～0.6	
	医务室	m^2/人	0.05～0.07	
	浴室	m^2/人	0.07～0.1	不小于 $30m^2$
	理发	m^2/人	0.01～0.03	
	浴室兼理发	m^2/人	0.08～0.1	
	俱乐部	m^2/人	0.1	
	小卖部	m^2/人	0.03	
	招待所	m^2/人	0.06	不小于 $40m^2$
	托儿所	m^2/人	0.03～0.06	
	小学	m^2/人	0.06～0.08	视带眷属人数定
7	其他公用	m^2/人	0.06～0.1	
	现场小型设施			
	开水房	m^2	10～40	
	厕所	m^2/人	0.02～0.07	
	工人休息室	m^2/人	0.15	
	自行车棚	m^2/人	0.8～1.0	按乘自行车通勤人数

9.3 工地临时供水计算

9.3.1 管径选择

9.3.1.1 计算法

供水管管径按下式计算：

$$d=\sqrt{\frac{4Q}{\pi \cdot v \cdot 1000}} \tag{9-8}$$

式中 d——配水管直径（mm）；

Q——耗水量（L/s）；

v——管网中水流速度（L/s）。

临时水管经济流速可参见表 9-7。

表 9-7 施工用水管道经济流速

项次	管道类别直径（mm）	流速（L/s）	
		正常	消防时
1	支管 $d<100$	2	
2	生产消防水管 $d=100\sim300$	1.3	>3.0
3	生产消防水管 $d>300$	1.5～1.7	2.7
4	生产用水管 $d>300$	1.5～2.5	3.0

9.3.1.2 查表法

为了减少计算工作，只要确定管段流量和流速范围，可直接查表 9-8～表 9-11 选择管径 d。

表 9-8 给水铸铁管计算表

项次	管径 d（mm）	75		100		150		200		250	
	流量 q（L/s）	i	v	i	v	i	v	i	v	i	v
1	2	7.98	0.46	1.94	0.26						
2	4	28.4	0.93	6.69	0.52	0.91	0.23				
3	6	61.5	1.39	14.0	0.78	1.87	0.34				
4	8	109	1.86	23.9	1.04	3.14	0.46	0.77	0.26		
5	10	171	2.33	36.5	1.30	4.69	0.57	1.13	0.32	0.38	0.2
6	12	246	2.79	52.6	1.56	6.55	0.69	1.58	0.39	0.59	0.25
7	14			71.6	1.82	8.71	0.80	2.08	0.45	0.69	0.29
8	16			93.5	2.08	11.1	0.92	2.64	0.51	0.87	0.33
9	18			118	2.34	13.9	1.03	3.28	0.58	1.09	0.37
10	20			146	2.60	16.9	1.15	3.97	0.64	1.32	0.41

续表

项次	管径 d（mm）	75		100		150		200		250	
	流量 q（L/s）	i	v	i	v	i	v	i	v	i	v
11	22			177	2.86	20.2	1.26	4.73	0.71	1.57	0.45
12	24					24.1	1.38	5.56	0.77	1.83	0.49
13	26					28.3	1.49	6.44	0.84	2.12	0.53
14	28					32.8	1.61	7.38	0.90	2.42	0.57
15	30					37.7	1.72	8.4	0.96	2.75	0.62
16	32					48.4	1.84	9.46	1.03	3.09	0.66
17	34					48.8	1.95	10.6	1.09	3.45	0.70
18	36					54.2	2.06	11.8	1.16	3.83	0.74
19	38					60.4	2.18	13.0	1.22	4.23	078

表 9-9 给水钢管计算表

项次	管径 d（mm）	25		40		50		70		80	
	流量 q（L/s）	i	v	i	v	i	v	i	v	i	v
1	0.1										
2	0.2	21.3	0.38								
3	0.4	44.2	0.56	5.42	0.24						
4	0.6	159	1.13	18.4	0.48	5.16	0.28				
5	0.8	279	1.51	31.4	0.64	8.52	0.38	2.53	0.23		
6	1.0	437	1.88	47.3	0.80	12.9	0.47	3.76	0.28	1.64	0.20
7	1.2	629	2.26	66.3	0.95	18.0	0.56	5.18	0.34	2.27	0.24
8	1.4	856	2.64	88.4	1.11	23.7	0.66	6.83	0.40	2.97	0.28
9	1.6	1118	3.01	114	1.27	30.4	0.75	8.70	0.45	3.79	0.32
10	1.8			144	1.43	37.8	0.85	10.70	0.51	4.66	0.36
11	2.0			178	1.59	46.9	0.94	13.00	0.57	5.62	0.40
12	2.6			301	2.07	74.9	1.22	21.00	0.74	9.03	0.52
13	3.0			400	2.39	99.8	1.41	27.44	0.85	11.70	0.60
14	3.6			577	2.86	144.0	1.69	38.40	1.02	16.30	0.72
15	4.0					177.0	1.88	46.80	1.13	19.80	0.81
16	4.6					235.0	2.17	61.20	1.30	25.70	0.93
17	5.0					277.0	2.35	72.30	1.42	30.00	1.01
18	5.6					348.0	2.64	90.70	1.59	37.00	1.13
19	6.0					399.0	2.82	104.00	1.70	42.10	1.21

表 9-10 热轧无缝钢管规格尺寸表

外径 (mm)	壁厚 (mm)									
	2.5	2.8	3	3.5	4	4.5	5	5.5	6	7
32	1.82	2.02	2.15	2.46	2.76	3.05	3.33	3.59	3.85	4.32
38	2.19	2.43	2.59	2.98	3.35	3.72	4.07	4.41	4.74	5.35
42	2.44	2.70	2.89	3.35	3.75	4.16	4.56	4.95	5.33	6.04
45	2.62	2.91	3.11	3.58	4.04	4.49	4.93	5.36	5.39	6.56
50	2.93	3.25	3.48	4.01	4.54	5.05	5.55	6.04	6.51	7.42
54			3.77	4.36	4.93	5.49	6.04	6.58	7.10	8.11
57			4.00	4.62	5.23	5.83	6.41	6.99	7.55	8.63
60			4.22	4.88	5.52	6.16	6.78	7.39	7.99	9.15
63.5			4.48	5.18	5.87	6.55	7.21	7.87	8.51	9.75
68			4.81	5.57	6.31	7.05	7.77	8.48	9.17	10.53
70			4.96	5.74	6.51	7.27	8.01	8.75	9.47	10.88
73			5.18	6.00	6.81	7.60	8.38	9.16	9.91	11.39
76			5.40	6.26	7.10	7.93	8.75	9.50	10.36	11.91
83				6.86	7.79	8.71	9.62	10.51	11.39	13.12
89				7.38	8.38	9.38	10.36	11.33	12.28	14.16
95				7.90	8.98	10.04	11.10	12.14	13.17	15.19
102				8.50	9.67	10.82	11.96	13.09	14.21	16.40
108					10.26	11.49	12.70	13.70	15.09	17.44
114					10.85	12.15	13.44	14.72	15.98	18.47
121					11.54	12.93	14.30	15.67	17.02	19.68
127					12.13	13.59	15.04	16.48	17.90	20.72
133					12.73	14.26	15.78	17.29	18.79	21.75
140						15.04	16.65	18.24	19.83	22.96
146						15.70	17.39	19.06	20.72	24.00
152						16.37	18.13	19.87	21.60	25.03
159						17.15	18.99	20.82	22.64	26.24

表 9-11 对缝焊接钢管（水、煤气管）规格、尺寸表

序号	公称内径 D_g (mm)	外径 D (mm)	普通节 (mm)				加厚节 (mm)			
			壁厚	内径 d	计算内径 d_j	质量 (kg/m)	壁厚	内径 d	计算内径 d_j	质量 (kg/m)
1	15	21.25	2.75	15.75	14.75	1.25	3.25	14.75	13.75	1.44
2	20	26.75	2.75	21.25	20.25	1.63	3.50	19.75	18.75	2.01
3	25	33.50	3.25	27	26	2.42	4	25.50	24.50	2.91
4	32	42.25	3.25	35.75	34.75	3.13	4	34.25	33.25	3.77

续表

序号	公称内径 D_g（mm）	外径 D（mm）	普通节（mm）				加厚节（mm）			
			壁厚	内径 d	计算内径 d_j	质量（kg/m）	壁厚	内径 d	计算内径 d_j	质量（kg/m）
5	40	48	3.50	41	40	3.84	4.25	39.50	38.50	4.58
6	50	60	3.50	53	52	4.88	4.50	51	50	6.16
7	70	75.50	3.75	68	67	6.64	4.50	66.50	65.50	7.88
8	80	88.50	4	80.50	79.50	8.34	4.75	79	78	9.81
9	100	114	4	106	105	10.85	5	104	103	13.44
10	125	140	4.50	131	130	15.04	5.50	129	128	18.24
11	150	165	4.50	156	155	17.81	5.50	154	153	21.63

9.3.2 水泵选择

（1）水泵的类型见表 9-12。

（2）水泵的选用根据管段的计算流量和总扬程，从水泵工作性能中查出需用的水泵。

表 9-12 水泵型号说明表

序号	名称	型号	型号举例	符号说明
1	单级单吸离心泵	IS	IS 80-65-160	IS——国标标准单级单吸清水离心泵 80——泵入口直径（mm） 65——泵出口直径（mm） 160——泵叶轮名义直径（mm）
2	单级单吸立式离心泵	LD-Z	LD 80-160Z	LD——立式单级单吸清水离心泵 80——泵进出口直径（mm） 160——泵叶轮名义直径（mm） Z——直联轴式
3	分段式多级离心泵	DA_1	DA_1-80×5	DA_1——分段式多级离心泵 80——泵出口直径（mm） 5——泵的级数（即叶轮数）
4	分段式多级离心泵	TSW TSWA	100TSWA×4	T——透平式 S——单吸泵 W——介质温度低于 80℃ A——第一次更新 100——泵吸入口直径（mm） 4——泵的级数（即叶轮数）
5	立式多级分段式离心泵	DL	65DL×5	65——进口直径（mm） DL——立式多级分段式 5——叶轮级数

续表

序号	名称	型号	型号举例	符号说明
6	污水泵	PW	$2\frac{1}{2}$PWa	$2\frac{1}{2}$——泵出口直径（in） P——杂质泵 W——污水 a——泵叶轮外径经第一次切割
7	立式污水泵	LP_1	4LP1-80/50 4LP1-7-5	4——泵出口入口直径（in） LP——立式排水泵 1——第一次改进设计 7——泵的比转数除以 10 的整数值 5——泵座底平面到叶轮中心的距离（m） 80——泵设计点流量值（m^3/h） 50——泵设计点单级扬程值（m）

9.4 工地临时供电计算

9.4.1 电源选择

9.4.1.1 选择建筑工地临时供电电源时须考虑的因素

（1）建筑工程及设备安装工程的工程量和施工进度。

（2）各个施工阶段的电力需要量。

（3）施工现场的大小。

施工机械用电定额参考资料，见表 9-13。

表 9-13 施工机械用电定额参考资料

机械名称	型号	功率（kw）	机械名称	型号	功率（kw）
蛙式夯土机	HW-32	1.5	振动打拔桩机	DZ90B	90
	HW-60	3	螺旋钻孔机	ZKL400	40
振动夯土机	HZD250	4		ZKL600	55
振动打拔桩机	DZ45	45		ZKL800	90
	DZ45Y	45	螺旋式钻扩孔机	BQZ-400	22
	DZ30Y	30	冲击式钻机	YCK-20C	20
	DZ55Y	55		YKC-22M	20
	DZ90A	90		YKC-30M	40

续表

机械名称	型号	功率（kw）
塔式起重机	F0/23B	75
	QT40（TQ2-6）	48
	QTZ63	44
	TQ90（自升式）	58
	TQ100（自升式）	58
	TQ100（自升式）	63
	法国 POTAIN 厂产 H_5-$56B_5P$（225t·m）	
	法国 POTAIN 厂产 H_5-56B（235t·m）	137
	法国 POTAIN 厂产 TOP-KITFO/25（132t·m）	60
	法国 B.P.R 厂产 GTA91-83（450t·m）	
	德国 PEINE 厂产 SK280-055（307.314t·m）	150
	德国 PEINE 厂产 SK560-05（675t·m）	170
	德国 PEINERcrane 厂产 IN112（155t·m）	90
卷扬机	JJK0.5	3
	JJK-0.5B	2.8
	JJK-1A	7
	JJK-5	40
	JJZ-1	7.5
	JJ1K-1	7
	JJK-3	28
	JJK-5	40
	JJM-0.5	3
	JJM-3	7.5
	JJM-5	11
	JJM-10	22

机械名称	型号	功率（kw）
自落式混凝土搅拌机	JD150	5.5
	JD200	7.5
	JD250	11
	JD350	15
	JD500	18.5
强制式混凝土搅拌机	JW250	11
	JW500	30
混凝土搅拌站	HKL80	41
混凝土输送泵	HB-15	32.2
混凝土喷射机（回转）	HPH6	7
混凝土喷射机（罐式）	HPG4	3
插入式振动器	ZX25	0.8
	ZX35	0.8
	ZX50	1.1
	ZX50C	1.1
	ZX70	1.5
平板式振动器	ZB5	0.5
	ZB11	1.1
附着式振动器	ZW4	0.8
	ZW5	1.1
	ZW7	1.5
	ZW10	1.1
	ZW30-5	
混凝土振动台	ZT-1×2	7.5
	ZT-1.5×6	30
	ZT-24×62	55
真空吸水机	HZX-40	4
	HZX-60A	4
	改型泵Ⅰ号	5.5
	改型泵Ⅱ号	5.5
预应力拉伸机油泵	ZB1/630	1.1

续表

机械名称	型号	功率（kw）	机械名称	型号	功率（kw）
预应力拉伸机油泵	ZB2×2/500	3	地面磨光机	DM-60	0.4
	ZB4/49	3	套丝切管机	TQ-3	1
	ZB10/49	11	电动液压弯管机	WYQ	1.1
钢筋调直切断机	GT4/14	4	电动弹涂机	DT120A	8
	GT6/14	11	液压升降台	YSF25-50	3
	GT6/8	5.5	泥浆泵	红星-30	30
	GT3/9	7.5	泥浆泵	红星-75	60
钢筋切断机	QJ40	7	液压控制台	YKT-36	7.5
	QJ40-1	5.5	自动控制自动调平液压控制台	YZKT-56	11
	QJ32-1	3			
钢筋弯曲机	GW40	3	静电触探车	ZJYY-20A	10
	WJ40	3	混凝土沥青切割机	BC-D1	5.5
	GW32	262	小型砌块成型机	GC-1	6.7
交流电焊机	BX3-120-1	9①	载货电梯	JT1	7.5
	BX3-300-2	23.4①	建筑施工外用电梯	SCD100/100A	11
交流电焊机	BX3-500-2	38.6①	木工电刨	MIB_2-80/1	0.7
	BX2-1000（BC-1000）	76①	木压刨板机	MB1043	3
直流电焊机	AX1-165（AB-165）	6	木工圆锯	MJ104	3
	AX4-300-1（AG-300）	10	木工圆锯	MJ106	5.5
	AX-320（AT-320）	14	木工圆锯	MJ114	3
	AX5-500	26	脚踏截锯机	MJ217	7
	AX3-500（AG-500）	26	单面杠压刨床	MB103	3
纸筋麻刀搅拌机	ZMB-10	3	单面杠压刨床	MB103A	4
灰浆泵	UB_3	4	单面杠压刨床	MB106	7.5
挤压式灰浆泵	UBJ_2	2.2	单面杠压刨床	MB104A	4
灰气联合泵	UB-76-1	5.5	双面杠刨床	MB106A	4
粉碎淋灰机	FL-16	4	杠平刨床	MB503A	3
单盘水磨石机	SF-D	2.2	杠平刨床	MB504A	3
双盘水磨石机	SF-S	4	普通杠车床	MCD616B	3
侧式磨光机	CM2-1	1	单头直榫开榫机	MX2112	9.8
立面水磨石机	MQ-1	1.65	灰浆搅拌机	UJ325	3
墙围水磨机	YM200-1	0.55	灰浆搅拌机	UJ100	2.2

注：①为各持续率时功率的额定持续率（kV·A）。

（4）用电设备在建筑工地上的分布情况和距离电源的远近情况。

（5）现有电气设备的容量情况。

9.4.1.2 临时供电电源的几种方案

室内照明用电定额参考资料，见表 9-14。室外照明用电参考资料，见表 9-15。

表 9-14 室内照明用电定额参考资料

序号	用电定额	容量（W/m²）	序号	用电定额	容量（W/m²）
1	混凝土及灰浆搅拌站	5	13	锅炉房	3
2	钢筋室外加工	10	14	仓库及棚仓库	2
3	钢筋室内加工	8	15	办公室、实验室	6
4	木材加工锯木及细木作	5～7	16	浴室、盥洗室、厕所	3
5	木材加工模板	8	17	理发室	10
6	混凝土预制构件厂	6	18	宿舍	3
7	金属结构及机电修配	12	19	食堂或俱乐部	5
8	空气压缩机及泵房	7	20	诊疗所	6
9	卫生技术管道加工厂	8	21	托儿所	9
10	设备安装加工厂	8	22	招待所	5
11	发电站及变电所	10	23	学校	6
12	汽车库或机车库	5	24	其他文化福利	3

表 9-15 室外照明用电参考资料

序号	用电名称	容量（W/m²）	序号	用电名称	容量（W/m²）
1	人工挖土工程	0.8	7	卸车场	1.0
2	机械挖土工程	1.0	8	设备堆放，砂石、木材、钢筋半成品堆放	0.8
3	混凝土浇筑工程	1.0	9	车辆行人主要干道	2000W/km
4	砖石工程	1.2	10	车辆行人非主要干道	1000W/km
5	打桩工程	0.6	11	夜间运料（夜间不运料）	0.8（0.5）
6	安装及铆焊工程	2.0	12	警卫照明	1000W/km

（1）完全由工地附近的电力系统供电，包括在全面开工前把永久性供电外线工程做好，设置变电站。

（2）工地附近的电力系统只能供给一部分，尚需自行扩大原有电源或增设临时供电系统以补充其不足。

（3）利用附近高压电力网，申请临时配电变压器。

（4）工地位于边远地区，没有电力系统时，电力完全由临时电站供给。临时电站一般有内燃机发电站、燃煤电厂、列车发电站、水力发电站。

9.4.2 电力系统选择

当工地由附近高压电力网输电时，则在工地上设降压变电所把电能从 110kV 或 35kV 降到 10kV 或 6kV，再由工地若干分变电所把电能从 10kV 或 6kV 降到 380/220V。变电所的有效供电半径为 400～500m。电力变压器性能见表 9-16。

表 9-16　常用电力变压器性能

型号	额定容量 (kV·A)	额定电压 (kV)		损耗 (W)		总重 (kg)
		高压	低压	空载	短路	
SL_7-30/10	30	6；6.3；10	0.4	150	800	317
SL_7-50/10	50	6；6.3；10	0.4	190	1150	480
SL_7-63/10	63	6；6.3；10	0.4	220	1400	525
SL_7-80/10	80	6；6. 3；10	0.4	270	1650	590
SL_7-100/10	100	6；6.3；10	0.4	320	2000	685
SL_7-125/10	125	6；6.3；10	0.4	370	2450	790
SL_7-160/10	160	6；6.3；10	0.4	460	2850	945
SL_7-200/10	200	6；6.3；10	0.4	540	3400	1070
SL_7-250/10	250	6；6.3；10	0.4	640	4000	1235
SL_7-315/10	315	6；6.3；10	0.4	760	4800	1470
SL_7-400/10	400	6；6.3；10	0.4	920	5800	1790
SL_7-500/10	500	6；6.3；10	0.4	1080	6900	2050

工地变电所的网路电压应尽量与永久性企业的电压相同，主要为380/220V。对于3kV、6kV、10kV的高压线路，可用架空裸线，其电杆距离为40～60m，或用地下电缆。户外380/220V的低压线路也采用裸线，与建筑物或脚手架较近的须采用绝缘导线，其电柱距离为25～40m。分支线及引入线均应由电杆处接出，不得由两杆之间接出。

配电线路应尽量设在道路一侧，不得妨碍交通和施工机械的装、拆和运转，并要避开堆料、挖槽、修建临时建筑用地。室内低压动力线路及照明线路，皆用绝缘导线。

9.4.3　配电导线选择

常用的几种绝缘导线的型号、名称及主要用途见表9-17。

表 9-17　常用绝缘导线的型号、名称及主要用途

型号	名称	主要用途
BV	铜芯塑料线	固定敷设用
BVR	铜芯塑料软线	要求用比较软的电线时，固定敷设用
BX	铜芯橡皮线	供干燥及潮湿的场所固定敷设用，额定交流电压500V
BXR	铜芯橡皮软线	供干燥及潮湿场所连接电气设备的移动部分用，额定交流电压500V
BLV	铝芯塑料线	同BV型电线
BLVR	铝芯塑料软线	同BVR型电线
BLX	铝芯橡皮线	与BX型电线相同
BXS	棉纱编织双绞软线	供干燥场所敷设在绝缘子上用，额定交流电压为250V
RH	普通橡套软线	供室内照明和日用电器接线用，额定交流电压为250V

导线截面的选择要满足以下基本要求。

9.4.3.1 按机械强度选择

导线必须保证不因一般机械损伤而折断。在各种不同敷设方式下，导线按机械强度所允许的最小截面见表 9-18。

表 9-18 导线按机械强度所允许的最小截面

导线用途	导线最小截面（mm^2）	
	铜线	铝线
照明装置用导线：户内用 户外用	0.5 1.0	2.5 2.5
双芯软电线：用于吊灯 用于移动式生产用电设备	0.35 0.5	— —
多芯软电线及软电缆：用于移动式生产用电设备	1.0	—
绝缘导线：固定架设在户内支持件上，其间距为 2m 及以下 6m 及以下 25m 及以下	 1.0 2.5 4	 2.5 4 10
裸导线：户内用 户外用	2.5 6	4 16
绝缘导线：穿在管内 设在木槽板内	1.0 1.0	2.5 2.5
绝缘导线：户外沿墙敷设 户外其他方式敷设	2.5 4	4 10

9.4.3.2 按允许电流选择

导线必须能承受负载电流长时间通过所引起的温升。电流强度的计算：

（1）三相四线制线路上的电流可按下式计算：

$$I=\frac{P}{\sqrt{3}V\cos\varphi} \tag{9-9}$$

（2）二线制线路上的电流可按下式计算：

$$I=\frac{P}{V\cos\varphi} \tag{9-10}$$

以上两式中

I——导线中的负荷电流（A）；

V——供电电压（kV）；

P——变压器服务范围内的总用电量（kW）；

$\cos\varphi$——功率因数，一般取 0.75。

制造厂根据导线的允许温升，制定了各类导线在不同敷设条件下的持续允许电流表，见表 9-19～表 9-22。在选择导线时，导线中通过的电流不允许超过这些表的规定。

表 9-19　橡皮或塑料绝缘电线明设在绝缘皮柱上时的持续允许电流表

(空气温度为+25℃，单芯 500V)

导线标称截面（mm^2）	导线的持续允许电流（A）			
	BX 型铜芯橡皮线	BLX 型铝芯橡皮线	BV、BVR 型铜芯塑料线	BLV 型铝芯塑料线
0.5	—	—	—	—
0.75	18	—	16	—
1	21	—	19	—
1.5	27	19	24	18
2.5	35	27	32	25
4	45	35	42	32
6	58	45	55	42
10	85	65	75	59
16	110	85	105	80
25	145	110	138	105
35	180	138	170	130
50	230	175	215	165
70	285	220	265	205
95	345	265	325	250
120	400	310	375	285
150	470	360	430	325
185	540	420	490	380
240	660	510		

表 9-20　橡皮或塑料绝缘电线穿铁管敷设时持续允许电流表

(空气温度+25℃，单芯 500V)

导线标称截面（mm^2）	导线的持续允许电流（A）											
	BX 型铜芯橡皮线			BLX 型铝芯橡皮线			BV、BVR 型铜芯塑料线			BLV 型铝芯塑料线		
	2 根	3 根	4 根	2 根	3 根	4 根	2 根	3 根	4 根	2 根	3 根	4 根
2.5	28	25	23	21	19	16	26	24	22	20	18	15
4	37	33	30	28	25	23	35	31	28	27	24	22
6	49	43	30	37	34	30	47	41	37	35	32	28
10	68	60	53	52	46	40	65	57	50	40	44	38
16	86	77	69	66	59	52	82	73	65	63	56	50
25	113	100	90	86	76	68	107	95	85	80	70	65
35	140	122	110	106	94	83	133	115	105	100	90	80
50	175	154	137	133	118	105	165	146	130	125	110	100
70	215	193	173	165	150	133	205	183	465	155	143	127
95	260	235	210	200	180	160	250	225	200	190	170	152
120	300	270	245	230	210	190	290	260	230	220	195	172
150	340	310	280	260	240	220	330	300	265	250	225	200
185	385	355	320	295	270	250	380	340	300	285	255	230

表 9-21 橡皮或塑料绝缘电线穿塑料管敷设时的持续允许电流表

（空气温度+25℃，单芯 500V）

导线标称截面（mm^2）	导线的持续允许电流（A）											
	BX 型铜芯橡皮线			BLX 型铝芯橡皮线			BV、BVR 型铜芯塑料线			BLV 型铝芯塑料线		
	2 根	3 根	4 根	2 根	3 根	4 根	2 根	3 根	4 根	2 根	3 根	4 根
2.5	25	22	20	19	17	15	24	21	19	18	16	14
4	33	30	26	25	23	20	31	28	25	24	22	19
6	43	38	34	33	29	26	41	36	32	31	27	25
10	59	52	46	44	40	35	56	49	44	42	38	33
16	76	68	60	58	52	46	72	65	57	55	49	44
25	100	90	80	77	63	60	95	85	75	73	65	57
35	125	110	98	95	94	74	120	105	93	90	80	70
50	160	140	123	120	108	95	150	132	117	114	102	90
70	195	175	155	153	135	120	185	167	148	145	130	115
95	240	215	195	184	165	150	230	205	185	175	158	140
120	278	250	227	210	190	170	270	240	215	200	180	160
150	320	290	265	250	227	205	305	275	250	230	207	185
185	360	330	300	282	252	232	355	310	280	265	235	212

表 9-22 裸铜线、裸铝线（LJ 型）露天敷设时的持续允许电流表

导线标称截面（mm^2）	导线的持续允许电流（A）		
	铜线	铜芯铝绞线	铝线
16	130	105	105
25	180	135	135
35	220	170	170
50	270	220	215
70	340	275	265
95	415	335	325
120	485	380	375
150	570	445	440
185	645	515	500
240	770	610	610

9.4.3.3 按允许电压降选择

导线上引起的电压降必须在一定限度之内。配电导线的截面可用下式计算：

$$S=\frac{\sum P\cdot L}{C\cdot \varepsilon}=\frac{\sum M}{C\cdot \varepsilon} \tag{9-11}$$

式中 S——导线截面（mm^2）；

M——负荷矩（kW·m）；

$\sum P$——负载的电功率或线路输送的电功率（kW）；

L——送电线路的距离（m）；

ε——允许的相对电压降（即线路的电压损失,%），照明允许电压降为2.5%～5%；

C——系数，视导线材料、线路电压及配电方式而定，见表9-23。

表9-23　按允许电压降计算时的C值

线路额定电压（V）	线路系统及电流种类	系数C值	
		铜线	铝线
380/220	三相四线	77	46.3
380/220	三相三线	34	20.5
220		12.8	7.5
110		3.2	1.9
36		0.34	0.21
24	单线或直线	0.153	0.092
12		0.038	0.023

已知电压降及负荷距值，可利用表9-24～表9-26求得所需导线截面。

表9-24　12V、36V铝导线电压损失、导线截面与负荷矩（kW·m）关系表

ε（%）	单相及直流（12V）					单相及直流（12V）				
	截面（mm）					截面（mm）				
	2.5	4.0	6.0	10	16	2.5	4.0	6.0	10	16
1	58	92	138	230	370	530	850	1260	2100	3380
2	115	184	276	460	750	1050	1680	2520	4200	6750
3	172	276	414	690	1100	1570	2520	1380	6300	10100
4	230	368	552	920	1470	2100	3380	5050	8400	13500
5	288	460	690	1150	1840	2620	4200	6300	10500	16800
9	346	552	830	1380	2220	3150	5050	7550	12600	20200
7	403	644	960	1610	2560	3680	5900	8850	14700	23600
8	460	736	1100	1840	2950	4200	6700	10100	16800	26800
9	518	828	1240	2070	3300	4700	7500	11300	18900	30000
10	575	920	1400	2300	3700	5250	8400	12600	21000	33800

表9-25　三相（380/220V）系统铝导线电压损失、导线截面与负荷矩（kW·m）关系表

ε（%）	单相及零线（$\cos\varphi=1$）						三相及零线（$\cos\varphi=1$）					
	截面（mm）						截面（mm）					
	2.5	4.0	6.0	10	16	25	2.5	4.0	6.0	10	16	25
0.2	3.9	6.2	9.3	15.5	24.8	38.8	10.24	16.4	24.6	41	65.6	100
0.4	7.8	12.4	22.5	31	49.5	77.5	20.48	32.8	49.2	82	131	205
0.6	11.6	18.6	27.9	46.5	74.3	116	30.8	49.2	73.8	123	197	308
0.8	15.5	24.6	37.2	62	99	155	41	65.6	98.5	164	262	410
1.0	19.4	31	46.5	77.5	124	194	51.2	82	123	205	328	512

续表

ε（%）	单相及零线（cosφ=1）						三相及零线（cosφ=1）					
	截面（mm）						截面（mm）					
	2.5	4.0	6.0	10	16	25	2.5	4.0	6.0	10	16	25
1.2	23.2	37.2	55.8	93	149	232	61.5	98.5	148	246	394	615
1.4	27.4	43.4	65.1	108	174	271	71.7	115	172	287	460	717
1.6	31	49.6	74.5	124	198	310	82	131	197	328	525	820
1.8	34.8	55.8	83.7	140	223	348	92.2	148	221	369	590	920
2.0	38.8	62	93	155	248	388	10.2	164	246	410	655	1025
2.2	42.6	68.2	102	171	272	426	112.8	186	270	450	721	1126
2.4	46.4	74.4	112	186	297	465	123	197	296	492	789	1230
2.6	50.4	80.6	121	202	322	504	133	213	320	533	852	1330
2.8	54.2	86.8	131	217	347	543	144	230	344	574	918	1435
3.0	58.1	93	140	233	372	582	154	246	370	615	985	1538
3.2	62	99.2	149	248	397	520	164	262	394	655	1050	1640
3.4	65.8	105	159	263	422	558	174	279	418	696	1115	1740
3.6	69.7	112	168	279	446	587	184	295	442	737	1180	1840
3.8	73.6	118	177	294	471	737	195	312	467	779	1245	1945
4.0	77.5	124	184	310	496	775	205	328	491	820	1312	2050
4.2	81.4	130	196	325	521	814	215	344	516	860	1380	2150
4.4	85.2	137	205	341	545	850	226	361	541	900	1443	2250
4.6	89	143	214	356	870	892	236	377	566	942	1510	2359
4.8	93	149	224	372	595	930	246	394	590	985	1575	2460
5.0	96.8	155	233	387	619	968	256	410	615	1025	1640	2560

表 9-26　三相（380/220V）系统铝导线电压损失、导线截面与负荷矩（kW·m）关系表

ε（%）	三相及零线（cosφ=1）									
	截面（mm）									
	2.5	4	6	10	16	25	35	50	70	95
0.2	23	37	55.6	92.6	148	232	324	463	648	878
0.4	46.3	74.2	111	186	296	463	650	926	1298	1761
0.6	69.5	111	167	276	445	695	975	1388	1947	2640
0.8	92.5	148	222	371	593	926	1300	1850	2595	3520
1.0	116	185	278	463	741	1158	1620	2315	3241	4390
1.2	138	222	333	556	990	1390	1945	2775	3890	5270
1.4	161	259	388	648	1036	1640	2270	3235	4540	6150
1.6	184	296	444	742	1185	1850	2592	3700	5180	7035
1.8	206	333	499	834	1333	2082	2918	4165	5840	7920
2.0	232	370	555	927	1481	2314	3240	4630	6480	8800

续表

ε（%）	三相及零线（cosφ=1）									
	截面（mm）									
	2.5	4	6	10	16	25	35	50	70	95
2.2	252	407	610	1018	1629	2548	3568	5008	7140	9675
2.4	276	444	666	1112	1778	2780	3890	5550	7780	10540
2.6	300	482	722	1205	1925	3008	4220	6002	8440	11430
2.8	324	518	778	1298	2078	3240	4540	6480	9080	12310
3.0	347	555	833	1391	2221	3475	4865	6950	9740	13200
3.2	370	593	889	1484	2370	3700	5190	7402	10380	14080
3.4	393	630	944	1576	2520	3938	5515	7865	11020	14950
3.6	416	667	998	1670	2668	4170	5840	8340	11680	15850
3.8	439	704	1055	1761	2812	4400	6165	8795	12320	16705
4.0	463	740	1110	1854	2962	4628	6480	9260	12960	17600
4.2	485	778	1160	1947	3110	4865	6810	9720	13610	18480
4.4	509	815	1221	2040	3258	5009	7140	10180	14260	19350
4.6	532	852	1278	2132	3408	5325	7460	10650	14920	20210
4.8	555	888	1334	2224	3557	5551	7780	11100	15600	21100
5.0	578	926	1388	2316	3702	5784	8100	11560	16230	21980

所选用的导线截面应同时满足以上三相要求，即以求得的三个截面中的最大的为准，从电线产品目录中选用线芯截面。也可根据具体情况抓住主要矛盾选定。如道路工程和给排水工程施工，作业线长，导线截面由电压降选定；而在建筑工地，配电线路比较短，导线截面可由允许电流选定；在小负荷的架空线路中往往以机械程度选定。

9.5 其他说明

9.5.1 21世纪是中国的时代

宣誓言，刻初心

2021年7月1日是中国共产党建党100周年纪念日。习近平总书记发表重要讲话，全面总结了一百年来中国共产党带领中国人民创造的伟大成就、积累的宝贵经验，庄严宣告“我们实现了第一个百年奋斗目标，在中华大地上全面建成了小康社会”，精辟概括了伟大建党精神，鲜明提出了在新的征程上以史为鉴、开创未来“九个必须”的重要要求，向全体中国共产党员发出在新的赶考之路上努力为党和人民争取更大光荣的号召，吹响了向第二个百年奋斗目标进军的号角。

经济全球化下，中国特色社会主义建设道路创造了“中国奇迹”，国民生产总值已经上升到全球第二的位置，并将长期保持高速增长，这在世界上也属奇迹。人们应深刻认识到江山就是人民、人民就是江山，打江山、守江山，守的是人民的心，牢记初心使命，践行党的宗旨，始终同人民想在一起、干在一起。党的根基在人民、血脉在人民、力量在人民。我国将继续通过改革开放不断解决前进中的问题，我国在经济发展方面具有别国难以比拟的优势，中国必将占据世界经济发展的一极。在保持国内长期稳定的基础上，坚持完成市场经济的转变，健全法律制度，维护法律的权威，21 世纪必是中国的时代。

9.5.2 我国建筑业现状和未来的发展趋势

自改革开放以来，中国建筑业经历了一个高速发展的过程，建筑业始终处于持续扩张状态，这种扩张的态势不仅表现在行业销售额的持续增长，也表现在从业人数的持续增加，以及行业内资质以上公司数量的持续增长。建筑业完成了一系列设计理念超前、结构造型复杂、科技含量高、使用要求高、施工难度大、令世界瞩目的重大工程；完成了上百亿平方米的住宅建筑，为改善城乡居民居住条件做出了突出贡献。建筑业拥有并不断孕育出产值百亿的超大型企业。

建筑业产业关联度高、就业容量大，是国民经济的支柱产业，在未来将面临如下发展趋势：①全球化和地域化；②大型化和多元化；③工业化和自动化；④高强化和优质化；⑤生态化和节能化；⑥智能化。据此，建筑业应通过科技创新的引领作用，不断推进产业结构优化升级，走新型工业化的道路。在设计中积极采用节能、环保的新工艺、新技术、新设备、新材料，确保新建工厂和技术改造后的企业都能实现低投入、低消耗、低排放和高效率，实现经济增长方式的转变。建筑业要为国民经济各行各业产业结构优化升级服务，为建设资源节约型、环境友好型社会做出应有的贡献。

上岗工作要点：

1. 掌握并正确利用施工组织设计的参考资料编制各类建筑工程施工组织设计的方法。

2. 掌握并正确利用施工组织设计参考资料设计组织实施全场性暂设工程建造的方法。

9.5.3 高质量发展是全面建设社会主义现代化国家的首要任务

习近平总书记在党的二十大报告中指出，高质量发展是全面建设社会主义现代化国家的首要任务。

制造业是国家经济命脉所系。党的二十大报告提出："实施产业基础再造工程和重大技术装备攻关工程，支持专精特新企业发展，推动制造业高端化、智能化、绿色化发展。"

教育是国之大计、党之大计。习近平总书记在党的二十大报告中强调"我们要坚持教育优先发展、科技自立自强、人才引领驱动，加快建设教育强国、科技强国、人才强国，坚持为党育人、为国育才，全面提高人才自主培养质量，着力造就拔尖创新人才，聚天下英才而用之"，并对进一步加快建设教育强国作出全面部署。在全面建设社会主义现代化国家的新征程上，我们要坚持教育优先发展，不断培养担当民族复兴大任的时代新人，夯实民族复兴基石。

习　题

1. 全场性暂设工程包括哪些方面？是如何进行组织设计的？

2. 结合实际工程确定建筑工地交通运输组织的安排。

3. 结合实际工程确定建筑工地的临时仓库、办公及生活临时建筑物的设置。

4. 结合实际工程确定建筑工地的临时供水设计方案。

5. 结合实际工程确定建筑工地的临时供电设计方案。

6. 结合学习体会，试述如何为更好地适应我国建筑业未来发展的需要做好充分的准备。

参考文献

［1］中华人民共和国住房和城乡建设部．建筑施工组织设计规范：GB/T 50502—2009［S］．北京：中国建筑工业出版社，2009.

［2］中华人民共和国住房和城乡建设部．工程网络计划技术规程：JGJ/T 121—2015［S］．北京：中国建筑工业出版社，2015.

［3］蔡雪峰．建筑施工组织［M］．2版．武汉：武汉理工大学出版社，2002.

［4］陈乃佑．建筑施工组织与管理［M］．北京：科学出版社，2000.

［5］李忠富．建筑施工组织与管理［M］．2版．北京：机械工业出版社，2007.

［6］鄢维峰，印宝权．建筑工程施工组织设计［M］．2版．北京：北京大学出版社，2018.

［7］危道军．建筑施工组织［M］．3版．北京：中国建筑工业出版社，2014.

［8］彭圣浩．建筑施工组织设计实例应用手册［M］．4版．北京：中国建筑工业出版社，2017.

［9］毛晓玲，江萍．建筑施工组织［M］．3版．武汉：武汉理工大学出版社，2015.

［10］赵志缙，徐伟，陆东泉．施工组织设计快速编制手册［M］．北京：中国建筑工业出版社，1997.

［11］朱嬿，从培经．建筑施工组织［M］．北京：科学技术文献出版社，1994.

［12］郭宪忠，张以宁．建筑安装工程施工组织设计集粹［M］．北京：地震出版社，1995.

［13］同济大学经济管理学院，天津大学管理学院．建筑施工组织学［M］．北京：中国建筑工业出版社，1987.

［14］全国监理工程师培训教材编委会．工程建设进度控制［M］．北京：中国建筑工业出版社，1997.

［15］谢尊渊．建筑施工［M］．3版．北京：中国建筑工业出版社，1998.

［16］简玉强，钱昆润．建设监理工程师手册［M］．北京：中国建筑工业出版社，1994.

［17］郭正兴，李金根．建筑施工［M］．南京：东南大学出版社，1996.

［18］曹吉鸣，徐伟．网络计划技术与施工组织［M］．上海：同济大学出版社，2000.

［19］陈乃佑．建筑施工组织［M］．北京：机械工业出版社，2003.

［20］高民欢．工程项目施工组织设计原理及实例［M］．北京：中国建材工业出版社，2004.

［21］魏鸿汉．建筑施工组织设计［M］．北京：中国建筑工业出版社，2005.

［22］中国建筑业协会筑龙网．施工组织设计范例50篇［M］．北京：中国建筑工业出版社，2003.

［23］徐鹏．建筑工程施工测量技术研究［J］．住宅与房地产，2021（6）：197-198.

［24］刘卫未，王晶，樊成龙等. 国贸三期B阶段基于BIM的现场施工管理信息技术［J］．施工技术，2019，48（18）：52-55

［25］刘滢. 基于BIM的现场施工管理信息技术［J］．居舍，2019（22）：60

［26］池哲榕. BIM技术在建筑施工安全管理中的应用［J］．北方建筑，2022，7（6）：69-73